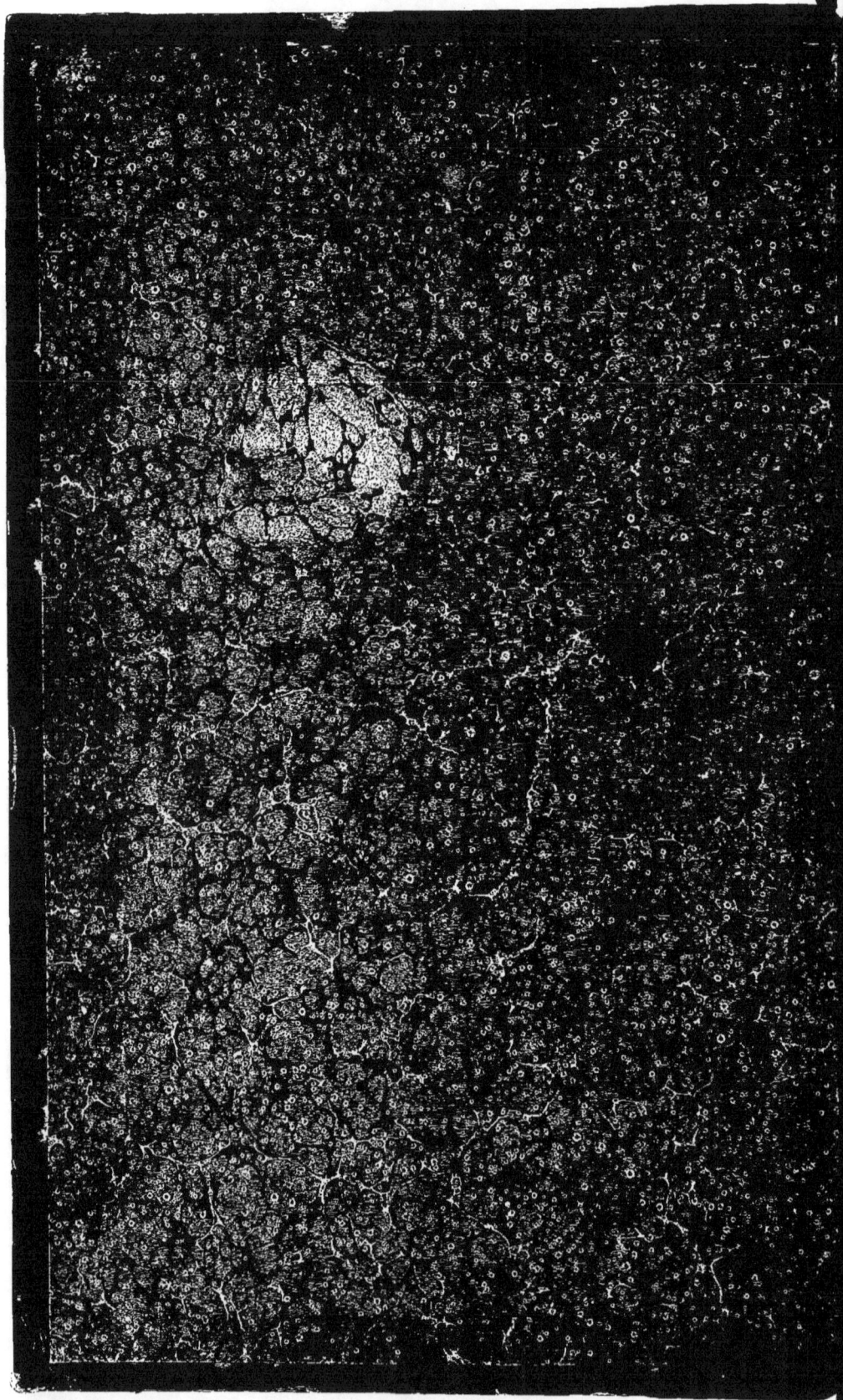

HISTOIRE NATURELLE

GÉNÉRALE

DES RÈGNES ORGANIQUES.

——

TOME PREMIER.

HISTOIRE NATURELLE

GÉNÉRALE

DES RÈGNES ORGANIQUES,

PRINCIPALEMENT ÉTUDIÉE CHEZ L'HOMME ET LES ANIMAUX,

PAR

M. Isidore GEOFFROY SAINT-HILAIRE,

MEMBRE DE L'INSTITUT (ACADÉMIE DES SCIENCES),
CONSEILLER ET INSPECTEUR GÉNÉRAL HONORAIRE DE L'INSTRUCTION PUBLIQUE,
PROFESSEUR-ADMINISTRATEUR AU MUSÉUM D'HISTOIRE NATURELLE,
PROFESSEUR DE ZOOLOGIE A LA FACULTÉ DES SCIENCES DE PARIS.

TOME PREMIER.

PARIS

LIBRAIRIE DE VICTOR MASSON,

PLACE DE L'ÉCOLE-DE-MÉDECINE, 17.

MDCCCLIV.

PRÉFACE.

Plus de vingt ans se sont écoulés, depuis que j'osais commencer une œuvre alors nouvelle et difficile. Presque au lendemain de mon entrée dans la science, mais sous les auspices et avec les conseils de mon vénéré père, j'entreprenais d'exposer l'ensemble de nos connaissances sur les anomalies de l'organisation, de les coordonner à l'aide d'une méthode rigoureuse, de les constituer, pour la première fois, en un corps de doctrine. Huit années ont été employées à exécuter, autant qu'il était en moi, le plan que je m'étais tracé, et qui ne pouvait me coûter ni trop de temps ni trop d'efforts ; car le terme de mes recherches tératologiques était, en réalité, bien au delà de la tératologie elle-même. Dans ma conviction, dès lors énoncée, je devais « arriver par l'étude des ano-
» malies, de leurs caractères, de leur influence
» sur l'organisation, de leur mode de production
» et de leurs lois, à la connaissance plus exacte
» et plus approfondie des modifications de l'ordre
» normal, de leur essence, de leur raison d'exis-

» tence, et des principes auxquels peut se ratta-
» cher leur infinie variété (1). »

Introduit par la tératologie ainsi comprise dans
les hautes régions de la science, comment ne pas
éprouver le désir d'y pénétrer profondément? J'ai
fait plus que le désirer. Appuyé à la fois sur la
zoologie et sur la tératologie, j'ai voulu du moins
le tenter; et de la nouvelle série de recherches que
j'ai ainsi entreprises, est résulté le livre, longtemps
médité, dont je commence aujourd'hui la publication. Pour la seconde fois, je viens offrir au
public un travail de coordination et de synthèse,
mais celui-ci embrassant un champ bien plus vaste.
Je ferai sans plus tarder l'aveu de ma témérité :
l'Histoire naturelle, si riche en traités partiels,
manque encore d'un ouvrage d'ensemble sur les
êtres organisés, étudiés comparativement et sous
un point de vue général; c'est cet ouvrage que j'ai
conçu la pensée de donner à la science.

J'étais loin de prévoir, au début de mes recherches, jusqu'où elles allaient me conduire; et j'ai
subi, bien plus que je n'ai voulu, l'extension
qu'elles ont graduellement prise. Simple zoologiste, j'ai longtemps essayé de me renfermer dans
le cercle de mes études ordinaires. Mais je l'essayais en vain. Aux limites mêmes du règne animal, l'application de la méthode restait incom-

(1) Préface de l'*Histoire générale et particulière des anomalies*,
t. I, p. xij; 1832.

plète, les démonstrations pour la plupart inache-
vées, la synthèse seulement partielle. J'ai donc
dû m'avancer au delà, et quand je m'étais préparé
à une *Zoologie générale,* quand j'en avais déjà
commencé la rédaction, la logique m'a impérieu-
sement prescrit, ou de déposer la plume, ou d'écrire
un livre dont la zoologie ne serait plus qu'une
partie, prédominante il est vrai : une *Histoire
naturelle générale des règnes organiques.*

Je ne me suis dissimulé ni l'étendue ni les
difficultés immenses d'une telle entreprise. Ce qui
me manque personnellement pour l'accomplir, je
le sais aussi. Mais j'ai dû voir, j'ai vu par-dessus
tout, combien il importe, combien il est urgent
qu'on ose, du moins, la commencer. Depuis longtemps déjà, nos maîtres ont tracé toutes les
grandes lignes de la science : le *Systema naturæ*
et les premiers volumes de l'*Histoire naturelle*
datent de plus d'un siècle, le *Genera plantarum* et
la *Métamorphose des plantes* de plus de soixante
années, la *Philosophie zoologique* et les *Recherches
sur les ossements fossiles* de quarante, la *Philosophie
anatomique* de plus de trente. N'est-il pas temps de
rassembler en un même foyer les lumières venues
de ces sources diverses ? Et quand nous avons
devant nous de tels guides, n'essaierons-nous pas
enfin de constituer cette science déjà devinée et dé-
nommée par Buffon, l'Histoire naturelle générale;

d'exposer nos connaissances sur l'ensemble et sur
les groupes principaux des êtres vivants; de relier,
par une méthode commune, les notions, diverses
d'origine, et de divers ordres, qui nous sont acquises; de les subordonner hiérarchiquement selon
leurs rapports de filiation logique et de causalité;
par là même, en mettant chaque résultat à sa
place, de le mettre dans tout son jour, et de lui
donner sa juste valeur; de discuter, d'apprécier
comparativement ces hautes conceptions qui forment, depuis Buffon surtout, le brillant, mais trop
problématique couronnement de la Philosophie
naturelle; de faire entre elles la part de la vérité,
de l'erreur et du doute; de séparer nettement de
ces hypothèses, seulement vraisemblables, dont le
jugement appartient à l'avenir, celles sur lesquelles nous sommes en droit de prononcer, les
unes, décidément fausses, alliage impur qu'il faut
rejeter loin de nous; les autres, déjà démontrées
ou présentement démontrables; d'élever chacune
de celles-ci, désormais partie intégrante et impé-
rissable de la science, au rang d'une théorie rationnelle, et toutes les théories, prises ensemble,
toutes les formules, toutes les lois, au niveau d'un
corps de doctrine; de remonter, en un mot, par
échelons, des premières notions aux dernières
conséquences, des racines au faîte, jusqu'à ce
qu'enfin l'histoire des êtres organisés revête ce

double caractère de toutes les parties vraiment
avancées du savoir humain : certitude et unité !

Ai-je besoin de le dire? ce que nul encore n'a
tenté, je n'ai pas la présomptueuse espérance de
le réaliser. Mais on n'est pas seulement utile à la
science par ce que l'on achève : on peut l'être
aussi par ce que l'on commence. Je commencerai
donc, dussé-je ne faire que quelques pas en avant.

Chacun puise ses devoirs dans ses convictions;
les miennes se sont depuis longtemps formées à
l'école de celui que j'appellerais mon premier
maître, si je n'avais à lui donner un nom plus
cher. Je lui dus de comprendre, aussitôt initié à la
zoologie, que nos efforts devaient tendre vers un
double but. Appliquer, édifier, c'étaient alors, ce
sont encore, et plus que jamais, les deux besoins,
également impérieux, de l'Histoire naturelle.

J'ai cru que je devais, que nous devions tous,
quand la science attendait de nous un double progrès, lui payer un double tribut. A moi, moins
peut-être qu'à tout autre, il eût été permis de
délaisser l'Histoire naturelle générale; l'exemple de
mon père et le culte de ses travaux ne m'appelaient
pas moins de ce côté que mes propres prédilections. Mais, en même temps, très heureusement
placé pour les études expérimentales sur les animaux, j'étais redevable envers l'Histoire naturelle

appliquée, du moins en ai-je jugé ainsi, de tous les essais qu'il était en mon pouvoir de tenter sur la naturalisation des espèces utiles. De là d'autres recherches auxquelles j'ai dû même tout subordonner durant quelques années : une fois entré dans la voie pratique, je ne pouvais reporter ailleurs les forces vives de ma pensée et l'ardeur de mes efforts, avant d'avoir obtenu quelques résultats qui fussent déjà plus que des promesses. Libre enfin, j'ai repris aussitôt, pour ne plus le quitter, le livre vers lequel ont toujours convergé mes travaux zoologiques et anatomiques, et qui doit être le fruit et comme le résumé de ma vie scientifique tout entière; car si, depuis cinq ans seulement, j'ai pu concevoir la pensée de l'exécuter dans son ensemble, il y en a vingt-deux que je l'ai partiellement commencé, et vingt-six que je m'y prépare.

Comment j'ai été conduit à l'entreprendre, à continuer, durant plus d'un quart de siècle, des recherches parfois ralenties, jamais interrompues, je ne le tairai pas. Je dois compte à mes lecteurs des vues qui m'ont dirigé, des essais auxquels je me suis livré; car ces vues vont encore me diriger, et ce sont ces mêmes essais que je vais poursuivre encore. Si l'ouvrage auquel j'ai consacré tant d'années est trop au-dessus de mes forces, que l'on sache du moins quelle conviction m'a entraîné à le croire nécessaire, et quels soins, quelle longue patience ont présidé à son exécution.

J'avais eu le bonheur de préluder à l'étude de l'Histoire naturelle par des études trop restreintes sans doute, mais sérieusement faites. sur les mathématiques. Dans les habitudes intellectuelles auxquelles on se forme par la culture de ces sciences sublimes, est la première origine de mes efforts vers un but si longtemps hors de ma portée. Je me trouvais, bien jeune encore, en présence de ces merveilles de la création animée, qui, comme celles de la création céleste, touchent déjà profondément le cœur, alors qu'elles échappent encore à l'esprit. Le premier sentiment que j'éprouvai devait être, il fut celui d'une religieuse admiration. Le second fut un profond découragement. Quand je passai de la contemplation à l'étude, quand je retombai de la nature à son histoire, la science m'apparut aussi incertaine, aussi inégale dans sa marche tour à tour hésitante et aventureuse, que je venais de la voir assurée, ferme, souverainement grande dans le monde idéal des vérités mathématiques. J'apercevais devant moi d'immenses horizons; mais comment les atteindre? La *Théorie des analogues*, que mon père venait de créer, restait encore incomprise de la plupart des naturalistes; et partout ailleurs en zoologie, je cherchais en

1. a.

vain une route où je pusse m'engager avec quelque
sûreté.

Nous sommes déjà loin de cette époque, et les
souvenirs en sont bien effacés. Les doctrines de
l'école allemande des *Philosophes de la nature*
avaient à peine pénétré de ce côté du Rhin, et les
deux écoles françaises ne s'étaient pas encore
définitivement constituées l'une en face de l'autre;
mais tous les dissentiments qui devaient éclater
quelques années plus tard existaient déjà en germes dans les esprits. Tandis que, parmi les maîtres
de l'Histoire naturelle, les uns s'élançaient de plein
saut, et presque par les seules forces de leur pensée,
vers les plus hautes sommités; d'autres, par une
réaction qui allait jusqu'à condamner l'usage aussi
bien que l'abus de nos plus belles facultés, prétendaient interdire à la science de s'élever au-dessus
de la simple observation des faits. Au delà de ce
qui est visible et tangible à nos sens, il n'y avait
place, selon eux, que pour des hypothèses, c'est-
à-dire pour le doute ou l'erreur. Dès lors l'absten-
tion était érigée en sagesse, et presque, par quelques-uns, l'immobilisme en système.

De ces exemples ou de ces préceptes si contraires, lesquels suivre?

Ni les uns ni les autres.

Ni ces exemples. Malheureux, ils portent avec
eux leur enseignement. Heureux, ils sont trop

au-dessus de nous; nous leur devons notre admiration, mais non notre imitation. L'audace n'est permise qu'au génie, et pour le génie même, elle a des périls où trop souvent il succombe.

Ni ces préceptes. La vraie sagesse ne saurait être dans l'excès de la prudence. Faut-il nous arrêter à l'entrée de la route, parce qu'elle peut avoir des passages difficiles? De telles règles de conduite sont de celles que l'on ne pose guère qu'à la condition de s'en affranchir soi-même. N'avons-nous pas vu, heureusement inconséquents à leurs propres principes, les partisans les plus exclusifs de l'observation créer, eux aussi, d'admirables théories, et, moins utilement pour la science, ceux-là même qui l'acceptaient aride et étroite pourvu qu'elle fût positive, ne pas craindre d'en parcourir le champ tout entier, en posant pour point de départ une hypothèse, la fixité de l'espèce, et pour point d'arrivée une autre hypothèse, la série ou l'échelle organique (1)?

Démontrer qu'entre l'audace de ces exemples et la timidité de ces préceptes, il y a place pour une sage hardiesse; que l'Histoire naturelle n'est réduite ni à renoncer à la découverte des rapports

(1) On verra que ces deux hypothèses sont inadmissibles dans le sens et avec l'extension qu'on leur donne généralement. Elles doivent être, non entièrement rejetées de la science, mais épurées des erreurs graves qui s'y mêlent à de grandes et fondamentales vérités.

et des lois générales, ni à les attendre, de loin en loin, des efforts individuels de quelques hommes de génie : tel fut le premier objet des recherches et des méditations dont cet ouvrage est finalement résulté. Dans un travail rédigé de 1827 à 1829, je résolvais déjà en grande partie les questions relatives à la méthode zoologique, comme je les résous ou plutôt comme nous les résolvons presque tous aujourd'hui ; faisant essentiellement consister cette méthode dans l'association logique de l'observation et secondement de l'expérience, pour la découverte des faits, du raisonnement et secondement du calcul, pour la découverte des rapports et des lois ; montrant, dans l'observation, la source, unique en Histoire naturelle, de toute certitude, mais aussi, dans le raisonnement, le principe de toute grandeur dans les résultats ; l'une à laquelle il appartient de jeter les fondements de l'édifice, l'autre de le construire ; tous deux également indispensables, non-seulement à la dignité, mais à l'existence même de la science. Sans l'une ou sans l'autre, nous n'aurions devant nous qu'un vain amas de matériaux, ou que des plans vainement tracés dans l'espace.

Sur ces questions si controversées il y a vingt ans, et sur lesquelles on commence à tomber d'accord, je n'ignore pas d'où est venue la lumière. Et lorsque j'ai dû traiter, il y a quelques années, ce point capital de notre science (1), il ne m'est pas arrivé de faire la moindre mention d'essais qu'avait précédés et qu'allait suivre l'œuvre du maître. Dans la *Philosophie anatomique*, la méthode rationnelle, seule vraie, seule possible en Histoire naturelle, n'est-elle pas déjà à la fois réalisée dans une direction par la *Théorie* ou *Méthode des analogues*, et indiquée pour les autres sous ce nom si caractéristique : *l'observation concentrée des faits*? Et l'ère de son avénement dans la science n'est-elle pas cette mémorable discussion de 1830 où mon père eut, devant l'Europe attentive, Cuvier pour adversaire et Goethe pour allié? Tout devait s'effacer devant l'éclat de tels souvenirs, et je me rendis la justice de m'oublier moi-même.

Sans me faire davantage illusion, je rendrai aujourd'hui leur date à des travaux qui furent du moins les points de départ de recherches plus importantes. J'en avais publié deux parties avant la discussion de 1830; et même, encouragé par le maître trop indulgent sur les pas duquel je m'avançais, j'avais osé présenter l'une d'elles au premier de nos corps savants. J'eus le bonheur de la voir très favorablement accueillie de l'Académie, adoptée même par elle pour le recueil des *Mémoires*

(1) *Vie, travaux et doctrine scientifique d'Étienne Geoffroy Saint-Hilaire*, Paris, 1847, Ch. V, VIII, X et XI.

des savants étrangers ; et dès lors je me crus le
devoir, comme je me sentais le désir, de développer, d'étendre et d'appliquer, autant qu'il pouvait
être en moi, des vues qui venaient d'être encou-
ragées de si haut. Et quelques mois après, lorsque
je dus présenter à la Faculté de médecine une
thèse inaugurale, des deux séries de propositions
dont je la composai, l'une était le prodrome de
cette *Histoire générale des anomalies* à laquelle
j'allais consacrer huit années, l'autre l'annonce et
l'esquisse partielle de l'ouvrage que j'écris aujourd'hui.

Depuis, les sujets de mes recherches ont été
très variés; mais toutes s'inspirent de la même
pensée : coordonner les faits à l'aide d'une méthode rigoureuse. Ainsi, dans mes mémoires sur
les *variations de la taille*, présentés à l'Académie
trois ans après mes premiers essais, et qu'elle
voulut bien accueillir avec la même faveur, ce sont
les lois de ces variations que je cherche à déterminer, et, pour y parvenir, j'emploie déjà ce que
j'ai nommé depuis la *Méthode synthétique par division*. Un an plus tard, c'est encore le perfectionnement de la méthode que j'ai surtout en vue, en
proposant cette *Classification parallélique*, d'abord
propre à la zoologie, mais bientôt étendue par
moi-même à la tératologie, et un peu plus tard à
l'anthropologie par l'un de mes illustres maîtres, à

la botanique par l'un de mes anciens élèves, aujourd'hui l'un de mes savants confrères (1). Que l'on me permette de rappeler encore quelques essais sur l'histoire de la zoologie, sur ses relations nécessaires avec les autres branches des connaissances humaines, sur la classification de celles-ci et leur unité subjective opposée à leur diversité objective : essais bien imparfaits peut-être, mais du moins témoignages de mes efforts constants pour rapprocher la méthode de l'Histoire naturelle de la méthode suivie dans les sciences plus avancées; seul moyen pour le naturaliste d'assurer sa marche vers la découverte des lois générales de l'organisation.

Les mêmes vues ont aussi dirigé mon enseignement. Dès 1831, dans un cours dont le programme, publié en 1830, embrasse déjà l'ensemble de la zoologie générale, j'entreprenais de discuter les principes de la méthode, et d'exposer les lois de l'organisation animale (2). En 1837, sur un plus grand théâtre (3), j'ai renouvelé cette ten-

(1) Et tout récemment à la classification des connaissances humaines, par un savant géomètre dont j'aurai bientôt à résumer et à discuter les vues.

(2) Ce cours a été résumé en 1834 dans la même chaire, celle de l'Athénée. J'avais, en outre, souvent rappelé et appliqué mes vues dans deux autres cours faits en 1832 et 1833, l'un sur les vertébrés, l'autre sur les embranchements inférieurs du règne animal.

(3) A la Faculté des sciences où j'avais l'honneur de suppléer mon père.

tative, et depuis, à trois reprises, en 1839, en 1842 et en 1847, j'ai donné le plan et les principaux résultats de mes recherches. Si j'ai fait d'année en année quelques progrès dans une voie si difficile, je le dois en grande partie à ces cours, les seuls peut-être que l'on ait entrepris sur l'ensemble de la zoologie générale, les seuls assurément que l'on ait faits sur ces bases. Au pied de sa chaire, parfois dans sa chaire même, sous l'influence féconde et comme à l'aide des muettes interrogations de son auditoire, quel professeur n'a senti son esprit prendre tout à coup des forces nouvelles? Pourquoi ne le dirais-je pas? sans mon cours de 1847, pendant lequel m'ont soudainement apparu, au moment où j'en désespérais presque, des solutions longtemps cherchées dans le silence du cabinet; sans l'auditoire éclairé et vraiment ami de la science que j'avais le bonheur d'avoir devant moi, cet ouvrage n'aurait vraisemblablement jamais vu le jour.

J'avais eu, depuis longtemps, la satisfaction d'entendre l'Académie reconnaître dans plusieurs de mes travaux le double caractère que je m'efforçais de leur donner; elle les avait, en 1833, déclarés *exacts et philosophiques*. Mais, moins indulgent à moi-même, je ne me faisais pas illusion sur ce qui leur manquait, et sept années s'écoulèrent encore avant que je les crusse dignes d'être réunis en un corps d'ouvrage. Mes *Essais de zoologie générale*, car je n'avais pas alors reconnu dans l'Histoire naturelle générale une science une et indivisible, n'ont paru qu'à la fin de 1840; et ce livre n'est encore qu'un recueil de mémoires détachés, pierres d'attente posées pour un édifice qui peut-être ne serait jamais élevé. J'en faisais moi-même l'aveu :

« Les résultats de mes recherches », lit-on dans la Préface, « pourront-ils un jour former un en-
» semble, en tête duquel il soit permis d'écrire
» sans trop de présomption ces mots : *Traité de*
» *zoologie générale?* Je n'ose dire que telle est mon
» espérance; mais telle est mon ambition, sans
» doute au-dessus de mes forces (1). »

Avec la même ambition, j'ai aujourd'hui plus d'espérance. Treize années de plus, treize années non moins remplies que les précédentes, me donnent le droit, et, je crois aussi, le devoir d'oser davantage. Voici donc un nouveau livre; mais que le public veuille bien l'accepter pour ce que je le donne. En 1840, je lui offrais des *Essais* partiels; c'est encore un simple essai que je lui offre aujourd'hui, mais étendu à la science entière.

(1) *Essais de zoologie générale, ou Mémoires et notices sur la zoologie générale, l'anthropologie et l'histoire de la science*, Paris, 1841 ; Préface, p. XV.

Je termine ici ces explications préliminaires.
Mes lecteurs savent maintenant la pensée de cet
ouvrage. Ils savent aussi par quelles laborieuses
recherches je m'y suis préparé, et c'est un souvenir
que j'avais besoin d'invoquer auprès d'eux. Puis-
sent-ils me suivre avec quelque bienveillance dans
la longue route que je vais parcourir, soutenu par
le sentiment qui inspirait à mon père la noble et
simple épigraphe de la *Philosophie anatomique :*
Utilitati !

18 Décembre 1853 (1).

(1) Il n'est pas inutile de rendre leur vraie date à cette Préface et
à la pensée de cet ouvrage. Les pages qui précèdent, imprimées une
première fois en 1851, ont été dès lors distribuées à mes confrères,
à mes amis, et présentées à l'Académie des sciences. (Voyez les
Comptes rendus de l'Académie, t. XXXII, p. 107.)

La date que l'on vient de lire est donc celle, non de la rédaction,
mais de la dernière révision de cette *Préface*.

DIVISION DE L'OUVRAGE

ET DISTRIBUTION DES MATIÈRES.

———

Quand un auteur traite d'une science depuis longtemps constituée, il lui suffit d'inscrire le nom de cette science en tête de son ouvrage, pour indiquer clairement à toute personne instruite quelles questions vont successivement l'occuper. Un traité nouveau d'une telle science a pour commentaires tous les traités antérieurement publiés, et son titre le circonscrit en des limites à l'avance connues et acceptées.

Dans un traité qu'aucun autre n'a précédé, et lorsqu'il s'agit d'une science depuis longtemps cultivée dans plusieurs de ses parties, mais dont l'ensemble n'a point encore été abordé, comment le titre adopté par l'auteur, fût-il l'expression exacte et complète de sa pensée, pourrait-il suffire au lecteur? Un titre est comme une de ces formules qui résument et, pour ainsi dire, concentrent en elles une multitude de notions; pour y recourir utilement, encore faut-il en avoir la clef.

On a déjà vu, par la Préface qui précède, quel est l'objet de cet ouvrage : c'est une histoire *générale*, et non, chose fort différente, une histoire *universelle* des êtres organisés, que j'ose ici entreprendre. Il est néces-

saire d'indiquer, dès à présent, quelles questions principales m'ont paru du domaine d'un tel ouvrage, et dans
quel ordre elles y seront traitées. Le lecteur saura du
moins exactement sur quel terrain je lui propose de me
suivre.

Voici le programme très abrégé de l'*Histoire naturelle
générale des règnes organiques.*

DIVISION DE L'OUVRAGE.	INDICATION DES PRINCIPALES QUESTIONS TRAITÉES.
INTRODUCTION HISTORIQUE (1).	Origines, progrès et décadence de l'Histoire naturelle dans l'antiquité. — Aristote. Théophraste. — Pline.
	Renaissance et progrès dans les temps modernes. — Rondelet. Belon. Gesner. — Harvey. — Les Bauhin. — Leuwenhoeck. — Jean Ray. — Linné. Buffon. Les Jussieu. Adanson. Bonnet. Haller. Pallas.
	Progrès récents. — Lamarck. Cuvier. Geoffroy Saint-Hilaire. — De Candolle.
PREMIÈRE PARTIE. **Prolégomènes.**	Notions générales sur les rapports des sciences. Classifications diverses des connaissances humaines. Classification objective et parallélique.
	Rapports nécessaires entre l'évolution des sciences biologiques et celle des sciences physiques. Conséquences relatives au perfectionnement de la méthode en Histoire naturelle.
	Vues émises sur la méthode des sciences naturelles et sur la direction qui doit être suivie dans ces sciences.
	Cuvier et son école. Schelling et les philosophes allemands de la nature. Geoffroy Saint-Hilaire et son école. — État présent de la science. Progrès qu'elle doit accomplir, et méthodes auxquelles elle peut recourir.

(1) Cette Introduction, où sont résumés les principaux progrès des sciences naturelles, sera complétée par l'historique de chacune des questions qui seront successivement traitées. Les sources seront indiquées dans les notes bibliographiques placées au bas des pages ; notes où des combinaisons typographiques, uniformément adoptées dans tout l'ouvrage, permettent de saisir, dès le premier coup d'œil, les noms des auteurs et les titres des ouvrages cités.

SECONDE PARTIE.

Notions biologiques fondamentales.

Règnes de la nature. — Règnes organiques. Caractères. — Vie individuelle. Vie spécifique.

Individualité organique. Animaux et végétaux simples et complexes, unitaires et composés. Vie mixte et vie commune.

Hérédité organique. — Épigénèse. — Êtres normaux et anormaux. — Hybrides, mulets, métis. — Animaux domestiques et végétaux cultivés. Origines. Retour à l'état sauvage. — Applications pratiques.

Polymorphisme zoologique et botanique. — Génération alternante. Métamorphoses. Influence du parasitisme.

Filiation des êtres organisés. — Variabilité limitée des types. — Permanence de la nature organique.

Notion de l'espèce, relativement à l'ordre actuel des choses; relativement à chacune des époques géologiques antérieures; et à un point de vue général. — Application à l'histoire des races humaines, au point de vue de leur Origine commune. — Première application à la géographie biologique, à la paléontologie, et plus généralement, à la géonémie.

TROISIÈME PARTIE.

Faits généraux, rapports et lois organologiques,

Relatifs aux êtres organisés considérés en eux-mêmes ou dans leurs organes.

Affinités, analogies, harmonies organiques.

Expressions diverses des affinités. — Système de la chaîne ou de l'échelle des êtres. — Cartes, réseaux et autres représentations graphiques. — Classifications. Méthode naturelle. Caractères essentiels, généraux, subordonnés, indicateurs. — Répétition des mêmes formes, des mêmes caractères dans des groupes différents. Correspondants zoologiques et botaniques. — Classification parallélique. Ses avantages sur les autres formes de classification, comme expression beaucoup plus approchée des rapports naturels. — Elle est très généralement applicable en biologie. — Séries zoologiques, réductibles abstractivement à l'unité. Dégradations successives. Détermination de l'ordre hiérarchique. — Examen au même point de vue du règne végétal.

Analogies individuelles, spécifiques, générales. Symétrie. — Théorie ou Méthode des analogues. Fixité des connexions. — Analogies primitives. — Inégalités de développement. — Balancement des organes. — Développement centripète, et affinité des parties similaires. — Rénovation des organismes. — Théories de l'unité de composition, et de la répétition organique en zoologie. — Théorie de la méta-

TROISIÈME PARTIE.

(Suite.)

morphose, en botanique. — Concordance entre l'embryogénie, l'anatomie comparée, la tératologie, et même la pathologie. Harmonies individuelles, spécifiques, générales. Sympathies. — Rapports entre l'organe et la fonction. — Conditions d'existence. Abus du finalisme. — Harmonies transitoires et successives. Harmonies tératologiques et pathologiques. — Premier aperçu de l'harmonie progressive.

QUATRIÈME PARTIE.

Faits généraux, rapports et lois éthologiques.

Relatifs aux instincts, aux mœurs, et plus généralement aux manifestations vitales extérieures des êtres organisés.

Intelligence et instinct chez les animaux. Actes automatiques. Mœurs des animaux. Conservation de l'individu ; conservation de l'espèce. — Recherches de la nourriture. — Habitat. Espèces sédentaires, erratiques, voyageuses. — Déplacements accidentels. Migrations irrégulières. Migrations périodiques. — Associations temporaires ou permanentes. Espèces sociales. — Prévisions maternelles. Choix du lieu où doivent être déposés les œufs. Nidification. Éducation. Modification des habitudes, et par suite des instincts chez les animaux domestiques. Permanence des instincts acquis. Considérations éthologiques, applicables aux végétaux.

CINQUIÈME PARTIE.

Faits généraux, rapports et lois géonémiques,

Relatifs à la distribution successive et actuelle des êtres organisés à la surface du globe terrestre.

Géonémie actuelle ou géographie biologique. — Distribution des animaux et des races humaines à la surface d'un même continent et des îles qui s'y rattachent. Distribution à la surface du grand, du moyen et du petit continent, comparés entre eux. Distribution dans les Océans, mers intérieures, lacs et cours d'eau. Contrastes et similitudes. Représentants géographiques. — Distribution des végétaux, comparée à celle des animaux. — Conséquences biologiques. — Application à la géologie.
Géonémie ancienne ou paléontologie. — Fossiles animaux et végétaux, anciens et modernes. Fossiles humains modernes. — Distribution de ces fossiles dans les couches de la terre. — Conséquences biologiques. — Application à la géologie.
Géonémie générale. — Comparaison entre les êtres organisés, selon les temps, les lieux et les conditions de leur existence. — Succession des êtres anciens, modernes, récents et actuels. — Examen de l'hypothèse des créations successives, et de l'hypothèse de la translation. — Extinction d'un grand nombre de types ; conservation d'un grand nombre d'autres. Filiation. Déplacements, modifications. — Harmonie progressive.

SIXIÈME PARTIE.

**Philosophie natu-
relle.**

Concordance des lois organologiques, des lois éthologiques, et des lois géonémiques. Convergence de la science tout entière vers l'unité philosophique.

Vue d'ensemble sur la nature organique. — Mobilité perpétuelle des détails, permanence générale. L'unité par la variété. — Succession harmonique des phénomènes individuels et généraux. Harmonie progressive. — L'unité par la variété, l'harmonie progressive, lois générales de la nature, et témoignages éclatants de la sagesse suprême.

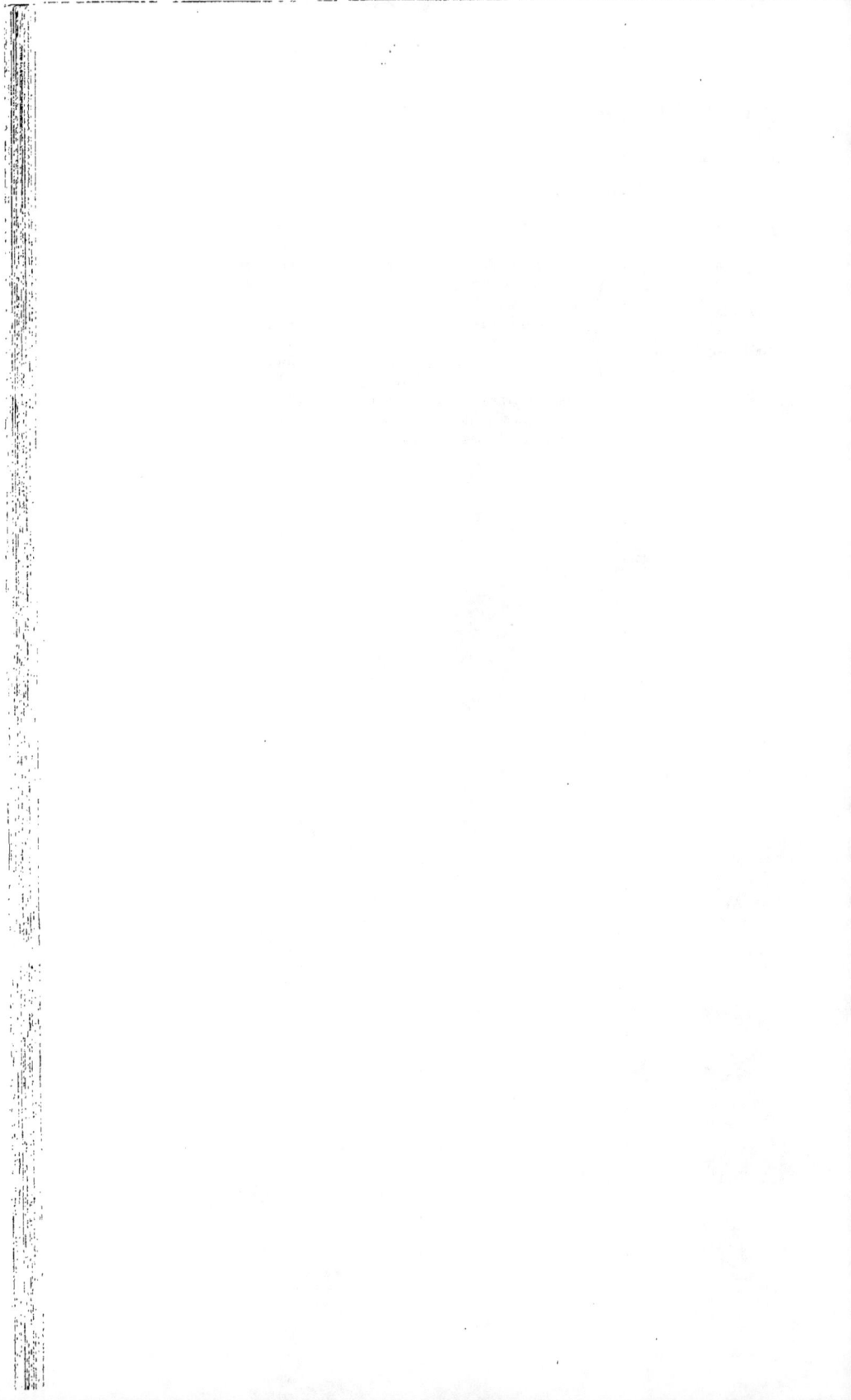

HISTOIRE NATURELLE

GÉNÉRALE

DES RÈGNES ORGANIQUES.

INTRODUCTION HISTORIQUE.

L'histoire philosophique des sciences naturelles n'existe pas encore. Cuvier, Blainville l'ont préparée, ils ne l'ont pas faite; peut-être n'était-elle pas alors possible. Peut-être même ne l'est-elle pas encore; mais, sans nul doute, le moment est proche où elle le sera; et il est dès à présent permis, en attendant qu'un des maîtres de la science et de la philosophie trace le tableau tout entier, d'en chercher, d'en rassembler les traits principaux.

Tel est l'objet de cette Introduction. On n'y trouvera pas un exposé, même sommaire, de tous les progrès de l'Histoire naturelle organique. Mais j'essaierai de les résumer, d'en montrer l'enchaînement; seul but que je puisse me proposer, si je ne veux donner pour introduction à cet ouvrage un autre ouvrage aussi étendu que lui-même. Je déterminerai historiquement la marche suivie par l'esprit humain dans l'étude des êtres doués de vie;

marquant du moins par des jalons cette longue route sur
laquelle nous nous avançons à notre tour, entre les glorieux devanciers qui nous l'ont ouverte, et nos successeurs, dont le premier rang déjà se presse sur nos pas.
D'où sommes-nous venus? Où tendons-nous? se demande
dès ses premières pages notre immortel Buffon (1). Nous
aussi, nous devons nous poser ces questions : Où
sommes-nous parvenus? Qu'a-t-on fait? Et qu'avons-
nous à faire?

A l'Histoire seule appartient la première partie de la
réponse; à l'union de l'Histoire avec la Philosophie appartient la réponse tout entière.

Avant de nous tourner vers l'avenir, revenons donc
rapidement sur le passé. Dans ce que la science a déjà
fait, ce qu'elle doit faire est comme implicitement contenu, comme secrètement écrit à l'avance : c'est à nous
de savoir le lire (2).

(1) « *Unde ortus* (*homo*)? *Quo tendat?* » dit aussi LINNÉ au commencement du *Systema naturæ*; mais ces mots sont pris ici dans un
autre sens, dans le sens moral et religieux.

(2) Je me suis préparé au travail qui va suivre par plusieurs études
partielles que l'on trouvera pour la plupart dans mes *Essais de zoologie générale*, 1re partie, p. 1 à 223.

La première esquisse de la partie zoologique de cette Introduction
avait été d'abord publiée dans la *Revue des deux mondes*, livraison
du 1er avril 1837.

PREMIÈRE SECTION.

ORIGINES, PROGRÈS ET DÉCADENCE DE L'HISTOIRE NATURELLE
DANS L'ANTIQUITÉ.

SOMMAIRE. — I. Notions contenues dans le *Pentateuque*. — II. Origines de l'Histoire naturelle. — III. Notions chez les Chinois. — IV. Notions chez les Indiens et les Perses. — V. Notions chez les Égyptiens. — VI. Premiers progrès chez les Grecs. — VII. ARISTOTE. — VIII. L'école d'Aristote. Théophraste. — IX. Auteurs romains et grecs. Pline. — X. Dioscoride. Galien.

I.

L'Histoire naturelle, comme science, est récente; les connaissances sur les animaux et les plantes sont aussi anciennes que l'Homme lui-même.

La *Genèse*, ce monument mystérieux de l'origine de notre globe et de notre espèce, nous représente Adam, à peine sorti des mains de Dieu, et avant même la création de la femme, s'occupant de dénommer les animaux de la terre et les oiseaux du ciel; et les noms qu'il leur donna furent, dit la *Genèse*, les *noms véritables* (1).

Nous serions donc en droit de dire que le premier homme fut aussi le premier naturaliste, et que la zoologie,

---

(1) C'est, du moins, la version généralement admise; c'est, par exemple, celle de LEMAISTRE DE SACY, pour ce passage de la *Genèse*, II, 19 : *Omne enim quod vocavit Adam animæ viventis, ipsum est nomen ejus.* M. DE GENOUDE, toutefois, et plusieurs autres, traduisent différemment.

Ce passage de la *Genèse* a été presque reproduit dans le *Coran*. On y lit, II, 31, que Dieu lui-même apprit à Adam les noms de tous les êtres.

en particulier, devançant toutes les autres branches des connaissances humaines, a précédé même l'achèvement de notre espèce. Si l'ancienneté d'une science pouvait ajouter à sa valeur propre, à sa *dignité*, selon l'expression de Bacon, la zoologie aurait donc encore ce titre à la qualification que, par d'autres motifs, Linné n'hésite pas à lui donner : *Zoologia, pars illa Historiæ naturalis nobilissima* (1).

La *Genèse* ne fait pas seulement remonter aux temps primitifs la connaissance des animaux ; ses premiers chapitres nous les montrent employés par l'homme, soumis à sa loi. Selon plusieurs versions même, les espèces domestiques faisaient déjà partie de l'*œuvre des six jours* (2) ; dans toutes nous voyons Abel pasteur de brebis, et c'est le pigeon, messager intelligent et docile, qui, lors du déluge, annonce à Noé la retraite des eaux. Dans les chapitres suivants, après le voyage d'Abraham en Égypte,

(1) *Systema naturæ, edit. prima*, dans les *Observationes in Regnum animale*, édition de Fée, p. 54.

(2) Ce qui a été opposé, le croirait-on ? à mes récentes expériences de domestication. Une courte explication, sans qu'il soit besoin de recourir aux faits, permettra d'apprécier à sa valeur cette objection prétendue religieuse.

C'est le mot *Béhémah* que la plupart des traducteurs ont rendu par *animaux domestiques*. Mais le sens de ce mot est fort ambigu. Les Septante lui ont donné tour à tour pour équivalent κτῆνος, τετράπους et θηρίον, auxquels correspondent en latin *jumentum, quadrupes* et *fera*. M. l'abbé Rara, professeur au Lycée de Douai, hébraïsant distingué, a bien voulu rédiger pour moi, sur cette question philologique, une intéressante note dont voici la conclusion : « Le mot » *Béhémah* paraît n'être jamais employé pour désigner les poissons, les » oiseaux, les reptiles, mais, du reste, *s'appliquer à tous les animaux* » (sauvages ou domestiques) *qui se tiennent sur leurs pieds.* »

l'âne, la chèvre, le bœuf, le chameau, sont mentionnés, presque à chaque page.

Il est digne de remarque que, parmi les autres quadrupèdes domestiques, un seul, le cheval, figure dans la *Genèse;* encore n'est-ce que deux fois, et beaucoup plus tard, dans l'histoire de Joseph en Égypte. Le porc et le chat, la poule, parmi les oiseaux, sont complétement omis; et il en est ainsi de l'espèce elle-même que l'on croirait avoir été partout la première asservie à l'homme. Si l'on a fait du chien le gardien du troupeau d'Abel, si on l'a représenté, après le crime de Caïn, défendant le corps de son maître contre les bêtes féroces, c'est d'après une tradition recueillie par quelques Rabbins (1), mais qui ne remonte qu'à une époque peu reculée, et doit être considérée comme dépourvue de toute valeur historique (2).

Le *Pentateuque,* si riche en indications relatives aux

(1) ELIEZER, *Magna opera Domini seu Conciones in Pentateuchum,* Venise, 1583 (en hébreu), *cap.* 21.

(2) Non seulement la *Genèse* ne fait figurer le chien dans aucune des scènes pastorales, dans aucun des événements qu'elle retrace; mais il n'y est ni cité ni indiqué de quelque manière que ce soit. Je n'ai pas trouvé davantage son nom sur cette triple liste d'animaux *purs* et *impurs* que le législateur hébreu a dressée dans le *Lévitique.*

Les indications que donne la *Genèse* sur les animaux domestiques, déjà intéressantes par elles-mêmes, seront rapprochées, dans la suite de cet ouvrage, de celles que l'on trouve dans les livres sacrés de la Perse et de l'Inde. La discussion comparative des unes et des autres fournira quelques arguments que nous verrons confirmés par des faits d'un autre genre, en faveur de cette hypothèse : Il y a eu, pour la domestication des animaux, plusieurs centres correspondant à l'origine des rameaux principaux de la race caucasique.

animaux, nous apprend beaucoup moins sur les végétaux. La connaissance et la culture des uns paraît toutefois avoir marché de pair avec celle des autres. A côté d'Abel pasteur, est Caïn laboureur, et Noé ajoute la culture de la vigne à celle des céréales (1).

II.

Les livres les plus anciens de l'Asie centrale et orientale, les monuments de l'Égypte, nous montrent, comme la *Genèse*, les animaux et les plantes observés et cultivés dans une haute antiquité. L'histoire authentique confirme ici ce qu'indiquent déjà les mythologies, cette histoire antérieure écrite par les poëtes au berceau de toutes les civilisations (2).

(1) La mention de l'olivier (mais non de sa culture) précède celle de la vigne dans l'histoire de Noé (*Genèse*, VIII, 11).

La *Flora biblica* de SPRENGEL, insérée dans son *Historia rei herbariæ*, 1807, t. l, p. 6 à 19, comprend 70 plantes. Mais presque toutes les indications que donne ce célèbre botaniste sont extraites des parties de la *Bible* qui suivent le *Pentateuque*, principalement des *Psaumes* et des livres des *Prophètes*.

Les plantes et les animaux de la Bible ont donné lieu à un grand nombre de travaux. On trouve la liste très complète de ceux qui se rapportent aux plantes, dans le *Thesaurus litteraturæ botanicæ* de PRITZEL, *fascicul.* V, 1850, p. 362. Pour les animaux, voyez surtout BOCHART, *Hierozoicon*, 2 vol. in-4, Leipzig, 1793 et 1794.

(2) « S'il est vrai, comme l'a dit Fontenelle, que l'histoire n'est » qu'*une fable convenue*, il n'est pas moins vrai que la fable est » souvent *une histoire méconnue*. » Je trouve cette remarque, aussi vraie que spirituellement exprimée, dans un ouvrage anonyme et peu connu, *Sur le progrès des connaissances humaines*, Lyon, in-8, 1781. Voyez p. 31. L'auteur de cet ouvrage est le célèbre Michel SERVAN.

Chaque peuple est comme chacun de nous : de sa première enfance, il ne sait rien ; sur les temps qui sont venus ensuite, il n'a que de vagues et douteux souvenirs. Mais ce qu'ont dû être d'abord les peuples de l'Asie et du nord-est de l'Afrique, véritables ancêtres intellectuels des sociétés modernes, nous pouvons l'imaginer par ce que sont encore aujourd'hui tant de peuples de l'Océanie et de l'Amérique ; peuples enfants dont plusieurs s'éteignent déjà en présence des nations vieillies de notre Europe.

Chasseurs et pêcheurs, les peuples primitifs sont sans cesse en face de la nature : leur subsistance, leur conservation est au prix d'une connaissance exacte des êtres vivants qui sont à leur portée. S'ils deviennent pasteurs, s'ils commencent à cultiver le sol, c'est un nouvel ordre de faits qui se déroule devant eux : leurs rapports avec le monde extérieur s'étendent, et avec eux les notions dont ils ont besoin. La première Histoire naturelle, c'est l'ensemble de ces notions toutes pratiques sur les animaux qui entourent l'homme, les uns ses ennemis, les autres sa proie, d'autres encore ses serviteurs ; sur les végétaux utiles par leurs produits ou funestes par leurs poisons. Mais bientôt la curiosité, heureusement innée en nous, entraîne au delà, et elle est la source d'un savoir qui, transmis traditionnellement, ne tarde pas à être altéré par la fiction. La nature est la plus grande des merveilles ; elle ne suffit pourtant pas à la jeune imagination de ces peuples ; et quand l'homme se civilise, ce qu'il écrit d'abord dans ses livres et sur ses monuments, ce sont autant des mythes et des légendes que des faits.

Mais ces faits sont souvent bien observés ; ces mythes,

ces légendes ne sont parfois qu'un voile transparent jeté sur d'importantes vérités. Il peut venir un jour où les naturalistes, revoyant les mêmes faits, retrouvant les mêmes vérités, et les archéologues, maîtres enfin de textes longtemps ignorés ou incompris, se rencontrent dans cette conclusion commune : la science moderne a été devancée, sur une multitude de points, par le savoir de l'antique Orient.

III.

Il est, du moins, un peuple à l'égard duquel le doute n'est plus permis; peuple immobile qui, seul entre tous, conserve et comprend encore des livres écrits par ses poëtes et ses législateurs primitifs. Non seulement les encyclopédies et les ouvrages scientifiques que possèdent les Chinois attestent, sur l'Histoire naturelle, des connaissances étendues et variées dont il est difficile de ne pas faire remonter très loin la source (1). Mais, bien des siècles avant tous ces recueils, et par delà tous les autres livres de l'antiquité, chez quelque nation que ce soit, le *Chi-king* ou *Livre des vers*, et le *Chou-king* ou *Chang-*

___

(1) La Chine a possédé, mais a perdu des livres beaucoup plus anciens sur les sciences. Brûlés, avec les *Kings*, par ordre de l'empereur Chi-hoang-ti, vers la fin du IIIᵉ siècle avant notre ère, ils n'ont pas été retrouvés ou rétablis, comme les *Kings*, après la persécution. Voyez DE GUIGNES, préface de la traduction du *Chou-king* par le P. GAUBIL, p. xiij; et l'*Histoire universelle de l'antiquité*, par SCHLOSSER, trad. de GOLBÉRY, t. I, p. 98 : « Tous les livres sur les » sciences et sur les arts, dit l'auteur, ont péri. »

chou, le *Livre auguste* des Chinois (1), renferment déjà sur les animaux et les végétaux de l'Asie orientale des indications dont le nombre et la précision nous étonnent. Et plus on pénètre dans l'intelligence de ces textes, trop souvent défigurés par les traducteurs (2), plus l'étonnement augmente. Le *Chi-king*, en particulier, collection d'odes et de chants divers, recèle, sous des formes variées, des notions, très nettement données, sur une multitude d'espèces sauvages, sur leur organisation extérieure, leur habitat ou leurs mœurs; et comme les auteurs ne sont pas des savants qui décrivent et exposent, mais des poëtes qui rappellent et comparent, on voit que toutes ces notions devaient être dès lors très généralement répandues. Moins riche sous ce point de vue, le *Chou-king* nous offre un autre genre d'intérêt : livre historique et administratif, il mentionne surtout les animaux et les végétaux utiles à l'homme; ceux dont les produits, comme les pelleteries, les dents, les perles, le vernis, étaient payés en tributs ou offerts en don à l'empereur;

(1) Ces livres, dans leur forme actuelle, sont attribués à Confucius; le fond remonte authentiquement à une très haute antiquité.

(2) Dans un seul chapitre du *Chou-king*, et précisément l'un de ceux qui intéressent l'Histoire naturelle (le *Lou-ngao*), la traduction de GAUBIL, à laquelle pourtant il faut recourir, ne renferme pas moins de *dix-sept contresens*, relevés par M. Stanislas Julien. Sans l'obligeance extrême que ce célèbre sinologue a mise à me prémunir contre ces causes d'erreur, sans les précieux documents dont je lui suis redevable, je me serais sans doute égaré dès les premiers pas dans le difficile examen des deux *Kings* que j'ai dû consulter.

A l'égard du *Chi-king*, plusieurs notes relatives aux animaux et aux plantes ont été ajoutées par M. J. MOHL à sa savante traduction : *Confucii* Chi-king *sive Liber carminum*, Stuttgard, in-12, 1830.

I. 1.

puis les céréales (1), divers orangers, le mûrier et le ver
à soie, cultivés dès le règne d'Yao (2) ; et les quadrupèdes
domestiques, le chien, le bœuf, la brebis, le cochon et le
cheval : celui-ci employé, plus de vingt siècles avant notre
ère, dans les travaux de la guerre aussi bien que dans
ceux de la paix.

IV.

Nous avons de semblables indications, en moindre
nombre toutefois, à l'égard des Indiens et des Perses ; et
ici, avant toute étude des textes, on pouvait asseoir déjà
quelques prévisions sur ce que l'on sait des croyances
religieuses de ces peuples. Tandis qu'à l'est de l'Indus,
l'adorateur de Brahma voyait dans les animaux, et jusque
dans les plantes, ses frères momentanément transformés

(1) « Dans toutes les traditions sur les âges primitifs et dans tous
» les commentaires sur ces traditions, dit Schlosser, *loc. cit.*, p. 110,
» il est question des céréales que nous connaissons. »
Le même auteur cite plus bas les pois, les fèves, qui faisaient
partie nécessaire de certains sacrifices, le coton et le chanvre.

(2) Presque dès les premières pages du *Chou-king*, il est question
du ver à soie, du mûrier, et de leur culture qui remonterait ainsi à
vingt-deux siècles avant notre ère. Mais M. Julien, *Comptes rendus
de l'Académie des sciences*, t. XXIV, p. 1071, la reporte à une époque
bien plus reculée encore. Voici les premières lignes d'un passage
dans lequel l'auteur énumère les principales inventions faites en
Chine avant et après notre ère : « Il résulte de documents authen-
» tiques déjà publiés ou faciles à produire, que *deux mille sept cents ans
» avant Jésus-Christ, les Chinois avaient inventé l'art d'élever les vers
» à soie* ; mille ans avant, la boussole pour les voyages de terre et de
» mer ;... deux cents ans avant, l'encre et le papier à écrire, la poudre
» de guerre... »

et déchus, la loi mazdéenne, sur l'autre rive du fleuve, érigeait en devoirs également pieux l'amour et la protection des espèces utiles, bienfaits d'Ormuzd, et la destruction des animaux nuisibles, ouvrages détestés d'Ahriman (1). Chez l'un et l'autre peuple, les dogmes théologiques rattachaient donc à la religion elle-même la connaissance de la nature vivante. Les parties déjà connues des *Védas* et des *Nackas* attestent-elles, en effet, dans les temps reculés où elles furent écrites, un savoir réel sur les animaux et les plantes? On n'oserait l'affirmer; mais on aperçoit du moins, dans plusieurs passages, les traces de notions très variées, et parfois précises, sur un grand nombre d'espèces indigènes, et peut-être même, pour le *Zend-avesta*, sur quelques animaux de pays étrangers, mais voisins.

Le même recueil, dans le livre cosmogonique intitulé *Boun-dehesch* (2), renferme une longue énumération méthodiquement faite, dans laquelle on pourrait voir la première ébauche d'une classification zoologique. Quant aux espèces utiles, les *Védas* aussi bien que les *Nackas* nous les montrent complétement, et depuis longtemps, en la possession de l'homme. Plusieurs animaux, en particulier, ont déjà subi des modifications organiques qui doivent faire reporter très loin leur première domestica-

---

(1) *Zend-avesta*, traduct. d'ANQUETIL-DUPERRON, t. II, p. 353. — Voy. aussi J. REYNAUD, dans le bel article ZOROASTRE de l'*Encyclopédie nouvelle*, t. VIII, p. 807.

(2) *Loc. cit.*, t. II, p. 343. Ce livre perd malheureusement pour nous une grande partie de son intérêt, en raison des nombreuses imperfections de la traduction.

tion. L'antique *Rig-Véda* lui-même nous montre, dans
l'Inde, des vaches à mamelles hypertrophiées et pendantes (1), et des chevaux presque aussi variés de couleurs que ceux de nos jours. De même, le *Zend-avesta*
mentionne, en Perse, dans plusieurs espèces, des races
très distinctes, par exemple, des races de chiens dont
chacune a sa taille, ses formes, son naturel propre et son
emploi particulier (2).

V.

L'Égypte antique ne nous a pas laissé de livres, mais
elle a écrit son histoire et sa religion sur tous ses monuments. Or sa religion, c'est aussi tout son savoir. Chez
les peuples divisés en castes, l'une d'elles reste l'unique
dépositaire de toutes les richesses intellectuelles, amassées
par les générations antérieures. En Égypte, le prêtre est
en même temps le seul philosophe, le seul lettré, le seul
savant, et même le seul médecin. Le droit de savoir est
l'une de ses prérogatives, et cette prérogative, il la conserve précieusement. Il place dans le temple, entre lui et
son Dieu, tout le trésor des connaissances humaines ; il
en honore, il en agrandit la religion, et n'en révèle au
peuple que quelques notions présentées sous le voile de
l'allégorie, et comme des mystères que l'on doit révérer
sans les comprendre.

(1) *Sect.* III, *lect.* III, *hymn.* XVI ; traduct. de M. LANGLOIS, t. II,
p. 87.

(2) *Boun-dehesch*, dans le *Zend-avesta, loc. cit.*, t. II, p. 373, et plusieurs passages du *Vendidad-sadé*, t. I, 2ᵉ part., p. 379 et suiv.

Ce qu'était l'Histoire naturelle dans l'antique Égypte, quels furent le nombre et l'importance des faits déjà recueillis, ce sont des questions à jamais insolubles. Même après les admirables découvertes de Champollion et d'Young, son émule doublement illustre, qui oserait concevoir l'espérance d'arracher à la science égyptienne les voiles qui la cachaient aux Égyptiens eux-mêmes? Mais nous en entrevoyons du moins les traits principaux, et les travaux des naturalistes de l'expédition française en Égypte ont dès longtemps montré combien peut être ici féconde l'alliance de l'Histoire naturelle et de l'Histoire.

Les Égyptiens, comme tous les autres peuples de l'antiquité, ont moins fixé leur attention sur les végétaux que sur les animaux. Leurs connaissances sur le premier de ces règnes ne sont du moins attestées que par des preuves beaucoup plus rares ou moins décisives, et qui, en outre, se rapportent presque exclusivement à des espèces alimentaires, textiles, ou diversement utiles dans les arts, la médecine et l'économie domestique. Cinq seulement sont mentionnées par Sprengel (1), dans son érudite *Historia rei herbariæ*, comme figurées sur les monuments de l'Egypte : ce sont, avec le papyrus dont chacun connaît l'usage, le figuier sycomore, plus précieux encore par son bois que par ses fruits; le sébestier (2), dont on mangeait les drupes; la scille maritime, déjà employée dans le traitement de plusieurs maladies, et le Nélumbo, ou le célèbre *Lotus* d'Isis et d'Osiris : ce der-

(1) *Loc. cit.*, p. 29 à 31.
(2) *Cordia myxa.*

nier, plante sacrée, souvent représentée à ce titre et pour
la beauté de ce *lys en forme de rose* (1), mais aussi plante
alimentaire; le peuple, mais non les prêtres, mangeait ses
fèves. Cette courte liste donnée par Sprengel est loin
d'être complète; on trouve représentées aussi plusieurs
autres plantes, par exemple, outre les céréales et la vigne,
le lin et le dattier. Ce sont encore, on le voit, des espèces
utiles; et il en est de même de celles dont des parties ou
des produits, conservés dans les hypogées, sont venus
jusqu'à nous en nature : les unes textiles, le cotonnier et
le chanvre; d'autres diversement usuelles, telles que le
palma-christi, dont l'huile servait à l'éclairage, et divers
conifères et térébinthacées dont les résines et les baumes
étaient employés dans l'économie domestique et dans l'art
des embaumements.

Le savoir des Egyptiens sur les animaux s'étend bien
au delà. Un peuple qui les divinisait, a dû en porter loin
la connaissance. Nous voyons l'Égypte au moins aussi
riche en races animales domestiques qu'en végétaux
cultivés; et plusieurs de ces races sont déjà singulière-
ment éloignées des types spécifiques dont elles dérivent.
Dans les scènes de chasse peintes sur les monuments,
figurent des chiens à oreilles tombantes, fort semblables
à nos braques, et des lévriers, ceux-ci toutefois à oreilles
droites. Ailleurs ce sont des bœufs de variétés diverses,
et parmi eux le zébu; ailleurs encore, des chevaux à
riche crinière, des béliers à trois cornes, des chèvres
à oreilles longues et pendantes.

(1) C'est sous ce nom qu'HÉRODOTE désigne le Nélumbo. Voyez
l'*Euterpe*.

De semblables peintures où les animaux sont souvent
représentés avec une parfaite entente de leurs habitudes, et de plus les figurines, les momies et d'autres
documents de diverses sortes, conservés jusqu'à nos
jours dans les hypogées, attestent que les Égyptiens
ont de même possédé des notions étendues et souvent
exactes sur les espèces sauvages; et non pas seulement
sur celles qu'il importait de connaître. Ces quadrupèdes,
ces reptiles, ces insectes, ennemis de l'homme, de ses
troupeaux, de ses cultures, que nourrit en si grand
nombre l'Égypte aussi bien que toutes les autres terres
africaines; cette multitude de poissons alimentaires qui
peuplent le Nil; ces animaux de diverses classes qui
vivent sur ses bords, et que le fleuve, à chacune de ses
inondations, livre à l'Égypte comme un tribut annuel,
fournissaient déjà un champ bien vaste d'observation.
Les Égyptiens ne s'y sont pas arrêtés. Ils ont recueilli,
en dehors de toute application pratique, un grand nombre
de faits sur l'organisation et surtout sur les mœurs des
animaux de l'Égypte et des déserts qui la bordent de
deux côtés, soit que ces faits eussent été étudiés pour leur
intérêt propre, soit qu'on les rattachât à cette religion, si
bizarre en apparence, dont chaque mystère était l'expression allégorique de l'un des grands phénomènes naturels.

Jusqu'où les Égyptiens ont été dans cette voie, nous
l'entrevoyons surtout dans les écrits d'Hérodote, dont
l'ouvrage est une histoire scientifique, religieuse et morale, en même temps que politique. Les détails qu'Hérodote nous a transmis sur plusieurs animaux de l'Égypte,
les tableaux si fidèlement naïfs dans lesquels il a exprimé

leurs caractères et retracé leurs mœurs, ne sont sans doute qu'un pâle reflet du savoir des Égyptiens; et cependant, tels qu'ils sont, ils eussent suffi pour faire vivre à jamais le nom d'Hérodote, alors même que le *Père de l'histoire* eût perdu, par la mutilation de son admirable livre, ses titres à une autre et plus brillante immortalité (1).

VI.

Ce n'est pas ici le lieu de rechercher si la civilisation et la science grecques procèdent de la civilisation et de la science égyptiennes ou indiennes, ou si ces vives lumières dont l'Ionie, la grande Grèce et l'Attique furent tour à tour le foyer, sont dues au génie propre des peuples hel-

---

(1) La véracité d'Hérodote avait été contestée : chacun aujourd'hui lui rend hommage. En ce qui concerne l'Histoire naturelle, mon père, durant son séjour en Égypte, a repris de point en point les récits d'Hérodote, et en a établi la fidélité par des preuves auxquelles il reste peu à ajouter. Pour ne citer qu'un exemple, le passage dans lequel Hérodote nous dépeint un oiseau, le *trochilus*, pénétrant dans la gueule béante du crocodile; ce passage qui, entre tous, avait excité l'incrédulité, a été, comme les autres, reconnu exact. Mon père a été à son tour, dans la haute Égypte, témoin oculaire de la merveilleuse scène décrite par Hérodote. — Voy. l'histoire des crocodiles d'Égypte insérée par GEOFFROY SAINT-HILAIRE dans la grande *Description de l'Égypte, Histoire naturelle*, t. I, p. 198 et suiv. Voy. aussi, sur le même sujet et sur plusieurs questions analogues, les mémoires suivants du même auteur : *Mémoire sur les animaux du Nil, considérés dans leurs rapports avec la théogonie des anciens Égyptiens*, dans le *Bulletin philomatique*, 1802, t. III, p. 129 (extrait). — *Sur les habitudes attribuées par Hérodote aux crocodiles du Nil*, dans les *Annales du Muséum*, 1807, t. IX, p. 373. — *De l'état de l'Histoire naturelle chez les Égyptiens*, dans la *Revue encyclopédique*, 1828, t. XXXVIII, p. 289.

léniques (1). Mais il importe beaucoup de remarquer qu'en Grèce, comme en Égypte, la culture simultanée des branches les plus diverses du savoir humain reste le caractère commun de toutes les écoles. Un *sage*, comme on disait avant Pythagore, un *philosophe*, comme on a dit depuis, ne sépare ni les sciences de la philosophie proprement dite, ni une science quelconque de toutes les autres. Le tronc commun des connaissances de l'homme n'a point encore de branches distinctes. Thalès, le premier des sages de la Grèce, est physicien, astronome, géomètre et moraliste; Pythagore fait de la science des nombres la science universelle; Anaxagore associe l'histoire naturelle et l'astronomie à la métaphysique, à la morale; Alcméon est métaphysicien, naturaliste et médecin; Démocrite est de plus géomètre, et Empédocle, poëte et musicien.

C'est que presque tous ont l'ambition de découvrir ou la prétention d'avoir découvert un principe général et commun dont ils veulent étendre l'application aux faits de tous les ordres. Dans ces efforts prématurés pour constituer l'unité de la science et de la philosophie, leur riche imagination déploie librement ses ailes, et trop souvent va se perdre dans les espaces infinis où elle erre sans guide : mais parfois aussi l'observation vient à la suite; on in-

_____

(1) Sur cette importante question, voy. RENOUVIER, *Manuel de philosophie ancienne*, 1844, liv. II et suiv.

Sur l'histoire de la philosophie et des sciences en Grèce, voyez, outre ce même livre : CUVIER, *Histoire des sciences naturelles*, leçons recueillies par M. MAGDELEINE DE SAINT-AGY, t. I, 1831, p. 66 et suiv. — BLAINVILLE et MAUPIED, *Histoire des sciences de l'organisation*, 1845, t. I, p. 28 et suiv.

voque son secours, non pour découvrir, mais lorsqu'on croit avoir découvert, pour justifier et étendre des idées préconçues. C'est, jusqu'à Aristote, la gloire unique d'Hippocrate d'avoir fait l'inverse, et c'est pourquoi il est le père de la médecine.

La science grecque a possédé, dès le vi^e siècle avant l'ère chrétienne, avec beaucoup d'hypothèses, quelques notions positives sur les animaux. Dans le ve, le progrès est très marqué. Il y a déjà loin de Thalès cherchant dans l'eau le principe essentiel de la vie ; d'Anaximandre faisant sortir tous les êtres vivants et l'homme lui-même de l'élément humide, et cet élément de l'infini ; de tous ces philosophes n'appelant à l'appui de leurs systèmes qu'un petit nombre de faits vulgairement connus, à Anaxagore entrevoyant les fonctions de l'encéphale ; à Alcméon, à Empédocle faisant déjà des observations embryologiques ; à Démocrite surtout, poursuivant avec persévérance, et non sans succès, l'étude des principaux appareils de l'homme et des animaux, à ce point que Cuvier a cru pouvoir l'appeler le *premier anatomiste comparateur* (1).

Jusqu'ici toutefois, et plus près de nous encore, nous ne trouvons que des essais. Dans le cours du ve siècle, et jusque chez Démocrite, l'erreur la plus grossière s'allie encore trop souvent à la vérité. Si, dans le ive siècle, et dans un autre ordre de questions, Xénophon fait preuve de connaissances plus précises, elles se renferment du moins dans un cercle très étroit : les *Cynégétiques* nous montrent dans l'illustre général des

(1) *Loc. cit.*, p. 103.

Dix mille un chasseur consommé, mais non encore un auteur scientifique. Le premier naturaliste de la Grèce, le créateur de notre science, c'est Aristote, bientôt secondé et continué par son élève Théophraste ; car c'est la destinée et la gloire de l'anatomiste de Stagyre, de n'avoir avant lui que de simples précurseurs, comme après lui que des disciples. Aristote personnifie l'histoire naturelle des Grecs, ou, pour mieux dire, des Anciens.

VII.

Aristote est le prince des naturalistes de l'antiquité ; il serait, si Platon n'eût existé, le prince de ses philosophes ; et après ces deux grands titres, on peut dire qu'il se serait immortalisé par ses seuls travaux sur la poétique et la rhétorique, sur la politique, sur la physique et l'astronomie. Par l'universalité de ses connaissances, il offre bien le caractère commun de tous les esprits éminents de son siècle et des siècles précédents ; mais il est spécial en même temps qu'universel. On trouve partout et sur tout, dans ses livres, des notions certaines et précises, des idées complètes et arrêtées. Il est, dans chaque branche du savoir humain, comme un maître qui la cultiverait seule ; il atteint, il recule les limites de toutes les sciences, et il en pénètre en même temps les profondeurs intimes. Aristote est, à ce point de vue, une exception absolument unique dans l'histoire de l'esprit humain, et si quelque chose doit nous étonner ici, ce n'est pas qu'elle soit restée unique, c'est qu'il en existe une : tant une semblable réunion de facultés et de connaissances est surprenante pour qui veut s'en rendre compte psychologiquement. S'il était arrivé, lors de l'invasion des barbares, que le souvenir d'Aristote pérît avec tant d'admirables monuments de la civilisation antique, ses ouvrages eussent pu être pris par les modernes pour une vaste encyclopédie écrite en commun par l'élite des littérateurs, des philosophes et des savants de l'une des plus grandes époques de la Grèce. On eût refusé de croire à un seul Aristote, comme on a douté de l'existence d'un seul Homère.

Aristote a abordé l'Histoire naturelle avec un plan qui la comprenait tout entière (1). Tout le monde connaît et admire en lui le grand zoologiste; il était aussi géologue et botaniste. C'est au pied de sa statue qu'on eût pu graver à bon droit cette inscription célèbre : *Naturam amplectitur omnem.* Entre ses nombreux traités, la plupart conservés jusqu'à nos jours, d'autres dont il ne reste malheureusement que les titres (2), les deux monuments principaux de son génie sont l'*Histoire des animaux* et le *Traité des parties.* Après eux, viennent les livres sur la *Génération des animaux.*

Par ces immortels ouvrages, que complétaient plusieurs autres traités d'une moindre étendue, quatre progrès qui, dans l'évolution graduelle de la science, semblaient devoir se suivre à longs intervalles, se trouvent simultanément

(1) Voy. BLAINVILLE et MAUPIED, *loc. cit.*, p. 180 et suiv. — Après ce savant travail sur Aristote et ses ouvrages, il suffira de citer ici les leçons de CUVIER, *loc. cit.*, p. 130 et suiv.

(2) Mentionnés par DIOGÈNE LAERCE, *Vies des philosophes célèbres*, ouvrage où se trouve aussi le testament d'Aristote et plusieurs documents sur ce grand homme.

accomplis : la zoologie, jusqu'alors si pauvre, est considérablement enrichie, un esprit de sage critique y fait la
part de la vérité et de l'erreur; une classification rationnelle, expression souvent heureuse des rapports naturels,
enchaîne les faits, et déjà de ceux-ci sont déduites des
conséquences générales, souvent d'un ordre élevé; en
d'autres termes, la synthèse est dès lors instituée avec et
par l'analyse. Parfois même, la synthèse d'Aristote est
si hardie, qu'elle atteint jusqu'aux plus hautes sommités
de la science, jusqu'aux vérités les plus abstraites, et
encore aujourd'hui les plus neuves et les moins comprises
de la philosophie naturelle. Du sein de ces temps reculés,
auxquels ses écrits appartiennent par leur date, Aristote
s'avance ainsi au loin vers l'avenir; et par un privilége
accordé à lui seul entre tous, vingt et un siècles et demi
après sa mort, il est encore, pour nous, un auteur progressif et nouveau.

Tel est, tel m'apparaît du moins l'auteur de l'*Histoire
des animaux*. Disons-le d'ailleurs, et sa gloire n'est en
rien affaiblie par cette remarque : pour précipiter à ce degré
le mouvement de la science, il ne fallut pas seulement le
génie exceptionnel d'Aristote, il fallut aussi que ce grand
homme vécût dans une grande époque; que le fils de
Nicomaque et le disciple de Platon, heureusement initié
dans sa jeunesse au savoir positif du médecin comme aux
spéculations abstraites de l'Académie, devînt, dans son
âge mûr, le maître et l'ami d'Alexandre. Aux productions
de l'Europe méridionale, Aristote put, le premier, comparer celles de l'Égypte, de l'Asie Mineure, de la Perse,
de l'Inde : c'étaient les trophées que le jeune roi de Macé-

doine, à chaque victoire nouvelle, se plaisait à envoyer
en Grèce, comme s'il se fût donné pour mission de conquérir le monde pour la science autant que pour lui-
même. Il était digne d'Alexandre de s'acquitter ainsi envers
Aristote.

VIII.

Si, après le naturaliste de Stagyre, l'Histoire naturelle se
soutient quelque temps encore, c'est qu'il se survit pour
ainsi dire à lui-même, dans ses disciples Théophraste et
Praxagore, et dans les disciples de ses disciples, Hérophile
et Érasistrate (1).

Plus jeune seulement de treize ans qu'Aristote, et
son condisciple à l'Académie, avant d'être son disciple
et son successeur au Lycée, Théophraste avait aussi
écrit son encyclopédie ; elle se composait de plus de
deux cents traités, dont le temps a malheureusement
détruit la plupart. Il nous reste, du moins, du moraliste, le célèbre livre des *Caractères,* et du naturaliste, le *Traité des pierres,* quelques opuscules et
fragments zoologiques, l'*Histoire des plantes* et un
Traité des causes de leur végétation. Aristote avait été
surtout zoologiste ; le second chef de l'école péripaté-
cienne se fit surtout minéralogiste et botaniste. Continuer
et compléter son maître était sa noble ambition, et il com-
prit que le seul moyen de le continuer dignement, c'était
de l'imiter. L'*Histoire des plantes* de Théophraste, le plus

(1) Érasistrate paraît se rattacher plus directement encore à Aristote ;
selon plusieurs auteurs, il était son petit-fils.

important de ses ouvrages, est modelée sur l'*Histoire des animaux* d'Aristote : la méthode y est la même, et le plan analogue. Mais la même méthode n'y est plus employée d'une main aussi ferme, et ne conduit qu'à des résultats d'une moindre valeur. Théophraste est bon observateur, il est même parfois expérimentateur ; et néanmoins la botanique reste, après lui, infiniment moins riche que la zoologie après Aristote. Cet esprit de synthèse, brillant caractère de la science grecque, ne lui fait pas défaut, mais ses généralisations ont une bien moindre portée. De ses classifications il ne reste presque rien aujourd'hui ; celles d'Aristote subsistent encore dans leurs traits principaux.

Théophraste ne demeure pas moins le second naturaliste de l'antiquité, et les études qu'il poursuivait assidûment dans son jardin botanique d'Athènes ont, en réalité, fondé la science des végétaux. La minéralogie lui doit beaucoup aussi, et la zoologie elle-même trouve, dans les fragments qui subsistent, des notions qui font vivement regretter les ouvrages perdus de Théophraste (1).

L'élève d'Aristote n'a pas toujours obtenu de la postérité une complète justice ; l'illustration à laquelle il a droit a pâli devant les rayons plus brillants de la gloire de son

(1) Les meilleurs résumés des travaux de Théophraste sur l'Histoire naturelle sont ceux que donnent, pour l'ensemble de ces travaux, Cuvier, *loc. cit.*, p. 176 et suiv. ; et surtout, pour la botanique, Sprengel, *loc. cit.*, p. 66 à 119. Blainville et Maupied, *loc. cit.*, p. 278 et suiv., sont ici très inférieurs à Cuvier ; les pages qu'ils ont consacrées à Théophraste sont, en partie, empruntées à l'article Théophraste, de la *Biographie universelle*. L'article est de M. Thiébaud de Berneaud ; il ne méritait pas cet honneur.

maître. Si l'on eût jugé Théophraste en lui-même, on eût admiré à quelle hauteur il avait porté l'Histoire naturelle : en comparant les deux naturalistes grecs, on a surtout remarqué combien Aristote a su l'élever plus haut encore.

Les autres péripatéticiens, Praxagore, Hérophile, Érasistrate ne sont plus, à proprement parler, des naturalistes ; ce sont des médecins. Mais ces médecins ont fait plus pour notre science que bien des naturalistes de profession. L'Égypte est à peine devenue grecque, que Praxagore y commence, sur le cadavre humain, des études impossibles dans sa patrie. Hérophile, son élève, puis Érasistrate, disciple de Théophraste après l'avoir été quelque temps d'Aristote lui-même, viennent bientôt à leur tour sur la terre des Ptolémées, et, par le nombre et l'importance de leurs découvertes anatomiques, ils surpassent à la fois leur devancier Praxagore et tous leurs successeurs jusqu'à Galien.

IX.

Chez les Romains, l'agriculture est pendant longtemps la seule science ou mieux le seul des arts de la paix qui soit en honneur. Varron et Columelle, quelque intéressants que soient souvent au point de vue de l'Histoire naturelle leurs traités *De re rusticâ*, ne sont pas des naturalistes, mais des agriculteurs.

A plus forte raison, parmi les Grecs, ne peut-on donner le titre de naturaliste ni à l'historien Polybe, ni au géographe Strabon : leurs ouvrages ne renferment pas moins des documents que leur exactitude et leur précision nous rendent parfois très précieux. *Auctor non incertus*, a dit Tite-Live de Polybe, et Strabon a souvent mérité le même éloge.

Pline l'ancien, Athénée, Oppien, Élien, Ausone, sont consultés par nous bien plus souvent encore, et leurs ouvrages sont une source inépuisable de notions, que nous ne devons accepter, toutefois, qu'avec une extrême réserve. Disons-le sans détour : tous ces hommes que la longue flatterie des modernes envers l'antiquité a si souvent décorés du titre de naturalistes illustres, ne sont vraiment que des littérateurs à propos de l'Histoire naturelle. Et quand nous passons d'Aristote à ses prétendus successeurs, nous retombons de toute la hauteur qui sépare l'invention et le génie de la compilation fleurie et de la causerie spirituelle.

Pline lui-même n'est qu'un compilateur plus élégant peut-être, plus spirituel, mais tout aussi peu scrupuleux. On peut le lire avec plus de plaisir, mais non avec plus de profit. Il amuse, il charme ; il n'a pas la prétention d'instruire. La lui supposer, ce serait même porter atteinte à une illustration, à d'autres titres si méritée; ce serait lui imputer d'avoir sérieusement reproduit, d'avoir adopté toutes ces fables absurdes ; d'avoir cru à tous ces *contes de bonne femme* dont il a rempli tant de pages, en dépit de la raison et malgré la réfutation de ces inepties populaires faite déjà quatre siècles auparavant par Aristote lui-même. Que l'on cesse donc enfin, dans l'intérêt de Pline lui-même, de le qualifier de naturaliste; car la postérité aurait à lui devenir sévère : il n'est point de mérite de style ou de pensée qui puisse faire oublier ou racheter un défaut

aussi absolu de critique, une aussi aveugle crédulité.
Et surtout que l'on bannisse enfin de l'histoire de la science
tous ces parallèles si chers aux rhéteurs, entre Aristote et
Pline (1), entre Pline et Buffon : Buffon que ses contemporains ont cru flatter, et que dans notre siècle même
on a prétendu honorer, en le décorant du nom de *Pline
français* (2). C'était louer Buffon comme on eût pu louer
Valmont de Bomare (3)!

X.

Si la Grèce, devenue province romaine, ne se fût sur-
vécu à elle-même, nous pourrions terminer ici cette
esquisse de l'histoire des sciences naturelles de l'antiquité :

(1) J'ai peine à croire que Cuvier, dans ses célèbres leçons historiques du Collège de France, ait pu comparer, lui aussi, Pline à Aristote,
et prononcer ces paroles qu'on lui attribue dans la rédaction de son
cours sur l'*Histoire des sciences naturelles*, loc. cit., p. 260 : « Pline
» écrivit alors son *Histoire naturelle*, ouvrage qui n'est pas moins
» remarquable parmi les Latins que celui d'Aristote parmi les Grecs. »
Si l'illustre professeur avait, en effet, porté ce jugement, j'en appellerais à lui-même. On lit un peu plus bas (p. 264), dans la même
leçon, et ici je retrouve Cuvier : « Pline est loin d'avoir le génie
» d'Aristote..... Quoique écrivant à une époque plus éclairée, il a
» accueilli avec peu de critique toutes les fables absurdes qui étaient
» accréditées de son temps. Il semble même qu'il ait eu une prédilec-
» tion particulière pour le fabuleux. Son ouvrage, d'ailleurs, manque
» d'ordre, de méthode. » En résumé, Cuvier le considère comme
le plus extraordinaire des compilateurs; et ceci même n'est vrai que
par rapport aux compilateurs de l'antiquité.

(2) Linné a été de même appelé le *Pline du Nord*.

(3) Je viens de reproduire, sur les ouvrages d'histoire naturelle
publiés du 1er au IVe siècle, une opinion que j'ai énoncée pour la pre-

Dioscoride sous les Césars, Galien sous les Antonins, sont tous deux Grecs (**1**).

Bien moins célèbre que Pline, Dioscoride a bien plus de droits que lui au titre de naturaliste. Il est, toutefois, médecin de profession, et c'est essentiellement pour l'appliquer à son art qu'il aborde notre science : il n'écrit pas un livre d'Histoire naturelle proprement dite, mais ce que nous appellerions aujourd'hui, ce qu'il appelle déjà un traité de matière médicale : Περὶ ὕλης ἰατρικῆς, tel est le remarquable titre de son ouvrage. C'est le règne végétal qui fournit à la thérapeutique la plupart de ses médicaments ; Dioscoride est donc surtout botaniste : aussi l'a-t-on souvent comparé à Théophraste, qu'il égale selon plusieurs, qu'il surpasse selon d'autres. Il est, en réalité, très inférieur à son devancier pour l'art des descriptions, la méthode et l'esprit scientifique ; mais il a vu plus de plantes ; il sait et expose plus de faits de détail, et tandis

mière fois en 1837 (*Revue des deux mondes*, livr. du 1ᵉʳ avril). On fut d'abord loin de s'y rendre. On la trouva injuste et irrévérencieuse envers plusieurs grands écrivains, envers Pline surtout. Je fus accusé du crime de *lèse-antiquité*. Depuis, j'ai relu Pline, je l'ai étudié de nouveau, et je persiste dans mon opinion.

J'ai eu, d'ailleurs, la satisfaction de la voir partagée, et presque dès le moment même où je venais de l'émettre, par M. VILLEMAIN, *Cours de littérature*, xviiiᵉ siècle, 1838, part. I, t. II, p. 384. La sévérité de l'illustre professeur va même bien au delà. Elle atteint aussi, dans Pline, le littérateur. « Pline, dit M. Villemain, appartenait à cette école d'ima- » gination plutôt que de goût, qui produisit dans Tacite un peintre » incomparable, mais qui, partout ailleurs, est empreinte de déclama- » tion et de subtilité. *Homme de lettres, bien plutôt que de sciences*, Pline » jette souvent sur des fables ou des idées fausses un style recherché. »

(**1**) Tous deux étaient nés, non sur le sol même de la Grèce, mais dans l'Asie Mineure : Galien, à Pergame, en Mysie ; Dioscoride, à Anazarbe, en Cilicie.

que Théophraste était surtout consulté par les savants, Dioscoride est bientôt devenu classique parmi les médecins, et il n'a cessé de l'être, en Europe, que dans les temps modernes, et en Orient, de nos jours (1).

Le siècle suivant est celui de Galien. Les traités de l'*Administration anatomique* et de l'*Usage des parties* font de cette dernière époque l'une des principales de la science. Un seul médecin de l'antiquité a pu être comparé à Hippocrate : c'est Galien ; un seul anatomiste et physiologiste, à Aristote : c'est encore Galien, du moins en ce qui concerne l'homme ; et il s'est avancé bien au delà de l'un et de l'autre (2).

Dernier effort du génie grec ! Le mouvement imprimé par Aristote avait duré plus de cinq cents ans : il s'arrête. Après Galien, on écrit, on commente, on discute ; on n'invente plus.

(1) Sur Dioscoride, voy. SPRENGEL, *loc. cit.*, p. 151 et suiv. L'auteur énumère les plantes décrites par le botaniste grec, toutes celles du moins dont la détermination a pu être obtenue.

Dans le même ouvrage, on trouve de précieuses indications sur les connaissances botaniques de Pline et de Galien.

(2) Sur les services rendus par ce grand médecin aux sciences naturelles, voy. CUVIER, *loc. cit.*, p. 312 ; et surtout BLAINVILLE et MAUPIED, t. 1, p. 342.

Sur l'ensemble des travaux de Galien, en attendant l'ouvrage étendu que prépare M. DAREMBERG, on consultera avec intérêt son *Essai sur Galien considéré comme philosophe*. Voy. la *Gazette médicale*, 1847, t. XVII, p. 591.

Voy. aussi la *Thèse* inaugurale de M. Daremberg. Paris, in-4, 1841.

Les consciencieuses recherches de M. Daremberg auront pour résultat, non seulement de mieux faire comprendre et apprécier les parties déjà connues des œuvres de Galien, mais de faire connaître des parties importantes jusqu'à ce jour plus ou moins complétement ignorées.

DEUXIÈME SECTION.

RENAISSANCE ET PROGRÈS DE L'HISTOIRE NATURELLE DANS LES TEMPS MODERNES.

Sommaire. — I. Réveil de l'esprit humain. — II. Renaissance des lettres et des sciences. Renaissance de l'Histoire naturelle.

Seizième siècle. — III. Naturalistes compilateurs. Premiers observateurs. — IV. Clusius. Rondelet. Belon. — V. Gesner. — VI. Césalpin.

Fin du *seizième siècle* et première partie du *dix-septième.* — VII. Physiologistes. Fabrice d'Aquapendente. HARVEY. — VIII. Zoologistes et botanistes. Colonna. Les Bauhin.

Seconde partie du *dix-septième siècle* et commencement du *dix-huitième.* — IX. Micrographes. — X. Anatomistes. Zoologistes. Classificateurs. — XI. Résumé. Esprit nouveau de la science. Division du travail.

I.

Dans le moyen âge, l'Histoire naturelle subit le sort commun des connaissances humaines : c'est une longue nuit que va suivre une autre aurore.

Un seul homme, sur les confins de l'antiquité et du moyen âge, élève un instant la voix : Isidore de Séville rassemble dans un immense ouvrage, afin de le conserver à la postérité, ce qu'on sait encore de son temps. Mais, après lui, les ténèbres semblent s'épaissir encore. L'obscurité est surtout profonde en Occident. Dans l'Orient, du moins, à Constantinople, à Bagdad, ailleurs encore, on entend, de siècle en siècle, quelques échos affaiblis de la science antique. Un moment même, Ibn-Sina, que nous

appelons Avicenne (1), semble près de faire revivre plusieurs branches des connaissances humaines : il est naturaliste en même temps que médecin et philosophe. Il est
de plus alchimiste, comme tous ceux de son temps et de
son pays.

Le réveil de l'esprit humain date pour l'Europe de la
création des universités. Celles de plusieurs villes d'Italie
et de France sont fondées dès le xiiᵉ siècle; celle d'Oxford
au commencement du xiiiᵉ; celles de Prague et de Cologne, au xivᵉ. A cette époque, la philosophie cesse
d'être entièrement asservie à la théologie, *ancilla theo-
logiæ*, comme on l'avait appelée; et le nominalisme se
pose en face du réalisme, si longtemps souverain dans
toutes les écoles : c'est du moins, dans les voies sans issue
de la vieille scolastique, une tentative de réforme et de
progrès.

Entre les travaux qui, à cette époque, recommencent
la science, et ceux qui, dix-huit siècles auparavant, la
créaient chez les Grecs, il y a à la fois analogie sous un
point de vue, opposition complète sous un autre. *Point de
sciences distinctes; c'est leur ensemble, ou la philosophie,*

(1) Un peu avant Avicenne, qui a écrit dans la première partie du
xiᵉ siècle, le philosophe Alfarabi, le *Phénix du quatrième siècle*
(de l'Hégire), paraît avoir possédé des connaissances étendues sur les
êtres vivants, particulièrement sur les plantes. M. HOEFER, dans sa
savante *Histoire de la chimie*, Paris, 1842, t. I, p. 326, a récemment
fait connaître un manuscrit d'Alfarabi qui offre quelque intérêt à ce
point de vue.

Plus près de nous, le médecin et philosophe Ibn-Rochd, ou Averroès
(xiiᵉ siècle), et le médecin Ben-Beithar (xiiiᵉ siècle), ont aussi, comme naturalistes, honoré la science arabe. Ben-Beithar a laissé un dictionnaire
de matière médicale où il ajoute à Dioscoride et le corrige quelquefois.

que chacun, comme autrefois, prétend cultiver et enseigner. Mais les philosophes grecs s'avançaient hardiment
vers la connaissance des vérités de tous les ordres, affran-
chis de toute autorité, même trop souvent de celle des faits,
cherchant surtout, dans la sagacité inventive et la force
synthétique de leur esprit, des ressources qui suppléaient
parfois merveilleusement à tout ce qui leur manquait
d'ailleurs. Au moyen âge, et au commencement de la renaissance, au contraire, nulle initiative scientifique (1), nul
effort d'invention et d'imagination, nulle aspiration vers
l'avenir; tous se tournent vers le passé, et n'ont qu'une
seule et même pensée : étudier et comprendre les anciens ;
faire le dépouillement de tout ce qui est dans leurs livres ;
reconstruire pièce à pièce l'édifice de la science antique.

Immense labeur par lequel il fallait en effet commencer !
quatre siècles y furent entièrement consacrés, sans même y
suffire ! Pour l'Histoire naturelle en particulier, des premiers érudits du moyen âge à Linné, il s'écoula plus de
temps que des premiers philosophes grecs à Aristote (2).

II.

Dans une époque où la connaissance des anciens est le
but de tous les efforts, le mérite suprême est l'érudition,

(1) Sauf de glorieuses exceptions. Que d'initiative! quelle force
inventive, quel génie novateur chez le moine Roger Bacon !
(2) J'ai développé quelques unes des vues que j'indique ici dans un
article intitulé : *Sur les naturalistes compilateurs du seizième et du
dix-septième siècle*, dans mes *Essais de zoologie générale*, p. 98 et suiv.
« Nous ne devons donc reprocher aux naturalistes du XVIIᵉ siècle,

et l'œuvre par excellence, la compilation commentée. C'est
là, depuis le xiie siècle, le caractère commun des travaux
accomplis sur divers points de l'Europe : partout des compilateurs et des commentateurs. Les uns compilent et com-
mentent les ouvrages des anciens ; les autres, les compi-
lations et les commentaires des auteurs précédents. Les
uns le font avec une érudition lucide et intelligente ; les
autres, sans goût, sans critique ; mais tous, interprètes
habiles ou plats et serviles copistes, tous marchent dans
les mêmes voies, poursuivent la même œuvre.

On comprend ce que pouvait être alors l'Histoire naturelle. A l'étude de la nature était substituée celle des livres
qui en avaient autrefois traité ; et l'on ne songeait, sans
enrichir la science de notions vraiment nouvelles, qu'à
remanier sans cesse les notions antérieurement acquises.
Et encore, dans cette époque de restauration érudite, les
meilleures sources d'érudition manquèrent longtemps aux
compilateurs : jusqu'au xiiie siècle, les livres eux-mêmes
d'Aristote n'étaient connus, l'*Organon* excepté, que par
quelques extraits peu fidèles ; et quand enfin Albert

» disais-je en résumant cet article, ni de s'être portés avec ardeur sur
» l'étude des livres anciens, car cette étude était nécessaire, ni de lui
» avoir consacré tant de temps, car elle était éminemment difficile. Ce
» qui a été fait, était précisément ce qu'il fallait faire ; et ceux de nos
» contemporains qui, du haut de la science de leur siècle, ont jugé
» sévèrement et presque avec dédain les travaux de cette époque, ont
» fait acte à la fois d'injustice et d'ingratitude. Ces hommes laborieux
» et persévérants qui ont consumé leur vie dans les recherches les plus
» abstruses et les plus arides, et, par elles, ouvert la voie à leurs
» successeurs, ne sont-ils pas pour nous de véritables ancêtres scien-
» tifiques, auxquels nous devons notre reconnaissance aussi bien que
» notre estime? »

le Grand les rendit à l'Europe, ce ne fut, alors même, qu'à l'aide d'une traduction arabe, de seconde main. Il fallut attendre deux siècles encore (1), de Théodore Gaza, une restitution complète de ces trésors si longtemps désirés.

Que pouvaient, pour les progrès de l'Histoire naturelle, des auteurs qui n'étudiaient, ni la nature elle-même dans ses productions partout négligées, ni les livres presque ignorés du grand naturaliste de l'antiquité? L'Histoire naturelle, délaissée par les auteurs qui précèdent Albert le Grand (2) et Vincent de Beauvais (3), l'est presque autant par ceux qui les suivent : Manuel Phile excepté, elle reste presque, au xiv° siècle, ce qu'elle était dans l'*Etymologicon* d'Isidore de Séville.

Elle renaît enfin du xiv° au xv°. C'est l'époque où Théodore Gaza rend à l'Europe Aristote et Théophraste, où Hermolaüs Barbarus commente et essaie de corriger Pline et Dioscoride. C'est celle aussi où les médecins italiens, et Mundinus l'un des premiers (4), reprennent

(1) Mais non jusqu'à la prise de Constantinople, comme on l'a souvent dit. Théodore Gaza s'est réfugié en Italie en 1429, après la prise de Thessalonique, sa patrie. C'est en 1453 que Mahomet II s'est emparé de Constantinople.

(2) Sur ce grand homme, et en général sur les auteurs qui, durant le moyen âge, ont écrit sur l'Histoire naturelle, on consultera avec beaucoup d'intérêt l'ouvrage que vient de publier M. POUCHET, et qui a pour titre : *Histoire des sciences naturelles au moyen âge, ou Albert le Grand et son époque.* Paris, in-8, 1853. Sur Albert, en particulier, voyez le chapitre V, p. 203 et suiv.

(3) POUCHET, *loc. cit.*, p. 471 et suiv.

(4) Non le premier, comme on l'a presque toujours dit. Mundinus a professé, à l'université de Bologne, de 1315 à 1326, époque de sa mort. Dès le siècle précédent, l'empereur Frédéric II avait voulu que

l'étude, si longtemps interrompue, de l'anatomie (**1**).
Enfin, dans cette époque encore, l'exploration du globe,
entreprise par les Portugais, et activement poursuivie par
plusieurs peuples, commence à faire connaître les productions des contrées tropicales. Ainsi, au moment même
où les érudits retrouvent les sources du savoir antique, les
médecins, les voyageurs inaugurent déjà la science moderne dans deux de ses directions principales, la physiologie et l'histoire naturelle proprement dite.

Si cette époque a à peine réalisé par elle-même quelques
progrès en Histoire naturelle, elle a du moins préparé tous
ceux qui se sont accomplis dans le siècle suivant; et c'est
ce que les modernes ont trop oublié. Il y a loin de Gaza à
Gesner, de Mundinus à Vésale, des anciens collecteurs
de plantes ou d'animaux, à Clusius et à Césalpin; mais
un seul pas en avant, si ce pas est le premier, est encore

des dissections fussent faites dans les diverses universités de l'Empire
et du royaume de Naples. On ne voit pas que ces dissections aient
utilement laissé trace dans la science : mais la mesure prise par Frédéric ne reste pas moins comme un titre d'honneur pour ce prince, protecteur si constant et si éclairé des lettres et des sciences renaissantes.

C'est au même prince que l'on doit le traité *De arte venandi cum
avibus,* où plusieurs oiseaux, dans cette époque de compilation, sont
exactement décrits d'après nature.

(1) Mundinus paraît n'avoir jamais disséqué (du moins publiquement) que deux cadavres humains, trois au plus ; et ses dissections
ont peu profité à la science. Mais il avait osé donner l'exemple. Un tel
service vaut bien des découvertes.

Son *Anatome omnium humani corporis interiorum membrorum* a
été longtemps classique. On l'a souvent réimprimée avec ou sans les
précieux *Commentaria* de BÉRENGER DE CARPI, qui, plus heureux
que son prédécesseur, avait pu s'éclairer d'un grand nombre d'observations anatomiques.

un titre au souvenir de la postérité. Longtemps après la mort de Gaza, ceux qui passaient devant sa maison de Ferrare se découvraient avec respect : cet hommage n'était que justice.

III.

La connaissance des monuments de l'antiquité continue à être, dans le xvie siècle, l'objet des travaux les plus nombreux et les plus persévérants. Les naturalistes sont encore en général des érudits. Seulement les uns ne sont qu'érudits ; les autres, et ce ne sont pas ceux dont l'érudition est la moins sûre, sont en même temps observateurs et inventeurs, quelques uns même penseurs pleins de hardiesse. Dans cette époque, il n'est guère qu'un seul homme dont on puisse dire qu'il procède de lui-même, et qu'il est toujours tourné vers l'avenir (1), et cet homme de génie n'appartient à l'histoire de notre science que par un seul côté de ses travaux si merveilleusement divers. C'est le premier auteur de la détermination de ces corps organisés fossiles, dans lesquels on ne sut voir si longtemps que de simples jeux de la nature, dans lesquels il montre enfin les preuves (2) de l'antique submersion des conti-

(1) Dans ses recherches scientifiques, du moins.
Le même auteur est aussi un archéologue distingué. On a de lui des études intéressantes sur divers monuments anciens qu'il avait visités dans ses voyages.
(2) Entrevues déjà par LÉONARD DE VINCI (voy. POUCHET, *loc. cit.*, p. 509), et beaucoup plus anciennement par AVICENNE, dans des

nents; c'est le père de la géologie, l'un des créateurs de l'agriculture moderne, et l'inventeur des *rustiques figulines :* c'est le potier de terre, Bernard Palissy (**1**).

On pourra remarquer que les noms qui vont maintenant être cités appartiennent presque tous à la médecine. C'est elle, en effet, qui a surtout initié les modernes aux sciences d'observation. Non seulement Vésale, Fallope, Eustache de Saint-Séverin, si bien nommés les *triumvirs de l'anatomie ;* du Bois ou Sylvius ; Fabrice d'Aquapendente ,

passages très remarquables pour le temps où ils ont été écrits, et sur lesquels M. Hoefer , *loc. cit.* , t. 1, p. 328 , a récemment appelé l'attention. Ils se trouvent insérés dans la *Bibliotheca chemica curiosa* de Manget, édit. in-fol. de 1702, t. I, p. 636 et 637.

(1) Et cet ouvrier de génie est, en même temps, au xvie siècle « un des plus grands écrivains de la langue française, » vient de dire l'illustre auteur du *Civilisateur.* — Voyez, dans la cinquième livraison 1852, p. 250, le remarquable article de Lamartine, intitulé : *Bernard de Palissy, le potier de terre.*

Est-il besoin d'ajouter que Palissy resta longtemps incompris? Près de deux siècles plus tard, en 1749, Buffon , *Théorie de la terre*, dans l'*Histoire naturelle* , t. I, p. 267, lui rendit enfin cet hommage digne de tous deux :

« Un potier de terre, qui ne savait ni latin ni grec , fut le premier
» qui osa dire dans Paris, et à la face de tous les docteurs, que les co-
» quilles fossiles étaient de véritables coquilles déposées autrefois par
» la mer dans les lieux où elles se trouvaient alors... ; et il défia har-
» diment toute l'école d'Aristote d'attaquer ces preuves. C'est Bernard
» Palissy , Saintongeois, aussi grand physicien que la nature seule en
» puisse former un : cependant son système a dormi près de cent ans,
» et le nom même de son auteur est presque mort. »

Dans les travaux de Bernard Palissy est « l'embryon de la géologie
» moderne, » a dit très justement Cuvier. — Voyez son *Histoire des sciences naturelles*, t. II, p. 234; passage où le mot *zoologie*, substitué au mot *géologie* , sans doute par une faute typographique, forme un contre-sens qui ne saurait échapper aux lecteurs attentifs.

aussi justement célèbre que son maître Fallope; Botal, Columbus, Ingrassias, Ambroise Paré; non seulement tous ceux qui poursuivent alors avec succès l'étude du corps humain sont des médecins ou des chirurgiens distingués, mais il en est de même, à bien peu d'exceptions près, des naturalistes proprement dits de cette époque. L'Histoire naturelle n'est guère, alors, qu'une annexe de la médecine, et c'est là une des différences les plus marquées que j'aie à signaler entre la première origine de notre science et sa renaissance moderne. Dans l'antiquité, l'Histoire naturelle est créée par les philosophes; elle est donc de bonne heure philosophique, et la prééminence, entre ses différentes branches, est longtemps acquise à la zoologie, principalement à l'histoire des êtres les plus voisins de l'homme; de ceux chez lesquels les manifestations de la vie sont les plus variées et les plus saisissantes pour l'esprit. Maintenant l'Histoire naturelle est cultivée par les médecins; elle l'est donc surtout au point de vue de ses applications à l'art de guérir; et la botanique devient la branche la plus généralement et la mieux étudiée (1).

Elle l'est même d'abord presque seule. Au début du XVIᵉ siècle, nous ne trouvons guère que des botanistes, ou, plus exactement, des érudits spécialement occupés de l'interprétation et du commentaire des livres anciens sur les végétaux. Tels sont, très utiles encore dans le cercle

_____

(1) Comme elle l'était déjà, et par la même raison, à l'école d'Alexandrie et chez les Arabes. Dès que l'Histoire naturelle passe des mains des philosophes à celles des médecins, la botanique obtient une préférence très marquée.

où ils se renferment, le premier des Leonicenus, traducteur de Galien et commentateur de Pline, qu'il ose
déjà critiquer et réfuter, et Monardus qui établit, entre les
connaissances de l'antiquité et celles des Arabes au moyen
âge, une comparaison tout à l'avantage des Grecs. Tous
deux appartiennent à la fois aux xvᵉ et xviᵉ siècles; et
tous deux sont Italiens : car, pour l'Histoire naturelle
aussi, la renaissance est surtout italienne.

C'est par Brasavola, fondateur du premier jardin botanique qui ait existé dans les temps modernes (1), par
Matthiole, par Ruel, que l'observation s'introduit dans les
livres botaniques, qui pourtant restent encore essentiellement des commentaires des anciens. Lonicer commence
aussi à s'en éclairer dans la vaste compilation où il essaie
de traiter de l'Histoire naturelle tout entière. Enfin elle
prend décidément, et de plus en plus, une grande place
dans les ouvrages des botanistes Brunfels, Dodoens
Rembert ou Dodonæus, Bock ou Tragus, les Cordus,
Daléchamps, Lobel, Fuchs; et des zoologistes Gilles ou
Gillius, Wotton et Salviani, auteurs aussi supérieurs aux
précédents qu'ils sont eux-mêmes surpassés par Clusius,
Rondelet et Belon, et, au-dessus de tous, par Gesner et
Césalpin.

(1) Théophraste, comme on l'a vu plus haut, avait déjà un jardin
botanique.

Celui qu'a créé Brasavola appartenait au duc de Ferrare, et n'était
pas public. C'est Pise qui a dû, quelques années plus tard, au grand
duc Cosme de Médicis, l'avantage de posséder le premier jardin botanique, librement ouvert aux études des naturalistes et des médecins.

En Allemagne, Euricius Cordus paraît avoir fondé aussi de très
bonne heure un jardin botanique.

IV.

Ces cinq noms, justement célèbres, rappellent non seulement des efforts nombreux et utiles, mais aussi des
progrès importants. Si resserré que soit le cadre de ce
travail, je ne saurais renoncer, ni à indiquer ce que firent
pour la science Clusius, Rondelet et Belon, ni à dire ce
qu'elle dut à Gesner et à Césalpin.

Clusius, ou pour rétablir ici un nom qui honore la
France, Charles de l'Écluse, représente par excellence,
entre tous ses contemporains, l'introduction, dans les
cadres de la zoologie et de la botanique, des animaux et
des plantes exotiques, découverts dans ce siècle et dans le
siècle précédent. Par Clusius, l'Histoire naturelle commence à revêtir l'un des caractères sans lesquels elle ne
serait pas digne du nom de science; elle cesse d'être
locale, elle s'étend sur toutes les régions connues du
globe; elle tend à se faire universelle et comparative.

Rondelet et Belon sont, dans l'histoire de la zoologie,
inséparables l'un de l'autre : par leurs efforts, parallèlement continués durant un grand nombre d'années,
et par ceux de Salviani, l'une des branches principales
de la zoologie, l'histoire des poissons, se trouve dès lors
portée très loin. Rondelet et Belon sont les créateurs
de l'ichthyologie. Et ce titre, auquel tous deux ont des
droits égaux, n'est pas le seul dont la science doive
leur tenir compte. A Rondelet, il appartient d'avoir pré-

paré par de justes et ingénieux rapprochements, d'avoir ébauché même, dans son *Histoire des animaux aquatiques*, une classification rationnelle; premier pas vers l'un des progrès les plus importants et alors les plus difficiles de la zoologie. Supérieur à son émule dans la connaissance et l'interprétation des anciens, Belon est en même temps, dans son époque, l'un des explorateurs les plus actifs du globe dont il va étudier les productions en Allemagne, en Italie, en Grèce, en Turquie, en Égypte; son retour enrichit la science autant que les efforts réunis de tous ses prédécesseurs, depuis l'antiquité, et de tous ses contemporains. Puis, penseur audacieux dans ses ouvrages, il ose, pour la première fois, à la tête d'un livre ornithologique (1), dresser le squelette d'un oiseau en face de celui de l'homme, et désigner par des signes communs toutes les parties analogues de l'un et de l'autre (2) : pensée d'une immense portée, et qui, dans une époque aussi reculée, assure à Belon l'honneur du premier essai tenté pour la démonstration partielle de l'unité de composition organique.

V.

Conrad Gesner est, avant tout, un compilateur; nul n'a plus compilé que lui, et ce sont bien les qualités du compilateur, son immense érudition, sa merveilleuse assi-

(1) *Histoire de la nature des oiseaux*. Paris, in-fol., 1555.
(2) « Pour faire apparoistre, dit Belon, combien l'affinité est grande » des vns aux autres. »

duité (1), que ses contemporains et ses successeurs ont surtout admirées en lui. Mais nul n'allie mieux à ces qualités, communes à tous les bons travaux du xvie siècle, celles qui pouvaient les rendre vraiment fécondes, et c'est pourquoi Gesner conserve un rang si élevé dans la science. J'avoue n'avoir jamais eu la patience de lire dans son entier ces ouvrages que Gesner a eu la patience bien plus grande de composer; et je crois pouvoir dire que nul n'a, plus que moi, poursuivi jusqu'au bout leur laborieuse étude. Qui le pourrait dans une époque riche de plus de livres qu'elle ne possédait de pages au temps du naturaliste de Zurich?

Mais si Gesner n'a plus de lecteurs, il est encore consulté chaque jour, il ne cessera jamais de l'être; et ceux qui le consulteront, le feront toujours avec un immense profit pour eux et une égale admiration pour lui. Sa grande *Histoire des animaux*, dont les diverses parties parurent de 1551 à 1587 (2), n'est pas un simple traité, mais bien plutôt une bibliothèque complète de zoologie. Tout ce qu'on savait alors sur les animaux, tout ce que l'antiquité et le moyen âge avaient transmis aux temps modernes de notions zoologiques, tout s'y trouve fidèlement rapporté, méthodiquement classé, éclairé par une intelligente critique, et, de plus, enrichi de faits habilement observés par Gesner lui-même.

(1) « *Prolixissima eruditio et stupenda fere assiduitas.* » SCHMIEDEL, *Vita Conradi Gesneri*, à la tête de l'édition qu'on lui doit des *Opera botanica* de GESNER (Nuremberg, in-folio, p. xxxvij).

(2) Des cinq parties qui composent ce grand ouvrage, la cinquième, qui traite des serpents, est posthume. Aussi manque-t-elle à la plupart des exemplaires de l'œuvre de Gesner.

4. 3.

L'*Histoire des végétaux*, monument non moins vaste selon le plan de l'auteur, est malheureusement restée inachevée ; elle eût eu les mêmes mérites, et un autre encore, et d'un ordre supérieur, qui donne aux parties publiées une valeur considérable. L'auteur fait, dès lors, des modifications de la fleur et du fruit, une étude toute spéciale ; il signale la prééminence des caractères qu'elle fournit, et jette ainsi les premiers fondements de la classification naturelle des plantes (1).

Immenses travaux sur lesquels on ne peut reporter son souvenir sans être frappé d'étonnement ! Le zoologiste qui ne connaîtrait de Gesner que sa grande *Histoire des animaux*, supposerait que l'exécution d'un aussi gigantesque ouvrage a dû remplir tous ses moments ; le botaniste pourrait penser de même de ses œuvres botaniques. Et pourtant Gesner a laissé aussi un livre sur les minéraux ; il a écrit sur la médecine ; il a traduit du grec Stobée, Héraclide de Pont, et d'autres auteurs ; il a donné une excellente édition d'Elien ; sa *Bibliothèque universelle* est, pour l'époque, un véritable traité de bibliographie ; et son *Mithridate* est presque pour la linguistique ce que ses autres grands ouvrages sont pour l'Histoire naturelle. Voilà ce qu'avait fait Gesner lorsque la mort le surprit à quarante-neuf ans : mort aussi belle que sa vie elle-même ! Dans l'épidémie pestilentielle qui sévit en Suisse en 1564 et 1565, Gesner, dévoué au soin des malades, est atteint

(1) Gesner s'est toute sa vie occupé de botanique. Enfant, il collectait et desséchait des plantes ; plus tard, il cultivait et observait dans son jardin, et commençait une riche série de dessins botaniques. Il en a laissé plus de quinze cents.

à son tour de symptômes mortels : il se fait porter dans son cabinet, met en ordre ses ouvrages inachevés, et ne cesse de travailler, le cinquième jour, qu'en cessant de vivre !

Gesner a été dit le *Pline de l'Allemagne* et le *Restaurateur de l'Histoire naturelle*. De tous les savants du XVIe siècle, il est, en effet, et au-dessus de toute comparaison, celui qui a fait le plus pour notre science. Une des raisons pour lesquelles il lui a été si utile, c'est que tous les progrès qu'il a réalisés étaient de ceux que réclamait immédiatement l'état de la science, ou qu'elle allait réclamer dans son avenir le plus prochain. Gesner devançait ses contemporains autant qu'il le fallait pour n'en être jamais perdu de vue, pour les entraîner à sa suite en avant. Pour être le plus grand naturaliste de son siècle, Gesner n'était point un naturaliste de génie, à moins qu'on ne veuille adopter cette définition célèbre : le génie, c'est la patience.

VI.

L'homme de génie, dans le vrai sens de ce mot, c'est, dans cette époque, Césalpin, et il n'est besoin pour le prouver que de dix pages, les dix premières de son livre immortel *De plantis*. Dans la préface, Césalpin s'élève à la conception générale de la méthode naturelle dont il indique dès lors, avec une étonnante netteté, le principe, le plan et les avantages. Dans le premier chapitre, il annonce formellement la circulation du sang ; et non pas

seulement, comme le dit Haller lui-même, comme le répète
Cuvier (1), la petite circulation, connue aussi de Michel
Servet (2) et de Columbus, mais aussi la grande circulation, par conséquent la circulation tout entière; et c'est
la gloire unique de Césalpin jusqu'à Harvey! Ce même
livre est encore le premier où l'organisation et les fonctions

(1) Les physiologistes, sans excepter Haller lui-même, avaient seulement donné attention à divers passages des *Quæstiones peripatetica*
et des *Quæstiones medicæ*, les uns obscurs, les autres relatifs seulement à la petite circulation. Mais dans le traité *De plantis*, in-4,
Florence, 1583, on lit (au commencement du premier chapitre du
second livre, p. 3) :

« *Qua autem ratione fiat alimenti attractio, et nutritio in plantis,*
» *consideremus. Nam in animalibus videmus alimentum* per venas
» *duci ad cor tanquam ad officinam caloris inditi, et adepta inibi ul-*
» *tima perfectione* per arterias in universum corpus distribui *agente*
» *spiritu, qui ex eodem alimento in corde gignitur.* »

DUPETIT-THOUARS, auteur d'un excellent article sur *Césalpin*, inséré dans la *Biographie universelle*, 1813, t. VII, p. 561, a le premier appelé l'attention sur ce passage si important pour l'histoire
de la science, et si longtemps négligé. — MM. de BLAINVILLE et MAU-
PIED, *Histoire des sciences de l'organisation*, t. II, p. 227, ont aussi
insisté sur ce même passage; mais ils n'ont guère donné ici qu'un
extrait de la *Biographie universelle*.

On lira avec beaucoup plus d'intérêt et de fruit un travail récent
de M. FLOURENS, inséré dans le *Journal des savants*, année 1849,
p. 193 et suiv., et qui est intitulé : *Nouvelles recherches touchant
l'histoire de la circulation du sang.*

(2) Le même qui fut brûlé par Calvin. Son ouvrage, *Christianismi
restitutio*, qui était encore inédit, fut mis avec lui sur le bûcher :
deux exemplaires toutefois échappèrent, et Servet ne mourut pas tout
entier! C'est dans cet ouvrage, malgré son titre tout théologique,
qu'est indiquée la petite circulation. Servet était médecin, et l'on n'a
aucun motif sérieux pour croire, avec plusieurs historiens de la
science, qu'il n'était ici que le copiste de Nemesius, évêque grec du
Ve siècle, et auteur d'un très pauvre ouvrage sur la physiologie.

des plantes soient l'objet de recherches suivies : Césalpin
est le vrai créateur de l'anatomie végétale. Et ce novateur
hardi est en même temps l'un des hommes qui marchent
du pas le plus ferme dans les voies déjà ouvertes. Entre tous
les commentateurs et les interprètes de l'antiquité, Césalpin
est, dans cette époque, l'un de ceux dont l'érudition est la
plus solide, la critique la plus sagace ; il s'avance fort loin
dans l'étude des minéraux et des roches ; et il devance
tous les botanistes ordinaires dans la connaissance extérieure des plantes : 1520 espèces sont déjà déterminées
dans le traité *De plantis*.

Un tel homme n'est pas de ceux que son siècle comprend, mais de ceux qu'il persécute. Sans la protection
d'un pape éclairé, Clément VIII, Césalpin eût peut-être
terminé sa vie comme Galilée ! La postérité a-t-elle, du
moins, réparé envers lui l'inévitable injustice de ses contemporains ? Il est triste d'avoir à le dire : sa glorieuse mémoire a attendu plus de deux siècles de dignes hommages (1), et aujourd'hui encore, combien, parmi les
savants eux-mêmes, ignorent ce que fut Césalpin ! Il
est des histoires récentes des sciences naturelles où
Césalpin reste confondu dans la foule des observateurs ;

(1) Les auteurs qui, hors de l'Italie, ont rendu de dignes hommages
à Césalpin, sont surtout : DUPETIT-THOUARS, *loc. cit.*, 1813. — GEOF-
FROY-SAINT-HILAIRE, *Cours de l'histoire naturelle des mammifères*,
1828, leçon II, p. 4 ; et *Fragments biographiques*, 1838, p. 37. « On
» l'accusa d'athéisme, » lit-on dans ce dernier ouvrage. « Tout homme
» de génie, parce qu'il pense autrement que son siècle, qu'il est créa-
» teur d'idées nouvelles, excite l'envie et reçoit ce salaire. » — CU-
VIER, *loc. cit.*, t. II, p. 198. — SERRES, *Leçons orales au Muséum
d'histoire naturelle*. — FLOURENS, *loc. cit.*, p. 202 et 203.

il est des histoires de la physiologie où ce grand nom
est omis (1)!

VII.

A l'époque de Vésale, de Gesner, de Césalpin, succède
celle d'Harvey et des Bauhin.

La science avait reçu une impulsion trop vive, pour
que l'on ne vît pas surgir bientôt de nombreux et d'illustres disciples. Les naturalistes continuent, en effet,
dignement leurs maîtres; les anatomistes surpassent les
leurs.

Après Vésale, Fallope avait enseigné à Padoue, et cette
école était devenue, pour l'anatomie, la première de
l'Italie (2) et du monde. C'est de là que se propage le
mouvement nouveau de la science. Fabrice d'Aquapendente est l'élève de Fallope, et quand il a succédé à Fallope, comme celui-ci à Vésale, l'immortel Harvey est le

_____

(1) Il n'est pas un des ouvrages de CÉSALPIN où ne se révèle son
génie progressif. Dans le traité *De metallis*, l'idée devenue si vulgaire
aujourd'hui, alors si hardie, que venait d'émettre sur les corps organisés fossiles notre illustre Palissy, est conçue aussi et nettement
formulée par Césalpin, et il y a peu de vraisemblance que les écrits
du premier de ces novateurs (ou ceux d'Avicenne ou de Léonard de
Vinci, voy. p. 35 et 36) soient la source où a puisé le second. Voici
la première phrase du passage sur lequel je crois devoir appeler
l'attention : « *Etsi enim aliquando in eorum (saxorum) cæsura ostrea-*
» *rum testæ, aut cætera conchylia reperta sint, hæc recedente mari et*
» *lapidescente solo inibi derelicta in lapides concreverunt.* » *De me-*
tallis, éditions de Rome, 1596, et de Nuremberg, 1602, p. 5.

(2) « L'Italie, cette terre si éminemment classique pour l'anatomie.»
(CUVIER, *Rapport historique sur les progrès des sciences*, in-8, 1810,
p. 325).

sien. Admirable filiation de travaux et de découvertes qui rattache au plus grand anatomiste du xvɪᵉ siècle le plus grand physiologiste de tous les temps ! Vésale est l'ancêtre direct d'Harvey !

Fabrice n'est pas seulement le maître de l'immortel Harvey ; il a la gloire plus grande d'être son précurseur dans les deux voies où celui-ci s'est avancé si loin. Fabrice reconnaît et signale la disposition des valvules des veines, toutes dirigées vers le cœur ; Harvey part des observations de Fabrice, il en tire hardiment la conséquence ; il découvre comme autrefois Césalpin, il démontre le premier, et par des expériences, la circulation du sang ; il ouvre, par ce grand fait, l'ère nouvelle de la physiologie.

Fabrice étend ses recherches anatomiques de l'homme aux animaux, bien plus encore, de l'homme et des animaux adultes à l'homme et aux animaux en voie de formation ; Harvey s'élance à sa suite dans ces études nouvelles, et ce qui pouvait sembler impossible, il s'égale lui-même : l'auteur immortel de la découverte de la circulation est aussi le créateur de l'embryogénie, dès lors assise sur ses véritables bases, l'unité originelle des divers types et la formation successive des organes (1). Et Harvey ne s'arrête pas là : il conçoit et proclame déjà l'analogie des caractères transitoires de l'homme et des animaux

(1) Voyez SERRES, *Précis d'anatomie transcendante*, 1842, t. Iᵉʳ. Je citerai en particulier, parmi les nombreux passages de ce livre relatifs à Harvey et à ses travaux, le chapitre IV de la première partie, intitulé : *Des préliminaires du système de l'épigénèse organique.* Harvey ne me paraît nulle part mieux apprécié que dans ce chapitre, écrit de main de maître.

supérieurs avec les caractères permanents des animaux inférieurs (1) !

Voilà ce qu'Harvey osait penser et écrire, non pour son siècle qui ne pouvait le comprendre, mais pour le nôtre !

La vérité est lente à se faire jour. La circulation elle-même du sang, dont la démonstration était cependant aussi facile à saisir que rigoureuse, n'eut pas beaucoup plus de succès, à l'origine, que les hautes vues d'Harvey sur l'embryogénie. Dès 1619, l'auteur avait complété sa découverte, et l'enseignait publiquement; en 1628, il fit paraître son célèbre traité *De motu cordis* (2), et il semblait dès lors qu'Harvey ne pût plus avoir contre lui que ceux « qui ne savent pas distinguer les raisons vraies » et certaines d'avec celles qui sont fausses et incer-

---

(1) De même que j'ai reproduit plus haut le passage, si long-temps négligé, où l'on voit Césalpin devancer Harvey de plus d'un quart de siècle, je reproduirai celui, encore moins connu peut-être, où l'on voit Harvey devancer *d'un siècle et demi* mon père et Meckel.

Ce passage d'Harvey, déjà cité par M. SERRES, *loc. cit.*, et par moi-même, *Vie, travaux et doctrine d'Etienne Geoffroy-Saint-Hilaire*, p. 160, se trouve dans les *Exercitationes anatomicæ de motu cordis*, p. 164 des édit. in-18 de Rotterdam, 1654 et 1660. L'auteur s'exprime ainsi :

« *Sic natura perfecta et divina, nihil faciens frustra, nec cuipiam* » *animali cor addidit, ubi non erat opus, neque, priusquam esset ejus* » *usus, fecit; sed* iisdem gradibus, in formatione cujuscunque ani-» malis, transiens per omnium animalium constitutiones (ut ita di-» cam, ovum, vermem, fœtum), perfectionem in singulis acquirit. *Hæc* » *alibi in fœtus formatione, multis observationibus confirmanda* » *sunt.* »

(2) *Exercitatio anatomica de motu cordis et sanguinis in animalibus*, in-4, Francfort.

» taines (1). » Mais le nombre en fut grand. La découverte d'Harvey eut quelques défenseurs, et parmi eux
Willis, mais une foule d'adversaires ; et Riolan lui-même
se mit à leur tête, lui que ses contemporains appelèrent le
prince des anatomistes (2). Au milieu du xviie siècle,
les vieilles idées dominaient encore dans les écoles. Un
professeur de Leyde, ayant osé dire, en 1640, que le sang
circule dans les vaisseaux et que la terre tourne autour du
soleil, se vit sévèrement réprimandé ; et l'autorité supérieure défendit, par un acte spécial, l'enseignement de
ces dangereuses nouveautés dont l'une pourtant datait déjà
de plus de vingt ans (de soixante même, si nous remontons à Césalpin), et l'autre d'un siècle tout entier ! Et c'est à
peine si Harvey, après avoir employé sa jeunesse à faire
sa découverte, son âge mûr à la défendre, put, durant
quelques années, se reposer dans sa gloire (3).

(1) Expressions de Descartes, *De l'homme*, in-4, 1664, p. 124.
» Cela a été si clairement prouvé par Hervæus, dit encore Descartes,
» qu'il ne peut plus être mis en doute que par ceux qui sont attachés
» à leurs préjugés, ou... accoutumés à mettre tout en dispute. »

(2) *Anatomicorum sui sæculi princeps.* Telle est l'inscription mise
au bas d'un portrait de Riolan, appartenant à l'ancienne Faculté de
médecine, et qui existe encore aujourd'hui.

C'est à Riolan que sont spécialement adressées les deux *Exercitationes
anatomicæ de circulatione sanguinis*, publiées par Harvey en 1649.

(3) Selon Cuvier (ou du moins selon une phrase que lui attribue
M. Magdeleine de Saint-Agy), *loc. cit.*, t. II, p. 53, Harvey aurait dû
ce bonheur à l'adhésion donnée à sa découverte par Descartes, dans le
traité *De l'homme*. Cette adhésion (voy. p. 48, et ci-dessus, note 1) est
en effet des plus explicites ; et Descartes a fait, comme le dit Cuvier, de
la circulation du sang, l'une des bases de sa physiologie. Mais le traité
De l'homme ne parut que plusieurs années après la mort d'Harvey : une
traduction latine fut d'abord publiée en 1662, puis le texte français

VIII.

Les noms illustres de l'Histoire naturelle à la fin du
xvie siècle et dans la première moitié du xviie sont ceux
de Fabio Colonna, plus connu sous le nom de Fabius Co-
lumna, et des deux frères de Bâle, Jean et Gaspard Bauhin.

Aldrovande et Jonston, très renommés aussi de leur
temps, sont aujourd'hui tombés à un rang secondaire.
Tous deux marchaient au xviie siècle dans des voies où le
xvie n'avait fait lui-même que suivre le xve. On est étonné
de trouver à Fabrice et à Harvey des contemporains aussi
arriérés. Aldrovande et Jonston ne sont que des compilateurs. Le gigantesque ouvrage du premier, dont la publication, commencée par l'auteur de 1599 à 1605, s'est
longtemps poursuivie par les soins de divers continuateurs ;
l'*Histoire naturelle* de Jonston, qui a paru de 1649 à
1653, sont le fruit de recherches, malheureusement aussi
mal dirigées qu'immenses. L'esprit scientifique y fait presque complétement défaut. Nulle critique, nul discernement dans le choix des matériaux. Souvent même, en
copiant Gesner, Aldrovande le gâte ; et Jonston le traitant
lui-même comme il avait traité Gesner, leur double travail
n'aboutit parfois qu'à introduire dans les anciens textes
des erreurs nouvelles.

L'ouvrage de Thomas Moufet, *Theatrum insectorum,*

en 1664. Harvey avait cessé de vivre le 3 juin 1657 (et non 1658,
comme le dit JOURDAN, *Biographie médicale*, t. V, p. 91, dans un article d'ailleurs généralement exact).

mérite une plus haute estime, parce que l'observation y
tient une plus grande place. Mais si important qu'il puisse
être dans l'histoire particulière de l'une des branches de
la science, il n'a exercé sur son ensemble qu'une influence
à peine sensible. L'entomologiste anglais fait à l'égard
d'une partie des animaux articulés ce que Rondelet et
Belon avaient fait pour les poissons ; et il le fait, malgré la
différence des temps, sans une supériorité marquée sur
nos deux illustres compatriotes.

Les travaux de Colonna sur les mollusques pourraient
le placer, comme zoologiste, à côté de Moufet. Mais
Colonna est bien supérieur comme botaniste ; c'est un
observateur infatigable, et il dessine et grave lui-même les
résultats de ses observations : on lui doit la connaissance
de près de cent plantes nouvelles, et des notions très précises sur les organes de la fructification dans un grand
nombre d'espèces. Colonna s'est donc distingué comme
organographe, et sous ce point de vue, il est hors ligne
dans son époque. En outre, dans ses ouvrages, on trouve
parfois les plantes rapprochées selon leurs affinités ; et
les groupes qu'il forme ainsi peuvent être considérés
déjà comme des genres naturels.

Les deux, ou plutôt les trois Bauhin, car Jean Gaspard
Bauhin, fils de Gaspard, doit être cité à la suite de son
père et de son oncle (1), ont écrit, comme presque tous

(1) Je ne rendrais pas à cette illustre famille un hommage complétement juste, si je ne citais deux noms de plus : ceux de BAUHIN le père,
auteur d'une partie de l'*Historia naturalis plantarum* de DALÉCHAMPS ;
et de CHERLER, gendre et collaborateur de Jean Bauhin.

Plusieurs Bauhin, petits-fils et arrière-petits-fils de Gaspard, se sont
distingués dans la carrière médicale.

ceux de leur temps, sur des sujets variés ; mais c'est essentiellement comme botanistes qu'ils ont illustré leur nom.
Les recherches de Jean et de Gaspard, parallèlement poursuivies, mais dans lesquelles ils se prêtaient souvent une
aide fraternelle, embrassent le règne végétal tout entier.

Ni l'un ni l'autre ne conduisirent jusqu'au terme leurs
colossales entreprises. L'*Historia universalis* de Jean
Bauhin, dans laquelle on trouve jusqu'à 5000 plantes
décrites et plus de 3600 figurées, nombres immenses
pour cette époque, fut entièrement rédigée, mais ne parut
que trente-huit ans après la mort de l'auteur, et alors que
les progrès de la science lui avaient enlevé une grande
partie de son intérêt. Le *Theatrum botanicum*, œuvre du
second des Bauhin, dut pareillement attendre plus de
trente ans un éditeur ; et alors même il n'en parut qu'un
volume, le seul qui eût été terminé. Mais le *Pinax* avait
vu le jour du vivant de Gaspard, et quoique ce livre ne
soit, en réalité, qu'un abrégé, ou, selon son titre même,
la *table*, faite à l'avance, du *Theatrum botanicum*,
il a suffi pour placer son auteur à la tête de tous les botanistes de cette époque, sans excepter Jean Bauhin lui-
même. Le *Pinax*, c'est un relevé habilement fait de tous
les travaux antérieurs ; c'est la coordination, la synonymie
de tous les auteurs enfin établie ; c'est la nomenclature
qui commence à se fixer ; c'est une voie heureusement
tracée à travers le chaos de toutes les terminologies et
de toutes les classifications jusqu'alors concurremment
et confusément en usage. Ainsi, des deux frères, l'un
a surtout enrichi la science ; l'autre a dressé l'inventaire
de ses richesses, l'a perfectionnée dans ses formes, et

a contribué plus que personne à la dégager de ces inextricables difficultés qui jusqu'alors en hérissaient les abords.

Ce sont là assurément de grands titres, et si quelques modernes en ont contesté la valeur, c'est parce qu'ils n'avaient pas su se reporter à l'époque des frères Bauhin. Que ceux qui ont immédiatement profité de leurs travaux aient mêlé un peu trop d'admiration à leur juste reconnaissance ; que ces deux *astres* de la botanique, *sidera lucida fratrum*, aient dû avec le temps perdre un peu de leur éclat, je l'admets volontiers ; mais il n'en reste pas moins vrai que leur influence sur la science a été considérable, et qu'il n'a fallu rien moins, pour enlever aux Bauhin le sceptre de la botanique descriptive, que l'avénement de Linné lui-même(1).

IX.

De siècle en siècle, le même fait historique se reproduit : la foule des travailleurs se précipite, toujours plus nombreuse, dans les voies qui viennent d'être ouvertes ; quelques hommes d'élite s'en ouvrent parallèlement une nouvelle.

La voie nouvelle, dans la seconde partie du xviie siècle et au commencement du xviiie, c'est la micrographie.

(1) SPRENGEL s'exprime ainsi à leur égard, *Historia rei herbariæ*, t. II, p. 445 : « *Fratrum Bauhinorum tot tantaque sunt in promo-* » *venda et perficienda re herbaria merita, ut ab uno fere Linnæo* » *superentur.* »

Et CUVIER dit, *loc. cit.*, t. II, p. 208 : « Linnæus seul peut être » regardé comme les ayant surpassés. »

Non que la première invention du microscope appartienne à cette époque. Elle n'appartient pas même, comme on l'a si souvent répété, au célèbre physicien hollandais Drebbel. Il est bien vrai que vers 1620, époque où ce savant imagina le thermomètre, il possédait aussi le microscope; mais il le tenait de son compatriote Jansen(1). Et celui-ci, dont la découverte est sans date certaine, est peut-être précédé à son tour par Galilée. C'est en 1609 que ce grand homme dirigea sur le ciel le premier télescope(2), celui que l'on voit encore à Florence. Peu de temps après, trois ans au plus, il avait construit aussi un microscope.

Mais cet admirable instrument, après Galilée, après Jansen et Drebbel, restait très imparfait; à peine était-il connu, et surtout nul n'avait songé à l'utiliser. Les princes s'en amusaient, les savants ne s'en servaient pas. On avait inventé le microscope, il restait à inventer son emploi. C'est ce que firent enfin deux compatriotes de Jansen et de Drebbel, Leuwenhoeck et Hartsoeker. A tous deux, au premier surtout, appartient l'honneur d'avoir donné le microscope à l'Histoire naturelle. Immense progrès, et tel qu'aujourd'hui même, après deux siècles presque écoulés, nous ne saurions peut-être encore en mesurer toute la portée.

Jusqu'au xviie siècle, et pendant une grande partie de sa

(1) Ce point historique a été mis hors de doute par BORELLUS, *De vero telescopii inventore*, la Haye, 1655. On n'en a pas moins continué, durant deux siècles, à attribuer à Drebbel l'invention du microscope!

(2) Le premier du moins qui fût assez perfectionné pour être utilement applicable à l'astronomie. La première découverte du télescope appartient à ce même Jansen qui a attaché son nom à l'invention du microscope.

durée, les naturalistes négligeaient habituellement l'étude
des très petites espèces végétales et surtout animales.
Non seulement on n'observait pas tous ces êtres, aussi
merveilleux pourtant que ténus et délicats, dont l'immense
multitude remplit les classes inférieures du règne animal;
et comment alors eût-on pu pénétrer dans les mystères
de leur organisation? mais encore il existait depuis longtemps, parmi les zoologistes, comme un accord tacite pour
en dédaigner la connaissance. Il semblait qu'elle fût inutile
et tout au plus curieuse. Pareillement, pour les grandes
espèces, dans les rares occasions où l'on songeait à en
faire l'anatomie, on n'étudiait guère que les détails principaux. Tous les petits animaux et tout ce qui est petit
dans les grands, restait ainsi, à peu d'exceptions près, en
dehors de la science, comme si la grandeur matérielle
d'un objet était la juste mesure de son intérêt.

Ce fut donc toute une révolution qu'opérèrent Leuwenhoeck, puis Hartsoeker, lorsque, par le perfectionnement
du microscope et l'application qu'ils en firent à l'Histoire
naturelle, ils appelèrent à leur suite tous les observateurs,
non seulement à l'étude des petites choses, mais même à
l'exploration de ce monde invisible dont l'homme avait si
longtemps ignoré jusqu'à l'existence. A l'instant même, et
dès l'annonce des premiers résultats obtenus, les naturalistes, comme il arrive après toutes les grandes découvertes, se divisèrent en deux camps, les hommes du passé
et ceux de l'avenir; les uns aussi empressés de nier le progrès que les autres d'y applaudir et d'y prendre part. Mais
l'opposition rétrograde et envieuse dut tomber bientôt devant des faits que chacun pouvait voir, pourvu qu'il voulût

les regarder. Si le danger des illusions microscopiques fut dès lors signalé et démontré, l'importance et le mérite des observations bien faites n'en ressortirent que mieux, et leur nombre alla croissant rapidement de jour en jour.

Aussi l'application du microscope à l'Histoire naturelle datait encore d'un petit nombre d'années, et déjà cette science devait à Leuwenhoeck, à Hartsoeker et à quelques autres, la découverte d'une multitude d'infusoires ; au même Leuwenhoeck, des faits du plus grand intérêt sur la structure intime de nos organes, sur le sang, sur ses *corpuscules* ou globules, sur la génération ; à Malpighi, des recherches d'une haute importance sur l'homme, sur les animaux, sur les végétaux ; à Grew, une suite d'observations qui, à l'égard de ces derniers, associent son nom à celui de Malpighi ; à Henshaw, la connaissance des trachées des plantes, et à Swammerdam, d'admirables études sur l'organisation et les métamorphoses des insectes, et par elles, la première fondation de l'entomologie.

X.

La grande époque des Leuwenhoeck, des Malpighi, des Swammerdam, est celle aussi des anatomistes et physiologistes Pecquet et Willis, des zootomistes Perrault et Duverney, des naturalistes classificateurs Ray, Tournefort et Magnol. Les premiers marchent dans les voies que vient d'ouvrir Harvey ; les seconds s'avancent à la suite de Fabrice d'Aquapendente ; ceux-ci s'inspirent de l'esprit

de Césalpin, dont, après un siècle, le moment est enfin
venu.

Après Harvey, comment tous les anatomistes ne seraient
ils pas physiologistes ? Comme ce grand maître, presque
tous cherchent à remonter, par un examen de plus en plus
délicat des organes, à la connaissance de leurs fonctions ;
comme lui aussi, ils recourent souvent à l'expérience, et
parfois à la dissection des animaux. Tel est le caractère des
travaux de Pecquet sur les vaisseaux chylifères et le ré-
servoir auquel son nom est resté justement attaché ;
d'Olaüs Rudbeck sur les vaisseaux lymphatiques, dont la
découverte lui a été, mais en vain, contestée par Thomas
Bartholin ; de Willis sur l'encéphale ; de Borelli sur l'appareil locomoteur, dans l'étude duquel le célèbre *iatro-
mathématicien* fait si souvent du calcul et de la mécanique
les utiles auxiliaires de la physiologie. Le même caractère,
nous le retrouverions encore, quoique à un moindre
degré, dans les travaux de Ruysch ; mais ce nom rappelle
surtout des recherches de fine anatomie, et ces merveilleuses injections dont le secret n'a jamais été complètement retrouvé : ces injections par lesquelles Ruysch, dit
Fontenelle (1), prolongeait en quelque sorte la vie,
tandis que les Égyptiens n'avaient su prolonger que la
mort.

En zootomie, le mouvement, imprimé par Fabrice,
semble devoir se propager surtout en Italie. Redi surtout,
de 1664 à 1684, enrichit la science d'un grand nombre
de faits anatomiques, et même aussi physiologiques, sur

---

(1) *Éloge de Ruysch*, dans les *Éloges des académiciens*, édit. de
1766, t. II, p. 435.

les vipères et leurs venins, sur les oiseaux, sur la torpille, et plusieurs autres animaux.

Mais, à la même époque, Louis XIV crée à Versailles une riche ménagerie, et tout aussitôt l'Académie des sciences de Paris devient le foyer principal des études sur l'organisation des animaux. Claude Perrault, l'immortel auteur de l'Observatoire et de la colonnade du Louvre (1), et Duverney, secondés par quelques uns de leurs collègues, laissent bien loin derrière eux tous les travaux descriptifs, faits en d'autres temps ou en d'autres lieux. Par eux l'anatomie zoologique devient une science française, comme le seront plus tard l'anatomie comparée et l'anatomie générale, plus tard encore l'anatomie philosophique.

Dans une autre ligne, on poursuit en même temps, avec une grande activité, l'exploration du globe, la détermination et la description des espèces, l'établissement de synonymies exactes. Les Bauhin ont de nombreux et utiles continuateurs. Mais les esprits les plus distingués visent déjà plus haut : ils s'efforcent de créer une classification rationnelle et conforme aux rapports naturels.

Quand Césalpin, au XVIᵉ siècle, esquissait, et déjà d'une main si ferme, le plan de la classification naturelle, il n'avait pas été compris, et ne pouvait l'être : il était aussi en avant de son époque que sont aujourd'hui en arrière ceux qui voient encore dans la classification l'Histoire naturelle tout entière. Mais, dans la seconde moitié du

(1) Le même Perrault est l'auteur d'un travail important sur la sève des végétaux.

Dodart cultive aussi, dès la même époque, la physiologie végétale, et recherche expérimentalement les causes de la direction de la racine vers l'intérieur de la terre.

XVIIᵉ siècle et dans le XVIIIᵉ, il n'est ni trop tôt ni trop tard; le progrès, indiqué par Césalpin, devient de plus en plus possible et nécessaire. Les Gesner, les Clusius, les Colonna, les Bauhin, ont en même temps assez préparé le terrain pour qu'il soit permis de commencer à construire, et assez étendu le domaine de la science, pour qu'elle ne puisse se contenter plus longtemps de ces anciens et imparfaits procédés, tout au plus suffisants pour les premiers inventaires de ses richesses.

Les classificateurs sont donc, en ce moment, après les micrographes, ceux qui servent le mieux la science, et c'est parce que Jean Ray se met à la tête des classificateurs, qu'il est au premier rang des naturalistes de son temps.

Jean Ray ou Rajus, qu'il ne faut pas confondre avec un autre naturaliste du même nom, mais d'un autre pays, d'un autre siècle et d'une bien moindre portée (1); Jean Ray est un de ces hommes d'intelligence qui, entre ces deux voies toujours ouvertes à notre esprit vers le passé ou vers l'avenir, choisissent sans hésitation le progrès, et se portent hardiment et habilement en avant. L'Angleterre peut s'honorer d'avoir en lui donné naissance au précurseur de Linné. Comme le grand naturaliste suédois, il excelle en zoologie, plus encore en botanique. En zoologie, soit par lui-même, soit par son élève et ami Willughby, dont

(1) Augustin RAY, zoologiste français, auteur d'une *Zoologie universelle et portative*, publiée en 1788.

Jean Ray a été aussi quelquefois confondu avec un autre savant, appartenant comme lui au XVIIᵉ siècle, mais Français et chimiste, Jean Rey, qui a mérité d'être cité comme le précurseur de Lavoisier sur l'un des faits capitaux de la chimie pneumatique.

il a complété et publié les travaux, Ray fait connaître un grand nombre de faits nouveaux ; mais surtout, par ses classifications rationnelles, régulières, souvent conformes aux rapports naturels, il ouvre une voie facile aux recherches des observateurs futurs. En botanique, il est l'un des premiers à défendre la théorie des sexes des plantes que venaient de concevoir ses compatriotes Millington et Bobart (1); il enrichit la science d'espèces nouvelles, et comme classificateur, surpasse tous ses prédécesseurs et ses émules : non seulement Morison, Hermann et Bachmann, plus connu sous le nom de Rivinus Quirinus; mais même, sous plusieurs points de vue, Tournefort, dont la classification, si facile et si clairement présentée, mérita la popularité dont elle jouit si longtemps ; et cette illustration de l'école de Montpellier, Magnol, qui, le premier, et tout un siècle avant le *Genera plantarum*, commençait la distribution des plantes en familles naturelles, et dans lequel les Jussieu se sont plu à reconnaître et à honorer leur devancier (2).

(1) Rodolphe Jacques CAMERARIUS, auquel on a souvent attribué la découverte des sexes des plantes, n'a fait, aussi bien que Vaillant, que la confirmer et la propager ; son *Epistola de sexu plantarum* est de 1694. Dès 1681, Bobart avait fait sur le *Lychnis dioica* une expérience devenue célèbre. Millington est encore antérieur à Bobart, mais il n'avait pas expérimenté.

(2) Voyez Antoine Laurent DE JUSSIEU, article MÉTHODE dans le *Dictionnaire des sciences naturelles*, 1824, t. XXX, p. 443. « Magnol, dit-il, » a le premier, en 1689, cherché à faire des rapprochements naturels » sous le nom de *familles* : si son travail... n'obtint pas l'assentiment » de ses contemporains, il a au moins le mérite d'avoir le premier eu » l'idée de la réunion des plantes en familles. »

Achille RICHARD, dans l'article MÉTHODE du *Dictionnaire classique*

XI.

La micrographie créée, l'anatomie considérablement enrichie et devenue physiologique, l'organisation des animaux étudiée avec le même soin que celle de l'homme, des classifications rationnelles et méthodiques instituées pour les deux grands règnes organiques ; ces progrès, si importants qu'ils soient, ne sont pas encore tout ce que nous devons à la seconde moitié du xvııᵉ siècle et aux premières années du xvıııᵉ. Cette mémorable époque, et ce n'est pas son moindre titre à notre reconnaissance, est celle aussi où un esprit nouveau pénètre dans la science.

Bacon avait publié dès 1620 le *Novum organum ;* Descartes, en 1637, le *Discours sur la méthode ;* et l'Histoire naturelle, comme les autres sciences, était libre du joug de la vieille scolastique. Mais il restait aux naturalistes à dire avec Pascal (1) : « *Bornons ce respect que nous avons pour les anciens* » ; à comprendre qu'on peut, *sans crime, les contredire* (2) ; à s'affranchir de l'autorité

---

d'histoire naturelle, 1826, t. X, p. 502, rend encore un plus bel hommage à l'illustre professeur de Montpellier : « L'ouvrage de Magnol » nous paraît renfermer l'*idée mère* de la méthode naturelle que, plus » tard, d'autres botanistes, aidés des progrès de la science, ont » fécondée et exposée dans tout son jour. »

(1) *Pensées,* part. I, art. 1ᵉʳ.

(2) « Il est étrange de quelle sorte on révère leurs sentiments. On » fait *un crime de les contredire et un attentat d'y ajouter.* » (PASCAL, *ibid).*

des péripatéticiens comme de celle des scolastiques, à
ne plus reconnaître que celle des faits bien observés et de
leurs déductions légitimes. C'est ce que commencent à
faire les naturalistes de la seconde partie du xviiᵉ siècle.
Après Harvey, et au temps de Leuwenhoeck, comment
prendre les limites du savoir des anciens pour celles de la
science elle-même? et comment, là même où ils affirment,
les croire sur parole, quand, tant de fois déjà, on les a
surpris en flagrant délit d'erreur? De là l'esprit de doute
et de critique; de là la nécessité vivement sentie de tout
voir, de tout vérifier par soi-même. C'est, sous une autre
forme et sur un autre terrain, la lutte, sans cesse renouvelée durant trois siècles, du scepticisme philosophique
contre la tradition et l'autorité.

Dans cette phase de la science, il est clair que la méthode doit être essentiellement analytique. L'observation
n'est plus seulement appelée à étendre la science, elle
doit reprendre et vérifier toutes les notions anciennement
acquises. Les naturalistes se font donc de plus en plus
observateurs et analystes. On voit que le mouvement de la
science les entraîne déjà du côté où ils vont de plus en plus
se porter, à mesure que Leuwenhoeck déroulera devant eux
les merveilles inconnues du monde des infiniment petits.

L'analyse exacte, l'observation minutieuse et délicate,
la connaissance des derniers détails des choses, supposent
presque nécessairement la spécialité des études. La division du travail commence aussitôt que prédominent l'observation et l'analyse.

Elle répond d'ailleurs à un autre besoin de la science.
Les voyages des Hernandez, des Pison, des Marcgraf,

des Bontius et de tant d'autres explorateurs du globe, ont tellement augmenté le nombre des espèces connues, que la confusion ne peut plus être évitée que par la spécialité et l'heureuse coordination de tous les efforts. Sans elles, l'Histoire naturelle serait menacée de périr, accablée sous le poids même de ses immenses richesses.

Tels sont, dans la tendance générale des esprits et dans la méthode, les progrès qui se produisent peu à peu au xvii⁰ siècle, pour se manifester surtout dans le xviii⁰. Disons-le : l'honneur en revient au premier, qui les a préparés, bien plus qu'au second, qui les a pleinement réalisés. L'un avait semé, l'autre a recueilli.

Il a été facile à Buffon et à ses contemporains de relever les erreurs de Pline et d'Elien, parfois même celles d'Aristote ; mais Claude Perrault, pour défendre dans les sciences la même cause que son frère dans les lettres (1), avait dû lutter contre des passions dont la violence n'est que trop attestée par les grossières et odieuses épigrammes de Boileau (2). De même, on

(1) Dans son célèbre *Parallèle des anciens et des modernes*, Charles PERRAULT a sans nul doute été trop loin contre les premiers ; mais les vues qu'il développe sont parfois aussi belles que neuves, et méritent à leur auteur une place distinguée parmi les philosophes du xviie siècle. M. Pierre LEROUX n'a donc été que juste envers Charles Perrault dans son article *Sur la loi de continuité qui unit le* xviie *siècle au* xviiie (*Revue encyclopédique*, t. LVII, p. 465-538). Mais comment, dans ce remarquable travail, Claude Perrault ne se trouve-t-il pas mentionné à côté de son frère, dont il a souvent partagé les travaux ?

(2) *Assassin* et *maçon !* Ce sont les mots qui viennent sous la plume de BOILEAU, dans ses *Epigrammes* contre Claude Perrault, et il les

a bientôt dépassé, pour le nombre et la précision des observations, les Leuwenhoeck et les Swammerdam, les Pecquet et même les Malpighi; mais on l'a fait le plus souvent en suivant les mêmes voies, et à l'aide de leurs instruments et de leurs procédés perfectionnés. Enfin la division du travail a été depuis portée plus loin et mieux entendue; et surtout l'Histoire naturelle a complétement cessé d'être une branche de la médecine. Mais déjà, des médecins naturalistes du xviiᵉ siècle, plusieurs ne sont plus que nominalement médecins; la zoologie, la botanique, l'anatomie, la micrographie, les occupent entièrement. Quelques uns même sont plus spéciaux encore : il est déjà tel naturaliste dont le nom se rattache à l'histoire d'un seul groupe zoologique; tel anatomiste dont la vie s'écoule dans l'étude d'un seul système d'organes.

Quand la tendance à la spécialité est, dès cette époque, si marquée chez la plupart des naturalistes, qui ne s'étonnerait de n'en pas même retrouver l'indice chez d'autres? Claude Perrault, le grand architecte, l'illustre zootomiste et physiologiste, est aussi mécanicien, il est érudit; et cette glorieuse exception n'est pas encore la plus remarquable que j'aie à signaler : il est un naturaliste que l'on rencontre dans presque toutes les voies ouvertes aux spéculations de l'homme. L'Histoire naturelle dans

---

reproduit jusque dans l'*Art poétique*. Un long passage du quatrième chant, tache doublement regrettable dans un tel ouvrage, est dirigé contre Perrault; on y trouve entre autres ce vers trop connu :

« Notre *assassin* renonce à son art inhumain. »

C'est ainsi que Boileau se plaisait à traiter un savant et un artiste qui était, lui aussi, une des gloires du siècle de Louis XIV!

toutes ses branches, la littérature, la philosophie, les mathématiques, il a tout étudié. Il a fait plus, il a tout enseigné. On le voit, à de courts intervalles ou même simultanément, professeur de mathématiques, professeur d'humanités et prédicateur; puis auteur sur la philoso-phie, la théologie, et, plus heureusement pour sa gloire, sur la zoologie et la botanique. Et cet homme universel qui fait revivre une dernière fois, à la fin du xviie siècle, le savoir encyclopédique du moyen âge et de la renais-sance, c'est le même qui, à d'autres égards, se porte le plus en avant : c'est Jean Ray !

TROISIÈME SECTION.

PROGRÈS DE L'HISTOIRE NATURELLE DANS LE DIX-HUITIÈME SIÈCLE (1).

SOMMAIRE. — I. Les deux grands naturalistes du dix-huitième siècle. LINNÉ. BUFFON. — II. Progrès dus à Linné. — III. Progrès dus à Buffon. — IV. Les Jussieu. — V. Les autres naturalistes illustres du dix-huitième siècle. Adanson. Charles Bonnet. Haller. Pallas.

I.

Le XVIIIe siècle, s'ouvrant sous l'influence d'idées aussi heureusement nouvelles, ne pouvait manquer d'être marqué pour l'Histoire naturelle par d'éclatants progrès ; il n'avait qu'à suivre son cours pour s'avancer de succès en succès. Les esprits les plus éminents, entre ceux qui l'ont vu s'ouvrir, ont sans doute beaucoup espéré de lui ; mais leurs prévisions sur la grandeur future de leur siècle n'ont pu, si sagaces qu'on les suppose, s'élever jusqu'à la réalité, en approcher même. Qui eût osé attendre de la Providence qu'elle doterait à la fois l'humanité de deux de ces

(1) Cette section comprend la plus grande partie du XVIIIe siècle, non le siècle tout entier, dont le commencement est inséparable de la fin du XVIIe. De même, ses dernières années, et les premières du XIXe, forment nécessairement une seule et même époque, qui fera le sujet de la première partie de la section suivante.

rares génies qu'elle se plaît d'ordinaire à nous montrer
de loin en loin, comme ces météores éclatants qui tra-
versent tout à coup le ciel aux acclamations des peuples,
et dont le magnifique spectacle ne doit se renouveler ni
pour les hommes qui l'ont une fois admiré, ni, après eux,
pour plusieurs générations !

Je n'agiterai pas ici la vaine question de la supériorité
de Linné sur Buffon, ou de Buffon sur Linné. Chacun de
nous a ses sympathies et ses préférences personnelles;
mais comment mesurer la grandeur intellectuelle de ces
hommes qui nous dépassent de si haut? A peine pouvons-
nous essayer un jugement sur la valeur absolue des
progrès qu'ils ont fait faire à l'esprit humain. Nous ne
voyons que le passé et le présent ; leurs ouvrages appartiennent aussi à l'avenir.

C'est en effet, dans ma pensée, une erreur grave de
croire que, venus un demi-siècle après Linné et Buffon,
nous avons laissé loin derrière nous ces grands naturalistes, et qu'il ne nous reste qu'à retourner sur nos
pas pour leur rendre hommage. Ce que j'ai dit plus
haut d'Aristote, je dois le dire, à plus forte raison,
de Linné et surtout de Buffon : tous deux sont encore
aujourd'hui des hommes nouveaux et progressifs. Si les
faits se sont après eux multipliés au centuple, il s'en
faut de beaucoup que nous ayons déroulé toutes les conséquences de leurs idées ; que nous ayons parcouru
en entier les voies nouvelles qu'ils ont ouvertes à leurs
successeurs. Et qui s'en étonnerait? Le plus beau privilége du génie n'est-il pas de deviner, sur peu d'éléments,
ce que d'autres, plus tard, démontreront lentement et pas

à pas? Et si les poëtes ont donné des ailes au génie, si
cette image, belle en elle-même, est aujourd'hui usée et
devenue presque triviale, n'est-ce pas à cause de la vérité
trop évidente de l'idée qu'elle exprime ?

C'est parce que bien des siècles sont nécessaires à
l'intelligence complète des œuvres des grands hommes,
que la postérité porte sur eux tant de jugements successifs et divers. Pensera-t-on dans quelques années sur
Linné ce qu'on en a pensé il y a cinquante ans, ce qu'on
en pense aujourd'hui? Et l'opinion qu'ont eue de Buffon
les naturalistes du xviiie siècle et ceux du commencement
du nôtre, est-elle celle qu'acceptera la postérité? Je ne
saurais le croire, et il y a également à revenir sur ce
qu'on a loué et sur ce qu'on a cru pouvoir blâmer dans le
Systema naturæ et dans l'*Histoire naturelle*.

Linné et Buffon sont nés précisément dans la même
année, et à quatre mois seulement de distance, l'un en
mai, l'autre en septembre 1707 ; mais cette presque identité de dates, la puissance de leur génie, la grandeur
des services qu'ils ont rendus à l'Histoire naturelle, sont
les seules similitudes réelles que l'on puisse signaler
entre eux. Linné naquit pauvre dans un petit village de
la Suède guerrière et encore barbare de Charles XII;
Buffon, au sein d'une noble et riche famille, dans cette
France que le règne de Louis XIV venait de faire si
grande. Linné, contraint un instant de se mettre en ap-
prentissage chez un ouvrier, eut à soutenir une longue et
pénible lutte contre l'adversité : si Buffon eut besoin d'une
ferme volonté, ce fut pour résister aux séductions de cette
vie molle et oisive dont sa fortune et son rang lui offraient

le privilége. Tous deux enfin avaient reçu de la nature des
tendances intellectuelles plus diverses encore que les circonstances au milieu desquelles ils durent se développer ;
il fut dans leur destinée de se compléter l'un l'autre par
l'opposition des qualités contraires, et de s'estimer sans
se comprendre. Linné, aussi patient, aussi sagace dans
la recherche des faits, qu'ingénieux à les coordonner ;
plus prudent encore que hardi dans ses déductions ; ne
dédaignant pas de se tenir longtemps terre à terre, perdu
en apparence au milieu d'innombrables détails, pour s'é-
lever ensuite d'un vol plus sûr vers les hautes régions de
la science ; habile à former des hypothèses, mais ne se
faisant pas illusion sur elles, et lors même qu'il les étend
à l'ensemble de la création terrestre, ne se laissant pas
éblouir par leur grandeur ; assignant, avec une étonnante
sûreté de jugement, à chaque notion son rang et sa valeur, comme à chaque être sa place ; doué d'une persévérance qui ne fut jamais ni découragée par les obstacles ni
fatiguée par le temps ; aimant la vérité pour elle-même,
et trouvant que son expression la plus brève et la plus
simple est aussi la plus belle ; recherchant surtout dans
son exposition cette élégance propre aux écrits scientifiques, qui résulte de l'enchaînement des pensées plus
que du choix des mots ; enfin, sans cesser jamais d'être
exact et concis, variant son style depuis la précision
austère de la formule jusqu'à cette haute poésie dont la
Genèse nous offre les plus sublimes modèles : Buffon,
sagace, ingénieux à l'égal de Linné, mais dans un autre
ordre d'idées ; dédaignant les détails techniques, négli-
geant de multiplier autour de lui les faits d'observation,

mais saisissant les conséquences les plus cachées de ceux qu'il possède, et sur une base fragile élevant hardiment un édifice durable, dont lui seul et la postérité concevront le gigantesque plan ; se refusant à emprisonner sa riche imagination dans le cercle étroit des méthodes, et cependant, par une heureuse contradiction, créant un jour une classification que Linné même put lui envier ; s'égarant parfois dans ces espaces inconnus où il s'élance sans guide, mais sachant rendre fructueuses ses erreurs même ; passionné pour tout ce qui est beau, pour tout ce qui est grand, et s'il ne termine rien, osant du moins tout commencer ; avide de contempler la nature dans son ensemble, et appelant à son aide, pour la peindre dignement, les trésors d'une éloquence que nulle autre n'a surpassée : Linné, un de ces types si rares de la perfection de l'intelligence humaine, où la synthèse et l'analyse se complètent dans un juste équilibre, et se fécondent l'une l'autre : Buffon, un de ces hommes puissants par la synthèse, qui, franchissant d'un pied hardi les limites de leur époque, s'engagent seuls dans les voies nouvelles, et s'avancent vers les siècles futurs en tenant tout de leur génie, comme un conquérant de son épée !

Telle est l'idée que je me fais des deux grands naturalistes du XVIII° siècle ; tels sont les caractères que j'ai cru trouver empreints dans leurs ouvrages. Si maintenant j'essaie de dire quels pas chacun d'eux a fait faire à la science, ici encore j'aurai à protester contre les jugements faux ou incomplets que les naturalistes de notre époque ont hérités et acceptés de la génération à laquelle ils succèdent.

II.

On sait l'immense succès qu'obtint le *Systema na-*
turæ, du vivant même de son auteur. A une époque
où l'Histoire naturelle, n'ayant encore ni les méthodes
sûres et faciles qu'elle allait devoir à Linné, ni l'éclat et la
grandeur que devait lui donner Buffon, était peu cultivée
chez les nations même les plus avancées ; à une époque où
l'on comptait à peine quelques naturalistes de profession,
on reconnut, on pressentit du moins, dans le *Systema*
naturæ, dès sa première apparition, une de ces œuvres
privilégiées qui honorent leur époque, et qui doivent instruire l'avenir. En vain plusieurs voix s'élevèrent contre
un livre trop nouveau pour être compris de tous, contre
une réforme trop fondamentale pour être acceptée sans
résistance ; en vain deux des grandes illustrations du
siècle, Haller en Allemagne, et, pourquoi faut-il le dire ?
Buffon en France, protestèrent contre des vues trop différentes des leurs ; en vain quelques uns, franchissant les
limites de la critique permise, se laissèrent entraîner
jusqu'à la censure acerbe : Linné poursuivit ses innovations d'une main ferme et sûre, ne se laissant jamais dé-
courager par la critique, parfois en profitant, cherchant le
progrès par toutes les voies, rendant ainsi d'année en
année son succès plus mérité, plus assuré et plus général,
et contraignant ses adversaires eux-mêmes à lui reprocher, par conséquent à reconnaître, ce qu'ils appelaient

l'insupportable domination (1) du législateur de l'Histoire naturelle. En zoologie, l'influence de Linné resta puissante en présence même des travaux de Buffon ; il est même vrai de dire que ceux-ci y ajoutèrent encore, grâce au grand nombre d'intelligences qui furent tout à coup appelées à la culture de l'Histoire naturelle, et dont la plupart, à peine initiées à la science par Buffon, applaudirent et voulurent participer à l'œuvre de Linné. Et la génération qui a suivi a partagé pour Linné les sentiments de ses contemporains. Ses ouvrages ont continué à être admirés, je dirai même, trop admirés ; car l'admiration due à Linné s'est parfois exaltée, vers la fin du xviiie siècle surtout, jusqu'au fanatisme le plus exclusif, jusqu'à l'injustice envers Buffon (2).

Parmi les progrès accomplis par le *Systema naturæ*, il en est trois dont l'importance a été généralement reconnue : la nomenclature binaire, uniformément appliquée aux deux grands règnes organiques ; la langue scientifique soumise à d'invariables règles ; les êtres naturels coordonnés et classés selon un plan aussi nouveau que vaste. Tels sont pour nous, aussi bien que pour ses contemporains, les titres principaux de Linné, mais non entièrement par les mêmes motifs, au même point de vue, et dans la même mesure. On avait admiré, trop peut-être, le nomenclateur ; pas encore assez, comme on va le voir, le classificateur.

(1) Expression de HALLER. Voy. FÉE, *Vie de Linné*, dans les *Mémoires de la Société des sciences de Lille*, année 1832, part. I, p. 299.

(2) Voyez GEOFFROY SAINT-HILAIRE, *Fragments biographiques* Paris, in-8, 1838, p. 34. — Voyez aussi plus bas, p. 82.

Bien que la nomenclature présentement admise dans la science soit également appelée *nomenclature binaire* et *nomenclature linnéenne,* bien que l'on ait désigné sous le nom de *style linnéen* le langage si serré et si concis de nos caractéristiques et de nos descriptions techniques, il faut reconnaître que Linné n'est, en réalité, le premier inventeur ni de l'une ni de l'autre. La langue descriptive du *Systema naturæ* était née, plus d'un siècle avant Linné, des premiers efforts des naturalistes et de l'imperfection elle-même de l'Histoire naturelle dans ces temps reculés : avant qu'on se servît de noms vraiment spécifiques, il fallait bien suppléer à leur emploi par des phrases sommairement descriptives; phrases dont le mérite consistait surtout dans l'alliance d'une exactitude suffisante et d'une extrême concision. La nomenclature binaire est bien plus ancienne encore. Dans les livres de toutes les époques; bien plus, avant qu'il existât des livres, dans toutes les langues, des exemples se trouvent en foule de cette association ingénieuse de deux noms simultanément donnés à une espèce animale ou végétale, et exprimant, l'un les conditions communes qui la relient avec les êtres les plus rapprochés d'elle, l'autre les caractères propres qui l'en distinguent. Cette nomenclature, si précieuse déjà comme artifice mnémonique, seul mérite que lui aient reconnu quelques esprits superficiels, était employée chez les Romains; elle l'était et l'est encore chez les Arabes; elle l'est chez les Malais et chez les Nègres eux-mêmes dans plusieurs parties de l'Afrique; et souvent les noms binaires usités chez ces peuples barbares sont tellement conformes aux principes linnéens, tellement rationnels, que les naturalistes n'ont pu mieux faire que de les traduire et de les adopter.

Ce qui appartient ici à Linné, c'est donc d'avoir, non inventé, mais perfectionné, étendu, généralisé, revêtu du caractère scientifique ce qui ne constituait encore que de vagues essais, tentés sans règle et sans suite ; d'avoir converti en une langue logiquement descriptive ce qui en était tout au plus l'ébauche ; d'avoir élevé la nomenclature binaire au rang d'une méthode philosophique, fournissant, pour chaque espèce, l'expression la plus concise de ses affinités les plus fondamentales et de l'une de ses particularités les plus caractéristiques ; méthode qui, en même temps, diminue, dans une immense proportion, le nombre des termes nécessaires à la science. Importants, inappréciables services, dont notre époque surtout recueille le bienfait ! Après les découvertes faites, depuis un siècle, sur toute la surface du globe, quand on compte par *centaines de mille* les êtres vivants actuellement connus, l'application continue et uniforme des préceptes linnéens pouvait seule, en prévenant le désordre dans les mots, prévenir aussi son inévitable conséquence, le désordre dans les idées, et empêcher la science de retomber dans le chaos(1).

Comme classificateur, Linné a été surtout, à l'origine, admiré comme botaniste. En créant, pour les végétaux, une classification générale, rationnelle et de l'usage le plus facile, en la fondant sur ces organes floraux dont les fonctions, récemment connues, excitaient si vive-

(1) « *Nomina si nescis, perit et cognitio rerum.* »

Ce vers (ou du moins ce prétendu vers) se trouve dans la *Philosophia botanica* de LINNÉ, § 211.

ment l'intérêt du monde savant, il avait réuni dans son
œuvre tous les éléments d'une immense popularité. Plus
complexe dans son plan, plus difficile à concevoir et à
appliquer, précisément parce qu'elle recélait une science
plus profonde et des vues plus nouvelles, la classification
des animaux, dans un temps surtout où la zoologie comptait si peu d'observateurs, ne fut ni aussi bien comprise,
ni autant appréciée. Comment eût-elle pu l'être? Lorsque
ces deux classifications, réunies dans le même livre, revêtues des mêmes formes, exposées dans le même langage,
se présentaient comme le complément l'une de l'autre, ne
devait-il pas sembler évident qu'une œuvre identique venait d'être accomplie pour les deux grands règnes organiques ; avec moins de bonheur, toutefois, puisque c'était
avec moins de simplicité et d'élégance, pour le règne animal ? Quel esprit, à cette époque déjà si éloignée de nous,
eût été assez pénétrant pour reconnaître que, sous des
apparences semblables, le fond était divers ; assez sagace pour apercevoir, dans l'une des moitiés d'un même
ouvrage, le couronnement du passé, le plus parfait, mais
le dernier modèle des classifications artificielles ; dans
l'autre, un premier pas fait dans les voies de l'avenir ?
Qui eût pu prévoir et prédire que le rapide succès de
l'une ne serait qu'éphémère, et qu'une tardive, mais durable admiration était dans les destinées de l'autre ? On
admit donc que les deux classifications de Linné, comme
elles avaient les mêmes formes, reposaient sur les mêmes
principes. Et non seulement on l'admit du vivant de Linné,
mais aussi dans tout le cours du XVIIIe siècle. Les travaux
eux-mêmes des Jussieu ne détruisirent pas cette illusion.

En vain l'illustre auteur du *Genera plantarum* en-
seigna-t-il à tous, par la double autorité de ses préceptes
et de son exemple, les différences fondamentales du *système* et de la *méthode;* en vain les règles et la pratique
même de celle-ci devinrent-elles familières à tous : le véritable caractère de la classification zoologique de Linné
continua d'être méconnu.

Et cependant, dès 1735, Linné avait entrevu les principes féconds de la classification naturelle; il en avait fait
une première application au règne animal, préludant,
d'une main ferme, aux travaux qui devaient illustrer la
fin du xviiiᵉ siècle! Comment lui contester cet honneur,
en présence de ces exposés généraux dans lesquels il
résume avec une si grande supériorité, et en les classant
selon leur valeur (1), les caractères de chaque groupe ?
Comment supposer une différence fondamentale entre les
principes linnéens et les principes aujourd'hui universellement adoptés, quand les conséquences des premiers
sont identiques avec celles des seconds; quand la plupart
des divisions primaires, secondaires et tertiaires de Linné
n'ont jamais cessé d'être admises par ses successeurs;
quand d'autres n'ont été momentanément abandonnées
que pour être bientôt reprises sous d'autres noms, et
parfois à l'insu des auteurs eux-mêmes qui rendaient à
Linné cet hommage (2)? La classification zoologique de

(1) Voyez, sur ce point important de l'histoire de la science, l'*Éloge
de Linné* par CONDORCET; Recueil des *Éloges des académiciens*, Paris,
in-12, 1799, t. II, p. 131, ou *OEuvres*, publiées par MM. CONDORCET
O'CONNOR et ARAGO, Paris, in-8, 1847, t. II, p. 345 et 346.

(2) L'exemple le plus remarquable est celui sur lequel j'ai appelé

Linné, c'est, en réalité, la classification actuelle, nais-
sante, imparfaite encore, ou pour mieux dire, seulement
ébauchée, mais renfermant déjà en elle le principe de ses
perfectionnements futurs.

Si Linné a compris la méthode naturelle, s'il l'a
appliquée à l'ensemble de la zoologie, comment n'en
aurait-il pas tenté l'application, au moins partielle, à la
botanique? Il l'a fait. Sa *méthode artificielle* devait faire
place, lui-même l'a dit avec la plus grande netteté (1), à
la *méthode naturelle*, aussitôt que celle-ci pourrait être
établie; et pour hâter ce moment, nul n'a fait des efforts
plus persévérants(2). Les *Fragmenta methodi naturalis*,

l'attention dans mes *Considérations générales sur les mammifères*,
1826, p. 26, et dans l'article *Mammalogie* du *Dictionnaire classique
d'histoire naturelle*, t. X, p. 69. C'est de là que je suis parti pour
reconnaître dans Linné le véritable inventeur de la méthode naturelle.

On sait que la classification actuelle des mammifères est un perfectionnement de la classification créée par Cuvier et par mon père, dans
leur célèbre mémoire de 1795 sur la première classe du règne animal,
et sur l'application de la méthode naturelle à la zoologie. Cette classification était, dès l'origine, digne de ses deux auteurs : cependant, des
modifications y furent bientôt reconnues utiles, et elle fut remaniée à
plusieurs reprises par Cuvier, jusqu'à ce qu'enfin, en 1818, elle fut
présentée comme définitive. Or, que l'on suive Cuvier dans ses rema-
niements successifs, et l'on reconnaîtra que chacun de ses pas vers
le progrès est un retour vers Linné; si bien que, pour le nombre
des ordres et leurs caractères principaux, la classification se trouva
finalement replacée sur les mêmes bases où l'avait créée tout d'abord
ce grand naturaliste. Par ce seul fait, on pourrait prouver l'identité
fondamentale des principes de Linné et de ceux de Cuvier.

(1) Dans sa première lettre à Haller. On trouve cette lettre tout entière dans l'excellente *Vie de Linné* par FÉE, *loc. cit.*, p. 93 et suiv.
Cette remarquable lettre a été écrite en avril 1737.

(2) Voyez la même lettre, p. 94 et p. 98. Linné s'exprime ainsi dans

postérieurs de trois ans seulement au *Systema naturæ*, en sont, en 1738, les fruits déjà précieux (1) ; et presque tous les ouvrages ultérieurs de Linné portent la trace de ses efforts constants pour ajouter à ces premiers résultats. Il finit par arriver, en partie, à des vues si conformes à celles qu'allait bientôt émettre Bernard de Jussieu, que plusieurs auteurs ont vu ici autre chose que la rencontre de deux grands esprits. On doit croire, dit Cuvier lui-même (2), que Linné *avait profité des conversations de Bernard de Jussieu ;* car de tels rapprochements, ajoute-t-il, « auraient pu difficilement naître des vues qui ont » dirigé cet homme célèbre *dans ses autres ouvrages.* »

le premier des passages auxquels je renvoie : « J'ai travaillé long-
» temps sur ce sujet, quoiqu'il fût peut-être au-dessus de mes forces,
» et je pense avoir réuni plus de matériaux que beaucoup d'autres
» personnes ; néanmoins j'ai laissé bien des lacunes : il est douteux
» que je termine jamais ce que j'ai commencé. »

Admirable persévérance ! et admirable modestie !

On trouve dans les ouvrages de Linné plusieurs passages analogues. On lit, par exemple, dans l'introduction des *Fragmenta methodi naturalis* : « *Diu et ego circa methodum naturalem inveniendam » laboravi... ; perficere non potui ; continuaturus dum vixero.* »

Voy. aussi, dans la *Philos. bot.*, § 206, le passage, souvent cité, où Linné dit : « *Methodus naturalis hinc ultimus finis botanices est et erit.* »

Sur ce sujet, consultez encore les LINNÆI *Prælectiones in ordines naturales plantarum*, par FABRICIUS et GISEKE, in-8, Hambourg, 1792 ; ouvrage rédigé d'après les ouvrages, les leçons et les conversations de Linné.

(1) Ces remarquables *Fragmenta* ont paru dans les *Classes plantarum*, in-8, Leyde, 1738.

Sur soixante-cinq groupes considérés par Linné comme naturels, une moitié environ est restée dans la science.

(2) *Éloge de Michel Adanson*, dans le *Recueil des éloges historiques* de CUVIER, t. I, p. 286.

Jugement hasardé, où une première erreur sur l'esprit
général des travaux de Linné a conduit à une conjecture
que rien ne justifie (1). Non, ce grand naturaliste n'a eu
besoin de s'inspirer que de lui-même; et pour devancer
sur quelques points les Jussieu, il lui a suffi de porter
dans l'étude des plantes les .vues qui l'avaient si manifestement dirigé dans ses ouvrages zoologiques.

Sachons être fidèles au culte de la justice, fallût-il
enlever un rayon à la gloire nationale; et que dans une
œuvre capitale chacun reprenne enfin la part qui lui
appartient. Restituons à Linné son titre de premier inventeur de cette méthode naturelle qu'avaient pressentie
Césalpin et notre Magnol, et dont il a si longtemps poursuivi l'application aux deux grands règnes organiques;
destiné à se voir presque aussitôt surpassé, en botanique,
par les Jussieu, mais à rester en zoologie, jusqu'à la fin
du siècle, jusqu'à Cuvier, non seulement sans supérieurs,
mais sans égaux. Ses droits sont incontestables; et pour
la zoologie en particulier, nous devons reconnaître dans
Linné l'auteur, non seulement, comme tous le disent,
des formes présentement admises, mais du fond actuel
de la classification. Les modernes, comme classificateurs, ont été bien au delà de Linné, mais dans les mêmes

(1) Ou plutôt que tout dément : le silence de Linné sur ce point,
lorsqu'il fait connaître les obligations qu'il eut à Bernard de Jussieu
(voy. ses *Mémoires*, insérés dans sa *Vie* par FÉE, *loc. cit.*, p. 34); puis
les dates. C'est en 1753 que Cuvier nous montre Linné s'inspirant, dans
ses travaux, des *conversations de Bernard de Jussieu*; et c'est au prin-
temps de 1738 que Linné était venu à Paris. Quinze ans d'intervalle !

De plus, doit-on supposer conçues, dès 1738, par Bernard de Jussieu,
des idées qui ne virent le jour que si longtemps après ?

voies , et en le continuant. Ils ont perfectionné , Linné avait créé (1).

III.

La postérité a, comme les contemporains, ses prédilections, ses préjugés, ses préventions. Buffon a longtemps attendu des juges équitables. Quand on relit, après avoir mûrement médité sur ses ouvrages, les appréciations qu'en ont faites, non seulement ses contemporains, mais les nôtres eux-mêmes, on ne peut se défendre de ce sentiment pénible qu'on éprouve , avant toute réflexion, à la vue ou au récit d'un acte d'injustice!

Comme écrivain, Buffon occupe depuis longtemps le rang qui lui appartient. Nul écho, dans notre siècle, de ces critiques qui osèrent, dans le xviiie s'attaquer à l'admirable style de l'*Histoire naturelle :* de ces critiques auxquelles Voltaire, homme d'un goût si exquis, mais encore plus homme de passion, eut le tort de s'associer par une célèbre et trop transparente allusion (2). Il n'est plus aujourd'hui qu'un seul sentiment sur Buffon, proclamé par tous l'une des gloires littéraires

(1) J'ai seulement indiqué ici, mais je crois avoir démontré ailleurs les droits de Linné au titre de *créateur de la classification zoologique,* successivement *perfectionnée* par les zoologistes modernes, et non simplement d'auteur d'une classification zoologique, *remplacée* par celles de Cuvier', de Blainville et des autres naturalistes de notre siècle. Voyez l'article intitulé : *Des travaux de Linné sur la nomenclature et la classification zoologiques,* dans mes *Essais de zoologie générale,* 1841, p. 106-134.

(2) « Dans un style ampoulé parlez-nous de physique. »

les plus brillantes du siècle où vécurent Voltaire et Montesquieu, où vécut Jean-Jacques Rousseau.

Mais en faisant si grande la part de l'écrivain, a-t-on rendu justice au naturaliste, au penseur? De son temps, non; après lui, et jusque de nos jours, moins encore peut-être (1). Faut-il le dire? Quelques lignes écrites par

(1) Dans les années qui suivirent la mort de Buffon, l'injustice et l'ingratitude envers lui furent portées jusqu'aux dernières limites. Montrons-le par des exemples : il importe à la gloire de Buffon de rappeler les jugements auxquels il fut alors en butte; ils feront voir de combien ce grand homme avait devancé son époque.

Entre tous les passages que je pourrais mettre sous les yeux du lecteur, les deux suivants me semblent assez caractéristiques pour dispenser de toute autre citation.

J'emprunte l'un aux éditeurs des *Eloges* de CONDORCET, in-12, 1799, t. I, p. 24. « Les ouvrages de Buffon, disent-ils, ne présentent » peut-être *aucune vérité nouvelle.* » Qu'a donc fait Buffon pour la science? Rien, selon ces auteurs. Eh bien ! le croirait-on? d'autres ont trouvé le moyen d'aller plus loin encore : « On ne peut disconvenir qu'il » (Buffon) a *retardé les progrès des véritables connaissances* en His-» toire naturelle, par le mépris qu'il a fait et inspiré des systèmes... » Cependant on ne saurait nier qu'il a *rassemblé* des faits intéres-» sants et *peu connus.* » Ce dernier passage a une très grande importance, comme exprimant incontestablement l'opinion générale des naturalistes à la fin du XVIIIe siècle; je l'extrais de l'*Introduction* des *Actes de la Société d'Histoire naturelle de Paris,* in-fol., 1792, p. xij; introduction que l'on trouve aussi dans quelques journaux scientifiques du temps. Cette introduction, intitulée : *Discours sur l'origine et les progrès de l'Histoire naturelle en France,* a été rédigée par le secrétaire de la Société, MILLIN. Ajoutons que la Société se donnait pour mission expresse de *rendre à la France* l'importance qu'elle « devait avoir dans la science de l'Histoire naturelle, » et dont Buffon l'avait fait déchoir, au jugement de « la nouvelle génération, » décidée, depuis la mort de Buffon, à laisser « à l'ancienne ses vieilles erreurs » et ses préjugés. » (Même *Introduction,* p. xiij.)

On peut voir, dans l'ouvrage plus haut cité de mon père (p. 34 et 35),

Goethe, peu de mois avant que s'éteignît cette lumière de l'Allemagne (1), et dans la patrie même de Buffon, quelques pages de mon père (2), tels étaient encore, il y a quelques années (3), les seuls hommages dignes de lui que la science eût rendus au naturaliste et au philosophe! Partout ailleurs, on laissait Buffon au-dessous et à une

que la Société n'a été que trop fidèle à la mission qu'elle se donnait à elle-même, au nom de Linné, contre Buffon.

(1) Voyez le second des articles publiés par Goethe sur les *Principes de la Philosophie zoologique* de mon père. Cet article, le dernier que Goethe ait écrit, se trouve dans les *Jahrbücher für wissenschaftliche Kritik*, mars 1832, et dans les *Œuvres d'Histoire naturelle* de Goethe, traduites par M. Martins, Paris, in-8, 1837, p. 161.

(2) L'article *Buffon* de l'*Encyclopédie nouvelle*. Voyez t. III, 1836, p. 105. Voici le début de cet article; il en résume en peu de mots l'esprit : « Buffon, que la voix publique plaça avec Voltaire, Rousseau et » Montesquieu au premier rang des écrivains du XVIIIe siècle, attend » encore peut-être du savoir philosophique de nos jours le salut d'admi- » ration dû, selon moi, *au plus grand naturaliste des âges modernes.*»

(3) En 1837, j'essayai, à mon tour, l'appréciation des services rendus à la science par Buffon, et j'écrivis, dans la *Revue des deux mondes*, quelques pages en partie reproduites ici.

Depuis, un mouvement très marqué s'est produit dans l'opinion en faveur de Buffon ; et il ne peut manquer de se prononcer de plus en plus, après les importantes publications successivement faites en l'honneur de notre grand naturaliste. Voyez principalement : Geoffroy Saint-Hilaire, *Études sur la vie, les ouvrages et les doctrines de Buffon,* dans les *Fragm. biograph.,* p. 1 à 102; article publié d'abord en 1837, à la tête d'une édition nouvelle de l'*Histoire naturelle.* — Villemain , *Cours de littérature : Tableau du dix-huitième siècle,* Ire part., 1838, t. II, p. 352. — Flourens, *Buffon; Histoire de ses travaux et de ses idées,* in-12, Paris, 1844; et 2e édit., 1850. — Henri Martin, *Histoire de France,* t. XVIII, p. 247 à 272; 1853. Ce beau travail vient de paraître durant l'impression même de ces feuilles; je suis heureux de pouvoir mentionner ici ce lucide résumé et cette haute appréciation des vues de Buffon par un historien philosophe.

immense distance de Linné! On s'étendait sur la réfutation de ses hypothèses, de ses erreurs; on l'a dit même,
de ses *aberrations* et de ses *fantastiques* rèveries (1)!
et parfois, la critique était à peine tempérée par quelques éloges vagues et pleins de restrictions sur ces vues
sublimes de philosophie naturelle, sur ces voies nouvelles ouvertes à l'esprit humain, sur ces lois générales
qui attesteront à jamais le génie créateur de Buffon! Il
semblait, en un mot, qu'on se complût à étendre les
ombres et à voiler la lumière!

Et les maîtres de la science eux-mêmes ne se sépa-
raient pas ici de la foule. Cuvier, dont le jugement a
fait loi pour les zoologistes contemporains, semble lui-
même placer le mérite le plus réel de Buffon dans ses
droits au titre d'*auteur fondamental pour l'histoire des
quadrupèdes* (2)! Oui, ses droits à ce titre sont incontestables, mais sa gloire n'est pas là. Si Buffon ne fût pas

(1) Encore ne cité-je ici que des *critiques* relativement modérées.
Je me tais sur les autres, sur celles que je n'appellerais plus des critiques, mais des *insultes*. En général, les attaques sont d'autant plus
violentes qu'elles viennent de moins haut.

Signalons aussi l'insistance extrême avec laquelle certains zoologistes se sont plu à rechercher de page en page, à énumérer, à mettre
en relief diverses erreurs de détail échappées à Buffon, comme si
l'abaissement de ce grand homme cût pu les élever eux-mêmes! Ne
dirait-on pas des nains se dressant sur leurs pieds pour dépasser un
instant le géant étendu et endormi!

(2) « La partie de son ouvrage... où il restera toujours l'auteur fon-
» damental, c'est l'histoire des quadrupèdes. » (CUVIER, article sur
Buffon, dans la *Biographie universelle,* 1812, t. VI, p. 238.) Article
d'ailleurs remarquable, et qui, à part l'appréciation de Buffon, ne
sera lu ni sans intérêt ni sans profit.

Dans l'*Éloge de Lacépède,* rédigé en 1826, et inséré dans le *Recueil*

venu, l'histoire des quadrupèdes eût pu être écrite par
un autre; mais qui eût écrit la partie générale de l'*Histoire naturelle ?* Oui encore, par la magnificence de son
style, Buffon a rendu *général le goût de l'Histoire naturelle*, et conquis pour elle, par toute l'Europe, *la protection des souverains et des grands*(1). Oui, le mouvement
immense qui s'est produit du vivant même de Buffon et
après lui, est dû, pour une très grande partie, à son influence souveraine; et ce serait assez pour faire de son
nom l'un des premiers de notre science, assez pour lui
mériter la reconnaissance des naturalistes de tous les
âges. Mais leur admiration doit tendre plus haut. La
gloire de Buffon ne saurait être dans ce qu'il a fait faire,
mais dans ce qu'il a fait lui-même, dans ce qu'il a créé ;
j'ajouterai qu'elle est moins encore dans ce qu'il a fait
pour ses contemporains, que dans ce qu'il a préparé
pour nous. Elle est dans ces soudaines inspirations qui
si souvent l'entraînent hors de son siècle, et parfois le
portent en avant du nôtre; dans les éclairs de sa pensée,
dont la lumière, au lieu de s'affaiblir avec la distance,
semble se projeter plus éclatante à mesure qu'elle atteint
un plus lointain horizon. Elle est dans la première création
de la zoologie générale, ou, pour mieux dire, de la philosophie elle-même de l'Histoire naturelle : là aussi Buffon
pourrait presque être dit l'*auteur fondamental !* Elle est

déjà cité, t. III, p. 296 et suiv., Cuvier a donné de Buffon une autre appréciation dont la sévérité ne semblera pas assez tempérée par quelques phrases élogieuses, trop semblables à de simples précautions
oratoires.

(1) CUVIER, *Biogr. univers.*, *loc. cit.*

dans ses vues sur les harmonies variées des animaux et les contrastes des diverses modifications locales des mêmes types; dans cette belle étude de l'homme et de ses variétés, qu'il élève dès lors au rang d'une *science particulière*(1), par la conception rationnelle de la communauté d'origine; dans ces admirables pages où, à peine maître de quelques faits, il déduit ou plutôt devine les lois principales de la distribution géographique des êtres, et même aussi de leur apparition successive à la surface du globe (2); dans celles où il s'élève jusqu'à la conception de l'unité de plan dans le règne animal, du principe non moins fondamental de la variabilité limitée des espèces, et de plusieurs de ces hautes vérités dont les unes viennent à peine d'être rendues accessibles à la démonstration, et dont les autres, encore à demi comprises aujourd'hui, appartiennent moins au présent qu'à l'avenir de la science !

Voilà où est, pour moi, la gloire de Buffon; car là sont les preuves de son génie. Après l'avoir dit presque seul

(1) « Avant lui, l'*Histoire naturelle de l'homme* n'existait pas...
» Depuis lui, l'étude des variétés des races humaines est devenue une
» *science particulière.* » (FLOURENS, *loc. cit.*, 1844, p. 164, et 1850,
p. 155.)

(2) « Reconnaissons les droits de Buffon à la priorité pour tout ce
» qui regarde l'histoire éminemment philosophique des vieux monu-
» ments de notre globe. Il a dit simplement le *pourquoi* et le *comment*
» de l'antique transformation des corps organisés en pierres, éternisant
» dans la mort la structure et les formes de la vie : exemples admira-
» bles de modelages opérés par la nature; sculptures antédiluviennes
» que l'art humain semble imiter de nos jours, lorsque par lui des traits
» chéris et vénérés sont conservés pour l'amitié ou transmis à la posté-
» rité. » (GEOFFROY SAINT-HILAIRE, *Études sur Buffon, loc. cit.*, p. 57.)

il y a seize ans, je suis heureux de le redire aujour-
d'hui avec tant d'autres : Buffon est aussi grand comme
naturaliste et comme penseur que comme écrivain :
Majestati naturæ par ingenium (1)! Et s'il est si grand
écrivain, c'est parce qu'il est si grand penseur. « Le style
est l'homme même. » C'est Buffon qui l'a dit (2); et il a
fait mieux que le dire : il l'a prouvé!

IV.

De la science telle que Linné et Buffon l'ont faite,
nous pourrions passer sans transition à la science de notre
époque ; le rapide mouvement de l'Histoire naturelle
pendant la révolution française et de nos jours n'a plus
rien qui étonne, lorsqu'on se reporte à ces deux vivants
foyers dont il émane, le *Systema naturæ* et l'*Histoire
naturelle*. Pourtant, nous ne l'aurions encore que bien
incomplétement expliqué, si nous terminions ici cette
esquisse des progrès qui l'ont immédiatement préparé.

(1) La statue au pied de laquelle on lit cette belle inscription a été
élevée à Buffon de son vivant. Pourquoi faut-il qu'on la doive bien
plutôt à une flatterie intéressée qu'à une juste et pure admiration !

(2) *Discours de réception à l'Académie française*, dans le *Recueil
des pièces d'éloquence et de poésie de 1747 à 1753*, in-12, p. 338, et
dans le *Supplément* de l'*Histoire naturelle*, t. IV, p. 11.

Mon père a déjà fait ressortir, dans ses *Études* précédemment citées,
p. 15 et 16, le lien intime qui unit dans Buffon le grand penseur et
le grand écrivain.

Sur le style de Buffon, voyez aussi MM. VILLEMAIN et FLOURENS,
locis cit.

Il est d'autres services rendus, d'autres gloires auxquelles nous devons aussi notre tribut.

Par l'immensité de leurs travaux, Linne et Buffon semblent remplir, pour l'Histoire naturelle, le xviii\e siècle tout entier, et cependant il est vrai de dire que ce serait encore pour nous un grand siècle, alors même que ni Linné ni Buffon n'eussent existé.

Pour lui mériter ce titre, il suffirait qu'il fût celui où la classification naturelle a été définitivement comprise et établie, où elle a pris pour jamais possession de la science. Or ce progrès capital n'est l'œuvre, ni de Césalpin, qui l'avait pressenti ; ni de Gesner, de Ray, de Morison, de Magnol, de Heister (1) et de plusieurs auteurs du xviii\e siècle, qui l'avaient diversement préparé ou commencé ; ni de Linné lui-même, qui l'avait en

(1) Sur Heister, auteur dont le nom n'a pas encore été mentionné, voyez plus bas, p. 93.

On verra aussi, dans la suite de cette section, p. 95 et 96, Adanson et Haller poursuivre, dans des voies qui leur sont propres, et de très bonne heure, la recherche de la méthode naturelle. Tous les grands esprits, tous les esprits distingués se tournent, au xviii\e siècle, du même côté.

A tous ces noms illustres ou célèbres, j'en pourrais joindre un plus illustre encore, celui de Jean-Jacques ROUSSEAU, qui rapprochait les végétaux *par une méthode très analogue à la distribution en familles naturelles* : expressions de GOETHE dans l'histoire qu'il a donnée lui-même de ses études botaniques. Voyez ses *OEuvres d'Hist. natur.*, trad. par M. MARTINS, 1837, p. 197. Les travaux de Rousseau que rappelle Goethe sont d'ailleurs postérieurs à ceux de Bernard de Jussieu qui vont être tout à l'heure cités : ils sont de 1770 et de 1771.

Quoi qu'il en soit, ils montrent, par un exemple de plus, que l'établissement de la méthode naturelle est, au xviii\e siècle, le but commun des désirs et des efforts de tous les hommes de progrès.

partie réalisé. La voix publique en a depuis longtemps
attribué l'honneur aux Jussieu, et il leur appartient.
Méthode naturelle et *Méthode des Jussieu :* ces expressions sont devenues synonymes, et dans tous les temps
les naturalistes pourront les employer l'une pour l'autre,
sans manquer à la justice, même envers Linné. Dans le
Systema naturæ, pour la zoologie ; dans les *Fragmenta
methodi naturalis* (1), pour la botanique, Linné énonce
des résultats ; mais comment les a-t-il obtenus ? il ne le
dit pas. Il est manifeste qu'il avait aperçu les principes de
la méthode, mais d'une manière encore incomplète et
obscure. Il n'en était pas maître ; il les eût donnés, s'il
avait pu le faire. Les Jussieu en sont maîtres. Bernard
le prouve en 1759, lors de la plantation du jardin de
Trianon (2) ; Antoine Laurent, bien mieux encore, lorsqu'il expose, en 1773, dans son célèbre mémoire sur la
famille des renoncules, l'ensemble encore inconnu des
vues de son oncle et des siennes ; lorsqu'il les reprend,
les développe, les démontre, les applique, en 1789, dans
ce livre si grand, sous un titre si simple : *Genera plantarum secundum ordines naturales disposita.*

Cuvier a dit du *Genera plantarum*, qu'il est presque
pour les sciences d'observation ce qu'est la *Chimie* de

(1) Et dans les autres parties de ses ouvrages botaniques où il a fait
ou essayé des rapprochements naturels.

(2) La classification qu'il y avait suivie n'a été publiée que trente
ans plus tard dans le *Genera plantarum,* p. LXIII et suiv., sous ce
titre : *Ordines naturales in Ludovici XV horto trianonensi dispositi.*
Mais la plantation du jardin donne une date certaine aux vues de Bernard de Jussieu, et devient ainsi un fait important de l'histoire de la
science.

I.   6.

Lavoisier pour les sciences expérimentales (1). En effet,
de même que, pendant une longue suite d'années, nous
voyons dans tous les chimistes dignes de ce nom autant
de disciples de Lavoisier, tous les naturalistes, pendant
près d'un demi-siècle, procèdent directement ou indirectement des Jussieu. Les botanistes n'ont longtemps
qu'une pensée : perfectionner la Méthode des Jussieu. En
zoologie, les efforts des méthodistes ont leur point de
départ dans le célèbre mémoire de Cuvier et de mon
père sur les *Mammifères*, publié en 1795 (2); mais
Cuvier et mon père étaient eux-mêmes partis du *Genera*,
dont ils voulaient étendre les principes à leur science.
Tous deux l'ont dit à plusieurs reprises, n'ayant pas alors
reconnu qu'ils avaient dans Linné, pour l'application à
la zoologie, un devancier plus ancien, qui, pour la première invention, l'était aussi des Jussieu, et de Bernard
lui-même (3).

J'ai essayé de distinguer ce qui, dans l'un des progrès
principaux de l'Histoire naturelle, appartient à Linné, ce
qui appartient aux Jussieu. Chercherai-je aussi à faire la
part de Bernard et d'Antoine Laurent? Ce ne sera du
moins qu'avec la plus grande réserve et en termes généraux. Le génie de Bernard de Jussieu a jeté les fondements
et tracé le plan de l'édifice ; les immenses travaux d'Antoine Laurent l'ont élevé, à la gloire de tous deux.

(1) *Rapport historique sur les progrès des sciences naturelles depuis*
1789, in-8, 1810, p. 305.

(2) *Mémoire sur une nouvelle division des mammifères, et sur les
principes qui doivent servir de base dans cette sorte de travail*, inséré
dans le *Magasin encyclopédique*, 1re ann., t. II, p. 164.

(3) Voyez p. 76 et suiv.

En réalité, l'œuvre est commune (1), et il serait téméraire d'accorder ici à l'un ou à l'autre une prééminence
que chacun eût refusée pour lui-même. Dans tout ce qu'il
avait créé, Bernard ne voyait que de premiers essais à
peine dignes d'être sauvés de l'oubli, et il se fût mo-
destement jugé le précurseur de son neveu ; et celui-ci
s'était déjà placé au premier rang des botanistes de son
temps, qu'il s'honorait surtout du titre de continuateur
de son oncle et d'applicateur de ses vues (2).

(1) Sans imiter la réserve de l'héritier actuel de ces illustres naturalistes, quelques botanistes ont récemment essayé de déterminer
exactement la part de chacun d'eux dans l'œuvre commune ; et ils l'ont
essayé en établissant une comparaison entre les *Ordines naturales* de
Bernard de Jussieu et le *Genera* d'Antoine Laurent. Ces auteurs ne se
sont pas aperçus qu'ils prenaient pour base de leur comparaison un
travail qui est loin de représenter complétement ce qu'a fait Bernard.
Les *Ordines* sont de 1759, et Bernard, qui n'est mort qu'en 1777, ne
s'est jamais arrêté. Vieux et presque aveugle, la méthode naturelle
était encore le sujet habituel de ses méditations et de ses entretiens
avec Antoine Laurent qui, depuis 1765, l'entourait de soins presque
filiaux. Ils travaillaient donc ensemble ; ils avançaient du même pas
et par de communs efforts. Voyez l'*Éloge de Bernard de Jussieu*, par
Condorcet, recueil déjà cité, t. I, p. 411, ou *OEuvres, loc. cit.*, p. 263 ;
et l'*Éloge d'Antoine Laurent de Jussieu*, par M. Flourens, dans les
Mémoires de l'Académie des sciences, t. XVII, p. v et vj.
Je suis convaincu, quant à moi, que l'oncle et le neveu n'eussent pu
faire entre eux-mêmes ce partage qu'on a hasardé tout récemment
encore. Conclusion que ne contredisent en rien, que confirment bien
plutôt les intéressants documents publiés en 1837 par M. Adrien de
Jussieu à la suite de la seconde édition de la préface du *Genera plantarum*. Voyez les *Annales des sciences naturelles*, Botanique, 2ᵉ série,
t. VIII, p. 227 ; et à part, Paris, in-8, p. 99.
(2) Dans le remarquable *Éloge* qui vient d'être cité, Condorcet a
fait l'analyse des travaux de Bernard de Jussieu, d'après Antoine

V.

Nous sommes loin d'avoir épuisé la liste des naturalistes justement célèbres du xviiie siècle. L'époque où la méthode naturelle est inventée et appliquée à la zoologie, puis établie en botanique, est marquée, en même temps, pour l'une et l'autre science, dans plusieurs autres directions, par des progrès importants, ou même par de brillantes découvertes. Si rapide que soit cette esquisse, plusieurs noms doivent donc encore y trouver place, après ceux de Linné, de Buffon, des Jussieu.

Quelques uns de ces noms appartiennent exclusivement ou principalement à la botanique. Tels sont, l'un au commencement, l'autre à la fin de cette époque, ceux du physicien Hales, l'auteur de cette *Statique* tant admirée par Haller; et de Joseph Gærtner, si patient et si excellent

Laurent qui, très vraisemblablement, a plus d'une fois enrichi son oncle de ses propres idées.

J'ajouterai qu'Antoine Laurent s'est plu à reproduire, en tête du *Genera plantarum*, en 1789, un *Rapport* fait à la Société de médecine par l'illustre HALLÉ, qui s'exprime ainsi, p. 13 : « Bernard de » Jussieu est le premier qui, donnant à son travail une base vraiment » philosophique, soit parvenu à poser les fondements d'un édifice plus » solide (que ceux de Linné et d'Adanson), préparé longtemps dans » le silence; et ce travail, ayant acquis, entre les mains de son élève et » de son neveu, un accroissement considérable et un nouveau degré » de perfection, paraît aujourd'hui dans l'ouvrage dont nous allons » donner l'idée. »

observateur, dont les travaux sur le fruit, si bien accueillis lorsqu'ils parurent, tiennent encore aujourd'hui une si grande place dans l'estime des botanistes. Tels sont encore les noms de Lamarck, deux fois illustre, et dans deux époques et deux sciences différentes (1); auteur de cette *Flore française* si appréciée de Buffon, et bientôt si appréciée de tous (2), en attendant qu'il le fût de l'*Histoire des animaux sans vertèbres* et de la *Philosophie zoologique*, deux des œuvres principales de l'Histoire naturelle du xixe siècle (3); de Hedwig, qui a donné une si vive impulsion à l'étude si difficile et si longtemps négligée des plantes cryptogames; de Duhamel du Monceau, dont les ingénieuses expériences ont résolu ou éclairé tant d'obscures questions de physiologie végétale; de Heister, dont l'influence sur ses contemporains et sur la marche de la science a été infiniment moindre, mais qui n'en reste pas moins l'un des botanistes principaux du xviiie siècle : Heister, l'un des devanciers des Jussieu dans la conception de la méthode naturelle; encore un de ces hommes qui ont eu, dirai-je? le mérite ou le malheur de précéder de trop loin leurs contemporains (4).

(1) Lamarck est botaniste dans le xviiie siècle, zoologiste dans le xixe.

(2) Cette Flore française, où Il « se montrait également ingénieux, » soit qu'il inventât des procédés pour arriver à la connaissance des » noms spécifiques, soit qu'il s'appliquât à découvrir les rapports na- » turels qui unissent les genres. » (MIRBEL, *Éléments de physiologie végétale et de botanique*, IIe partie, 1815, p. 565.)

(3) Voyez la section suivante.

(4) Le *Systema plantarum generale* de HEISTER, publié en 1748, n'a obtenu que bien tard, et encore d'un petit nombre de botanistes, le tribut auquel il avait droit. Il avait paru trop tôt pour être bien compris, et quand enfin il le fut, il était de beaucoup dépassé par les

Dans la même époque, la zoologie, si longtemps en retard sur la botanique, marche de pair avec elle. De combien de noms illustres nous la trouvons aussi parée ! Et de quels noms ! Fabricius, le second fondateur de l'entomologie ; Othon Frédéric Müller, qui est presque pour les infusoires ce que Fabricius est pour les insectes ; Trembley, cet observateur ingénieux, dont les merveilleuses expériences, connues de tout le monde depuis un siècle, étonnent encore les naturalistes eux-mêmes ; Lyonet, ce prodige de persévérance et d'adresse ; Peyssonnel, en partie précédé par Rumpf, qui fit reconnaître enfin des animaux dans ces élégantes fleurs de la mer, les coraux et les madrépores ; Réaumur, qui sut pénétrer, à force de patience et de sagacité, les mystères les plus cachés de la vie des insectes ; Degeer, qui l'a quelquefois heureusement continué ; Spallanzani, expérimentateur si ingénieux, si habile, parfois si hardi ; Pierre Camper, qui *porta*, dit Cuvier (1), sur tant d'objets divers, *le coup d'œil du génie ;* Daubenton, ce collaborateur laborieux de Buffon, qui a fait seul tous ses travaux, et sans lequel peut-être Buffon n'eût pas fait les siens, Daubenton auquel on doit en outre la première application rationnelle de la zoologie à l'agriculture (2) ; Jean Hunter, le

travaux des Jussieu. Heister n'en a pas moins droit historiquement à une place très élevée parmi les méthodistes. DE CANDOLLE est, à ma connaissance, le premier qui lui ait rendu une pleine justice. Voyez *Théorie élémentaire de la botanique*, 1813, p. 12.

(1) *Rapport historique* déjà cité, p. 321.

(2) Les immenses services que Daubenton a rendus dans cette direction ont été rarement appréciés à leur juste valeur. Je suis heureux d'avoir à citer, du moins, un excellent résumé des travaux du

premier des zootomistes aussi bien que des pathologistes de son époque et de son pays ; Blumenbach, dont les travaux si variés ont exercé une si grande influence sur l'Allemagne, et qui reste l'un des créateurs de l'Histoire naturelle de l'homme ; Vicq d'Azyr, qui a, comme lui, embrassé l'anatomie comparée presque dans son ensemble, et dont les conceptions, aussi belles qu'éloquemment exprimées, se sont plusieurs fois élevées jusqu'à l'anatomie philosophique elle-même !

Quels noms encore, et maintenant pour l'Histoire naturelle organique tout entière, que ceux d'Adanson, de Charles Bonnet, et par-dessus tous, de Haller et de Pallas ! Adanson, dont les travaux immenses, trop peu appréciés de son vivant (1), ont embrassé à la fois la zoologie, la botanique, la minéralogie et même la physique ; l'un des hommes les plus inventifs qui aient existé dans notre science ; arrivant de son côté, par une marche qui lui est propre, et en partie avant Bernard de Jussieu, à la con-

berger Daubenton contenu dans le *Rapport* fait, en mars 1849, par mon ami M. RICHARD (du Cantal), *à l'Assemblée nationale constituante, sur une proposition relative à la production des chevaux.* Voyez surtout les *Notes* à la suite de ce remarquable *Rapport,* p. 85 et suiv.

(1) M. PAYER a rendu un véritable service à la science en publiant en 1845 la partie zoologique d'un *Cours d'histoire naturelle,* fait par ADANSON en 1772, et dont le manuscrit avait été heureusement conservé par la famille de cet illustre naturaliste. On lira avec beaucoup d'intérêt l'*Introduction* placée par M. Payer en tête du premier volume.

Il est fort regrettable que diverses circonstances aient fait ajourner la publication de la partie botanique de ce *Cours ;* toutefois les *Familles des plantes* qu'Adanson a fait paraître en 1763 peuvent, jusqu'à un certain point, en tenir lieu.

ception et à l'application de la méthode naturelle ; parfois même, novateur hardi, émettant sur la botanique, la zoologie et l'anthropologie, des vues que l'on considère aujourd'hui comme très nouvelles. Charles Bonnet, observateur aussi sagace que son compatriote Trembley et que notre Réaumur ; penseur profond et audacieux, presque à l'égal de Buffon lui-même, et qui a eu ce rare privilége de servir la science autant par ses erreurs elles-mêmes si habilement exposées, et d'ailleurs si ingénieuses, que par ses découvertes. Haller, dont la grande *Physiologie*, bien que consacrée surtout à la connaissance de l'homme, renferme tant de faits nouveaux et importants sur les animaux ; et qui, en même temps, en botanique, par ses propres recherches, et parallèlement à Bernard de Jussieu, à Adanson, à Heister, à Linné lui-même (1), s'avance d'un pas si ferme dans les voies de la méthode naturelle. Pallas, enfin, qui a tant fait pour la science par ses voyages, et plus encore par ses beaux travaux sur la classification des zoophytes et des infusoires, sur l'anatomie zoologique, sur la zoologie générale, sur l'anthropologie, sur la paléontologie, sur la botanique, sur la géologie elle-même (2) ; Pallas, dont les travaux

---

(1) En 1737, LINNÉ, dans la lettre déjà citée (voy. p. 78), écrivait à Haller : « *Je vous sais occupé à établir les familles naturelles ;* plaise » à Dieu que vous *finissiez bientôt ce travail !* » (Voy. FÉE, *loc. cit.*, p. 94.)

(2) Je ne saurais d'ailleurs partager l'opinion de BLAINVILLE, qui voit dans Pallas (*loc. cit.*, t. II, p. 542) le créateur, non seulement « de la géologie positive », mais aussi « de l'anatomie paléontologique, » de l'anatomie zoologique et zooclassique..., et de l'anthropologie. » Il y a ici une exagération extrême. Pallas a fait beaucoup ; il n'a pas tout fait.

sont si nombreux, et si parfaits malgré leur nombre, que quelques naturalistes modernes ont hésité à le proclamer, en présence de Linné et de Buffon, le premier naturaliste du xviiie siècle (1).

En mentionnant ici les services rendus par ces illustres naturalistes, comment ne pas reporter un instant notre pensée vers le xvie siècle? Tous les quatre, par l'étonnante variété de leurs recherches, par la diversité des connaissances et des mérites qu'ils font briller dans leurs ouvrages, rappellent exceptionnellement, dans leur siècle, ces savants universels de la renaissance, inventeurs en même temps qu'érudits, les Gesner, les Césalpin, les Belon, les Colonna. Comme eux, et comme Ray, dans une époque plus rapprochée, Adanson, Bonnet, Haller, Pallas, sagaces et patients, exacts et hardis, sont en même temps observateurs, coordinateurs et créateurs. Comme eux, ils embrassent le cercle presque entier des sciences naturelles, et encore sont-ils loin de s'y tenir renfermés : voyageur au Sénégal, et après son retour, Adanson traite des sujets les plus variés ; Bonnet est l'un des premiers philosophes de son époque ; Haller en est l'un des poëtes les plus justement renommés ; et Pallas a laissé sur l'histoire, l'ethnographie et la linguistique, un livre qui, seul, eût illustré le nom de son auteur.

(1) Sur Adanson, Bonnet et Pallas, je ne saurais omettre de citer les *Éloges* de ces illustres savants, par CUVIER, *loc. cit.*, t. I et t. II. L'*Éloge d'Adanson* est particulièrement remarquable : l'illustre historien de la science devance ici de beaucoup ses contemporains dans l'appréciation de l'auteur des *Familles naturelles.*

QUATRIÈME SECTION.

PROGRÈS RÉCENTS DE L'HISTOIRE NATURELLE.

SOMMAIRE. — I. Mouvement rapide de la science durant la Révolution française et au XIXᵉ siècle. — II. Botanistes. De Candolle. — III. Zoologistes. Lamarck. Cuvier. — IV. Geoffroy Saint-Hilaire. — V. Direction nouvelle de la science.

I.

A mesure que nous avançons vers notre époque, le mouvement de la science va sans cesse s'accélérant, comparable à celui du corps grave qui se précipite de plus en plus rapide vers le point qu'il doit atteindre.

A peine les Jussieu, après trente années de travaux, ont-ils définitivement établi la méthode naturelle pour le règne végétal, que déjà Goethe inaugure une botanique nouvelle, trop nouvelle pour qu'on la comprenne de longtemps encore. Le *Genera plantarum* est de 1789 ; la *Métamorphose des plantes*, de 1790.

En zoologie, cette même année 1789 voit paraître le dernier des *Suppléments* de l'*Histoire naturelle* de Buffon ; c'est Lacépède qui le met au jour un an après la mort de son maître, et déjà sur ses pas s'avancent de jeunes émules, mon père, introduit dans la science par Daubenton, et Cuvier, qui devient bientôt le collaborateur de mon père (1). Leur travail commun sur les principes de la classification zoologique est de 1795, et il est le fruit de recherches qui remontaient pour mon père à 1793, et pour Cuvier à 1791. Il y a donc à peine un intervalle de trois années entre la fin de l'*Histoire naturelle* et les premiers essais de l'auteur de l'*Anatomie comparée*.

Ces essais, où déjà Cuvier se révélait tout entier, où étaient en germe une grande partie des découvertes qui devaient illustrer la fin du xviiie siècle et le commencement du nôtre, marquent, en traits ineffaçables, la date d'une époque nouvelle de la science : époque qui précède immédiatement les temps où nous vivons, et à laquelle nous devons, avec autant d'admiration qu'à celle même de Linné et de Buffon, une reconnaissance, sinon plus

(1) Cet enchaînement, cette sorte de filiation ininterrompue de Buffon à Daubenton, de Daubenton à mon père et à Cuvier, a vivement frappé GOETHE. Voyez les *Jahrbücher für wissenschaftliche Kritik*, mars 1832, p. 403, ou les *Œuvres d'Histoire naturelle* de GOETHE, traduites en français par M. MARTINS, Paris, in-8, 1837, p. 162.

Ces faits remarquables de l'histoire de la science française n'ont pas échappé non plus à PARISET, qui les a résumés avec autant de concision que d'exactitude. Voyez le recueil de ses éloquents discours, publiés sous ce titre : *Histoire des membres de l'Académie de médecine*, t. II, p. 502. « Un trait singulier de l'histoire de nos quatre natura-» listes, dit Pariset, c'est qu'ils se sont pour ainsi dire ouvert l'un » à l'autre le chemin de la science et de la gloire. Un auxiliaire » était nécessaire à Buffon ; il choisit Daubenton. Daubenton adopta » Geoffroy Saint-Hilaire... Sur la foi de quelques essais que lui envoya » Cuvier, Geoffroy Saint-Hilaire eut hâte de le tirer de son obscurité » en l'appelant à Paris et en lui donnant l'hospitalité. »

Pour plus de détails sur les faits indiqués par Goethe et par Pariset, voyez *Vie, travaux et doctrine scientifique de Geoffroy Saint-Hilaire*, chap. I, sect. IV et V, et chap. II, sect. V.

grande, du moins plus directe et plus vivement sentie : c'est l'époque de nos maîtres.

Au moment où elle s'ouvre, que de progrès à faire, mais que de progrès déjà faits ! De toutes les branches de l'H stoire naturelle, il n'en était aucune qui n'eût été, dans xviiie siècle, le sujet de travaux plus ou moins importants ; de toutes les directions, aucune où l'on n'eût au moins fait quelques pas ! Pour la classification et la détermination des espèces, après Linné, les Jussieu, Adanson, Pallas, Fabricius, Müller ; pour l'étude de l'organisation et des fonctions chez les animaux, après Pallas, Daubenton, Haller, Camper, Hunter, Lyonet, Spallanzani ; pour l'anatomie et la physiologie végétales, après Linné, Gærtner, Hales, Duhamel ; pour l'embryogénie et la tératologie, après Haller ; pour l'observation des mœurs des animaux, après Bonnet, Réaumur, Buffon, Pallas ; pour la géographie zoologique et botanique, après Buffon, Linné, Pallas ; pour l'Histoire naturelle générale, après Buffon, Linné, Bonnet ; pour l'anthropologie, après Buffon, Blumenbach, Pallas, il est manifeste que les voies étaient à l'avance largement ouvertes au xixe siècle par le xviiie. Et s'il n'en est pas de même de la paléontologie et de l'anatomie philosophique, si ces deux branches datent et doivent rester la gloire propre de l'époque moderne, encore est-il juste de rappeler ici, pour l'une, les recherches de Pallas sur les grands ossements fossiles du nord de l'Europe ; pour l'autre, les vues, parfois si admirablement précisées, de Vicq d'Azyr ; pour toutes deux, les hautes conceptions de Buffon.

Ainsi, dans quelque direction que ce soit, il est vrai de

dire que notre siècle a son point de départ dans les découvertes du siècle précédent. Mais, combien il s'est éloigné
rapidement de ce point de départ! Combien il l'a laissé loin
derrière lui! En zoologie surtout, on l'a dit souvent, et
nul ne l'a contesté, les cinquante années qui se sont écou-
lées à partir du commencement de la Révolution française,
ont plus fait, à elles seules, que tous les siècles qui les
ont précédées (**1**).

J'aurais aimé à continuer ici pour l'époque moderne,
pour cette époque dont j'ai eu le bonheur de connaître
presque tous les naturalistes illustres, ce que j'ai essayé
pour ceux des temps antérieurs; à déterminer quelle
part chacun a prise aux progrès de la science; à dire,
selon ma conscience, sa portée intellectuelle et la valeur
de ses travaux. Mais comment apprécier avec justesse
des hommes au milieu desquels j'ai vécu, au milieu desquels je suis encore? De même qu'un objet, trop rapproché
de nos yeux, ne saurait être nettement perçu par eux, ne
devons-nous pas craindre d'être égarés par des illusions,
en présence de travaux dont nous avons été presque
témoins, et qui ne peuvent nous apparaître, quoi que nous
fassions, sous le point de vue où ils apparaîtront à la postérité? Pour ne parler ici que des savants dont la science a
déjà eu à déplorer la perte, s'il est vrai, comme on l'a dit

(1) Nul doute que la vive impulsion que reçut la zoologie en France,
et par suite dans toute l'Europe, à l'époque de la Révolution française,
ne dérive, en grande partie, de la réorganisation du Jardin des plantes
en juin 1793 (due surtout au conventionnel Lakanal), et de la création
de la Ménagerie cinq mois plus tard. Sans ce dernier progrès, réalisé
par l'initiative hardie et les soins persévérants de mon père, l'anatomie comparée eût-elle pu être créée dès cette époque?

tant de fois, que la mort d'un homme ouvre à la vérité tous ses droits sur lui, il faut reconnaître aussi que la vérité ne peut en user aussitôt, puisque chaque contemporain, quels que puissent être son amour pour la justice et l'indépendance de son esprit, ne saurait entièrement franchir le cercle des idées, des opinions, je dirai même des passions de son époque, et se trouve ainsi enlacé dans une multitude de liens qu'il ne saurait briser; car il ne les sent même pas.

Je ne renonce pas cependant à compléter cette esquisse par un aperçu des principaux progrès accomplis dans l'époque moderne. Mais ici je m'exprimerai avec plus de réserve encore; et si j'ose hasarder quelques appréciations, je suis le premier à les déclarer incomplètes, et à en appeler d'elles à l'avenir.

II.

Zoologiste par les études de toute ma vie, c'est en botanique surtout qu'une grande réserve m'est imposée. Il est toutefois quelques noms sur lesquels je ne puis craindre d'égarer mon admiration ou mon estime. Les uns rappellent des travaux assez anciens déjà pour que la postérité ait commencé pour eux; les autres, des progrès trop capitaux ou de trop éclatantes découvertes, pour qu'elle puisse ne pas confirmer le jugement des contemporains.

Parmi les travaux qui ont reçu la consécration du temps, je citerai ceux de Desfontaines sur la structure des végétaux monocotylédonés, opposée à celle des dicotylédonés; ils

remontent au commencement même de l'époque à laquelle nous arrivons, à 1798, et leurs résultats, bien que
modifiés par les progrès récents de la physiologie végétale, n'ont rien perdu de leur importance. Les recherches d'Acharius et de Persoon sur les cryptogames ,
quoiqu'on les ait dépassées de beaucoup ; les ingénieuses
observations faites par Claude Richard à Cayenne et en
Europe (1) ; les nombreux ouvrages de Wildenow, malgré
de justes critiques , ont de même valu à leurs auteurs
vivants une place élevée dont ils ne sauraient déchoir.

Parmi ceux que la mort a plus récemment moissonnés,
il en est dont le temps pourra obscurcir la réputation ;
mais tels ne seront assurément ni Dutrochet ni De Candolle. Pour le premier, il se peut que la postérité réforme
l'opinion qu'en ont eue ses contemporains ; mais ce sera
pour placer plus haut encore l'auteur de tant de belles
expériences sur les fonctions des végétaux, et de la découverte de l'endosmose ; auteur aussi de deux admirables
et philosophiques mémoires sur l'embryogénie animale
et l'ovologie ; Dutrochet, dont la physiologie végétale, la
physique et l'anatomie comparée se disputent ou plutôt
se partagent la gloire.

(1) Richard a été appelé *l'un des plus grands botanistes* de l'Europe par Kunth, lui-même botaniste si éminent. Voyez l'*Éloge historique de Richard* , par Cuvier, *Recueil des éloges* lus par lui à l'Académie des sciences, t. III, 1827, p. 251.

Claude Richard est mort sans avoir publié une grande partie, peut-
être la partie principale, des résultats de ses observations ; et le digne
héritier de son nom, Achille Richard, enlevé tout récemment aux
sciences par une mort prématurée, n'a pu lui-même faire, pour les
travaux de son père, tout ce que lui inspirait la piété filiale.

Les titres du second sont moins variés, mais plus considérables encore. Par la *Théorie élémentaire de la botanique*, De Candolle, précédé par Goethe (1), mais par Goethe encore incompris, est entré d'un pas ferme, et il a entraîné à sa suite un grand nombre de botanistes dans les voies nouvelles de la généralisation philosophique (2). Son *Prodromus systematis naturalis regni vegetabilis* n'est rien moins que le catalogue descriptif et méthodique de tous les végétaux connus. Ce qu'avaient osé, à l'admiration de leurs contemporains, les Bauhin au xviie siècle, quand on n'avait distingué que cinq mille plantes, et Linné au xviiie, quand on en possédait sept mille, De Candolle l'ose au xixe, quand il voit devant lui soixante mille, puis quatre-vingt mille espèces ! Le nombre de celles que lui-même a ajoutées à la science ne s'élève pas à moins de sept mille ! Tel est le *Prodromus :* tout incomplet que l'a laissé son auteur, et ne fût-il jamais achevé par les mains filiales d'un digne successeur, il est l'une des œuvres principales de notre siècle : immense monument que nos successeurs, qui l'admireront comme nous, ne manqueront pas d'agrandir, dont ils pourront modifier le plan, mais qu'ils ne referont pas.

(1) Et par Gaspard-Frédéric WOLF, par lequel Goethe est lui-même précédé, ainsi qu'il s'est plu à le reconnaître. Voyez *OEuv. d'Hist. naturelle* de GOETHE, p. 271.

(2) Comme Goethe, De Candolle resta d'abord incompris. En 1813, plus de quarante ans après la *Métamorphose des plantes*, les parties de la *Théorie élémentaire*, qui feront vivre cet ouvrage, étaient trop nouvelles encore pour recevoir des botanistes l'accueil auquel elles avaient droit. Voyez plus bas, p. 112, note 1.

III.

Parmi les zoologistes, la postérité distinguera sans doute comme l'ont fait leurs contemporains : Lacépède, dont les ouvrages sur les cétacés, sur les reptiles et les poissons, trop loués pendant sa vie, ont été trop sévèrement jugés après sa mort ; Everard Home, auquel on doit un si grand nombre de recherches sur l'anatomie comparée ; Meckel, de beaucoup supérieur à Home comme zootomiste, et de plus l'un des fondateurs de la tératologie ; Rudolphi, auteur aussi de plusieurs travaux remarquables sur l'anatomie comparée, mais surtout de recherches d'une grande importance sur les entozoaires ; Huber, de Genève, qui, aveugle dès l'enfance, a su se conquérir une place au rang des observateurs les plus sagaces ; Latreille, que la voix unanime de ses contemporains a nommé le prince des entomologistes ; Blainville, dont la pensée et les observations se sont étendues avec succès sur presque toutes les branches de la science ; Savigny, qui réunissait à un si haut degré les mérites de l'observateur exact, ingénieux, plein de sagacité, et du généralisateur sage en même temps que hardi ; enfin, et ces deux noms, bien qu'inégalement célèbres, méritent d'être associés l'un à l'autre, Lamarck et Cuvier.

La longue et honorable vie de Lamarck se divise en deux époques. Botaniste éminent dans le dernier tiers du xviiie siècle, Lamarck est malgré lui appelé, en 1793, à

l'enseignement de la zoologie, jusque-là presque étran-
gère à ses travaux. Ainsi le voulait un décret de la Convention, qui changeait en même temps la destinée de
mon père, alors minéralogiste. Lamarck obéit au décret
de la Convention, ainsi qu'il appartenait à un homme tel
que lui. De botaniste distingué, il se fit zoologiste illustre.
Il avait publié la *Flore française ;* il donna le *Système
des animaux sans vertèbres* et la *Philosophie zoologique.* De ces deux ouvrages, l'un, œuvre linnéenne,
présentait pour la première fois méthodiquement classés
dans leur ensemble tous les groupes intermédiaires et inférieurs du règne animal. Dans l'autre, livre jusque-là sans
modèle, et livre *de première force* (1), l'auteur aborde de
front la grande question de la variabilité des espèces, réforme du moins, s'il ne justifie pas ses propres idées (2),
celles qui ont si longtemps dominé la science, et résout
plusieurs de ces immenses problèmes que l'on eût pu croire
accessibles tout au plus aux vagues spéculations, aux rêve-
ries de la métaphysique. La destinée de ces deux ouvrages,
si différents dans leur plan, si inégaux dans leur portée,
devait être et fut bien diverse. Le premier, immédiatement
intelligible à tous, fut immédiatement admiré de tous.
Oserai-je le dire? le second non seulement resta d'abord
incompris et fut vivement critiqué; non seulement la cri-

(1) Expression de BLAINVILLE, *Mémoire sur les principes de la
zooclassie,* in-8, Paris, 1847, p. 21. « La *Philosophie zoologique* », dit,
après de justes réserves, l'illustre zoologiste, « de l'aveu de tous les
» hommes en état de la juger, peut être considérée comme un ouvrage
» de première force. » — Voyez aussi BLAINVILLE et MAUPIED, *Histoire
des sciences de l'organisation,* t. II, p. 355.

(2) Malheureusement poussées beaucoup trop loin.

tique n'y épargna pas plus les grandes vues qui y brillent
que les exagérations et les erreurs qui le tachent, malheur
inévitable pour une œuvre aussi nouvelle! mais ces esprits
légers, toujours portés à accueillir par la plaisanterie ce
qui est au-dessus de leur portée, ne virent dans l'immortel
ouvrage de Lamarck qu'une occasion de faire rire le public aux dépens d'un homme de génie. Oserai-je dire surtout que des savants illustres firent eux-mêmes comme le
public, et que quelques autres crurent être cléments en
pardonnant à Lamarck sa *Philosophie zoologique* en
faveur de son *Système des animaux sans vertèbres?*

Plus heureux que Lamarck, dont la vie s'est écoulée
modeste et presque obscure, et qui, sur sa tombe même,
n'a pas obtenu justice, Cuvier a vu pendant sa vie, et
presque dès sa jeunesse, ses travaux récompensés par une
admiration que lui conservera sans nul doute la postérité.
Louer Cuvier, c'est presque aujourd'hui un lieu commun.
Qui ne sait que, par un privilége accordé à lui seul peut-
être, il lui a été donné d'opérer, par chacun de ses grands
ouvrages (1), une révolution dans une des branches de

(1) Par les *Leçons d'anatomie comparée*, les *Mémoires sur les mollusques* et les *Recherches sur les ossements fossiles*. Le *Règne animal*,
œuvre considérable, et qui eût suffi à l'illustration de son auteur, ne
peut pourtant être placé sur le même rang que ces trois ouvrages.
Dans le *Règne animal*, Cuvier améliore, perfectionne ce qui existait
avant lui; dans ceux-ci il est créateur. Je renvoie à cet égard à l'article que j'ai publié *sur le* Règne animal *de Cuvier* dans mes *Essais
de zoologie générale*, p. 135-152.

Dans la suite même de ce volume, j'aurai à exposer et à discuter
les vues générales de Cuvier sur la science. Je développerai alors
plusieurs des indications que je donne ici. Voyez *Prolégomènes,* liv. II,
chap. II.

l'Histoire naturelle, et de la faire immédiatement accepter
par tous? Qui ne sait que, par ses travaux sur l'anatomie
comparée, il est le véritable fondateur de cette science **(1)**
et le rénovateur de la zoologie? Double progrès accompli
au moment même où, par une autre anatomie toute française, l'anatomie générale de texture, Bichat renouvelait en
partie la physiologie, et par elle, la médecine! Qui ignore
ce que les recherches de Cuvier ont jeté de jour sur l'organisation de ces êtres innombrables qui restaient confondus sous le nom de *vers*, de cet *autre règne animal* **(2)**,
encore à peine connu des zoologistes, et qui est presque
devenu, de nos jours, l'objet privilégié de leurs études? Et
surtout, qui n'admire dans Cuvier le créateur de la paléontologie, le naturaliste qui, fondant cette science sur les
bases, seules immuables, de l'anatomie comparée, a su
exhumer de la nuit des âges les espèces primitives, et,
ranimant devant nous leurs débris mutilés, nous introduire
dans ce monde antique dont le Créateur nous avait séparés par tant de siècles et de bouleversements !

(1) En anatomie véritablement *comparée*, Cuvier n'a guère qu'un
devancier, Vicq d'Azyr. Les travaux faits aux xviie et xviiie siècles
sur l'organisation des animaux, étaient, les uns seulement descriptifs,
les autres bien plutôt descriptifs que comparatifs.

Il importe de rappeler ici que le *Handbuch der vergleichenden Anatomie* de BLUMENBACH, loin d'être antérieur aux *Leçons d'anatomie
comparée* de CUVIER, n'a paru que cinq ans après les premiers volumes de cet ouvrage. Ceux-ci ont vu le jour en 1800 ; les trois derniers
volumes, de même que le livre de Blumenbach, sont de 1805. Cuvier
a donc sur Blumenbach le double avantage de l'avoir précédé, et de
s'être avancé beaucoup plus loin.

(2) Expression de M. FLOURENS, *Éloge de Cuvier*, dans les *Mémoires
de l'Académie des sciences*, t. XIV, p. vij.

IV.

Il est un autre nom inséparable dans la science de celui de Cuvier, auquel de doubles souvenirs le rattachent : à l'origine, unité de vues et communauté de travaux ; à la fin, diversité radicale de doctrine, débats prolongés et sans conciliation possible, par-devant l'Europe savante, attentive et partagée (1).

Ce nom, c'est celui de l'auteur de la *Philosophie ana-tomique*, du créateur de la Méthode des analogues et de la Théorie de l'unité de composition organique ; du naturaliste qui, après la grande époque de Cuvier (2), en inaugure une autre non moins grande, et que Goethe a ainsi apprécié : « Il rappelle Buffon sous quelques points de » vue. Il ne se borne pas à la nature actuelle, exis- » tante, achevée ; il l'étudie dans son germe, dans son » développement, son avenir. Il se rapproche de la

(1) Ici, plus encore que partout ailleurs, une grande réserve m'est imposée ; je ne saurais toutefois la pousser jusqu'au silence ; ce serait laisser cette esquisse historique incomplète, sans conclusion, sans lien avec la suite de cet ouvrage.

J'essaierai de tout concilier à l'aide d'emprunts faits à quelques savants français et étrangers. Ils diront ce qu'il m'est seulement permis de penser.

(2) Il importe de remarquer que Cuvier, plus âgé seulement de trois ans que mon père, et quoique en partie introduit par lui dans la science (voy. p. 100), l'a de beaucoup devancé dans la science. Quand commencèrent en 1806 les grands travaux de mon père, Cuvier avait déjà produit presque tout ce qui devait immortaliser son nom. L'anatomie philosophique ne pouvait venir qu'après l'anatomie comparée.

» grande unité, abstraction que Buffon n'avait fait qu'en-
» trevoir; loin de reculer devant elle, il s'en empare, la
» domine, et sait en faire jaillir les conséquences qu'elle
» recèle (1). » Bel hommage rendu à la science française
par l'un des plus grands esprits de l'Allemagne, de cette
noble nation qui seule pouvait disputer à la nôtre le sceptre
de la science synthétique et philosophique!

Le premier volume de la *Philosophie anatomique* a
paru en 1818. L'auteur avait préludé à cette grande publication par plusieurs mémoires, les uns antérieurs de
près d'un quart de siècle, mais où ne sont encore que les
premiers linéaments de sa doctrine; les autres, datés de
1806 et de 1807, où elle est déjà presque tout entière (2).
Mais qui l'avait alors comprise? Meckel et Blumenbach
en Allemagne (3); chez nous, personne! Il en fut d'elle,

(1) GOETHE, *Œuvres d'Hist. natur.*, trad. de M. MARTINS, p. 163
et 164. Ce passage est extrait du second des articles de Goethe sur les
Principes de philosophie zoologique de GEOFFROY SAINT-HILAIRE.
Voy. *Jahrbüch. für wissensch. Kritik*, mars 1832, nos 51, 52 et 53.

(2) J'ai rassemblé, dans mes *Essais de zoologie générale*, p. 84 à
99, les principaux passages dans lesquels mon père a indiqué, de
1796 à 1806, et exposé en 1806 et 1807, ses vues sur l'unité de composition organique.

(3) On était préparé en Allemagne, et malheureusement on ne
l'était pas chez nous, à s'avancer dans les nouvelles voies. L'Allemagne
devait surtout cet avantage à l'enseignement fécond de KIELMEYER. On
a souvent exagéré, on a aussi parfois atténué les services rendus à la
science par cet illustre professeur et par ses disciples Meckel, Autenrieth et plusieurs autres. Ces services, en réalité considérables, seront
résumés et appréciés dans la suite de cet ouvrage. En attendant, j'ai
dû signaler les exagérations de quelques uns de nos compatriotes en
faveur de Kielmeyer et de ses disciples. Voyez *Vie, trav. et doctrine
scient. de Geoffroy Saint-Hilaire*, p. 158 à 160.

en 1807, comme, en 1790, de la *Métamorphose des plantes* (1); elle venait trop tôt. Et lorsqu'en 1819, un savant qui commençait, par l'*Analyse de la Philosophie anatomique,* cette belle série d'études historiques qu'il enrichit chaque jour encore; lorsque M. Flourens osa dire le premier (2): « La publication de cet ouvrage » fixera la date d'une direction nouvelle pour les études » anatomiques », il étonna plus qu'il ne convainquit ses lecteurs. Sa prédiction, si hardie pour cette époque, a cependant été pleinement justifiée; elle a même été dépassée. La *Philosophie anatomique,* par elle-même et par les développements que renferment les nombreux mémoires de son auteur, par toutes les recherches qu'elle a suscitées, a étendu son influence bien au delà de l'anatomie. Non seulement toutes les études relatives au règne animal l'ont plus ou moins profondément ressentie, mais l'Histoire naturelle tout entière, toutes les sciences d'observation (3), et, ne craignons pas de le dire, la philoso-

(1) C'est la *Philosophie anatomique* et le mouvement scientifique qu'elle a suscité qui ont fait comprendre enfin la *Métamorphose des plantes,* et aussi, bien que présentées plus rigoureusement et d'une manière plus accessible, les idées analogues à celles de Goethe qu'avait émises De Candolle en 1813 (voy. plus haut, p. 105). C'est ce qu'a signalé M. FLOURENS dans le très remarquable *Éloge de De Candolle* qu'il a lu à l'Académie des sciences en 1842. « Ce n'est, dit-il (*Mém.* » *de l'Académie des sciences,* t. XIX, p. xvj), que lorsqu'une lutte, » survenue entre deux illustres rivaux, a porté le débat devant cette » Académie, que l'opinion publique a compris enfin tout ce qu'il y » avait de puissance et de force dans les nouvelles idées. »

(2) Page 6. — L'*Analyse de la philosophie anatomique* par M. FLOURENS a paru dès 1819.

(3) Dès 1844, M. DUMAS disait sur la tombe de Geoffroy Saint-Hilaire (voy. *Gazette médicale,* 2ᵉ série, t. XII, p. 416) : « Cette Unité de com-

phie générale elle-même. Et voilà pourquoi Goethe, quand éclatent en 1830 ces mémorables débats desquels date, en réalité, l'avénement de la nouvelle doctrine zoologique, n'a plus qu'une pensée, les suivre assidûment, pour en expliquer le sens et la portée à ses compatriotes et au monde savant ; pourquoi encore, deux ans plus tard, le grand poëte disait : « Nous avons été attentif à suivre les con-» séquences de cette *révolution scientifique* autant qu'à » observer celles de la révolution politique qui s'accom-» plissait en même temps (1). » Ces lignes sont presque les dernières qu'ait tracées la main de Goethe.

Le principal caractère de la *Philosophie anatomique*, si l'on considère ce livre au point de vue le plus général, c'est l'esprit nouveau, l'esprit de vie et de progrès, dont

» position, cette Unité de type qui sert de base pour classer tous les » faits de l'anatomie comparée, la science des végétaux s'en est em-» parée et a su l'entourer des démonstrations les plus convaincantes. » Elle pénètre maintenant dans les sciences chimiques et y prépare » peut-être une révolution dans les idées. »

Plusieurs médecins et chirurgiens, plusieurs philosophes illustres, ont semblablement signalé l'influence exercée sur leur science par la nouvelle philosophie zoologique.

(1) *Locis cit.*, traduction française, p. 181, et *Jahrbücher*, n° 52, p. 422.

On a signalé souvent cet admirable sentiment du public français qui en fait si souvent le juste appréciateur de l'importance future d'un événement qui commence ou se prépare. Ce que Goethe dit en 1832 des débats qui avaient eu lieu, en février et mars 1830, entre les chefs des deux écoles zoologiques, la presse française l'avait dit au moment même de ces débats. On lisait dans le *National*, n° du 22 mars 1830 : « Toutes les sciences sont par contre-coup mises en cause, et ont un » intérêt majeur à leur résultat. » Et dans la *Revue encyclopédique*, juin 1830 : « La question en litige est européenne et d'une portée » qui dépasse le cercle de l'Histoire naturelle. »

I.   8

il est venu animer la science, bien plus encore que les résultats auxquels a conduit l'application de cet esprit nouveau à une science spéciale ; c'est un changement dans la méthode, et, comme l'a si bien dit M. Flourens, *dans la direction* jusqu'alors suivie ; c'est par-dessus tout, et de là son influence en dehors même du cercle où elle semblait devoir se renfermer, c'est l'émancipation de la pensée, trop longtemps enchaînée à la suite des faits et de l'observation (**1**).

V.

Qu'on me permette d'insister sur ce grand résultat, d'essayer de le mettre dans tout son jour, et par là même de caractériser la direction nouvelle de la science.

Où sommes-nous parvenus? Qu'a-t-on fait, et qu'avons-nous à faire ? Il est enfin possible de répondre, du moins en termes généraux, à ces questions, posées au début de cette Introduction (2).

Dès la fin du XVIIIᵉ siècle, Schelling avait tenté de s'ouvrir et d'ouvrir à tous l'accès des hautes régions de l'His-

(1) Cette pensée a été exprimée, avec une remarquable fermeté, par M. COSTE dans son *Embryogénie comparée*. L'auteur dit, *Introduction*, 1837, p. 33 : « Déjà de graves et d'importants travaux ont » dans cette direction glorieusement ouvert le siècle... M. Geoffroy » Saint-Hilaire *arrachait de vive force* la science à cette école indiffé- » rente qui avait pour système de n'en avoir aucun, et qui perdait son » temps dans la contemplation grossière d'un fait isolé qu'elle s'obsti- » nait à ne rattacher à aucune loi... »

(2) Voyez p. 2.

toire naturelle. Mais Schelling, et cette école des *Philosophes de la nature* dont il est le fondateur et le chef illustre, avaient pris pour guide l'imagination qui enfante des systèmes, et non le raisonnement basé sur les faits, auquel il appartient seul de créer des théories. Schelling avait osé dire : *Philosopher sur la nature, c'est créer la nature* (1). Peu de naturalistes (aucun en France) l'avaient suivi dans ces voies périlleuses ; et, à la vue des exagérations dans lesquelles ils étaient tombés, et qui avaient semblé compromettre la science et la menacer jusque dans son avenir, Cuvier et son école, par une réaction extrême, s'étaient prononcés contre toute tentative de généralisation, et en faveur de la recherche exclusive des *faits* et de *leurs conséquences les plus immédiates* (2).

Ainsi deux écoles non seulement différentes, mais directement opposées, marchaient en sens inverse dans des voies où elles ne pouvaient ni se rencontrer ni se comprendre, Schelling donnant tout à la pensée, Cuvier et ses disciples tout à l'observation (3). L'un faisait la science grande comme la création elle-même ; mais il la composait

(1) J'essaierai, dans la suite de cet ouvrage (voy. *Prolégomènes*, liv. II, chap. II), de rétablir le vrai sens, si souvent méconnu, de cette proposition, et de faire connaître la doctrine de Schelling dans son application à l'Histoire naturelle.

(2) Voyez l'analyse comparative des vues de Cuvier et de celles de mon père dans mon ouvrage déjà cité : *Vie, trav. et doctrine scientif. de Geoffroy Saint-Hilaire*, chap. V, sect. I, et chap. VIII, sect. X. Ce qui suit est en partie emprunté à ce dernier chapitre.

(3) Voyez le chapitre II du second livre des *Prolégomènes*. On trouvera, dans ce chapitre, exposées par Cuvier et Schelling eux-mêmes (sect. III et V), les vues que je résume ici en termes très généraux.

d'hypothèses qui, dans la haute sphère où les tenaient ses abstractions, planaient pour ainsi dire au-dessus des faits sans les atteindre. Les autres, préoccupés surtout du besoin de rigueur dans la méthode et de certitude dans les résultats, n'osaient s'élever au-dessus des faits, de peur de s'égarer en les perdant de vue : semblables à ces navigateurs d'autrefois qui, faute de boussole, suivaient timidement les côtes.

L'auteur de la *Philosophie anatomique* a pensé, comme Cuvier, que le premier besoin de la science est la certitude ; d'où la nécessité de l'observation. Mais il a cru aussi, comme Schelling, que l'observation ne saurait donner qu'une idée imparfaite de l'ensemble ; que le raisonnement, la pensée seule peut apercevoir cet admirable réseau de rapports et d'harmonies qui unit si magnifiquement entre elles toutes les œuvres du Créateur.

Voilà ce qu'il y a de commun, et voilà aussi ce qu'il y a de profondément différent entre l'école de Geoffroy Saint-Hilaire et celle de Cuvier, entre elle et celle de Schelling. Comme celle de Cuvier, elle procède des faits et de l'observation, mais ne s'y arrête pas ; elle en suit les conséquences aussi loin qu'elle le peut rationnellement. Comme celle de Schelling, elle cherche à s'élever à la conception de l'ensemble ; mais elle veut la faire dériver des faits, et non la déduire d'un type idéal, admis *à priori*.

De là, pour elle, la nécessité *logique* de l'emploi successif de l'observation et du raisonnement : l'une élément de certitude, l'autre de puissance et de grandeur ; l'une source unique de la connaissance des faits naturels, l'autre de la découverte des rapports, des généralités et, finalement, des lois de la nature. La science, comme elle a deux ordres de vérités à connaître, aura désormais deux méthodes. Après avoir recueilli tous les enseignements qu'il peut devoir au témoignage des sens, le naturaliste osera s'élever, par la pensée, vers de plus hautes vérités ; et dans cette lutte si inégale de l'esprit humain contre les difficultés infinies de l'étude des êtres vivants, il ne se présentera plus désarmé de ses plus nobles et de ses plus belles facultés, et semblable au soldat qui, de peur de se blesser lui-même, aurait jeté ses armes sur le champ de bataille.

Tel est l'esprit de la *Philosophie anatomique* bien comprise ; et c'est pourquoi la publication de ce livre *fixe la date d'une direction nouvelle* (1), et inaugure l'époque actuelle, caractérisée par l'alliance intime du *raisonnement* avec l'*observation*, de la *synthèse* avec l'*analyse :* en deux mots, l'époque de la Généralisation logique (2).

(1) Expression de M. Flourens, comme on l'a vu plus haut, p. 112.

(2) Les vues qui forment le terme de cette esquisse historique sont nécessairement le point de départ de l'ouvrage auquel elle sert d'introduction. J'aurai donc successivement, et en partie dès ce volume, à reprendre, à développer, à établir ce qui vient d'être ici indiqué historiquement.

RÉSUMÉ

DE

L'INTRODUCTION HISTORIQUE (1).

—————

Arrivé au terme de cette longue esquisse historique, j'essaierai de la résumer.

Pendant un grand nombre de siècles, l'Histoire naturelle, dans sa marche inégalement progressive, nous a présenté le même caractère : l'intime union, plus exactement, la *confusion* de l'Histoire naturelle avec les autres sciences. Selon l'expression dont je me suis servi, *le tronc commun des connaissances humaines n'a point encore de branches distinctes*. Le *sage* ou le *philosophe*, pour employer l'expression des anciens, le *savant*, selon

(1) Une remarque est ici nécessaire au sujet des trois périodes qui ont été précédemment indiquées, et qui vont être reprises ici comme fournissant une expression très nette des tendances successives de l'Histoire naturelle. Il s'en faut de beaucoup que ces trois périodes soient parfaitement tranchées, et c'est pourquoi je me suis abstenu d'en déterminer avec une entière précision les limites chronologiques. La même remarque est applicable aux époques secondaires que j'ai distinguées dans le cours des trois périodes principales. Dans tous les temps, il a existé des hommes qui ont fait mieux ou plus mal que leurs contemporains : il y a des intelligences qui avancent, et d'autres qui

l'expression des modernes, comprend dans ses larges,
mais vagues méditations, tous les phénomènes que les
mondes extérieur et intérieur offrent à ses yeux ou à sa
pensée. Ardente, avide, téméraire, comparable à un enfant
dont les facultés nouvelles, dont la jeune intelligence
s'exercent incessamment, sans réserve et sans choix, sur
tout ce qui l'entoure (1), la science se hâte de recueillir des
faits dans toutes les directions, et d'enfanter des *systèmes*
pour l'explication de tous les phénomènes; mais ces faits,
non soumis à l'analyse, ces systèmes, œuvres brillantes,
mais fragiles de l'imagination, instruisent moins l'esprit
qu'ils ne lui plaisent et ne l'étonnent. La poésie s'en
inspire, mais la science y cherche en vain les éléments
d'une doctrine positive : elle reste débile, hésitante, incertaine ; ou pour mieux dire, la vraie science n'existe pas
encore.

La *confusion* des connaissances humaines est encore
le caractère de la première partie des temps modernes ;

retardent. Aristote, du sein de la première période, s'avance jusque
dans la nôtre, et sauf le nombre de siècles écoulés, il en est de même
de plusieurs autres des hommes illustres dont j'ai rappelé les travaux.
Réciproquement, et par une triste compensation, combien de naturalistes, après les belles créations théoriques qui ont signalé ces dernières
années, continuent à écrire dans l'esprit de la seconde période !

Mais de rares exceptions ne détruisent pas une règle : elles la confirment quelquefois. Les périodes que j'ai distinguées existent réellement ; elles ont été tracées d'après les faits ; et il reste vrai que l'ensemble des travaux de chaque époque peut être rapporté à un type
spécial, et a, pour ainsi dire, sa physionomie propre et ses traits
caractéristiques.

(1) « Pour l'âge où tout est mystère, il n'y a point de mystère. »
(J.-J. ROUSSEAU, *Émile*, liv. IV.)

mais bientôt le faisceau se rompt : au xviie siècle la *division*
du travail est déjà très marquée ; l'Histoire naturelle a ses
observateurs spéciaux, et l'observation, *l'analyse*, se
substituent aux méthodes vagues et incertaines des premiers temps. De là une précision, une rigueur jusqu'alors
inconnues. Aussi la zoologie, la botanique, jusque-là
sans faits bien étudiés, sans classifications rationnelles,
s'enrichissent rapidement de faits authentiquement constatés, examinés avec soin dans toutes leurs circonstances, analysés dans leurs détails, ou, pour mieux dire en
un mot, de faits bien observés. Dès lors, elles prennent
place, elles acquièrent un rang distinct et important dans
le cercle des connaissances humaines. Dans le xviiie siècle, la division du travail et l'analyse sont portées de plus
en plus loin, et les découvertes se succèdent, de plus en
plus nombreuses.

Si la science s'avançait indéfiniment dans cette direction,
la division du travail finirait par en devenir le morcellement, et le progrès ne consisterait que dans la perpétuelle
accumulation d'inutiles matériaux. Bientôt la science ne
serait plus seulement riche ; elle serait encombrée. Heureusement cette même richesse de la science qui rend la
coordination nécessaire, la rend possible. Le moment est
venu où, à *l'analyse*, peut s'allier la *synthèse*. Elle apparaît, durant la seconde partie du xviiie siècle, mais encore
complétement subordonnée à l'analyse, dans les travaux
des classificateurs ; elle domine à son tour, quand, au xixe,
les efforts se dirigent vers la découverte et la démonstration des *lois* de la nature. L'Histoire naturelle devient
ainsi *une ;* et par un progrès de plus, après que toutes ses

branches se sont reliées entre elles, elle-même se relie avec la philosophie et les autres sciences; non pas *confondue* comme dans les premiers âges, mais *distincte, quoique unie*, en un mot, *associée*. Alors apparaissent de nouveau des conceptions aussi vastes que la création elle-même : comme à l'origine, mais avec la raison pour guide, l'imagination peut déployer ses ailes vers les sommités les plus élevées; et la poésie, effrayée un instant par les formes sévères et le langage aride de l'analyse, retrouve de sublimes inspirations dans la contemplation des harmonies de la nature et de ses éternelles lois.

Ainsi, dans une première période, longue enfance de l'esprit humain, *confusion* de toutes les sciences; dans une seconde, *division* du travail; dans la troisième, *association* des diverses branches de l'Histoire naturelle entre elles, et de l'Histoire naturelle avec les autres sciences (1).

Dans la première, la méthode, si ce nom peut être ici employé, c'est l'*hypothèse* vague et conjecturale; dans la seconde, c'est l'*analyse;* dans la troisième, c'est la *synthèse* unie à l'analyse. Et les efforts aboutissent, dans la première, à la conception de *systèmes;* dans la seconde,

(1) Sur la *division* des sciences et leur *association*, considérées comme condition nécessaire de leurs progrès, voyez la préface de mon *Histoire générale des anomalies*, 1832, t. 1, et mes *Essais de zoologie générale*, 1840, p. 55.

En indiquant d'une manière générale, en 1832, les trois périodes historiques des sciences d'observation, je n'ai jamais eu la pensée que toutes ces sciences dussent, à la même date, entrer dans les mêmes périodes; et je cherche en vain ce qui a pu induire un célèbre chimiste à m'attribuer une opinion aussi inadmissible et aussi contraire aux vues que j'ai toujours professées.

à la découverte des *faits ;* dans la troisième, à la création des *théories* et à la démonstration des *lois :* double progrès qui fait succéder à un faux savoir un savoir vrai, mais partiel, et à celui-ci la science elle-même (1).

(1) La première période, pour recourir à une comparaison facile à saisir, c'est, dans la construction d'un édifice, l'échafaudage provisoirement dressé ; la seconde, c'est l'apport des matériaux ; la troisième est la construction elle-même de l'édifice.

TABLE ALPHABÉTIQUE

DES AUTEURS CITÉS

DANS L'INTRODUCTION HISTORIQUE (1).

———

I. — Antiquité.

(Première section de l'Introduction historique, p. 3 à 28.)

A

ALCMÉON, philosophe grec, né à Crotone, environ 500 ans
avant notre ère.

> Diversité de ses connaissances, p. 17. —Il a fait des observations
> embryologiques, p. 18.

ANAXAGORE, philosophe grec, né à Clazomènes en Lydie,
l'an 500 avant notre ère, et mort à Lampsaque, en 428.

> Diversité de ses connaissances, p. 17. — Il a entrevu les fonctions
> de l'encéphale, p. 18.

ANAXIMANDRE, philosophe grec, né à Milet, l'an 610 avant
notre ère, mort en 546 ou 547.

> Il considérait les êtres vivants comme tirant leur origine de l'eau,
> et faisait tout dériver de l'infini, p. 18.

———

(1) On n'a point compris dans cette table les noms qui ne figurent que
dans les notes purement bibliographiques. Les combinaisons typographiques
adoptées pour l'impression de ces notes y mettent les noms d'auteurs assez
en évidence pour que leur reproduction soit ici superflue.

ARISTOTE, né à Stagyre en Macédoine, l'an 384 avant notre ère, mort en 322, à Chalcis, dans l'île d'Eubée, après avoir passé une grande partie de sa vie à Athènes.

Ce grand homme personnifie en lui l'Histoire naturelle des Grecs, et même plus généralement des anciens, p. 19. — Étendue et diversité de ses connaissances, p. 19 et 20. — Haute importance de ses travaux en Histoire naturelle, *ibid.* — Il a accompli quatre progrès qui semblaient devoir se suivre à de longs intervalles, 21. — Il est encore aujourd'hui, par plusieurs de ses conceptions, un auteur progressif et nouveau, *ibid.* — Il dut à son élève Alexandre les moyens d'étendre ses connaissances sur les productions de plusieurs contrées lointaines, *ibid.* — Il a été heureusement continué par plusieurs de ses disciples, principalement par Théophraste, p. 22 et 23; et par les disciples de ses disciples, p. 22 et 24.

Les ouvrages d'Aristote ont été très imparfaitement connus pendant plusieurs siècles, p. 32. — Il furent restitués enfin à l'Europe par Albert le Grand, p. 33; et plus complétement, au xve siècle, par Théodore Gaza, p. 33 et 35.

ATHÉNÉE, écrivain grec, né à Naucratis en Égypte, dans le iie siècle de notre ère, et mort dans le iiie (dates inconnues).

Il n'est point, à proprement parler, naturaliste; mais il nous a transmis, sur l'Histoire naturelle, un grand nombre de notions intéressantes, p. 25.

AUSONE (*Decius Magnus Ausonius*), poëte latin, né à Bordeaux vers l'an 309, et que l'on croit mort en 394.

On lui a donné à tort le titre de naturaliste, p. 25.

C

COLUMELLE (*Lucius Julius Moderatus Columella*), célèbre agronome, né à Cadix, et ayant vécu dans le i^{er} siècle de notre ère.

C'est à tort qu'on l'a considéré comme naturaliste, p. 24.

Confucius, philosophe chinois, né vers l'an 551 avant notre
ère dans la principauté de Lou, et mort vers 479.

Des notions sur l'Histoire naturelle sont contenues dans les anciens livres dont on attribue la rédaction à cet illustre philosophe, p. 9.

D

Démocrite, philosophe grec, né à Abdère vers le commencement du vᵉ siècle avant notre ère, et mort vers le commencement du ivᵉ.

Diversité de ses connaissances, p. 17. — Il a été appelé par Cuvier
le premier anatomiste comparateur, p. 18. — L'erreur la plus grossière s'allie encore chez lui à la vérité, *ibid.*

Diogène dit Laerce, écrivain grec, de la fin du iiᵉ et du
commencement du iiiᵉ siècle, né à Laerte en Cilicie.

Il nous a conservé les titres de quelques ouvrages perdus d'Aristote, et plusieurs documents sur ce grand homme, p. 20.

Dioscoride, médecin et naturaliste grec, né à Anazarbe, en
Cilicie, et que l'on croit avoir vécu dans le iᵉʳ siècle de
notre ère.

Importance de ses travaux sur la matière médicale et l'Histoire
naturelle, p. 27. — Son ouvrage sur la *matière médicale* est longtemps resté classique parmi les médecins, p. 28.

E

Élien (*Claudius Ælianus*), auteur du iiiᵉ siècle, qui, bien
qu'Italien, a écrit en grec.

Il ne peut être considéré comme un véritable naturaliste, p. 25.

Empédocle, philosophe grec, né à Agrigente en Sicile, dans
le vᵉ siècle avant notre ère, et mort dans le Péloponèse,
vers le commencement du ivᵉ.

Diversité de ses connaissances, p. 17. — Il a fait quelques observations embryologiques, p. 18.

ÉRASISTRATE, médecin grec, né dans l'île de Céos (et non
de Cos) vers la fin du IVᵉ siècle avant notre ère, et mort
vers 257.

Il est l'un des créateurs de l'anatomie, p. 22 et 24.

G

GALIEN (Claude), né à Pergame en Mysie, vers l'an 131,
et que l'on croit y être mort vers 200, après avoir passé
une grande partie de sa vie à Rome.

Ses travaux font de son époque une des plus grandes de la science,
p. 28. — Des parties encore ignorées de son œuvre ont été enfin
retrouvées, et doivent être prochainement publiées par les soins de
M. Daremberg, *ibid.*

H

HÉRODOTE, le *Père de l'histoire*, né à Halicarnasse, l'an 484
avant notre ère, et mort en Italie, vraisemblablement à
Thurium, à la fin du Vᵉ siècle ou au commencement du IVᵉ.

Importance de ses ouvrages au point de vue de l'Histoire naturelle, p. 15. — Sa véracité sur plusieurs des points où l'on s'était
cru le mieux fondé à la révoquer en doute a été reconnue et établie
par Geoffroy Saint-Hilaire, p. 16.

HÉROPHILE, médecin grec, né vers l'an 354 avant notre ère
à Chalcédoine en Bithynie, selon les uns, à Carthage,
selon les autres, et qui vivait en Égypte sous Ptolémée
Lagus.

Il est l'un des créateurs de l'anatomie, p. 22 et 24.

HIPPOCRATE, né vers l'an 460 avant notre ère, dans l'île de
Cos, et mort en Thessalie, vraisemblablement à Larisse,
vers le commencement du IVᵉ siècle.

Il est le seul, jusqu'à Aristote, qui ait fondé la science sur l'observation, p. 18.

N

NEMESIUS, évêque grec, qui paraît avoir vécu à la fin du IVᵉ siècle et durant le Vᵉ.

Rien ne prouve que cet auteur ait connu la petite circulation du sang, p. 44.

O

OPPIEN, poëte grec, né en Cilicie, et qui a vécu à la fin du IIᵉ siècle et au commencement du IIIᵉ.

Il ne peut être considéré comme un vrai naturaliste, p. 25.

P

PLINE, dit l'ancien ou le naturaliste (*Caius Plinius Secundus*), né l'an 23 de notre ère, à Come, selon les uns, à Vérone, selon les autres; mort en 79 sur le Vésuve dont il observait l'éruption.

Il peut être considéré comme le plus élégant et le plus spirituel des écrivains anciens sur l'Histoire naturelle, mais non comme un véritable naturaliste, p. 25. — C'est à tort qu'il a été comparé à Aristote, p. 26; et qu'on lui a comparé Buffon et Linné, appelés, l'un le Pline français, l'autre le Pline du Nord, *ibid*. — Gesner lui a été aussi comparé, et a été appelé le Pline de l'Allemagne, p. 43. — Appréciation de Pline par Cuvier, p. 26; et par M. Villemain, p. 27.

POLYBE, historien grec, né à Mégalopolis en Arcadie, à la fin du IIIᵉ siècle avant notre ère ou commencement du IIᵉ; et mort vers la fin de ce dernier siècle.

Il n'est pas naturaliste, mais nous a transmis des faits qui donnent un véritable intérêt à ses ouvrages au point de vue de l'Histoire naturelle, p. 24. — Comment il est apprécié par Tite-Live, p. 25.

I.   9

PRAXAGORE, médecin grec, né à Cos, et qui a vécu dans le IVᵉ siècle avant notre ère.

Il est l'un des créateurs de l'anatomie, p. 24.

PYTHAGORE, né à Samos à la fin du VIIᵉ siècle avant notre ère, ou au commencement du VIᵉ, mort en Italie vers la fin de ce dernier siècle.

Il a embrassé l'ensemble des connaissances humaines, faisant de la science des nombres la science universelle, p. 17.

S

STRABON, géographe grec, né dans le milieu du premier siècle avant notre ère à Amasée en Cappadoce; mort vers l'an 40 après Jésus-Christ.

Sans être naturaliste, il s'est souvent rendu utile à l'Histoire naturelle, p. 23.

T

THALÈS, philosophe grec, né en Phénicie l'an 639 avant notre ère, mais qui vint, vers l'âge de quarante ans, se fixer à Milet; mort en 547 ou 548.

Diversité de ses connaissances, p. 17. — Il cherchait dans l'eau le principe de la vie, p. 18.

THÉOPHRASTE, né à Eresos, dans l'île de Lesbos, l'an 371 avant notre ère, et mort vers 285 à Athènes, après avoir longtemps enseigné au Lycée.

Importance de ses travaux en Histoire naturelle, p. 21. — Il n'a pas été seulement observateur, mais aussi expérimentateur, p. 22. — Il est le second naturaliste de l'antiquité, *ibid*. — Ses ouvrages ont été longtemps mal connus en Europe, où ils furent enfin apportés, dans le XVᵉ siècle, par Théodore Gaza, p. 33.

TITE-LIVE, historien latin, né l'an 59 avant notre ère, à Padoue, où il est mort vers l'an 18 après Jésus-Christ.

Comment il apprécie Polybe, p. 25.

V

Varron (*Marcus Terentius Varro*), dit *le plus savant des Romains*, né à Rome vers l'an 116 avant notre ère; mort en Italie vers l'an 26.

Est un agriculteur et non un naturaliste; mais ses ouvrages intéressent souvent au point de vue de l'Histoire naturelle.

X

Xénophon, le célèbre général des Dix mille, né en Attique vers l'an 445 avant notre ère; mort à Corinthe vers 355.

Il ne peut être considéré comme un véritable naturaliste; mais ses *Cynégétiques* attestent des connaissances précises sur plusieurs animaux, p. 18.

II. — Moyen âge et Renaissance.

(Seconde section de l'Introduction historique, p. 29 à 35.)

A

ABEN-BITAR. — Voyez BEN-BEITHAR.

ALBERT LE GRAND, né à Lauingen en Bavière, en 1193 selon les uns, en 1205 selon les autres ; mort à Cologne en 1280.

Il est presque le seul auteur qui en Occident ne néglige pas l'Histoire naturelle durant le moyen âge, p. 33. — Il a rendu à cette science un immense service par la restitution des ouvrages longtemps mal connus d'Aristote, *ibid.*

ALFARABI (MOHAMMED, dit), philosophe arabe, né à Farab, dans la Transoxiane vers la fin du IXe siècle ; mort à Damas en 950.

Il paraît avoir possédé des connaissances étendues sur l'Histoire naturelle, p. 30.

AVERROES ou IBN-ROCHD, philosophe et médecin arabe, né à Cordoue vers le commencement du XIIe siècle ; mort à Maroc en 1198.

Il s'est occupé avec distinction d'Histoire naturelle, p. 30.

AVICENNE ou IBN-SINA, médecin arabe, né en 980 près de Chiraz, mort en 1037 à Hamadan en Perse.

Variété de ses connaissances et importance de ses travaux, p. 30. — Il est le premier qui ait compris et indiqué la vraie nature de ces corps organisés fossiles qu'on a si longtemps regardés comme de simples jeux de la nature, p. 35 et 36.

B

BACON (Roger), dit le *Docteur admirable*, né en 1214 à Ilchester en Angleterre, mort vers 1292.

Son génie novateur dans une époque où tous sont tournés vers le passé, p. 31.

BARBARUS (Hermolaüs), érudit italien, né à Venise en 1454, mort à Rome en 1493.

Commentateur de Pline, traducteur de Dioscoride, et l'un des auteurs de la renaissance de l'Histoire naturelle, p. 33.

BEN-BEITHAR ou ABEN-BITAR, vétérinaire et naturaliste arabe, né en Espagne, près de Malaga, vers la fin du XIIe siècle ; mort à Damas en 1248.

Son dictionnaire de matière médicale atteste des connaissances très étendues et très précises en botanique, p. 30.

F

FRÉDÉRIC II, né en 1194 à Jesi dans la marche d'Ancône, empereur d'Allemagne et roi de Naples en 1197, mort en 1250 à Firenzuola dans la Pouille.

Son ouvrage sur la fauconnerie est remarquable pour l'époque, p. 34. — Mesure prise par ce prince, zélé protecteur des sciences et des lettres, en faveur des études anatomiques, *ibid.*

G

GAZA (Théodore), grammairien grec, traducteur d'Aristote, de Théophraste et d'Elien, né à Thessalonique vers 1400 ; mort en 1478, en Italie, dans les Abruzzes.

Il a rendu aux sciences un très grand service en apportant en Europe et en traduisant les ouvrages d'Aristote et de Théophraste, p. 33 et 34. — Justes hommages rendus à sa mémoire, p. 35.

I

IBN-ROCHD. — Voyez AVERROES.

IBN-SINA. — Voyez AVICENNE.

ISIDORE, dit DE SÉVILLE, évêque de Séville, né à Carthagène vers l'an 570, et mort à Séville en 636.

Il a réuni et transmis à la postérité, dans son immense ouvrage, ce qu'on savait encore au VII° siècle , p. 29.

M

MONDINO ou MUNDINUS, médecin et anatomiste italien auquel Milan, Florence, et, avec moins de motifs, Bologne et Forli se disputent l'honneur d'avoir donné naissance; mort à Bologne en 1326.

Il est presque le premier qui ait repris, depuis l'antiquité, l'étude de l'anatomie, p. 33 et 34. — Il paraît n'avoir disséqué que deux ou trois cadavres humains, p. 34. — Son *Anatomie* est restée long-temps classique, *ibid.*

V

VINCENT, dit DE BEAUVAIS, savant français que l'on croit né à Beauvais ou dans le Beauvoisis vers 1200; mort vers 1260.

Il est, avec Albert le Grand, le seul qui, dans l'Occident, n'ait pas entièrement négligé l'Histoire naturelle durant le moyen âge, p. 33.

III. — Temps modernes (1).

(Seconde, troisième et quatrième section de l'Introduction historique, p. 35 à 117.)

A

ACHARIUS (Eric), né en Suède, province de Helsingland, en 1757 ; mort à Wadstena en 1819.

Il est auteur de travaux importants sur les végétaux cryptogames, p. 104.

ADANSON (Michel), naturaliste et voyageur, né en 1727 à Aix en Provence ; mort à Paris en 1806.

Variété et importance de ses travaux, nouveauté de ses vues, p. 95-97. — Il est arrivé de son côté, et en partie avant Bernard de Jussieu, à la conception et à l'application de la méthode naturelle, p. 95. — Il a fait à Paris, en 1772, un cours remarquable d'Histoire naturelle, dont une partie a été récemment publiée par M. Payer, *ibid.* — Cuvier a de bonne heure signalé la haute importance des travaux d'Adanson, p. 97.

ALDROVANDE (Ulysse), naturaliste collecteur et compilateur, né en 1527 à Bologne, et mort dans la même ville en 1605.

Son gigantesque ouvrage, continué longtemps après sa mort, manque de critique, et n'est guère qu'une compilation trop souvent mal faite, p. 50.

AUTENRIETH (Jean Hermann Ferdinand), anatomiste, né à Stuttgardt en 1772 ; mort à Tubingue en 1835.

Il est l'un des premiers qui se soient avancés dans les voies de l'anatomie philosophique, p. 111.

(1) Depuis le xvie siècle inclusivement.
Les travaux de l'époque actuelle n'entrant pas dans le cadre de l'Introduction historique à laquelle renvoie cette table, les citations des auteurs contemporains que l'on trouvera plus bas sont seulement relatives aux appréciations que ces savants ont faites des travaux de leurs prédécesseurs, ou aux documents nouveaux dont ils ont pu enrichir l'histoire de la science.

B

BACHMANN (Auguste Quirin), ou **RIVINUS QUIRINUS**, médecin, botaniste et chimiste, né à Leipzig en 1652, et mort dans la même ville en 1723.

Il est auteur d'une classification botanique très remarquable pour l'époque où elle parut, p. 60.

BACON (François), le plus illustre des philosophes de l'Angleterre, né à Londres en 1561, mort en 1626.

Il a exercé sur l'Histoire naturelle, comme sur toutes les autres sciences d'observation, une très grande influence, p. 61.

BARTHOLIN (Thomas), médecin, anatomiste et érudit, né à Copenhague en 1619 ; mort dans cette ville en 1680.

Il a disputé à Olaüs Rudbeck la découverte des vaisseaux lymphatiques, p. 57.

BAUHIN (Jean), médecin, né à Amiens en 1511, mort à Bâle en 1582. Il avait dû quitter la France comme protestant.

Il a aidé Daléchamps dans ses travaux botaniques, p. 51. — Il est le père de deux naturalistes illustres, et l'ancêtre de plusieurs médecins distingués.

BAUHIN (Jean), médecin, érudit, et surtout naturaliste, fils du précédent, né à Bâle en 1541, mort à Montbéliard en 1613.

Il est un des naturalistes principaux de son époque, p. 50. — Il a considérablement enrichi la botanique, p. 52. — Comme botaniste, il n'a été surpassé, dans son époque, que par son frère Gaspard, et a exercé avec lui, sur la science, une influence considérable, p. 52 et 53.

BAUHIN (Gaspard), frère du précédent, et, comme lui, médecin, érudit, et surtout naturaliste, né à Bâle en 1560, et mort dans la même ville en 1624.

Il est l'un des naturalistes principaux des xvi⁰ et xvii⁰ siècles, p. 50. — Progrès divers que lui doit la botanique, p. 52. — Il s'est placé à la tête de tous les botanistes de son époque, *ibid.* — Il n'a été surpassé, en botanique descriptive, que par Linné, p. 53. — Appréciation des frères Bauhin par Sprengel et par Cuvier, *ibid.*

BAUHIN (Jean Gaspard), fils du précédent, médecin et botaniste, né en 1606 à Bâle, où il mourut en 1685.

Il est digne d'être cité à la suite de son père, dont il a continué et publié les travaux, p. 51.

BELON (Pierre), médecin, naturaliste et voyageur, né dans un hameau du Maine en 1518, assassiné près de Paris en 1564.

Il est l'un des principaux naturalistes de son siècle, p. 38. — Caractère et importance de ses travaux zoologiques, p. 39. — Ses voyages, p. 40. — Comparaison hardie du squelette de l'homme et de celui de l'oiseau, *ibid.* — A Belon appartient l'honneur du premier essai tenté pour la démonstration partielle de l'unité de composition organique, *ibid.*

BÉRENGER ou BERENGARIO dit DE CARPI (Jacques), médecin et anatomiste, né à Carpi dans le duché de Modène, dans la seconde moitié du xv⁰ siècle, mort à Ferrare vers 1550.

Il a fait un grand nombre d'observations anatomiques, et par là, surpassé de beaucoup Mundinus, dont il a enrichi l'anatomie de précieux commentaires, p. 34.

BICHAT (Marie François-Xavier), médecin, anatomiste, né en Bresse, à Thoirette, en 1771, mort à Paris en 1802.

Il a créé l'anatomie générale au moment même où Cuvier créait l'anatomie comparée, p. 109.

BLAINVILLE (Henri DUCROTAY DE), naturaliste et historien de la science, né à Arques près de Dieppe en 1777, mort à Paris en 1850.

Ses travaux, qui se sont étendus sur presque toutes les branches de la zoologie, en font l'un des naturalistes principaux de son époque, p. 106.

Il a l'un des premiers rendu justice à Césalpin, sur un point important de l'histoire de la science, p. 44. — Il a de beaucoup exagéré

I. 9.

l'importance des travaux de Pallas, p. 96. — Il est du petit nombre de ceux qui ont rendu justice à Lamarck, p. 107.

BLUMENBACH (Jean Frédéric), naturaliste et anatomiste, né à Gotha en 1752, mort à Goettingue en 1840.

Importance de ses travaux zootomiques et anthropologiques, p. 95. — Ses travaux en anatomie comparée n'ont pas précédé ceux de Cuvier, p. 109.

Il est l'un des premiers qui aient compris les vues nouvelles de Geoffroy Saint-Hilaire sur l'anatomie philosophique, p. 111.

BOBART (Jacques), médecin et botaniste, fils d'un autre Jacques Bobart, aussi médecin et botaniste, né à Oxford vers le milieu du xviie siècle, mort vers 1710.

Il a le premier expérimenté pour démontrer l'existence des sexes chez les plantes, p. 60.

BOCHART (Samuel), érudit, né à Rouen en 1599, mort à Caen en 1667.

Il a dressé la liste des divers animaux mentionnés dans la Bible, p. 6.

BOCK. — Voyez TRAGUS.

BONNET (Charles), philosophe et naturaliste, né en 1720 à Genève, où il mourut en 1793.

Il est à la fois observateur ingénieux, penseur hardi et profond, p. 96. — Il a servi la science même par ses erreurs, *ibid.* — Il est l'un des premiers philosophes de son époque, p. 97.

BONTIUS (Jacques), naturaliste, voyageur, né en Hollande, à Amsterdam ou à Leyde, vers la fin du xvie siècle ; mort en 1631, à Batavia, selon les uns, après son retour en Hollande, selon les autres.

Ses voyages ont considérablement enrichi l'Histoire naturelle, p. 62.

BOREL. — Voyez BORELLUS.

BORELLI (Jean-Alphonse), chef de l'école médicale dite iatro-mathématicienne, né à Naples en 1608, mort à Rome en 1679.

Il est auteur de recherches importantes sur l'appareil locomoteur, p. 57.

BORELLUS ou BOREL (Pierre), médecin, érudit, né à Castres vers 1620, et mort à Paris en 1689.

Il a rectifié une erreur généralement admise sur l'invention du microscope, p. 54.

BOTAL ou BOTALLI (Léonard), médecin, anatomiste, né dans le Piémont à Asti, dans le XVIᵉ siècle; mort dans la dernière partie du même siècle (dates inconnues).

Il est l'un des principaux anatomistes de son siècle, p. 37.

BRASAVOLA ou BRASSAVOLA (Antoine), médecin et botaniste, né à Ferrare en 1500, et qui a vécu en Italie et en France pendant une grande partie du XVIᵉ siècle.

Il est le fondateur du premier jardin botanique qui ait existé dans les temps modernes, p. 38.

BRUNFELS ou BRUNSFELD (Othon), médecin et botaniste, né à Mayence vers la fin du XVᵉ siècle, mort à Berne en 1534.

Il est l'un des botanistes distingués du XVIᵉ siècle, p. 38.

BUFFON (Georges Louis LECLERC DE), né à Montbard, en Bourgogne, en 1707, mort à Paris en 1788.

Il a été comparé à tort à Pline, auquel il est infiniment supérieur, p. 26.—Éclat et grandeur de ses travaux, p. 68-71, et 81-87. — Il est encore aujourd'hui un auteur progressif et nouveau, p. 68 et 71. — Parallèle avec Linné, p. 69-71. — Il a été très incomplétement apprécié par ses contemporains, p. 71 et 81. — La statue qu'ils lui ont élevée de son vivant fut due bien plus à une flatterie intéressée qu'à une juste et pure admiration, p. 87. — Buffon n'a pas été mieux apprécié par les naturalistes qui sont venus après lui, p. 82 et 83; pas même par Cuvier, p. 84. — Il a été surtout méconnu à la fin du XVIIIᵉ siècle, époque où l'on a poussé à l'extrême l'injustice envers ce grand homme, p. 72 et 82.— Goethe et Geoffroy Saint-Hilaire étaient encore, il y a peu d'années, les seuls qui lui eussent rendu de dignes hommages, p 83.—Plusieurs auteurs ont récemment apprécié, à leur juste valeur, les services qu'il a rendus à la science et à la philosophie, *ibid.*— Buffon est le premier créateur de la zoologie générale, ou pour mieux dire de la philosophie naturelle, p. 85 et 86, et de l'anthropologie, p. 86. — Grandeur et nouveauté de ses vues sur la géographie zoologique et la paléontologie, *ibid*. — Il s'est élevé jusqu'à la conception de l'unité de plan dans le règne animal, et du principe de la variabilité limitée des types, *ibid*. — Buffon est aussi grand comme naturaliste et comme penseur que comme écrivain, p. 87. — Il a souvent relevé les erreurs de Pline, d'Élien, et quelquefois même celles d'Aristote, p. 63.

Buffon a le premier rendu justice à Bernard Palissy, p. 34. — Il s'est élevé contre les vues nouvelles de Linné, p. 72 ; et pourtant, indirectement, il a contribué à étendre l'influence et la célébrité de l'auteur du *Systema naturæ*, p. 73. — Il a reconnu et signalé, au moment même où parut ce livre, la valeur de la *Flore française* de Lamarck, p. 93.

C

CAMERARIUS (Rodolphe Jacques), fils et petit-fils de médecins célèbres, médecin et botaniste, né en 1665 à Tubingue, où il mourut en 1721.

On lui a attribué à tort la découverte des sexes chez les végétaux, découverte qu'il a seulement propagée, p. 60.

CAMPER (Pierre), médecin et naturaliste, né à Leyde en 1722, et mort à la Haye en 1787.

Importance de ses travaux, p. 94. — Appréciation de cet illustre anatomiste par Cuvier, *ibid*.

CANDOLLE (Augustin Pyramus DE), botaniste, né en 1778 à Genève, où il est mort en 1841.

Il est entré, un des premiers en botanique, dans la voie de la généralisation philosophique, p. 105. — Ses travaux dans cette direction ont été d'abord incompris, p. 105 et 112. — Son *Prodromus*, catalogue descriptif et méthodique de tous les végétaux connus, est une des œuvres principales de notre siècle, *ibid*.

Il est le premier qui ait rendu une pleine justice à Heister, p. 94.

CARPI. — Voyez BÉRENGER DE CARPI.

CÉSALPIN (André), médecin, naturaliste, philosophe, né en 1529 à Arezzo en Toscane, mort à Rome en 1603.

Il est un des grands naturalistes du xvi° siècle, p. 38. — Esprit novateur, génie de Césalpin, p. 43. — Il a conçu, dès le XVIe siècle, le principe, le plan et les avantages de la méthode naturelle, *ibid.* — Il a indiqué la circulation du sang, et aussi bien la grande circulation que la petite, p. 43 et 44. — Citation d'un passage qui ne laisse aucun doute à cet égard, p. 44. — Césalpin est le créateur de l'anatomie végétale, p. 45. — Ses autres travaux, *ibid.* — Ce grand homme est resté longtemps incompris, *ibid.* — Auteurs qui lui ont enfin rendu justice, p. 44 et 45. — Césalpin a indiqué la vraie nature de ces corps organisés fossiles, si longtemps regardés comme de simples jeux de la nature, p. 35 et 46. — La réalisation de ses vues sur la classification est devenue enfin possible à la fin du XVIIe siècle et dans le XVIIIe, p. 59.

CHERLER (Jean Henri), médecin et botaniste du XVIIe siècle, citoyen de Bâle, où il paraît être né, et où il a passé la plus grande partie de sa vie.

Il a été l'utile collaborateur de Jean Bauhin, dont il était le gendre, p. 51.

CLUSIUS ou DE L'ECLUSE (Charles), naturaliste, né à Arras en 1526, mort à Leyde en 1609.

Il est un des principaux naturalistes de son époque, p. 38. — Importance de ses travaux; progrès qui lui est dû, p. 39.

COLOMBO. — Voyez COLUMBUS.

COLONNA (Fabio) ou Fabius COLUMNA, médecin et naturaliste, né en 1567 à Naples, où il mourut en 1650.

Importance de ses travaux, p. 50. — Il est à la fois un des principaux zoologistes et un des botanistes les plus éminents de son siècle, p. 51.

COLUMBUS ou COLOMBO (Mathieu Réald), né à Crémone vers le commencement du XVIe siècle, et que l'on croit mort à Rome en 1577.

Il est un des principaux anatomistes du XVIe siècle, p. 37. — Il a connu la petite circulation du sang, p. 44.

COLUMNA. — Voyez COLONNA.

CONDORCET (Marie Jean Antoine Nicolas CARITAT DE), philosophe et historien de la science, né en 1740 à Ribemont en Picardie, mort au Bourg-la-Reine, près de Paris, en 1794.

Il a indiqué, dans l'*Éloge* qu'il a fait de Linné, le véritable caractère de sa classification zoologique, p. 77. — Son *Éloge* de Bernard de Jussieu nous montre cet illustre botaniste et son neveu Antoine Laurent en communauté de vie et de travaux, p. 91. — L'analyse des travaux de Bernard, dans ce dernier éloge, est faite d'après Antoine Laurent, p. 92.

CORDUS (*Euricius*), médecin, naturaliste, poëte, né à Simsthausen, en Hesse, vers la fin du xve siècle, mort à Brême en 1538.

Il est un des botanistes distingués du xvie siècle, p. 38.
— Il paraît avoir fondé, en Allemagne, l'un des premiers jardins botaniques qui aient existé dans les temps modernes, *ibid.*

CORDUS (*Valerius*), médecin et naturaliste, fils du précédent, né à Simsthausen, en Hesse, en 1515, mort à Rome en 1544.

Malgré sa mort très prématurée, il est, comme son père, un des botanistes distingués de son époque, p. 38.

COSTE (Jean Jacques Victor), physiologiste contemporain.

Il a nettement signalé le résultat le plus général des travaux de Geoffroy Saint-Hilaire, p. 114.

CUVIER (Georges Chrétien Frédéric Dagobert), naturaliste et historien de la science, né à Montbéliard en 1769, mort à Paris en 1832.

Il a débuté dans la science trois ans seulement après la fin de l'Histoire naturelle de Buffon, p. 100. — Il est auteur, avec Geoffroy Saint-Hilaire, d'une classification mammalogique qu'il a modifiée ensuite, et rendue très semblable à celle de Linné, p. 77 et 78. — Le mémoire où est publiée cette classification est le point de départ des travaux modernes des zoologistes sur la méthode naturelle; mais Cuvier et Geoffroy Saint-Hilaire étaient eux-mêmes partis des principes établis en botanique par les Jussieu, p. 90. — Il a, par chacun de ses grands ouvrages, opéré une révolution dans une des branches de la science, p. 108. — Le *Règne animal*, sans pouvoir être placé aussi haut que les autres ouvrages de Cuvier, eut suffi à son illustration, *ibid.* — Cuvier n'a pour devancier en anatomie véritablement comparée, que le seul Vicq d'Azyr, p. 109. — Ce qu'il y a de commun et ce qu'il y a de différent entre son école, celle de Geoffroy Saint-Hilaire et celle de Schelling, p. 115 et 116.

Cuvier a reconnu et signalé la haute portée des travaux de Bernard de Palissy, p. 36. — Il n'a point connu toute l'importance des résultats obtenus par Césalpin en ce qui concerne la circulation du sang, p. 44. — Il a d'ailleurs dignement apprécié ce grand naturaliste, p. 45. — Il a appelé l'Italie la terre classique de l'anatomie, p. 46. — Il a attribué à tort à l'intervention de Descartes l'admission dans la science de la découverte d'Harvey, p. 49. — Comment il a apprécié les services rendus à la botanique par les frères Bauhin, p. 53. — Il n'a point reconnu les droits de Linné au titre de premier inventeur de la classification naturelle, p. 79 et 90; et il a cherché à expliquer, par les relations de ce grand naturaliste avec Bernard de Jussieu, les résultats les plus heureux de ses efforts pour l'application de la méthode naturelle aux végétaux, p. 79. — Il a très imcomplétement apprécié Buffon, p. 84 et 85. — Il a donné de justes et belles appréciations du *Genera plantarum* d'Antoine Laurent de Jussieu, p. 89, des travaux Camper, p. 94, et de ceux d'Adanson, p. 97.

D

DALÉCHAMPS (Jacques), médecin et botaniste, né à Caen en 1513, mort à Lyon en 1588.

Il est un des botanistes distingués de son siècle, p. 38.

DAUBENTON ou **D'AUBENTON** (Louis Jean Marie), naturaliste, anatomiste, né à Montbard en Bourgogne en 1716, mort à Paris en 1799.

Importance de ses travaux zootomiques, p. 94. — Il est, en outre, l'auteur de la première application rationnelle de la zoologie à l'agriculture, *ibid.* — C'est lui qui, introduit dans la science par Buffon, vers 1742, y a introduit Geoffroy Saint-Hilaire en 1793, p. 100.

DECANDOLLE. — Voyez **CANDOLLE**.

DESFONTAINES (René LOUICHE), botaniste, né à Trembley, en Bretagne (Ille-et-Vilaine), mort à Paris en 1833.

Il a surtout attaché son nom à un travail sur la structure comparée des végétaux dicotylédonés et monocotylédonés, p. 103.

DEGEER (Charles DE GEER ou), naturaliste suédois, né en 1720, mort en 1778.

Il est auteur d'un grand nombre d'observations intéressantes sur les insectes, p. 94.

DESCARTES (René), né à Lahaye, en Touraine, en 1596; et mort à Stockholm en 1650.

Il s'est prononcé en faveur de la circulation du sang, très contestée encore après les travaux d'Harvey, p. 48 et 49. — L'Histoire naturelle a ressenti, comme les autres sciences, l'influence des vues de ce grand homme sur la méthode, p. 61.

DODART (Denis), médecin et naturaliste, né en 1634 à Paris, où il est mort en 1707.

Il est auteur de travaux importants sur la physiologie végétale, p. 58.

DODONOEUS ou **DODOENS** (Rembert), médecin, botaniste et érudit, né en Hollande, dans la Frise, en 1517, mort à Leyde en 1585.

Il est un des botanistes distingués du XVIe siècle, p. 38.

DREBBEL (Corneille VAN), physicien, né en 1572 à Alckmaer, en Hollande, mort à Londres en 1634.

Il a été regardé à tort comme l'inventeur du microscope, p. 54.

DU BOIS. — Voyez SYLVIUS.

DUHAMEL DU MONCEAU (Henri Louis), naturaliste, agronome, né à Paris en 1700, mort en 1782.

Importance de ses travaux sur la physiologie végétale, p. 93.

DUMAS (Jean-Baptiste), chimiste et physiologiste contemporain.

Il a signalé l'influence des vues nouvelles émises en zoologie par Geoffroy Saint-Hilaire, sur les autres sciences d'observation, et jusque sur la chimie, p. 112.

DU PETIT-THOUARS (Aubert), botaniste, né dans l'Anjou en 1758, mort à Paris en 1831.

Il a fait connaître les droits de Césalpin au titre de premier inventeur de la circulation du sang, p. 44 et 45.

DUTROCHET (Joachim), naturaliste, physicien, né au château de Néon (Indre), en 1776, mort à Paris en 1847.

Importance de ses travaux sur la physiologie végétale, p. 104. — Il est auteur d'un grand nombre d'autres recherches, principalement sur l'endosmose, qu'il a découverte, et sur l'embryogénie animale et l'ovologie, *ibid.*

DUVERNEY (Joseph GUICHARD), anatomiste, né à Feurs en Forez en 1648, mort à Paris en 1730.

Il est un des fondateurs de l'anatomie comparée, p. 58.

E

ECLUSE (Charles DE L'). — Voyez CLUSIUS.

ELIEZER, rabbin de Crémone, mort à Cracovie en 1586.

Il rapporte une tradition curieuse, mais sans valeur, relative au chien, p. 5.

EUSTACHE ou **EUSTACHI** (Barthélemy), médecin et anatomiste, né à Saint-Séverin dans la marche d'Ancône, disent les uns, dans le royaume de Naples, disent les autres; mort à Rome en 1574.

Il est l'un des principaux anatomistes de son époque, et a été appelé l'un des triumvirs de l'anatomie, p. 36.

F

FABRICE ou **FABRIZIO** dit D'AQUAPENDENTE (Jérôme), médecin et anatomiste, né en 1537 à Aquapendente, dans les États romains; mort en 1619.

Il est un des principaux anatomistes du XVIe siècle, p. 37. — Il a été l'élève de Fallope, le maître d'Harvey, p. 46; et le précurseur de ce grand physiologiste, p. 47. — Il a ouvert la voie aux auteurs qui, dans les époques suivantes, se sont livrés à des recherches zootomiques et embryogéniques, p. 47 et 57.

FABRICIUS (Jean Chrétien), zoologiste, né en 1742 à Tundern en Jutland, mort en 1808.

II est le second fondateur de l'entomologie, p. 94.

FALLOPE ou FALLOPIO (Gabriel), chirurgien, anatomiste et botaniste, né à Modène en 1523, mort à Padoue en 1562.

Il a été un des triumvirs de l'anatomie, p. 36. — Il a été élève de Vésale, et maître de Fabrice d'Aquapendente, p. 46.

FÉE (Antoine Laurent Apollinaire), botaniste contemporain.

Il est auteur d'une Vie de Linné où se trouvent un grand nombre de documents intéressants, p. 73, 78 et 79.

FLOURENS (Marie Jean Pierre), physiologiste contemporain.

Il a, l'un des premiers, reconnu dans Césalpin le premier inventeur de la circulation du sang, p. 44 et 45. — Il a, l'un des premiers aussi, replacé Buffon au rang qui lui appartient dans la science, p. 83, 86 et 87. — L'*Éloge* qu'il a fait d'Antoine Laurent de Jussieu nous montre cet illustre botaniste en communauté de vie et de travaux avec son oncle Bernard, p. 91. — Il a heureusement exprimé l'importance des travaux zoologiques de Cuvier, p. 109. — Il est le premier qui ait compris et signalé la portée des travaux de Geoffroy Saint-Hilaire sur l'anatomie philosophique, p. 112 et 114.

FONTENELLE (Bernard LE BOVIER DE), littérateur, historien de la science, né à Rouen en 1657, et mort à Paris en 1757.

Mot sur Ruysch et ses célèbres injections, p. 57.

FUCHS (Léonard), médecin et botaniste, né en 1501 à Wembdingen, en Bavière, mort à Tubingue en 1566.

Médecin illustre, Fuchs a été aussi un des principaux botanistes de son siècle, p. 38.

G

GÆRTNER (Joseph), botaniste, né à Kalb dans le Wurtemberg, en 1732, mort en 1791.

Importance de ses travaux botaniques, p. 92.

GALILÉE ou Galileo GALILEI, né à Pise en 1564, mort près de Florence en 1642.

Il est peut-être l'inventeur du microscope, comme il l'est, en grande partie, du télescope, p. 54.

GEER (DE). — Voyez DEGEER.

GEOFFROY SAINT-HILAIRE (Étienne), naturaliste, né à Étampes en 1772, mort à Paris en 1844.

Il a été introduit dans la science par Daubenton, p. 99 et 100. — Il est devenu zoologiste, par suite d'un décret de la Convention, en 1793, p. 108.—Il est auteur, avec Cuvier, de la première application des principes de la méthode naturelle à la zoologie, p. 77 et 78. — Le célèbre mémoire où est faite cette application est le point de départ des travaux modernes sur la classification naturelle zoologique ; mais Cuvier et Geoffroy Saint-Hilaire étaient eux-mêmes partis, ainsi qu'ils l'ont dit très expressément, des principes établis en botanique par les Jussieu, p. 90. — Nouveauté et importance de ses travaux sur l'anatomie philosophique, p. 110 et suiv. — Ils ont été compris en Allemagne avant de l'être en France, p. 111. — L'influence des vues de Geoffroy Saint-Hilaire s'est étendue sur presque toutes les sciences naturelles, et même au delà, p. 112. — Ce qu'il y a de commun et ce qu'il y a de différent entre l'école de Geoffroy Saint-Hilaire et les écoles de Cuvier et de Schelling, p. 115 et suiv.

Geoffroy Saint-Hilaire est le créateur de la Ménagerie de Paris, p. 101. — Il a vérifié, en Égypte, l'exactitude d'un grand nombre de faits rapportés par Hérodote, p. 16.

Il a, l'un des premiers, rendu justice à Césalpin, p. 45. — Il a le premier, en France, rendu un digne hommage à Buffon, et replacé ce grand homme au rang qui lui appartient dans la science, p. 83 et 86.

GESNER (Conrad), médecin, naturaliste et érudit, né à Zurich en 1516, mort en 1565.

Il est un des grands naturalistes du XVIe siècle, p. 38. — Sa supériorité sur les compilateurs précédents, p. 41. — Sa mort, *ibid.* — Il a été dit le *Pline de l'Allemagne*, p. 43. — Caractère de ses travaux, *ibid.*

GILLIUS, GYLLIUS ou GILLES (Pierre), naturaliste et érudit, né à Alby en 1460, mort à Rome en 1555.

Il est un des naturalistes les plus distingués de la première partie du XVI° siècle, p. 38.

GOETHE (Jean Wolfgang), poëte, philosophe et naturaliste, né
en 1749 à Francfort-sur-le-Mein, mort à Weimar en 1832.

Ses vues nouvelles sur la botanique ont été émises aussitôt après
l'établissement de la méthode naturelle, p. 99. — Elles n'ont été
comprises que fort tard, et grâce au mouvement imprimé depuis
à la science par Geoffroy Saint-Hilaire, p. 112.

Goethe est le premier qui ait rendu un digne hommage à Buffon,
considéré comme naturaliste, p. 83. — Il a signalé l'importance
des travaux botaniques de Jean Jacques Rousseau, p. 88. — Il a
signalé aussi l'enchaînement et, pour ainsi dire, les liens de filiation
qui rattachent à Buffon Daubenton, Geoffroy Saint-Hilaire et Cuvier,
p. 100. — Comment il a apprécié les vues de Geoffroy Saint-Hilaire,
p. 112 et 113.

GREW (Néhémie), médecin et naturaliste, né vers 1628 à
Coventry, en Angleterre, mort en 1711.

Importance de ses observations microscopiques sur les végétaux,
p. 56.

H

HALES (Étienne), physicien et physiologiste, né en 1677 en
Angleterre, dans le comté de Kent; mort en 1761 à Ted-
dington, dans le comté de Middlesex.

Importance de ses travaux botaniques, et particulièrement de sa
Statique, p. 92.

HALLÉ (Jean Noel), médecin, né en 1754 à Paris, où il
mourut en 1822.

Dans un rapport fait en 1789, il a rendu justice à la fois à Bernard
et à Antoine Laurent de Jussieu, p. 92.

HALLER (Albert DE), physiologiste, botaniste et poëte, né en
1708, à Berne, où il mourut en 1777, après avoir passé
un grand nombre d'années à Gœttingue.

Sa grande *Physiologie* renferme un grand nombre de faits nouveaux sur l'anatomie et la physiologie comparée, p. 96. — En botanique, il a conçu, de son côté, et cherché de bonne heure à appliquer la méthode naturelle, *ibid.* — Il est poëte en même temps que savant, 97.

L'histoire qu'Haller fait des travaux de la circulation du sang n'est pas exacte en ce qui concerne Césalpin, p. 44. — Il s'est élevé à plusieurs reprises contre les vues nouvelles de Linné et contre ce qu'il appelait son *insupportable domination*, p. 72 et 73. — Il a signalé l'importance des travaux de Hales, et particulièrement de sa *Statique des végétaux*, p. 92.

HARTSOEKER (Nicolas), métaphysicien, géomètre, physicien et micrographe, né en 1656 à Gouda, en Hollande, et mort en 1725 à Utrecht.

Il a contribué au perfectionnement du microscope, et l'a, un des premiers, appliqué à l'Histoire naturelle, p. 54 et 55. — Il a fait des observations importantes sur les animaux microscopiques, p. 56.

HARVEY (Guillaume), médecin, physiologiste, né en 1578 à Folkstone, dans le comté de Kent; mort à Londres en 1657.

Il a eu Fabrice d'Aquapendente pour maître et pour précurseur, p. 47. — Il a découvert, après Césalpin, et démontré, le premier, la circulation du sang, *ibid.* — Il est le créateur de l'embryogénie, *ibid.* — Il a entrevu et indiqué l'analogie des caractères transitoires de l'homme et des animaux supérieurs avec les caractères permanents des animaux inférieurs, p. 47 et 48. — Citation du passage remarquable où se trouve cette grande vue, p. 48. — La circulation du sang, d'abord repoussée par la plupart des anatomistes et des physiologistes, et par Riolan lui-même, p. 49; admise par Willis et par Descartes, p. 48 et 49.

HEDWIG (Jean), médecin et botaniste, né en 1739 à Cronstadt en Transylvanie, et mort en 1799.

Importance de ses travaux sur les cryptogames, p. 93.

HEISTER (Laurent), chirurgien, anatomiste et botaniste, né en 1683 à Francfort-sur-le-Mein, et mort à Helmstadt en 1758.

Chirurgien et anatomiste célèbre, Heister est en même temps, en botanique, l'un des devanciers des Jussieu dans la conception de la classification naturelle, p. 88 et 93. — Ses travaux, incompris lorsqu'ils parurent, n'ont pas exercé sur la marche de la science une influence proportionnée à leur mérite, p. 93. — De Candolle est le premier qui ait rendu à Heister une pleine justice, p. 94.

HENSHAW, botaniste anglais de la seconde partie du XVIIᵉ siècle.

Il a fait connaître les trachées des plantes, p. 56.

HERMANN (Paul), botaniste, né en 1646 à Halle, mort en 1695.

Il est auteur d'une classification botanique, p. 60.

HERNANDEZ (François), médecin, naturaliste et voyageur espagnol, qui a vécu au XVIᵉ siècle, mais dont les travaux ne parurent que dans le XVIIᵉ.

Il a considérablement enrichi l'Histoire naturelle par ses voyages, p. 62.

HOEFER (Ferdinand), historien de la science et chimiste contemporain.

Il a récemment appelé l'attention sur un passage d'Avicenne, important pour l'histoire de la paléontologie, p. 36.

HOME (Everard), chirurgien et anatomiste, né à Hull en Angleterre, en 1756, mort en 1832.

Importance de ses travaux zootomiques, p. 106.

HUBER (François), zoologiste, né à Genève en 1750, mort à Lausanne en 1831.

Il a su, quoique aveugle, prendre rang au nombre des meilleurs observateurs de son époque, p. 106.

HUNTER (Jean), chirurgien et anatomiste, né en 1738 à Long Calderwood, en Écosse, mort à Londres en 1793.

Ses travaux zootomiques sont dignes de ses travaux pathologiques, p. 94.

I

INGRASSIAS ou INGRASSIA (Jean Philippe), médecin et anatomiste, né vers 1510, à Palerme (selon quelques auteurs, en Styrie) ; mort à Palerme en 1580.

Il est un des principaux anatomistes du XVIᵉ siècle, p. 37.

J

JANSEN, physicien hollandais qui vivait dans la première partie du XVIIᵉ siècle.

Il est considéré par plusieurs auteurs comme l'inventeur du microscope, p. 54. — Il a aussi attaché son nom à l'invention du télescope, *ibid.*

JONSTON (Jean), naturaliste, né en 1603 près de Lissa, dans le duché de Posen, mort en 1675 près de Liegnitz en Silésie.

Il est auteur de travaux considérables de compilation, p. 50.

JULIEN (Stanislas), sinologue contemporain.

Il a cité plusieurs inventions très anciennes des Chinois, p. 10.

JUSSIEU (Bernard DE), naturaliste, né à Lyon en 1669, mort à Paris en 1777.

Les vues heureuses de Linné sur la méthode naturelle botanique n'ont pas, comme on l'a dit, leur origine dans ses relations avec Bernard de Jussieu, 79 ; mais ce dernier a presque aussitôt surpassé son illustre devancier, p. 80. — Il était maître des principes de la classification naturelle botanique en 1759, ainsi que le prouve la plantation du jardin de Trianon, p. 89. — Il est impossible de déterminer exactement ce qui appartient en propre à Bernard de Jussieu dans l'établissement de la méthode naturelle en botanique ; mais on peut dire, en termes généraux, qu'il a jeté les fondements et tracé le plan de l'édifice, élevé depuis par son neveu, p. 90 et 91. — Les botanistes qui ont essayé récemment de faire, dans l'œuvre commune, la part de Bernard et d'Antoine Laurent de Jussieu, ont établi leur appréciation sur des bases erronées, p. 91.

— Bernard et Antoine Laurent n'eussent pu faire entre eux-mêmes ce partage qu'on a essayé de nos jours, *ibid.*

JUSSIEU (Antoine Laurent), botaniste, né à Lyon en 1748, mort à Paris en 1836.

Il a, en 1773, pour la première fois, exposé l'ensemble des vues de son oncle et des siennes, p. 89; et les a, en 1739, développées, démontrées et appliquées dans le *Genera plantarum*, ibid. — Haute importance de cet ouvrage, et influence considérable qu'il a exercée sur le progrès, non seulement de la botanique, mais aussi de la zoologie, p. 90. — Sans qu'il soit possible de déterminer exactement ce qui, dans l'établissement de la méthode naturelle en botanique, appartient à Bernard de Jussieu, et ce qui est propre à Antoine Laurent, on peut dire que le premier a jeté les fondements et tracé le plan de l'édifice, que le second l'a élevé à la gloire de tous deux, p. 90 et 91. — Cette appréciation des travaux des deux illustres botanistes diffère peu de celle qu'en a donnée Hallé, dans un rapport fait en 1789, et qu'A. L. de Jussieu a reproduit en tête du *Genera plantarum*, p. 92.

A. L. de Jussieu a signalé l'importance des travaux de Magnol, qui a cherché le premier à faire des rapprochements naturels sous le nom de familles, p. 60.

JUSSIEU (Adrien DE), botaniste, né en 1797 à Paris, où il est mort en 1853.

Il a récemment publié des documents intéressants pour l'histoire des travaux de son grand-oncle et de son père, et pour celle de la méthode naturelle, p. 91.

K

KIELMEYER (Charles-Frédéric), naturaliste et chimiste, né en 1765 à Babenhausen, dans le Wurtemberg, mort dans la première partie du XIXᵉ siècle.

Son haut enseignement avait préparé, de bonne heure, l'Allemagne à entrer dans les voies de l'anatomie philosophique, p. 111.

KUNTH (Charles Sigismond), botaniste, né à Leipzig en 1788, mort à Berlin en 1850.

Il a exprimé la plus haute estime pour les travaux de Claude Richard, p. 104.

L

LACÉPÈDE (Etienne DE LAVILLE DE), naturaliste, historien, né à Agen en 1756, mort à Paris en 1825.

Il a publié, un an après la mort de Buffon, le dernier supplément de l'*Histoire naturelle*, p. 99. — Comme zoologiste, il a été trop loué pendant sa vie, et jugé trop sévèrement après sa mort, p. 106.

LAMARCK (Jean-Baptiste Pierre Antoine DE MONET DE), naturaliste, né en 1744 à Bazentin, village de Picardie (Somme); mort à Paris en 1829.

Il est l'un des botanistes principaux du xviiie siècle, l'un des zoologistes les plus illustres du xixe, p. 93 et 103. — Importance et succès de sa *Flore française*, p. 93, et plus tard, de son ouvrage sur les *Animaux sans vertèbres*, p. 107. — Importance plus grande encore de sa *Philosophie zoologique*, ibid. — Ce dernier livre est resté longtemps incompris, *ibid*.

LAMARTINE (Alphonse DE), poëte et historien contemporain.

Il a écrit la vie de Bernard Palissy, qu'il considère comme l'un des grands écrivains de la langue française, p. 36.

LATREILLE (Pierre André), zoologiste et érudit, né à Brives en 1762, mort à Paris en 1833.

Il a été justement nommé, dans son époque, le prince des entomologistes, p. 106.

LÉCLUSE. — Voyez CLUSIUS.

LEONICENUS (Nicolas), médecin, naturaliste, érudit, né en 1428 à Lonigo, dans le Vicentin, mort en 1524.

Il a traduit Galien et commenté Pline, p. 38.

LEROUX (Pierre), philosophe contemporain.

Il n'a pas associé Claude Perrault à la justice qu'il a rendue à Charles Perrault, p. 63.

LEUWENHOECK (Antoine), naturaliste, micrographe, né en 1632 à Delft en Hollande, mort en 1723.

I.   10.

Il a perfectionné le microscope, l'a appliqué à l'Histoire naturelle, et par là, a fait faire à cette science d'immenses progrès, p. 54 et 55.
— Importance de ses observations sur les animaux microscopiques, p. 56 ; et sur la structure intime de divers organes, sur les corpuscules ou globules du sang, etc., *ibid.*

Linné ou Linnæus (Charles), né en 1707, en Suède, dans un village de la Smolande, mort à Upsal en 1778.

Il a été appelé le Pline du Nord, p. 26. — Jean Ray est, à quelques égards, son précurseur, p. 59. — Grandeur de ses travaux, 68-80. — Il est encore aujourd'hui un auteur progressif et nouveau, p. 68. — Parallèle avec Buffon, p. 69-71. — Juste et immense succès du *Systema naturæ*, p. 72. — Linné n'a point inventé la nomenclature binaire ou linnéenne, p. 74 ; mais il l'a perfectionnée, généralisée et revêtue d'un caractère véritablement scientifique, p. 75. — Le style dit linnéen existait de même avant lui, mais il se l'est approprié en en rendant l'emploi régulier et général, p. 73-75. — Trop admiré peut-être comme nomenclateur, on peut dire que Linné ne l'a pas été assez comme classificateur, p. 73. — Causes du succès immédiat de la partie botanique de sa classification, p. 75 et 76. — Pourquoi sa partie zoologique, moins bien accueillie à l'origine, a été plus durable, p. 76-78. — La classification zoologique de Linné est une classification naturelle, p. 77 et 78. — Cuvier ne s'en est écarté, en ce qui concerne les mammifères, que pour s'en rapprocher peu à peu, et il a fini, sans le savoir lui-même, par y revenir presque entièrement, p. 78. — Identité fondamentale des classifications actuellement adoptées en zoologie avec la classification de Linné, p. 78 et 80. — Linné a tenté aussi, et non sans succès, l'application de la méthode naturelle à la botanique, p. 78 et 79. — Nul n'a fait, en vue de ce progrès, des efforts plus persévérants, p. 78. — Rien ne justifie la conjecture de Cuvier qui présente Linné comme ayant emprunté à Bernard de Jussieu ses vues les plus heureuses sur la classification naturelle des végétaux, p. 79. — En résumé, Linné est le premier inventeur de cette méthode naturelle qu'avaient pressentie Césalpin et Magnol, p. 80. — Il a été presque aussitôt surpassé, en botanique, par les Jussieu ; mais il ne l'a été en zoologie que par Cuvier et les autres auteurs de la fin du XVIIIᵉ siècle et du XIXᵉ, *ibid.* — Ce qui lui appartient, et ce qui appartient aux Jussieu, dans la conception et l'établissement de la classification naturelle, p. 89.

Les premiers mots du *Systema naturæ*, p. 2. — La zoologie a été dite par Linné la partie la plus noble de l'histoire naturelle, p. 4.—

Lettre à Haller, alors occupé, dit Linné, à établir les familles naturelles, p. 96.

Lobel (Mathieu de), botaniste, né à Lille en 1538, mort en 1616 à Highgate, près de Londres.

Il est un des principaux botanistes de son époque, p. 38.

Lonicer ou **Lonicerus** (Adam), médecin, naturaliste, né à Marbourg en 1528, mort en 1586.

Il est auteur de travaux de compilation, où l'observation commence à tenir quelque place, p. 38.

Lyonet (Pierre), naturaliste et graveur, né en 1707 à Maestricht, mort en 1789.

Il est célèbre par ses travaux sur l'anatomie de la chenille du saule, p. 94.

M

Magnol (Pierre), botaniste, né en 1638 à Montpellier, où il mourut en 1715.

Il a commencé, dès le XVIIe siècle, la distribution des plantes en familles naturelles, p. 60. — Les Jussieu ont reconnu en lui leur devancier, *ibid.* — L'ouvrage de Magnol, selon Achille Richard, renferme l'idée mère de la méthode naturelle, p. 61.

Malpighi (Marcel), médecin, botaniste et naturaliste, né près de Bologne en 1628, mort à Rome en 1694.

Importance de ses observations microscopiques pour l'anatomie et la physiologie comparées, p. 56.

Marcgraf (George), voyageur, naturaliste, né en 1610 à Liebstadt, en Saxe, mort en 1644 en Guinée.

Il a considérablement enrichi l'Histoire naturelle par ses voyages, p. 62.

Martin (Henri), historien contemporain.

Il a donné, dans sa grande *Histoire de France*, un résumé étendu et une haute appréciation des vues de Buffon, p. 83.

Matthiole ou **Mattioli** (Pierre André), médecin, botaniste, né à Sienne en 1500, mort à Trente en 1577.

Il est l'un des premiers qui, dans les temps modernes, aient allié l'observation à l'érudition, p. 38.

MECKEL (Jean Frédéric), médecin, anatomiste, né à Halle en 1781, mort en 1833.

Importance de ses travaux zootomiques et tératologiques, p. 106. — Il a, le premier, compris les vues nouvelles de Geoffroy Saint-Hilaire, et s'est aussitôt avancé dans les mêmes voies, p. 111.

MILLIN (Aubin Louis), archéologue, naturaliste, né en 1759 à Paris, où il est mort en 1818.

Comment il a apprécié Buffon en 1792, dans un travail où il était l'organe de la Société d'Histoire naturelle de Paris, p. 82.

MILLINGTON, naturaliste anglais, qui vivait à Oxford dans le xviie siècle.

Il a connu et indiqué les sexes des plantes, p. 60.

MIRBEL (Charles François BRISSEAU DE), botaniste contemporain.

Son appréciation de la Flore française de Lamarck, p. 93.

MONARDUS ou MONARDI (Jean), médecin, botaniste, né à Ferrare en 1462, mort en 1536.

Il a mis en parallèle les connaissances des anciens sur l'Histoire naturelle, et celles des Arabes au moyen âge, p. 38.

MORISON (Robert), médecin, botaniste, né en 1620 à Aberdeen, en Écosse, mort à Oxford en 1683, après avoir passé en France une grande partie de sa vie.

Il est auteur d'une classification botanique, remarquable pour l'époque où elle a paru, p. 60.

MOUFET (Thomas), médecin, zoologiste, né à Londres, et qui vivait dans la seconde partie du xvie siècle.

Il est auteur de travaux importants sur les insectes, p. 50 et 51.

MULLER (Othon Frédéric), naturaliste, micrographe, né à Copenhague en 1730, mort en 1784.

Importance de ses travaux sur les infusoires, p. 94.

P

PALISSY (Bernard), né dans l'Agénois au commencement du xvie siècle, mort en prison à Paris en 1589.

Variété, importance et nouveauté de ses travaux, p. 35. — Appréciation de cet auteur, comme savant, par Buffon, p. 36; par Cuvier, *ibid.* ; et comme écrivain, par M. de Lamartine, *ibid.*

PALLAS (Pierre Simon), naturaliste, géographe, voyageur, né en 1741 à Berlin, où il est mort en 1811, après avoir passé une grande partie de sa vie en Russie.

Diversité et haute importance de ses travaux, p. 96 et 97. — Il a été considéré par quelques auteurs, en présence de Linné, de Buffon et des Jussieu, comme le premier naturaliste du xviiie siècle, p. 97.

PARÉ (Ambroise), chirurgien, anatomiste, né à Laval vers 1515, mort à Paris en 1590.

Ce grand chirurgien est aussi un des principaux anatomistes du xvie siècle, p. 37.

PARISET (Étienne), médecin, historien de la science, né près de Neufchâteau (Vosges) en 1770, mort à Paris en 1847.

Il a fait remarquer que Buffon, Daubenton, Geoffroy Saint-Hilaire et Cuvier se rattachent les uns aux autres par une sorte de filiation, p. 100.

PASCAL (Blaise), né en 1623 à Clermont-Ferrand, mort à Paris en 1662.

Nécessité, signalée par lui, d'affranchir l'esprit humain de l'autorité des anciens, p. 61.

PAYER (Jean-Baptiste), botaniste contemporain.

Il a récemment publié un *Cours d'Histoire naturelle*, fait en 1772, à Paris, par Adanson, p. 95.

PECQUET (Jean), anatomiste, né à Dieppe vers 1610, mort en 1674.

Il est surtout célèbre par ses importants travaux sur les vaisseaux lymphatiques, p. 57.

PERRAULT (Claude), médecin, anatomiste, architecte, né en 1613 à Paris, où il est mort en 1688.

Il est un des fondateurs de l'anatomie comparée, p. 58. — Il est auteur d'un travail important sur la séve des végétaux, *ibid.* — Il a beaucoup contribué à affranchir l'Histoire naturelle de l'autorité, si longtemps souveraine, des anciens, p. 63. — Il a été en butte aux attaques les plus violentes de la part des défenseurs des anciens, et particulièrement de Boileau, p. 63 et 64. — Il s'est illustré par des travaux de genres très divers, p. 58 et 64.

PERRAULT (Charles), littérateur, philosophe, frère du précédent, né en 1628 à Paris, où il est mort en 1703.

Il mérite une place distinguée parmi les philosophes du XVIIᵉ siècle, p. 63.

PERSOON (Chrétien Henri), botaniste hollandais, né en 1767 au cap de Bonne-Espérance, mort à Paris en 1836.

Il est auteur de travaux importants sur les végétaux cryptogames, p. 104.

PEYSSONNEL (Jean Antoine), naturaliste, voyageur, né à Marseille en 1694, mort vers le milieu du XVIIIᵉ siècle.

Il a reconnu et démontré l'animalité des coraux et des madrépores, p. 94.

PISON (Guillaume), naturaliste et voyageur hollandais du XVIIᵉ siècle, né à Leyde.

Il a considérablement enrichi l'Histoire naturelle par ses voyages, p. 62.

POUCHET (Félix), zoologiste contemporain.

On lui doit un ouvrage étendu et fort utile à consulter, sur Albert le Grand et son époque, p. 33.

R

RAJUS. — Voyez RAY.

RAY (Augustin), zoologiste français du XVIIIᵉ siècle.

Il est auteur d'une *Zoologie universelle et portative*, p. 59.

RAY ou WRAY (Jean), ou RAJUS, naturaliste, théologien, né en 1628 en Angleterre, comté d'Essex, mort en 1704.

Importance et nouveauté des travaux qu'il entreprenait au XVIIe siècle sur la classification zoologique et botanique, p. 59 et 60. —Il est, à quelques égards, le précurseur de Linné, p. 59.— Il a, l'un des premiers, défendu la théorie des sexes des plantes, p. 60. — Il a embrassé, dans ses études, presque toutes les branches des connaissances humaines, et rappelle ainsi, à la fin du XVIIe siècle et au commencement du XVIIIe, les auteurs encyclopédiques des XVe et XVIe, p. 64 et 65.

RÉAUMUR (René Antoine FERCHAUD DE), naturaliste, physicien, né à la Rochelle en 1683, mort dans le Maine en 1757.

Ses belles observations sur les mœurs des insectes, p. 94.

REDI (François), médecin, physiologiste et poëte, né à Arezzo en 1626, mort en 1697.

Il est auteur d'un grand nombre d'observations anatomiques et physiologiques sur les animaux, p. 57.

REY (Jean), médecin, chimiste, qui vivait dans le Périgord durant la première moitié du XVIIe siècle.

Il a été confondu avec Jean Ray, p. 59.

REYNAUD (Jean), philosophe contemporain.

Son travail sur le mazdéisme ; ce que sont les animaux selon cette religion, p. 11.

RICHARD (Louis Claude Marie), naturaliste, voyageur, né à Versailles en 1754, mort à Paris en 1821.

Ses observations botaniques, faites tant à Cayenne qu'en Europe, en font l'un des principaux naturalistes de son époque, p. 104. — Il a été dignement apprécié par Kunth, *ibid.* — Malheureusement, tous ses travaux n'ont pas vu le jour, *ibid.*

RICHARD (Achille), botaniste, né en 1794, à Paris, où il est mort en 1852.

Il a signalé la haute importance des travaux de Magnol, dont l'ouvrage, selon lui, renferme l'idée mère de la méthode naturelle, p. 61. — Il a mis au jour une partie des travaux de son père, p. 104.

RICHARD (du Cantal) (Antoine), agronome contemporain.

Il a donné un excellent résumé des travaux zootechniques de Daubenton, et en a signalé l'importance longtemps oubliée ou méconnue, p. 95.

RIOLAN (Jean), médecin, anatomiste, né vers 1580 à Paris, où il est mort en 1657.

Il a repoussé et longtemps combattu la circulation du sang que venait de découvrir Harvey, p. 49.

RIVINUS QUIRINUS. — Voyez BACHMANN.

RONDELET (Guillaume), médecin, naturaliste, né à Montpellier en 1507, mort en 1566.

Il est un des principaux naturalistes du XVIe siècle, p. 38. — Caractère et importance de ses travaux zoologiques, p. 39. — Essai de classification ichthyologique, p. 40.

ROUSSEAU (Jean Jacques), né en 1712 à Genève, mort en 1778 à Ermenonville (Oise).

Il rapprochait les végétaux par une méthode très analogue, dit Goethe, à la distribution en familles naturelles, p. 88. — Pensée sur l'enfance, p. 119.

RUDBECK (Olaüs), anatomiste, botaniste, érudit, né en 1630 à Westeras, en Suède, mort en 1702.

Il a découvert les vaisseaux lymphatiques, p. 57.

RUDOLPHI (Charles Asmond), médecin, naturaliste, né à Stockholm en 1771, mort à Berlin en 1832.

Il est surtout célèbre par ses travaux sur les entozoaires, p. 106.

RUEL ou RUELLIUS (Jean), médecin, botaniste, né à Soissons en 1479, mort à Paris en 1539.

Il est l'un des premiers qui, dans les temps modernes, aient allié l'observation à l'érudition, p. 38.

RUMPF ou RUMPHIUS (Georges Everard), médecin, naturaliste, voyageur, né en 1626 à Solm, en Allemagne, mort en 1693.

Il est auteur de travaux importants sur les zoophytes, où il a en partie devancé Peyssonnel, p. 94.

Ruysch (Frédéric), anatomiste, né à la Haye en 1638, mort en 1731.

Il est célèbre par ses travaux de fine anatomie, et surtout par ses injections, p. 57.

S

Salviani (Hippolyte), médecin, zoologiste, né en 1514 à Citta di Castello dans l'Ombrie, mort à Rome en 1572.

Il est un des zoologistes les plus distingués du xvie siècle, p. 38. — Importance de ses travaux ichthyologiques, p. 39.

Savigny (Marie Jules César Lelorgne de), zoologiste, né à Provins en 1772, mort à Versailles en 1851.

A la fois observateur ingénieux et généralisateur hardi, il est l'un des principaux zoologistes de son époque, p. 106.

Schelling (Frédéric Guillaume Joseph de), philosophe, né en 1775, à Leonberg, en Souabe, résidant depuis long-temps à Berlin.

Ses hardies tentatives de généralisation, p. 115. — Différence fon-damentale entre la direction qu'il voulait donner à la science et celle qu'elle a reçue de Geoffroy Saint-Hilaire, p. 115 et 116.

Schmiedel (Casimir Christophe), naturaliste du xviiie siècle.

Ce que lui et ses contemporains admiraient dans Gesner, p. 41.

Serres (Etienne Renaud Augustin), médecin et anatomiste contemporain.

Il a, dans ses leçons orales, rendu justice à Césalpin, p. 45. — Nul auteur n'a mieux que lui apprécié Harvey, p. 47. — Il a mis en lumière un remarquable passage d'Harvey, où se trouve indiquée l'analogie des caractères transitoires de l'homme et des animaux su-périeurs avec les caractères permanents des animaux inférieurs, p. 48.

Servan (Joseph Michel Antoine), né à Romans en 1737, mort en 1807.

Remarque sur les fables, p. 6.

Servet (Michel), théologien, né en 1509 à Villeneuve en Aragon, brûlé vif à Genève en 1553.

Il a connu la petite circulation du sang, p. 44. — Rien ne prouve qu'il ait emprunté à Nemesius ce qu'il dit à cet égard, *ibid*.

SPALLANZANI (Lazare), physiologiste, né en 1729 à Scandiano, près de Reggio, duché de Modène, mort à Paris en 1799.

Importance de ses travaux physiologiques, p. 94.

SPRENGEL (Court), médecin, botaniste, historien de la science, né en 1766 à Boldekow en Poméranie, mort en 1838.

Ce botaniste érudit a énuméré les plantes mentionnées dans la Bible, p. 6 ; — les plantes figurées sur les monuments anciens de l'Égypte, p. 13 ; — et les plantes mentionnées par divers auteurs anciens, p. 28. — Comment il a apprécié les services rendus à la botanique par les frères Bauhin, p 53.

SWAMMERDAM (Jean), anatomiste, naturaliste, né en 1637 à Amsterdam, où il est mort en 1680.

Importance de ses observations sur l'organisation et les métamorphoses des insectes, p. 56. — Il est le premier fondateur de l'entomologie, *ibid*.

SYLVIUS, LE BOIS, DU BOIS ou DE LE BOE (François), médecin, anatomiste, né en 1614 à Hanau, mort en 1672 à Leyde, où il avait longtemps professé.

Il est l'un des principaux anatomistes de son siècle, p. 36.

T

TOURNEFORT (Joseph PITTON DE), botaniste, né en 1656 à Aix en Provence, mort à Paris en 1708.

Sa classification botanique est restée longtemps et justement populaire, p. 60.

TRAGUS ou BOCK (Jérôme), botaniste, né en 1498 près de Bretten dans le bas Palatinat, mort en 1554 à Hornsbach.

Il est l'un des botanistes distingués de son siècle, p. 38.

TREMBLEY (Abraham), naturaliste, né à Genève en 1700, mort en 1784.

Il est surtout célèbre par ses expériences sur les polypes, p. 94.

V

VAILLANT (Sébastien), botaniste, né à Vigny, près de Pontoise en 1669, mort à Paris en 1722.

Il a contribué à démontrer et à faire admettre dans la science l'existence des sexes chez les végétaux, p. 60.

VÉSALE (André), médecin, anatomiste, né à Bruxelles en 1514, mort en 1564, dans l'île de Zante, par suite d'un naufrage. Il avait vécu longtemps en Espagne.

Il a été dit l'un des triumvirs de l'anatomie, p. 36. — Harvey se rattache à ce grand anatomiste par Fabrice d'Aquapendente et Fallope, p. 47.

VICQ-D'AZYR (Félix), médecin, anatomiste, historien de la science, né à Valognes en 1748, mort à Paris en 1794.

Il a embrassé l'anatomie comparée presque dans son ensemble, p. 95. — Il s'est élevé à plusieurs conceptions importantes en anatomie philosophique, *ibid*.

VILLEMAIN (Abel François), littérateur et historien contemporain.

Son jugement sur Pline, p. 27. — Il a l'un des premiers rendu à Buffon un hommage digne de lui, p. 83 et 87.

VINCI (Léonard DE), peintre et littérateur, né en 1452 près de Florence, mort en 1519 à Amboise.

Il a indiqué la vraie nature de ces corps organisés fossiles, si longtemps considérés comme de simples jeux de la nature, p. 35.

W

WILDENOW ou WILLDENOW (Charles Louis), botaniste, né en 1765 à Berlin, où il est mort en 1812.

Ses travaux botaniques, malgré de justes critiques, le placent à un rang élevé dans la science, p. 104.

WILLIS (Thomas), médecin, anatomiste, né en 1622 en Angleterre, dans le Wiltshire, mort à Londres en 1675.

Il a l'un des premiers admis la circulation du sang, p. 49. — Il est auteur de travaux importants sur l'encéphale, p. 57.

WILLUGHBY (François), zoologiste, né en 1635 à Middleton en Angleterre, mort en 1672.

Il a été l'élève et le collaborateur de Jean Ray, p. 59.

WOLF (Gaspard Frédéric), anatomiste, né à Berlin en 1735, mort à Pétersbourg en 1794.

Goethe a reconnu en lui son devancier, en ce qui concerne la métamorphose des plantes, p. 105.

WOTTON (Edouard), médecin, naturaliste, né à Oxford en 1492, mort à Londres en 1555.

Il est l'un des zoologistes distingués de son siècle, p. 38.

WRAY. — Voyez RAY.

HISTOIRE NATURELLE

GÉNÉRALE

DES RÈGNES ORGANIQUES.

PREMIÈRE PARTIE.

PROLÉGOMÈNES.

PREMIÈRE PARTIE.

PROLÉGOMÈNES.

L'*Histoire naturelle générale* des règnes organiques, ou plus brièvement, la *Biologie générale* (**1**), est, comme l'expriment ces noms, la science dans laquelle viennent se toucher par leurs sommités et s'unir les branches particulières de nos connaissances sur les corps organisés. Tous les résultats généraux, toutes les hautes vérités auxquels a conduit, dans les temps modernes, et de nos jours surtout, l'étude comparée des êtres qui vivent ou ont vécu à la surface du globe, sont donc du domaine de cette science supérieure, et cet ouvrage a pour objet, autant que le comporte un premier essai sur un ensemble aussi vaste et aussi complexe, leur exposition raisonnée et leur démonstration méthodique.

Ceux qui écriront à leur tour, dans une époque plus avancée, de semblables traités, pourront passer, sans

_____

(1) *Biologie générale*. Ce nom, aussi exact que concis, est le seul que j'eusse employé dans cet ouvrage, si le premier n'eût été consacré et popularisé par l'emploi qu'en a fait Buffon. Tout le monde sait que son immortel ouvrage porte ce titre : *Histoire naturelle générale et particulière*.

L'emploi du mot *Biologie*, comme synonyme d'*Histoire naturelle*

même s'y arrêter, sur des difficultés préliminaires dont je
dois, au contraire, tenir grand compte dans un sujet aussi
neuf. Une Histoire naturelle générale est-elle présentement possible? le sera-t-elle jamais? Doutes singuliers,
et qu'il n'y a pas même lieu de discuter, pourra-t-on dire
par la suite. Doutes qu'il me faut, au contraire, résoudre sur le seuil même de cet ouvrage, sous peine d'être
arrêté à chaque pas par des objections multipliées; celles
qu'émettait et que soutenait, il y a vingt ans, d'une voix
aussi puissante que convaincue, le plus célèbre des naturalistes de notre siècle, entraînant ici après lui, dociles
et respectueux disciples, la plupart des naturalistes contemporains.

Réduire à leur juste valeur des objections si souvent
présentées comme décisives et souveraines; déterminer,
pour y parvenir sûrement, les rapports des sciences

---

organique, remonte au commencement de notre siècle. LAMARCK
emploie déjà ce mot, en 1802, dans son *Hydrogéologie*, et en 1803,
dans son *Discours d'ouverture* sur la question de l'espèce.

L'Histoire naturelle organique avait reçu bien plus anciennement
un autre nom, très usité aujourd'hui, mais dans une tout autre
acception. Cette science est la *psychologie* de Christofle de SAVIGNY,
auteur, au XVIᵉ siècle, d'un curieux ouvrage sur lequel je reviendrai
bientôt.

Dans notre siècle, elle a été successivement appelée, *somiologie*,
par RAFINESQUE-SCHMALTZ, en 1814; *physique organique*, par
M. Auguste COMTE (qui a employé aussi, et de préférence, le mot
biologie), en 1830; *organomie*, par M. D'OMALIUS D'HALLOY, en
1838; *zoologie* (nom indiqué seulement comme provisoire), par
M. Jean REYNAUD, en 1843; et *organologie*, par M. GERDY, en 1844.

Je me borne à indiquer ici ces divers noms en synonymie. Les
ouvrages ou mémoires dans lesquels ils ont été proposés seront
bientôt cités dans ces *Prolégomènes*. (Voy. liv. I, chap. III, V et VI.)

naturelles avec les autres parties du savoir humain, et leur rang hiérarchique dans ce qu'on a appelé l'Encyclopédie ; démontrer logiquement la nécessité, déjà historiquement établie, de la *généralisation* (1) après l'observation, et par conséquent, de la constitution d'une Histoire naturelle vraiment générale au-dessus de toutes les branches particulières de nos connaissances sur les êtres organisés ; faire voir que ce progrès, prévu depuis un siècle et si admirablement préparé par notre immortel Buffon, ne deviendra pas seulement possible dans un temps indéfini, mais qu'il l'est dès à présent ; rechercher par quels moyens on peut tout à la fois en assurer et en hâter l'accomplissement ; quelle direction il convient d'imprimer à la science ; quelle méthode doit y être suivie : tel est le but des *Prolégomènes* étendus que l'on va lire, et qui seront divisés en deux *Livres*, compléments nécessaires l'un de l'autre.

Le premier traitera, au point de vue et dans les limites où la solution de ces questions générales importe à notre sujet, des rapports et de la classification des connaissances humaines, et particulièrement, des connexions logiques entre l'Histoire naturelle et les sciences qui, nécessairement développées avant elles, doivent lui servir tout à la fois d'appuis, de guides et de modèles.

Dans le second, qui sera de beaucoup le plus étendu, j'essaierai de résumer et d'apprécier les vues générales émises sur les sciences naturelles et sur leurs méthodes, par les chefs des trois principales écoles biologiques,

---

(1) Voyez plus haut, p. 117, la fin de l'*Introduction historique*.

Cuvier, Schelling, Geoffroy Saint-Hilaire ; de reconnaître, entre les voies diverses que nous ont ouvertes ces maîtres, celle où est le vrai progrès, celle où la science doit désormais s'avancer, prudente sans hésitation, hardie sans témérité ; enfin, de déterminer, à l'aide de tous les résultats précédemment obtenus tant par la voie historique que par la voie logique, comment et sur quelles bases peut être sûrement et définitivement constituée l'Histoire naturelle générale des règnes organiques.

LIVRE PREMIER.

DES SCIENCES EN GÉNÉRAL,

ET PARTICULIÈREMENT DES RAPPORTS DES SCIENCES NATURELLES

AVEC LES AUTRES BRANCHES DES CONNAISSANCES HUMAINES.

CHAPITRE PREMIER.

DE L'UNITÉ DES CONNAISSANCES HUMAINES, ET DE LEUR DIVERSITÉ.

SOMMAIRE. — I. Considérations générales sur les connaissances humaines. — II. Leur unité fondamentale ; leur diversité secondaire.

I.

La science, dans l'acception la plus générale et la plus philosophique de ce mot, est la connaissance raisonnée de la vérité. Tout ce que notre raison, par ses propres forces, ou avec le secours de nos sens, peut démontrer, c'est la science. D'où cette belle définition de Bossuet qui, plus concise encore que celle qui précède, n'en diffère pas au fond : « Le fruit de la démonstration » est la science (1). »

(1) BOSSUET, *De la connaissance de Dieu et de soi-même*, chap. I, xiij. — On trouve plus bas, dans le même chapitre, le développement de cette pensée.

Bossuet traduit ici d'une manière digne de lui cette vieille défini-

Qu'est-ce que la vérité? L'accord de nos représentations avec les choses représentées, disait-on avant Kant
et Schelling. L'accord des représentations avec leurs objets, selon Schelling (1). C'est, dit, de son côté, le célèbre
Balmes (2), s'inspirant d'une tout autre philosophie, c'est,
dans les choses, la réalité même des choses; et, dans l'entendement, la connaissance des choses telles qu'elles sont.
Définitions plus ou moins rationnelles, dont nous n'avons
pas, heureusement, à pénétrer le sens, à apprécier la
valeur. L'idée de *vérité* est une de ces idées premières
qui, pour être saisies par notre esprit, n'ont besoin du
secours ni d'une définition, ni d'un commentaire. « La
» vérité, cet être métaphysique dont tout le monde doit
» avoir une idée claire, » dit notre immortel Buffon (3), et
il passe outre. Nous ferons comme lui.

La vérité est une, et nécessairement une. Toute vérité
émane de Dieu, et aboutit à Dieu, qui est la vérité pre-

tion scolastique, si souvent reproduite par les logiciens : *Disciplina
quæ certis demonstrat argumentis.*

On a donné de la science une foule d'autres définitions, dont
la plupart sont au fond identiques. Elles ne diffèrent que par
les termes employés pour exprimer les mêmes idées, ou encore,
en ce que les unes énoncent ce qui est explicitement contenu dans les
autres. Telle est, par exemple, celle-ci que donne Ozanam, dans
son *Dictionnaire mathématique*, Paris, 1691, in-4, p. 1 : « La science
» est une connaissance acquise par des principes clairs et évi-
» dents. »

(1) « On ne connaît que le vrai, et la vérité se trouve dans l'ac-
» cord des représentations avec leurs objets. » (Schelling, *System
des transcendentalen Idealismus*, Tubingue, 1796, in-8, p. 1 ; traduction de M. Grimblot, Paris, 1842, in-8, p. 1.)

(2) A la fin d'*El criterio*, Barcelone, in-8, 1845 et 1848.

(3) *Histoire naturelle*, t. I, p. 52.

mière (1) aussi bien que la cause première de toutes
choses. Mais cette vérité, une et universelle, n'a et ne
peut avoir d'existence que dans l'intelligence suprême.
Dieu la possède, et l'homme la cherche. Il ne fait que
l'entrevoir, ou plutôt même il la pressent, il la devine,
comme on devine, par un rayon de lumière, le foyer
caché dont il émane. C'est là sa faiblesse, mais c'est
aussi sa grandeur. La vérité une et divine est devant
lui comme le modèle, idéalement parfait, de sa science
imparfaite ; comme un but dont il lui est donné, sans
l'atteindre jamais, de se rapprocher par un mouvement continu, et sans autre terme possible que celui de
l'existence elle-même de l'humanité.

D'Alembert osait écrire il y a un siècle : « L'univers,
» pour qui saurait l'embrasser d'un seul point de vue, ne
» serait, s'il est permis de le dire, qu'un fait unique et une
» grande vérité (2). » Sans nul doute, cette conception d'un
illustre géomètre qui fut aussi un philosophe éminent, ne
sera jamais réalisée ; mais la science en poursuit de jour
en jour la démonstration partielle ; et qui oserait assigner
la limite où elle doit s'arrêter ? Dès à présent, des relations
assez multipliées, assez manifestes pour ne pouvoir échapper aux esprits les plus vulgaires, unissent toutes nos
connaissances rationnelles, tous les éléments de notre

(1) « Toute vérité vient de Dieu; elle est en Dieu; *elle est Dieu*
» *même...* Il est *la vérité originale.* » (BOSSUET, *loc. cit.*, chap. IV, IX.)
   C'est dans le même sens que mon père a dit : « Conquérir un prin
» cipe à la pensée publique, c'est prendre à Dieu et sur Dieu. » (Voy.
Vie, travaux et doctrine de Geoffroy Saint-Hilaire, chap. XII, I.)

(2) D'ALEMBERT, *Encyclopédie, Discours préliminaire* ; édit. originale in-fol. t. I, p. IX, 1851.

savoir scientifique, et le propre de chaque progrès nouveau est de resserrer et de multiplier encore les liens logiques qui déjà les rattachaient entre eux. Tous, de quelque source qu'ils proviennent, convergent les uns vers les autres, par conséquent vers la vérité une ; à peu près comme les eaux qui, de tous les points du globe, se font jour à sa surface, s'écoulent vers les mêmes bassins, innombrables ruisseaux d'abord, puis fleuves majestueux, et se confondent, finalement, dans la mer unique et immense.

La conception philosophique de la vérité une, et par suite de l'unité fondamentale de la science, n'est nullement contradictoire avec le point de vue auquel nous devons nous placer dans la recherche de la vérité, dans l'étude de la science. A la recherche *impossible* de la *vérité une*, nous substituons la recherche, seulement *difficile*, des notions, des *vérités partielles*, que nous pouvons nous représenter, bien que nous ignorions la vérité première, comme y étant contenues, et, pour ainsi dire, résumées et concentrées ; et nous les étudions, en les subordonnant hiérarchiquement, selon leur ordre de généralité, depuis les plus particulières et les plus simples, jusqu'aux plus composées et aux plus vastes ; jusqu'à celles qui, dans leur haute abstraction, touchent à la vérité suprême. Cette marche, si elle n'est pas la seule absolument possible, est du moins la seule rationnelle ; et si la vérité une, dont elle nous rapproche sans cesse, ne nous était pas pour toujours inaccessible, c'est elle encore, et elle seule, qui saurait nous y conduire.

Les vérités qu'il nous est donné de connaître, ne sont

donc pas autres, au fond, que la vérité une et universelle, que la *vérité originale* (1). C'est elle-même, mais restreinte, incomplète. Ce sont des éléments, des parties de la grande unité ; ce sont, pour reprendre la comparaison employée plus haut, des rayons émanés du foyer éclatant de toute lumière. Parties minimes, sans doute, mais qui donnent un aperçu de l'ensemble. Rares et pâles rayons, mais, en réalité, de même nature que le foyer lui-même.

De là la grandeur et, selon l'expression de Bacon, la *dignité* suprême de la science. Si imparfaite qu'elle soit et qu'elle doive à jamais demeurer, son objet n'en est pas moins le plus haut que puisse atteindre l'esprit de l'homme. Elle voit, elle *entend les choses comme elles sont* (2) ; elle pénètre réellement quelques uns des secrets du Créateur ; elle a, selon la belle expression du Psalmiste, *ses regards sur Dieu lui-même*. Et c'est pourquoi, entre tous les noms qu'a consacrés l'admiration publique, il n'en est pas, il ne saurait en être de plus véritablement glorieux que ceux des grands inventeurs scientifiques. Ils étaient, pour les anciens, l'élite presque divine de l'humanité : *viri ingentes supràque mortalia*, dit Pline (3) ; ils n'ont pas été moins honorés par les modernes. Et de même qu'Hipparque avait été comparé à un Dieu par l'auteur des *Historiæ mundi* (4), un contemporain

(1) Expression de BOSSUET, *loc. cit.* ; voyez p. 173, note 1.

(2) BOSSUET, *loc. cit.*, chap. IV, viij.

(3) *Historiarum mundi lib.* II, IX.

(4) Voyez ARAGO, *Sur la constitution physique du soleil*, dans l'*Annuaire du bureau des longitudes pour* 1852, p. 354.

Le passage auquel M. Arago fait ici allusion est sans doute celui-ci

illustre de Newton, l'astronome Halley, n'a fait qu'exprimer le sentiment public, lorsqu'il a dit de ce grand homme ces mots qui seront répétés de siècle en siècle :

Nec fas est propiùs mortali attingere Divos (1)!

II.

Les idées de *vérité* et de *science* étant corrélatives, la science, une au point de vue le plus élevé, se divise et se subdivise en sciences partielles, comme la vérité une en vérités partielles. Autant on peut admettre de groupes principaux, secondaires, tertiaires de vérités, autant on

« *Ausus, rem etiam Deo improbam, adnumerare posteris stellas.* » (PLINE, *loc. cit., lib.* II, XXIV.)

(1) Ce vers est le dernier d'une pièce composée par Halley à l'époque même où Newton découvrit la loi de la gravitation universelle, et imprimée en tête de la première édition des *Philosophiæ naturalis principia mathematica* ; Londres, 1687.

De nos jours, Newton a été appelé le *Christ de la science* et le second *Verbe.* — Voyez, dans la *Revue des deux mondes,* 4e série, t. II, p. 249 (1835), la pièce de vers intitulée : *Contemplation*, par M. J. J. AMPÈRE, pièce qu'on lit avec un double intérêt; l'auteur semble, dans ses beaux vers, le filial interprète de la pensée de l'un de nos plus illustres savants.

L'admiration n'a été ni moins légitime ni moins grande envers ceux qui se sont immortalisés dans d'autres directions. On disait *Divus Hippocrates,* aussi bien que *Divus Plato* ; et c'est aux applaudissements d'une nombreuse et savante assemblée qu'un célèbre médecin comparait tout récemment au *divin vieillard,* au *divin Hippocrate,* le *divin jeune homme,* le *divin Bichat.* Voy. BOUILLAUD, *Discours de rentrée,* prononcé dans la séance publique de la Faculté de médecine de Paris, nov. 1844; in-4, p. 17.

peut distinguer de sciences principales, secondaires, tertiaires ; et tels sont les rapports, directs ou indirects, de
ces groupes les uns avec les autres, tels aussi ceux de ces
sciences entre elles.

Comme, au fond, il n'y a qu'une vérité et qu'une
science, on ne saurait ni déterminer d'une manière absolument rigoureuse le nombre des sciences partielles, ni
délimiter chacune d'elles avec une entière précision. Il
peut être, il est, dans l'ensemble, des parties moins
intimement unies ; il n'en est pas de séparées (1). Il ne
saurait y avoir de rigueur parfaite que dans les deux
conceptions extrêmes, celle, pour nous impossible, de la
vérité ou de la science une, et celle de chacune des vérités ou notions qui composent élémentairement celle-ci.

Mais de ce qu'une distinction n'est pas d'une rigueur
absolue, il ne suit pas qu'elle soit sans fondement. De ce
qu'un tout est essentiellement un, il ne résulte pas que
les divisions qu'on y établit soient purement artificielles.
Elles peuvent correspondre à des différences réelles et
importantes, et représenter, dans l'ensemble unique,
autant d'ensembles secondaires, ayant aussi leur valeur
propre, et, par conséquent, leur existence logiquement

(1) Je ne trouve nulle part cette vérité plus nettement énoncée que
dans l'*Art de raisonner*, par CONDILLAC, *Introduction; Œuvres*, édit.
de 1798, t. VIII, p. 3.
« Les sciences, dit Condillac, rentrent les unes dans les autres... Il
» est très raisonnable à des esprits bornés comme nous de les consi-
» dérer chacune à part, mais il serait ridicule de conclure qu'il est de
» leur nature d'être séparées. Il faut toujours se souvenir qu'il n'y a
» proprement qu'une science, et si nous connaissons des vérités qui
» nous paraissent détachées les unes des autres, c'est que nous igno-
» rons le lien qui les réunit dans un tout. »

distincte. Rien de plus légitime et de plus rationnel que
cette décomposition de l'unité principale en unités d'un
ordre inférieur, et même successivement de plusieurs
ordres inférieurs, toutes les fois qu'elle est établie sur une
connaissance, suffisamment avancée, de leurs véritables
rapports.

C'est ainsi, et ainsi seulement, que la science, essentiellement une au point de vue philosophique, est divisible
en sciences multiples et diverses, subdivisibles à leur
tour en sciences plus restreintes et plus spéciales; ensembles secondaires, tertiaires, moindres encore, mais dont
la distinction nous est à la fois possible et nécessaire.

La science une, autant qu'il nous est donné de nous
élever jusqu'à ses hauteurs, c'est la *philosophie*, dans le
sens que les plus grands esprits de l'antiquité et des temps
modernes ont donné à ce mot, si souvent et si malheureusement détourné de sa haute et juste acception (1). Les
sciences partielles, ce sont les *sciences* proprement dites :
nom que l'on applique également aux divisions principales et naturelles du savoir humain et à leurs subdivisions secondaires, tertiaires, et parfois purement artificielles; simples *chapitres et sections de chapitres*,
comme les appelle M. Jean Reynaud (2), assimilés ainsi
dans la nomenclature aux *groupes primitifs*.

_____

(1) Ce mot si souvent appliqué, dit BACON dans le traité *De dignitate et augmentis scientiarum*, *lib*. III, *cap.* I, à « un certain fatras,
» une masse indigeste de matériaux tirés de la théologie naturelle, de
» la logique et de quelques parties de la physique. » (Voy. traduction
de LASALLE, édit. de Dijon, 1800, t. II, p. 5.)

(2) Dans le très remarquable article *Encyclopédie* de l'*Encyclopédie
nouvelle*, t. IV, p. 763; 1843.

On sent trop ici que la langue scientifique et philosophique, pour être parlée surtout par les savants et les philosophes, n'a pas été faite par eux ; mais ainsi le veut
l'usage, et, sur ce terrain même, son pouvoir est tel qu'on
essaierait en vain d'innover contre lui, au nom de la
rigueur logique. Soumettons-nous donc aussi, mais sans
oublier jamais qu'ici, sous des termes semblables, se
cachent des idées très distinctes ; plus distinctes même,
comme nous le verrons bientôt, qu'elles ne le semblent
au premier abord.

CHAPITRE II.

DES VUES DIVERSES ÉMISES SUR LES RAPPORTS ET LA CLASSIFICATION DES CONNAISSANCES HUMAINES.

SOMMAIRE. — I. Résumé historique. — II. Arbres encyclopédiques, et autres images ou représentations graphiques. — III. Considérations diverses sur lesquelles peut être fondée la classification des connaissances humaines. Diversité de source. Diversité de but. Diversité d'objet.

I.

La conception de la science fondamentalement une, secondairement multiple, est, en elle-même et en termes généraux, d'un accès facile à notre esprit. La coordination des sciences partielles, la détermination rationnelle de leurs véritables rapports, de leurs affinités, de leurs dépendances mutuelles, de leur enchaînement logique, constitue, au contraire, l'un des problèmes les plus difficiles que puisse se proposer l'intelligence humaine. D'une part, comme on vient de le voir, impossibilité de fixer d'une manière complétement rigoureuse le nombre et les limites des divisions et subdivisions formées dans un tout essentiellement un. De l'autre, complexité extrême des rapports qui existent entre les divisions et subdivisions : les uns, directs, immédiats et de simple subordination; les autres, et c'est le plus grand nombre, indirects, médiats, par enchaînement collatéral, ou même diversement entrecroisés et récurrents.

Prétendre à l'expression exacte et complète d'une telle
suite, ou, pour mieux dire, d'un tel réseau de rapports,
serait chimérique. Obtenir une solution approchée, nous
est au contraire possible, et dès lors nécessaire; car nous
avons besoin de savoir tout ce que nous pouvons savoir.
La *mathésiologie* (1) a donc sa place marquée dans ce
cercle des sciences, dans cette *encyclopédie* (2) dont il
lui appartient de tracer le plan.

On attribue généralement à Aristote l'honneur d'avoir
le premier, ce sont les expressions mêmes de Cuvier (3),
soumis le grand tout à plusieurs divisions importantes.
C'est, en effet, de la *Métaphysique* (4) que date la pre-

(1) J'ai cru devoir admettre le mot *Mathésiologie* et ses dérivés,
mots peu usités encore, mais nécessaires à la langue philosophique,
dans laquelle AMPÈRE les a introduits en 1834. (Voy. son célèbre *Essai
sur la philosophie des sciences*, t. I, Préface, p. xxxvj). La mathésiologie
traite des rapports et de la classification des connaissances humaines,
et, ajoute Ampère, des lois qu'on doit suivre dans leur étude ou leur
enseignement.

Il est singulier que cette *science des sciences*, selon Ampère, ne
figure nulle part dans le tableau des 224 sciences de premier, de
second et de troisième ordre que l'illustre physicien a cru devoir distinguer, dénommer et classer dans les *Tableaux synoptiques*, placés à
la fin du volume plus haut cité.

(2) Les anciens prenaient déjà le mot *Encyclopédie*, Ἐγκυκλοπαιδεία,
par une extension très naturelle de son sens principal, dans l'acception où nous l'employons aujourd'hui : le *cercle* des connaissances
humaines. Je citerai, par exemple, le passage suivant de PLINE dans
sa *Lettre dédicatoire* (en tête du livre Ier des *Historiæ mundi*): « *Jàm
» omnia attingenda quæ Græci* τας ἐγκυκλοπαιδείας *vocant, et tamen
» ignota, aut incerta ingeniis facta; alia verò ita multis prodita, ut
» in fastidium sint adducta.* »

(3) *Histoire des sciences naturelles*; cours du Collège de France,
recueilli et publié par M. MAGDELEINE DE SAINT-AGY, t. I, p. 131 ; 1841.

(4) Voyez surtout les livres VI à XI. — Parmi les historiens de la

mière distinction logique, dans la science une, des principales sciences partielles ; mais l'idée féconde qu'a développée Aristote se retrouve, et déjà avec de premiers
essais d'application, avant lui chez Platon (1), et avant
Platon chez Pythagore, ou du moins chez les premiers
pythagoriciens (2) ; car, dans l'obscurité où reste plongée
l'histoire de l'école italique, on ne saurait discerner ce qui
appartient au maître, des développements ajoutés à sa doctrine par ses disciples immédiats. Toujours est-il qu'à l'é-
poque même où nous voyons commencer la philosophie, la
géométrie, l'astronomie, la médecine, nous trouvons aussi
les premières tentatives pour coordonner ces sciences nais-
santes : les pythagoriciens ébauchent déjà l'encyclopédie.

Le moyen âge, les temps modernes, l'époque contem-
poraine, ont, comme l'antiquité, donné leurs solutions, tour
à tour admises, modifiées, rejetées, en partie reprises : œuvres pour la plupart des esprits les plus puissants des siècles
où elles ont paru : Albert le Grand et son élève saint Thomas d'Aquin ; Bacon, nom illustre auquel j'associerai
celui, presque toujours omis, d'un obscur devancier,
Savigny (3) ; plus près de nous, Descartes, Leibniz,

philosophie qui ont analysé et commenté Aristote, on consultera utilement : DEGÉRANDO, *Histoire comparée des systèmes de philosophie* ;
2ᵉ édit., Paris, 1822, t. II, p. 329. — RAVAISSON, *Essai sur la métaphysique d'Aristote*, t. I, 1837 ; liv. II, chap. II, p. 244 à 266. —
PIERRON et ZÉVORT, traduction annotée de la *Métaphysique*, t. I,
1840 ; voy. la note de la p. 210.—RENOUVIER, *Manuel de philosophie
ancienne*, t. II, p. 106 à 136 ; 1844.

(1) DEGÉRANDO, *loc. cit.*, p. 255, et RAVAISSON, *loc. cit.*,
p. 244.

(2) RENOUVIER, *loc. cit.*, t. I, p. 269, et surtout p. 197.

(3) Christofle de SAVIGNY, auteur d'un ouvrage intitulé : *Tableaux*

Wolf, D'Alembert, Diderot; et de nos jours, Ampère et De Candolle. On voit déjà que la conception de la science une et multiple ne reparaît pas moins souvent dans l'histoire de l'esprit humain qu'elle s'y est anciennement produite.

II.

Pour exprimer l'unité, la diversité harmonique, les doubles rapports des connaissances humaines, Aristote les avait *classées*, divisant l'ensemble en parties qu'il subdivisait ensuite, selon la méthode dont lui-même a introduit l'usage en Histoire naturelle, et qui nous est devenue à tous si familière. Son exemple a été suivi par la plupart des auteurs, dont les conceptions, conformes ou non au plan tracé par Aristote, sont encore des *classifications* comparables à celles des naturalistes.

accomplis de tous les arts libéraux, Paris, 1587, in-folio; et 2ᵉ édit., avec les mêmes tableaux et quelques différences et additions dans leur explication, Paris, 1619, in-fol.

Cet ouvrage se compose d'une suite de tableaux synoptiques, presque toujours dichotomiques, avec texte explicatif. Le premier, dont tous les autres sont des développements, porte ce titre remarquable : *Encyclopédie, ou la suite et liaison de tous les arts et sciences.*

Par quelques unes des vues qu'il indique, Savigny peut être regardé comme le devancier de Bacon; il est en même temps celui de Diderot par la forme sous laquelle il les présente.

M. Ferdinand Denis se propose de publier très prochainement une notice sur ce curieux ouvrage, très peu connu jusqu'à ce jour, et de rendre enfin à son auteur la place qui lui appartient dans l'histoire de la mathésiologie. C'est à M. Denis que j'ai dû la communication des deux éditions des *Tableaux accomplis.*

Il est des auteurs qui ont revêtu leurs vues de formes très différentes. Plusieurs ont eu recours à des images, constructions ou représentations graphiques, propres à rendre sensibles, soit les rapports des sciences partielles, soit surtout l'unité fondamentale et la diversité secondaire des connaissances humaines. C'est ainsi que les sciences, ou, plus généralement, les connaissances humaines, ont été représentées chez les Grecs par un *cercle* et ses *rayons*, image souvent reprise dans le moyen âge et dans les temps modernes, admise tout récemment encore par MM. de Blainville et Maupied (1), et d'où nous est venu le mot *Encyclopédie* (2); comparées par saint Thomas d'Aquin (3) à la *Société* politique et aux divers individus qui la composent, à ses *membres*, tous concourant à une œuvre commune; assimilées à un *arbre*, sans remonter jusqu'à Raymond Lulle (4), par

(1) *Histoire des sciences de l'organisation*, 1845. — Voy. particulièrement l'*Introduction*, t 1, p. xiij, le tableau qui y est annexé, et le *Résumé général*, t. III, p. 519. Voy. même vol., p. 340.

(2) Voyez p. 182, note 2.

(3) Selon l'illustre auteur de la *Somme*, toutes les sciences ont un principe régulateur commun, et tendent harmoniquement vers le même but.

Les vues de saint Thomas, difficiles à suivre dans la vaste encyclopédie théologique et philosophique que l'on doit à l'*Ange de l'école*, ont été, entre autres ouvrages, très bien résumées par MM. les abbés DE SALINIS et DE SCORBIAC, dans leur *Précis de l'histoire de la philosophie*, 1835, in-8, p. 261.

(4) Voyez *Arbor scientiœ*, ou *scientie*, comme il est écrit dans des éditions espagnoles très anciennes; par exemple, dans l'édition in-fol. de Barcelone, 1505, où se trouvent figurés, non seulement l'arbre général (*generalis*) de la science, mais aussi les seize arbres spéciaux (*speciales*), tels que l'arbre des éléments (*ele-*

Bacon (1), par Descartes (2), et surtout par D'Alembert et Diderot (3), qui ont suivi l'*arbre encyclopédique* jusque dans ses rameaux; conception tant de fois reproduite, depuis deux siècles, que les termes qui en dérivent ont fini par passer, de la langue philosophique, jusque dans le langage vulgaire. Après ces

mentalis), l'arbre végétal et l'arbre de l'humanité (*humanalis*), etc.

Selon Raymond Lulle, les racines de l'*arbor scientiæ* sont les principes généraux; le tronc est le chaos; les branches (*branchæ*) et les rameaux (*rami*) sont les éléments simples et composés, etc., et les fruits, les corps *élémentés* et individualisés (*elementata et individuata*).

On voit que nul n'a poursuivi plus loin, n'a plus développé que ne l'a fait Lulle dès le XIIIᵉ siècle, cette conception d'un arbre de la science ou des sciences qui a eu tant de succès parmi les modernes; et il y a tout lieu de penser que Bacon, et tous les auteurs venus ensuite, procèdent, quant à l'idée générale, du célèbre philosophe espagnol. Mais on voit aussi, par ce qui précède, que l'*arbor scientiæ*, expression plus curieuse qu'instructive des vues métaphysiques de cette époque, diffère beaucoup au fond, tout en lui ressemblant pour la forme, de ce qu'on a appelé depuis l'*arbre encyclopédique des sciences;* et c'est pourquoi, en rappelant la conception de Raymond Lulle, je ne fais pas remonter jusqu'à lui la construction de cet arbre.

(1) *De dignitate et augmentis scientiarum*, *lib.* III, *cap.* I.

(2) *Principes de philosophie*, Préface; édition des œuvres philosophiques par M. GARNIER, t. I, p. 192.

On trouvera cité plus bas, p. 000, le passage auquel se rapporte cette indication.

(3) D'ALEMBERT, *Encyclopédie; Discours préliminaire*, t. I, p. XV et suiv. de l'édition in-fol. de 1751.

DIDEROT, même *Encyclopédie; Système figuré des connaissances humaines* (tableau synoptique), et *Explication détaillée de ce système*, à la suite du *Discours préliminaire*, p. xlvij à lj.

D'Alembert est généralement cité comme le seul auteur du célèbre travail sur l'*arbre encyclopédique* ou *arbre généalogique* des sciences, et plus généralement sur les rapports et la classification des connais-

ingénieuses images, on pouvait assurément se dispenser d'en inventer de nouvelles. Nous voyons cependant les connaissances humaines comparées encore, d'une part, aux faces diverses d'une pyramide (1), de l'autre, aux allées multiples et entrecroisées d'un labyrinthe (2). Expressions beaucoup moins heureuses que

sances humaines, qui se trouve en tête de la grande *Encyclopédie* A ne consulter que l'*Encyclopédie* elle-même, il est difficile de déterminer la part qui revient à Diderot dans ce travail, et de là l'erreur qui a fait si généralement attribuer à D'Alembert seul une conception qui est en réalité commune à D'Alembert et à Diderot, et qui même semble appartenir plus encore à Diderot qu'à son ami. D'Alembert lui-même l'a dit expressément dans ses *Mélanges de littérature, d'histoire et de philosophie*, Amsterdam, 1759, en insérant dans ce recueil son *Discours préliminaire*. — Voy. l'*Avertissement*, p. 3, où se trouve cette phrase, textuellement reproduite dans les *OEuvres philosophiques, historiques et littéraires* de D'ALEMBERT, Paris, 1805, t. I, p. 177 :

« C'est à lui (Diderot) qu'appartient aussi la table ou le système
» figuré des connaissances humaines et l'explication de cette table.
» J'ai joint de son aveu l'une et l'autre au discours, parce qu'elles ne
» forment proprement avec lui qu'un même corps. »

Après une déclaration aussi formelle, comment se peut-il qu'il soit encore nécessaire, après un siècle, de rétablir la vérité sur ce point important de l'histoire de la science et de la philosophie?

(1) Bacon serait aussi le premier auteur de cette image, selon BLAINVILLE et MAUPIED, *loc. cit.*, t. III, p. 339. Je l'ai en vain cherchée dans les ouvrages du philosophe anglais.

(2) Image employée par l'un des commentateurs de Bacon, qui semble la lui emprunter. C'est la moins satisfaisante de toutes celles qui ont été proposées.

L'auteur qui donne cette image se sera sans doute rappelé cette phrase, où l'ensemble des connaissances humaines est en effet comparé à un labyrinthe, mais en attendant une image plus juste qu'on trouve dès la page suivante :

celles de saint Thomas d'Aquin, de Bacon, de Descartes, de D'Alembert, de Diderot, aussitôt oubliées que produites par leurs auteurs, et que je ne mentionnerais pas ici, sans le désir de compléter ce résumé des efforts successivement faits pour représenter les doubles rapports des connaissances humaines.

Entre toutes ces comparaisons et représentations graphiques, successivement proposées, et celles que l'on pourrait imaginer encore, les plus imparfaites s'arrêtent à une expression générale et vague de l'unité fondamentale et de la diversité secondaire des connaissances humaines ; d'autres, plus heureuses, peuvent indiquer, en outre, la dépendance réciproque des sciences, leurs rapports, si complexes qu'ils puissent être, et la réaction nécessaire des progrès de l'une sur les autres et sur l'ensemble. Ces dernières comparaisons ou représentations graphiques, philosophiquement très supérieures, sont en même temps les seules qui aient quelque valeur pratique, et encore est-elle très restreinte. Je n'excepte pas la conception tant célébrée de *l'arbre philosophique des sciences* ou *arbre encyclopédique;* non que je ne reconnaisse dans cet *arbre,* tel que l'ont tracé D'Alembert et Diderot, et surtout tel qu'on pourrait le tracer aujourd'hui, tous les avantages que peut

« Le système général des sciences et arts est *une espèce de laby-* » *rinthe,* de chemin tortueux où l'esprit s'engage sans trop connaître » la route qu'il doit tenir. »

Cette phrase n'est pas de Bacon, mais de D'ALEMBERT, *Encyclopédie, loc. cit.,* p. xiv. La même image est reprise par lui, p. xv. Mais dans cette même page, D'Alembert y substitue celle qu'il adopte définitivement, *l'arbre encyclopédique.*

offrir une classification ; mais parce qu'il en présente, avec tous les avantages, toutes les difficultés, n'étant, à bien dire, que la classification elle-même mise sous une forme particulière, ou mieux, que le plan figuratif d'une classification, facilement réductible à la forme ordinaire.

Et l'on se tromperait beaucoup en supposant qu'en changeant la forme, on simplifie, au fond, la question. Il n'est pas une construction, une représentation graphique qui ait ce pouvoir. Qu'il s'agisse de divisions et de subdivisions à établir à la manière des naturalistes, ou des branches principales ou secondaires d'un arbre, ou encore des rayons d'un cercle, ou des faces d'une pyramide, ou des parties de tout autre ensemble, il faut toujours en venir à déterminer le nombre de ces divisions, de ces branches, de ces rayons, de ces faces, de ces parties, quelque nom qu'on veuille leur donner, et à découvrir et démontrer les relations qu'elles ont entre elles ou qui les rattachent à l'ensemble ; problème identique dont, seulement, les données sont diversement traduites. A ce point de vue, l'*arbre encyclopédique* perd beaucoup de l'importance qu'on lui a souvent attribuée : ce n'est pas, au fond, une solution, c'est seulement la *forme* d'une solution, ou si l'on veut, sa formule ; formule qui est d'ailleurs également applicable à des solutions très différentes. L'*arbre encyclopédique* de D'Alembert et de Diderot n'est déjà plus celui de Bacon ; il n'est nullement celui de Descartes ; et surtout c'est une construction très différente que voudrait aujourd'hui la science.

Mais cette formule n'en aura pas moins laissé une trace profonde dans l'histoire de la philosophie. C'est par elle surtout, par les citations, les commentaires, les développements sans nombre dont elle a été le texte depuis deux siècles, qu'une idée abstraite, d'un ordre élevé, d'un accès difficile, celle de l'unité fondamentale du savoir humain et de ses diversités secondaires, a fini par passer dans tous les esprits éclairés. La *fraternité des Muses* était, pour les anciens, une allégorie dont les philosophes seuls pénétraient le sens caché. La *fraternité des sciences* est aujourd'hui une vérité généralement comprise et acceptée sous cet emblème : le *tronc* commun et les *branches* diverses des connaissances humaines.

III.

On vient de voir que les classifications proprement dites, et les arbres encyclopédiques ou autres représentations analogues, ne se distinguent que par des différences secondaires et, pour ainsi dire, tout extérieures. L'étude comparative des nombreuses solutions proposées par les auteurs conduit, au contraire, à établir parmi elles trois catégories séparées par des différences réelles et importantes ; différences non plus seulement de *forme*, mais de *fond ;* car elles résultent de la diversité essentielle des considérations sur lesquelles on a fondé la distinction de nos connaissances et leur répartition en groupes principaux.

Ces considérations peuvent être tirées, en premier lieu, de la diversité des facultés par lesquelles il nous est donné de connaître, des procédés que nous appliquons à la recherche de la vérité, des *sources* où nous puisons nos connaissances.

Elles peuvent l'être aussi de la diversité des *buts*, en vue desquels nous sentons le besoin de connaître. C'est, pour ainsi dire, la considération du point d'arrivée, substituée ici à celle du point de départ.

Elles peuvent l'être, enfin, de la diversité même des *objets* de nos connaissances, quels que soient le but que nous nous proposions en les acquérant et les facultés ou les procédés par lesquels nous puissions les obtenir.

Ainsi, à un premier point de vue, diversité de *source ;* à un second, diversité de *but ;* à un troisième, diversité d'*objet.*

C'est au premier point de vue que les connaissances humaines ont été si souvent distinguées en sciences *rationnelles* et *expérimentales*, et, depuis deux siècles, en *sciences de mémoire, d'imagination* et *de raison*.

Au second, elles l'ont été, dès les temps les plus anciens, en *théoriques* ou *spéculatives* et *appliquées* ou *pratiques* (1).

Au troisième correspond la distinction, si ancienne aussi, en sciences *de Dieu, de l'homme* et *de la nature*.

C'est au premier point de vue que s'est surtout placé Bacon (2), qui tient compte, secondairement, des deux derniers. Le troisième est celui qu'il subordonne aux autres.

_____

(1) Il importe de remarquer que ces mots, si souvent reproduits dans la *Métaphysique* d'ARISTOTE, n'ont pas entièrement, dans cet admirable livre, le même sens que dans les ouvrages modernes. —Voyez plus bas p. 192, notes.

(2) Voyez le chapitre IV.

Descartes (1) a fait l'inverse : la conception encyclopédique qu'on lui doit, et qui n'est pas, à proprement
parler, une classification, mais d'où une classification peut être facilement déduite, est essentiellement
objective.

Tous deux se sont ainsi considérablement éloignés
d'Aristote dont la classification mathésiologique est, en
grande partie, fondée sur le second point de vue (2).
Les deux autres sont d'ailleurs loin d'avoir été négligées
par ce grand homme; sa classification, est, en réalité,
mixte (3).

Parmi les auteurs plus modernes, la plupart ont accordé
la prééminence, comme Descartes, au troisième point de
vue; quelques autres, comme Bacon, au premier; quelques uns aussi, au second.

(1) Voyez le chapitre V.

(2) « Toute conception intellectuelle a *en vue*, ou la pratique, ou la
» création, ou la théorie, » dit ARISTOTE, *Métaphysique*, liv. VI, 1; trad.
de MM. PIERRON et ZÉVORT, t. I, p 210. D'où la célèbre classification
des connaissances humaines en sciences *pratiques* (πρακτική), *poétiques* ou mieux *créatrices* (ποιητική) et *spéculatives* ou *théoriques*
(θεωρητική). Les premières sont pour Aristote, la politique, l'économie
et la morale; les secondes, les lettres et les beaux-arts; les dernières,
la théologie et les sciences mathématiques et physiques.

(3) Voyez les développements donnés par ARISTOTE, *locis cit.*
M. RAVAISSON, *Essai sur la métaphysique d'Aristote*, p. 250, a
donné des vues de l'auteur un excellent résumé que sa concision me
permet de reproduire ici :

« Les sciences poétiques et pratiques ont pour objet ce qui peut être
» autrement qu'il n'est, et qui, par conséquent, dépend plus ou moins
» de la volonté. Les sciences spéculatives ont pour objet ce qui
» est nécessaire, au moins dans ses principes, et que la volonté ne
» peut pas changer. »

La comparaison et l'appréciation des principales classifications mathésiologiques, et des vues sur lesquelles on les a fondées, seront les objets des trois chapitres qui vont suivre (1). J'énoncerai à l'avance le résultat auquel nous allons être conduits, en disant que la voie dans laquelle s'est engagé le plus grand nombre est aussi la plus rationnelle. Entre toutes ces *projections* diverses par lesquelles, dit D'Alembert (2), on essaie de représenter les rapports des sciences, et dont chacune, ajoute-t-il, a des avantages particuliers, les divisions établies au point de vue objectif sont, incontestablement, celles qui en offrent le plus, et de l'ordre le plus élevé.

(1) On y trouvera, soit analysées ou mentionnées dans le texte, soit citées dans les notes, les classifications mathésiologiques successivement proposées par un grand nombre d'auteurs français et étrangers. Comme complément de ces indications, en ce qui concerne l'Allemagne, je renvoie à l'*Allgemeines Handwœrterbuch der philosophischen Wissenschaften* de Krug, article *Wissenschaft*, t. IV de la seconde édition publiée en 1834.

(2) *Discours préliminaire de l'Encyclopédie, loc. cit.*

CHAPITRE III.

DE LA CLASSIFICATION DES CONNAISSANCES HUMAINES, D'APRÈS LA DIVERSITÉ DES BUTS OU ELLES TENDENT.

SOMMAIRE. — I. Double but des connaissances humaines. Sciences théoriques ou spéculatives. Sciences appliquées ou pratiques. — II. La classification ne peut être fondée sur la diversité des buts où tendent nos connaissances. Classifications de MM. d'Omalius d'Halloy et Gerdy.

I.

Si l'homme, dans les efforts qu'il ne cesse de faire pour étendre ses connaissances, se proposait seulement d'ajouter à son bien-être ; s'il lui suffisait, comme on l'a dit récemment encore, de se procurer de nouveaux *avantages* et de nouveaux *plaisirs*, il n'existerait, il ne saurait exister que des *sciences pratiques* ou *appliquées*, et des arts. Les vérités purement spéculatives devraient être délaissées, ou si elles étaient recherchées, c'est par la prévision des conséquences directement utiles qui pourraient un jour en être déduites (1).

(1) BLAINVILLE, dans son *Histoire des sciences de l'organisation* (publiée en commun avec M. MAUPIED) reproche à Cuvier (voy. t. III, p. 374) d'avoir lui-même posé à la science un but *purement matériel*, et d'avoir omis le *terme philosophique et moral*. Il est également juste de dire que Cuvier ne mérite pas ce reproche dans toute

Si, au contraire, il est, dans la nature de l'homme, d'aimer et de rechercher la vérité pour elle-même, si c'est aussi bien un besoin de notre intelligence de *savoir* que d'*agir* et de *faire* (1), il existe deux classes de vérités, et par conséquent deux ordres de sciences : les vérités théoriques et les vérités pratiques ; les sciences spéculatives et les sciences d'application.

Bossuet, qui s'inspire ici d'Aristote, définit les sciences appliquées ou pratiques, celles qui *tendent à l'action* (2).

A la rigueur, nos connaissances théoriques conduisent elles-mêmes à l'action, et si toutes les sciences aboutissent philosophiquement à Dieu lui-même, il est vrai de dire qu'elles ont toutes aussi, pour terme matériel, le bien-être de l'homme. Tel fait qui ne semble que curieux, telle vérité abstraite qui, pendant des siècles peut-être, n'intéressera que le philosophe, est le premier pas vers une application destinée à devenir pour l'humanité un véritable bienfait. Pensée déjà souvent exprimée, et qui

sa rigueur, mais qu'il ne lui échappe pas complétement. Il n'a pas méconnu, mais il a trop laissé dans l'ombre le *terme philosophique et moral*.

(1) « Il y a trois modes possibles du développement d'un être intel- » ligent, dit Aristote : *Savoir, agir et faire.* » (RAVAISSON, *Essai sur la métaphysique d'Aristote*, t. I, p. 250.)

Voyez les notes de la page 192.

(2) *Connaissance de Dieu et de soi-même*, chap. I, xv.

Dans le passage auquel je renvoie ici, Bossuet non seulement suit de très près Aristote, mais il en reproduit même en partie les expressions.

On remarquera que Bossuet ne comprend sous le nom de *sciences pratiques* que la logique et la morale. Mais il est clair que sa définition est bien plus large que l'application qu'il en fait.

l'a été surtout, à plusieurs reprises, et avec autant d'éloquence que de justesse, par notre illustre Condorcet (1).

Ces conséquences indirectes et éloignées des vérités
théoriques ne sauraient d'ailleurs ni leur ôter leur caractère propre, ni effacer les limites de tout temps reconnues
entre les sciences appliquées ou pratiques et les sciences
théoriques; les unes, pour reprendre, en la modifiant
légèrement, la définition de Bossuet, *tendant* directement *à l'action;* les autres, comme le dit encore ce
grand homme (2), *s'attachant à la contemplation de la
vérité pour elle-même.*

Mais en admettant cette distinction si souvent reproduite (3), devons-nous lui attribuer une valeur supérieure

(1) « Toute découverte est un bienfait pour l'humanité », dit CON-
DORCET dans son *Discours de réception à l'Académie française;*
« aucun système de vérités n'est stérile. » (Voy. *OEuvres,* édition de
MM. CONDORCET O'CONNOR et ARAGO, t. I, p. 391.)

On trouve plusieurs passages analogues dans les *Éloges* et dans
l'*Esquisse d'un tableau historique des progrès de l'esprit humain.*
C'est dans ce dernier ouvrage, *OEuvres,* t. VI, p. 235, que Condorcet
donne cet exemple, devenu célèbre par les nombreuses citations qui
en ont été faites :

« Le matelot qu'une exacte observation de longitude préserve du
» naufrage doit la vie à une théorie qui, par une chaîne de vérités,
» remonte à des découvertes faites dans l'école de Platon, et ensevelies
» pendant vingt siècles dans une entière inutilité. »

Dans tous les temps, ces vues de Condorcet seront aussi belles que
justes. Peut-être ont-elles de plus aujourd'hui, comme au temps de
leur immortel auteur, le mérite de l'à-propos.

(2) *Loc. cit.*

(3) Elle l'a été à toutes les époques de la science. Elle est admise,
par exemple, par ALBERT LE GRAND, aussi bien que par Bossuet.
—Voy. entre autres passages, *Metaphysicorum lib.* I, *tract.* I, *cap.* I, et
Politicorum Aristotelis commentarii, lib. I, c. 8.

aux divisions que l'on peut établir à d'autres points de
vue ? Devons-nous en faire la base principale de la classification des sciences ? Poser cette question, c'est presque
l'avoir résolue, surtout si l'on ne se borne pas à l'énoncer
en termes généraux. N'est-il pas évident que si la mécanique pratique, la technologie, l'agriculture, la médecine,
la morale, ont entre elles des affinités intimes, en tant
que connaissances appliquées et immédiatement utiles,
chacune d'elles en a, en même temps, de plus intimes
encore avec la science théorique qui, à un autre point de
vue, considère et étudie les mêmes objets ? Affirmer le
contraire, ce serait dire que la médecine a plus de principes communs avec la mécanique ou la technologie
qu'avec la physiologie ; que l'agriculture tient de plus
près à la géométrie ou à la morale pratiques qu'à la connaissance théorique des végétaux. Et de même de toutes
les autres sciences d'application. Avant chacune, quelle
qu'elle soit, il est une science ou un groupe de sciences
théoriques dont elle dépend logiquement, dont elle forme
une annexe ; plus encore : elle en est la suite immédiate,
le développement dans une direction particulière (1), et,
pour ainsi dire, selon une juste et ingénieuse pensée de
Descartes, *le fruit au bout de la branche* (2). Et il serait
aussi irrationnel d'éloigner l'une de l'autre, sans égard à

---

(1) Je me place ici au point de vue logique. En réalité et historiquement, les connaissances immédiatement utiles à l'homme ont souvent précédé les connaissances théoriques dont, logiquement, elles
eussent dû être l'application. La pratique n'a pas moins fait pour la
théorie que celle-ci pour la pratique.

(2) Voyez plus bas, chap. V, p. 224.

leur unité objective, que de ne tenir aucun compte de la diversité soit de leurs buts, soit des procédés auxquels elles recourent.

II.

On ne saurait admettre que les doubles rapports qui relient, d'une part, toutes les sciences pratiques entre elles, et de l'autre, chacune d'elles avec les connaissances théoriques dont elle dérive, aient échappé aux auteurs qui, de siècle en siècle, ont écrit sur la mathésiologie. Il est cependant de fait que, philosophes ou savants, tous, jusqu'à ces derniers temps (1), en ont complétement négligé l'expression, peut-être pour l'avoir jugée trop difficile ou même impossible. On s'est presque toujours contenté, à l'exemple de D'Alembert et de Diderot dans le xviiiᵉ siècle, et d'Ampère lui-même dans le nôtre, d'intercaler les sciences d'application, dès lors sans lien entre elles, parmi les sciences théoriques, dont elles viennent ainsi interrompre à plusieurs reprises la série et briser l'enchaînement naturel. Et si quelques savants, pour échapper à ce double inconvénient, ont fondé la classification de nos connaissances sur la diversité même des buts où elles tendent, ils n'y ont réussi qu'en sacrifiant, à leur tour, les rapports

_____

(1) M. Cournot, dans son *Essai sur les fondements de nos connaissances* (2 vol. in-8), a fait une heureuse tentative sur laquelle je reviendrai plus bas. C'est la seule exception que je puisse citer, et elle est toute récente. L'ouvrage de M. Cournot a paru en décembre 1851.

essentiels de chaque science appliquée avec la science théorique dont elle dérive. C'est ce qu'a fait, par exemple, l'un des savants les plus distingués de la Belgique, M. d'Omalius d'Halloy (1), lorsque, assignant à nos efforts intellectuels *cinq buts* distincts, il a distingué parmi les connaissances humaines cinq branches principales : les *sciences de calcul,* les *sciences naturelles,* les *arts,* les *sciences sociales* et la *littérature.* Il en est de même, et bien plus encore, de M. Gerdy (2), qui, sous les noms d'*ontologie* et de *technologie,* presque complétement détournés de leur acception ordinaire, admet deux *classes* de connaissances : l'une comprenant les sciences mathématiques et physiques, l'histoire et la théologie; l'autre, ce que l'auteur appelle les *sciences des arts,* c'est-à-dire toutes nos connaissances appliquées ou pratiques. Par exemple, et dans l'ordre où elles sont ici énoncées, la politique, la morale, la médecine, l'agriculture, les *sciences des arts* chimiques et mécaniques, et enfin les mathématiques appliquées, dernier terme de cette même série mathésiologique qui commence par les mathématiques pures.

Je devais rappeler ici et analyser, au moins sommaire-

(1) *De la classification des connaissances humaines,* dans les *Nouveaux Mémoires de l'Académie des sciences de Bruxelles,* t. IX, 1835; et *Note additionnelle, ibid.,* t. XI, 1838.—On trouve un court résumé des vues de M. D'OMALIUS D'HALLOY, en tête de son *Introduction à la géologie,* p. 1 et suiv., 1833, et de son *Précis élémentaire de géologie,* p. 1 et 2, 1843.

Voyez la note 2 de la page suivante.

(2) Article *Science* de l'*Encyclopédie du dix-neuvième siècle,* t. XXII, p. 122; 1844.

ment, ces deux classifications : la juste célébrité de leurs auteurs me le prescrivait, et leur comparaison peut d'ailleurs ne pas être sans profit pour nous. A celle de M. Gerdy, on peut reprocher, comme chacun a pu s'en convaincre, des réunions hétérogènes, et par contre, des séparations contre nature, qui en rendent trop manifestement l'ensemble inacceptable (1). L'autre classification, celle de M. d'Omalius, est beaucoup plus satisfaisante ; mais comment l'auteur l'a-t-il rendue telle ? Par l'abandon des bases qu'il vient lui-même de poser : il annonce qu'il va classer les sciences d'après leurs *buts divers*, et, en réalité, c'est d'après leurs *diversités objectives* que sont surtout établis plusieurs de ses groupes principaux : la *branche des arts* est peut-être la seule qui échappe complétement à cette observation (2).

D'où je suis en droit de conclure que M. Gerdy, arri-

(1) En un mot, comme on dit en zoologie et en botanique, cette classification n'est nullement *naturelle*.

(2) Les *mathématiques,* dit le célèbre géologue belge, ont « *pour but* » de *calculer* le nombre, l'étendue, le mouvement et la valeur des » choses. » Il est clair que les mathématiques atteignent ce but, mais qu'elles vont bien au delà ; et c'est bien ainsi que l'entend en réalité l'auteur ; car il réunit dans cette première branche toutes les connaissances théoriques aussi bien que pratiques qui se rapportent au nombre et à l'étendue.

Les *sciences sociales,* dit plus bas l'auteur, ont *pour but* « de con- » *naître* l'état et les actes des sociétés humaines, et d'établir des règles » pour *maintenir et améliorer* ces sociétés. » *Connaître,* d'une part ; *maintenir et améliorer,* de l'autre, ne sont ce pas là deux buts très distincts, l'un théorique, l'autre pratique ? L'unité de cette branche n'est admissible qu'au point de vue objectif.

La cinquième *branche,* celle de la littérature, peut donner lieu à de semblables remarques.

1.   13.

vant, en raison de son point de départ, à des résultats très
inférieurs à ceux que l'on devait attendre d'un savant
aussi distingué, et M. d'Omalius d'Halloy, s'écartant
presque aussitôt, pour une voie meilleure, de celle qu'il
venait de se tracer, justifient également, en fait et historiquement, ce qui a été tout à l'heure établi à un autre
point de vue.

La classification des connaissances humaines ne peut
être fondée sur la diversité des buts qu'on s'y propose :
on doit seulement en tenir compte à un point de vue
secondaire (1).

(1) Dans son *Cours de philosophie positive*, M. Auguste Comte, dont
la classification nous occupera plus tard, a admis, comme M. Gerdy,
la division première des connaissances humaines en *théoriques* et
pratiques; mais il a seulement indiqué cette division, la classification des premières entrant seule dans son plan. — Voy. plus bas,
chap. V et VI.

CHAPITRE IV.

DE LA CLASSIFICATION DES CONNAISSANCES HUMAINES
D'APRÈS LA DIVERSITÉ DES SOURCES ET DES MÉTHODES DONT
ELLES DÉRIVENT.

SOMMAIRE. — I. Diversité des sources d'où émanent nos connaissances. Observation, expérience et témoignage ; raisonnement et calcul. Faits et théories. — II. Sciences rationnelles. Sciences dites d'observation et d'expérience. — III. Classification de Bacon. Classification de D'Alembert et de Diderot. — IV. Classification de De Candolle.

I.

La diversité des *sources* d'où émanent nos connaissances, des *méthodes* et *procédés* par lesquels nous les obtenons, peut-elle fournir à la classification une meilleure base ?

De même qu'elles tendent vers deux buts différents, nos connaissances nous viennent de deux sources très distinctes : d'une part, nos sens ; de l'autre, notre entendement, dont l'action est double. Il agit, comme disent les psychologistes, par la *réflexion appliquée aux idées sensibles ;* en même temps, il se *réfléchit,* pour ainsi dire, sur lui-même : d'où, indépendamment de celles-ci et des *idées intellectuelles* qu'il en déduit, d'autres *idées intellectuelles* dont le principe est en lui-même. C'est ce que Descartes, Malebranche et Leibniz ont démontré après les Platoniciens, l'école d'Alexandrie et les Pères de l'Église ; et ce serait peine inutile que de réfuter de nouveau la vieille maxime péripatéticienne : *Nihil est in intellectu quod non prius fuerit in sensu* (1).

Les notions que nous obtenons à l'aide de nos sens, ou, pour nous servir ici de termes depuis longtemps consacrés dans la langue philosophique, nos *connaissances expérimentales*, sont l'œuvre, tantôt de l'*observation* ordinaire, qui est l'étude *directe*, et dans les *conditions naturelles*, du monde extérieur et de nous-mêmes ; tantôt de l'*expérimentation* ou de l'*expérience* proprement dite, qui n'est que l'observation *préparée* et faite dans des *conditions spéciales*. Ajoutons que souvent le *témoignage* vient en aide à toutes deux ou les supplée, ajoutant aux résultats de notre propre expérience ceux de l'expérience d'autrui.

Nos *connaissances intellectuelles* ou *rationnelles* peuvent être de même subdivisées. Les unes, qu'elles aient ou non leur première origine dans notre entendement, sont obtenues et démontrées par le *raisonnement ;* les autres le sont par le *calcul*, qui n'est, selon la définition qu'on en donne dans tous les livres, que le raisonnement *abrégé et généralisé* (2). Le *calcul* se ramène ainsi, en dernière analyse, au *raisonnement*, comme l'*expérience* et le *témoignage* à l'*observation*.

Les vérités auxquelles nous conduisent l'*observation*, l'*expérience* et le *témoignage*, sont ce qu'on nomme des

(1) Ou : *Omnis quæ in mente habetur idea, ortum ducit a sensibus.* (GASSENDI, *Institutiones logicæ, pars I, canon* II.)

(2) A l'aide, ajoutent les auteurs, de *signes* propres à faciliter la résolution des questions relatives aux nombres.

faits(1). Celles auxquelles on arrive par le *raisonnement* ou le *calcul*, simples aperçus de l'esprit, théorèmes, généralités, lois, principes ou notions de causalité, constituent dans leur ensemble les *théories*.

Toutes ces distinctions entre les notions diverses dont se composent les sciences ne sauraient être contestées ; mais les retrouvons-nous entre les sciences elles-mêmes ? Et pouvons-nous, comme nous le ferions pour chacune des vérités élémentaires qui la constituent, rapporter chaque science à l'*une des sources* d'où dérivent nos connaissances, à l'*une des méthodes*, à l'*un des procédés* dont nous disposons ? Pouvons-nous la qualifier d'exclusivement *rationnelle, expérimentale* ou *d'observation ;* la dire purement *théorique* ou *de faits, abstraite* ou *réelle* (2)?

II.

Les sciences *rationnelles, abstraites, théoriques,* ce sont, par excellence, les mathématiques. Elles n'empruntent à l'observation, dit Ampère (3), que des notions de grandeur ; et encore ajouterons-nous que si l'observation

---

(1) « *Fatto... risultamento di osservazione e sperienza* », a très bien dit **Martini** , *Della necessita della metafisica nel culto delle scienze naturali*, in-8, Paris (sans date), p. 18.

(2) Ces dernières expressions sont celles dont se sert **Buffon**, *Discours sur la manière d'étudier l'Histoire naturelle.* Chacun sait que ce discours forme l'introduction de l'*Histoire naturelle.* — Voy. t. I, p. 55, dans l'édit. in-4 de l'imprimerie royale.

(3) *Essai sur la philosophie des sciences*, t. I, 1834, p. 33, 61 et 71.

nous est ici une introductrice nécessaire, elle ne l'est qu'en
raison de l'insuffisance de notre entendement. La surface,
la ligne, le point géométriques, le nombre, toutes les grandeurs mathématiques sont des êtres purement abstraits,
imaginaires, et sur lesquels, puisqu'ils n'ont aucune existence en dehors de notre esprit, nos sens ne sauraient nullement avoir prise. Pourtant, c'est par eux que nous arrivons
à les concevoir, extrayant en quelque sorte la notion abstraite de ces entités, des notions concrètes que nous rend
familières l'observation des êtres réels, c'est-à-dire de
nous-mêmes et du monde extérieur (1). C'est pourquoi,
comme on l'a fort justement remarqué (2), la géométrie
elle-même a été d'abord et *pendant longtemps entachée
d'empirisme;* elle a été d'abord *inductive* (3); elle l'est
encore, pour chacun de nous, à l'origine de nos études. Et
ce qui est vrai de cette science, l'est aussi, non seulement
de la mécanique, mais de l'arithmétique elle-même : l'observation est intervenue à l'origine, et elle intervient,
pour chacun de nous, dans ces sciences qui, à ne consi-

---

(1) Parmi les ouvrages où il est traité de l'origine de nos idées mathématiques, voyez l'excellente dissertation de FRIBAULT, *Sur la métaphysique de la géométrie,* insérée dans les *Fragments philosophiques*
de M. COUSIN, t. I, p. 257 ; 1826.

On consultera aussi avec beaucoup d'intérêt sur ce sujet : RÉ-
MUSAT, *Essais de philosophie,* t. I, p. 288. — JAVARY, *De la certitude,*
p. 149; 1847. — Henri Th. MARTIN, *Philosophie spiritualiste de la
nature,* t. I, p. 108 et suiv.; 1849.

(2) JAVARY, *loc. cit.,* p. 150.

(3) *Inductif* et *déductif.* Ces termes philosophiques qui ont depuis
longtemps cours dans la langue anglaise (voy. WHEWELL, *History of
the inductive sciences,* t. I, *Introduction,* 1837, et 2ᵉ édit , 1847), sont
pour la nôtre de très utiles acquisitions.

dérer que leur nature, eussent pu être créées aussi bien que développées par notre entendement.

Si nous ne pouvons donner, sans quelques restrictions, le nom de sciences exclusivement *rationnelles* aux mathématiques elles-mêmes, si distinctes objectivement par la nature des vérités qu'elles considèrent, comment pourrions-nous admettre la division, si souvent reproduite, des autres branches des connaissances humaines, des sciences *réelles*, comme les appelle Buffon (1), en sciences *expérimentales* proprement dites et sciences *d'observation?*

L'*expérience* et l'*observation* ordinaire se ramenant à une seule et même méthode générale, la méthode dite expérimentale, il est manifeste que ces deux groupes ne sauraient avoir logiquement, fussent-ils bien distincts, qu'une valeur secondaire. Mais, de plus, comment les distinguer? Où placer la limite entre les sciences de simple *observation* et d'*expérience?* Il est facile de reconnaître que la méthode expérimentale est presque toujours applicable à la même science sous ses deux formes, ou, si l'on veut, par ses deux procédés, l'un d'eux, seulement, y étant d'un usage habituel, l'autre plus rarement employé, et à ce titre plus ou moins accessoire.

Les sciences où l'on expérimente le plus sont donc aussi des sciences d'observation ; et celles qui recourent le plus généralement à l'observation s'aident souvent d'expériences. Que seraient les premières, si elles ne tenaient compte des phénomènes qui se produisent d'eux-mêmes

(1) *Loc. cit.*

dans la nature ? L'explication de ces phénomènes, la découverte de leurs lois n'est-elle pas le but principal de
l'expérimentation ? Et que dirait-on d'un chimiste ou d'un
physicien pour lequel le monde finirait aux portes de son
laboratoire ? A l'inverse , si le zoologiste , si le botaniste
étudie surtout la nature, telle qu'elle se présente à lui, s'il
n'agit et ne peut agir que sur une partie relativement très
petite des êtres innombrables qu'il doit connaître, comment renoncerait-il à éclairer , par les expériences qu'il
peut faire du moins sur quelques uns, les observations
qu'il fait sur tous ? La botanique, la zoologie, sont donc
aussi expérimentales ; et est-il besoin de dire qu'elles le
sont souvent aussi heureusement que la physique et la
chimie elles-mêmes ? Où trouver des expériences plus
ingénieuses que celles de Spallanzani et de Duhamel sur
une multitude de questions ; plus merveilleuses que celles
de Trembley sur l'hydre ; plus utiles que celles de Daubenton sur les races ovines ; de plus de portée que celles
de Charles Bell sur les cordons de la moelle épinière ; plus
délicates, plus scientifiquement dirigées, plus décisives
que tant d'autres exécutées par les émules de ces illustres
naturalistes, et de nos jours, par leurs successeurs non
moins habiles et toujours de plus en plus nombreux ? Les
uns déterminent les fonctions de nos organes, et de ceux
des animaux et des végétaux, avec une précision et une
rigueur qu'on eût pu croire impossibles en physiologie.
D'autres s'éclairent de l'expérience pour résoudre des questions relatives aux instincts et aux mœurs des animaux,
ou l'appliquent à la détermination des espèces zoologiques
et botaniques ; parties de la science où il semblait que l'ob-

servation dût à jamais régner seule. D'autres encore, par
le régime, par l'action des circonstances extérieures, ou encore par des croisements, modifient les individus, les races,
les espèces, soit dans un but pratique, soit, théoriquement, pour remonter, par les variations produites sous
nos yeux, à celles qui ont pu se produire anciennement
dans la nature. Travaux après lesquels on est en droit de
dire qu'il n'est point de branche de notre science où l'expérimentation ne puisse intervenir utilement, et qu'il en
est où déjà elle marche de pair avec l'observation. Et
ainsi se trouve justifiée, après deux siècles, l'admirable
prévision de Bacon, lorsque, imaginant, dans sa *Nova
Atlantis*, une ville, un peuple pour lesquels sont réalisés
les vœux qu'il forme pour toutes les villes et pour tous les
peuples, il fait parler ainsi l'un des sages de son idéale
Bensalem : « Il nous arrive de retrancher quelques parties
» pour les voir renaître, de tenter la métamorphose de
» plusieurs autres, de rechercher enfin ce qui diffé-
» rencie la forme, la couleur et même les dispositions
» naturelles des espèces ; car nos vues s'étendent jusqu'à
» les faire varier elles-mêmes, seul moyen de com-
» prendre comment elles se sont diversifiées et multi-
» pliées (1)! »

(1) Je reproduis ici ce passage comme on l'a souvent cité, c'est-à-
dire en en donnant, non une traduction, mais un simple extrait. Le
texte est plus explicite sur quelques points, beaucoup moins sur d'autres. — Voy. *The works of* F. BACON, édition de Londres, 1778, t. V,
p. 492 et 493.
Je reviendrai ailleurs sur ce passage qui est, à plusieurs égards,
d'une grande importance.

Est-il maintenant besoin de le dire ? l'ancienne distinction des sciences *expérimentales* et d'*observation* fût-elle présentement admissible, rien ne prouve qu'elle dût l'être toujours. Elle n'exprime, en effet, rien qui soit inhérent à ces sciences, mais seulement la diversité des procédés auxquels elles recourent dans leur état actuel et passager, et indépendamment de l'intervention ultérieurement possible d'autres moyens d'investigation. Cuvier pouvait, à la rigueur, il y a trente-cinq ans, par opposition aux sciences de *raisonnement* et de *calcul*, dire de la Chimie et de l'Histoire naturelle, que l'une est une science *toute d'expérience*, l'autre *toute d'observation* (1) : qui voudrait aujourd'hui leur attribuer des méthodes aussi exclusives ? L'une expérimente et observe, l'autre observe et expérimente ; et toutes deux, les faits ainsi constatés, les relient, quelquefois par le calcul, toujours par le raisonnement : car, dans les sciences, dit un célèbre chimiste contemporain (2), *la raison est partout*, *dominant* dans les mathématiques pures ; ailleurs, *subordonnée à l'observation et souvent à l'expérience* qui la précèdent et lui ouvrent la voie.

(1) L'illustre zoologiste reconnaissait d'ailleurs et indiquait clairement qu'il n'en serait pas toujours ainsi. « La Chimie, dit-il, est » *encore* une science toute d'expérience...; l'Histoire naturelle *restera* » *longtemps*, dans un grand nombre de ses parties, une science toute » d'observation » — Voy. CUVIER, *Règne animal*, t. I, p. 5, soit dans la première édition, soit dans la seconde, où ce passage a été identiquement reproduit, malgré tous les progrès alors accomplis ; circonstance très digne de remarque, en raison des doctrines professées par l'auteur dans la seconde partie de sa vie. — Voy. liv. II, chap. II, sect. III.

(2) CHEVREUL, *Discours d'ouverture de la séance annuelle des cinq Académies* pour 1839, p. 13.

III.

L'analyse des conceptions mathésiologiques fondées sur la diversité de nos *moyens de connaître* confirme pleinement les considérations qui précèdent. Il en est d'elles comme des classifications basées sur la diversité des *buts* vers lesquels tendent nos connaissances : aucune n'a pu s'établir dans la science, et celles même qui y avaient jeté le plus d'éclat n'ont plus de place que dans son histoire.

La plus importante, celle qui a exercé le plus d'influence sur le mouvement de la philosophie et de la science, est la célèbre classification de Bacon (1). Toutes les autres ne sont même que des dérivés de celle-ci ; celle de D'Alembert et de Diderot (2) n'en est, en grande partie, qu'une simple modification.

La conception de Bacon se recommande, au premier aspect, par la rigueur apparente de la marche suivie par l'auteur. Il prélude à l'analyse de nos connaissances par celle de notre entendement, et c'est parce qu'il distingue

(1) *De dignitate et augmentis scientiarum, lib.* II et III. La première édition de cet important ouvrage a paru en 1623.

Les citations faites en français, dans la suite de ce chapitre, sont empruntées à la traduction des *OEuvres* de Bacon par Lasalle, édit. de Dijon, 1800.

(2) *Encyclopédie, discours préliminaire,* édit. in-fol. de 1751, t. 1, p. xv et suiv., pour d'Alembert; et même volume, p. xlxvij et suiv. pour Diderot. — Voy. la note 3 de la page 186.

Je reproduirai plus bas (voy p. 216) une partie du célèbre tableau où Diderot a figuré son système des connaissances humaines.

trois facultés principales, la *mémoire*, l'*imagination* et la
raison, qu'il reconnaît trois *sources* (1) de connaissances,
et trois *genres*, l'*histoire*, la *poésie* et la *philosophie* (2).
La première est pour lui, non seulement l'histoire proprement dite, mais toutes les connaissances relatives aux *individus*, toutes celles que nous acquérons par la voie de nos
sens ; en un mot, et dans l'acception la plus large de ce mot,
l'ensemble de nos connaissances *expérimentales* (3). La
poésie, c'est la littérature, *histoire feinte, imitation, par
une sorte de jeu*, des *individus* que l'observation nous a
fait connaître, et dont les images sont gravées dans notre
mémoire. Enfin la philosophie embrasse toutes les *notions
extraites des premières impressions* faites sur nos *sens*
par ces mêmes *individus ;* notions que notre *raison digère
en les composant ou les divisant* (4), et à l'aide des-

(1) « *Ex tribus his* fontibus... *tres emanationes* », est-il dit dans le
texte latin, *loc. cit.*, *lib.* II, *cap.* I. (Voy. *The Works of* F. BACON,
t. IV, p 55.)

(2) Au-dessus de cette grande division des *connaissances humaines*,
Bacon en conçoit une autre au point de vue de l'origine même de ces
connaissances. « La science, dit-il, est semblable aux eaux. Or de ces
» eaux, les unes viennent du ciel, les autres jaillissent de la terre. »
Mais ces eaux, ajoute-t-il, viennent se réunir dans les mêmes vases,
et il n'y a pas lieu de séparer, des notions que nous acquérons
par nous-mêmes, celles qui nous viennent d'en haut. Toute science se
compose ainsi de deux sortes de connaissances, les unes humaines (et
proprement scientifiques), les autres divines (ou révélées).
Voyez BACON, *loc. cit.*, *lib.* II, *cap.* I, et *lib.* III, *cap.* I; traduction
de LASALLE, édit. de Dijon, 1800, t. I, p. 266, et t. II, p. 2.

(3) *Lib.* II, *cap.* I. « Nous regardons, dit Bacon, l'histoire et l'expé-
» rience comme une seule et même chose. » (Voy. la trad. déjà citée,
t. I, p. 266.)

(4) *Loc. cit.*

On voit que pour Bacon, le premier des trois genres de connais-

quelles elle s'élève à la connaissance des trois objets de la philosophie. Ces trois objets sont Dieu, la nature et l'homme, d'où *trois doctrines* dont les *sommités* se confondent dans la *philosophie première*, « science univer- » selle, dit Bacon, qui est la mère de toutes les autres, et » comme une portion de route commune à toutes (1). »

Il y a, dans cette théorie de la connaissance humaine, des parties éternellement belles et vraies; et elle n'a pu être conçue dans son ensemble, à une époque déjà si éloignée de nous, que par un esprit d'une rare puissance. On comprend, on partage l'admiration dont elle a été si longtemps l'objet, et l'on ne peut qu'applaudir aux efforts de D'Alembert et de Diderot pour la mettre, un siècle et demi plus tard, au niveau de la science et de la philosophie. Mais ces efforts ne pouvaient porter que sur des points secondaires, et sous sa forme nouvelle comme sous l'ancienne, c'est au point de départ même que la conception de Bacon, comme toutes les classifications qui en dérivent, rencontre les objections les plus graves. En plaçant dans les *sources* distinguées par Bacon, admises par D'Alembert et Diderot, la triple origine de notre savoir (division d'ailleurs inexacte), il était du moins facile de reconnaître que ces *sources* convergent les unes vers les autres, qu'elles se mêlent, et souvent se confondent. Com-

---

sances se rapporte directement à la mémoire; les deux autres dérivent de celui-ci. Au fond, pour Bacon, il n'y a pas *trois sources*, comme il le dit, mais une source unique.

Tout le monde sait que, dans la mythologie grecque, la mère des Muses était Mnémosyne ou la Mémoire. C'est presque l'idée de Bacon sous une forme poétique.

(1) *Loc. cit.*, et *lib*. III, *cap*. I.

bien de fois arrive-t-il que tel fait constaté par l'observation,
telle idée que l'imagination a créée, et telle notion obtenue
par voie de raisonnement, ne sont que les éléments d'une
seule et même vérité générale, et comme les prémisses d'un
même raisonnement, inséparables l'une de l'autre comme
elles le sont de leur commune conséquence? Quelle est,
en dehors des mathématiques, la théorie qui ne soit à
la fois expérimentale et rationnelle (1), qui ne soit mixte
entre les connaissances de *mémoire* et les connaissances
de *raison?* Dans laquelle aussi la troisième *source*,
l'*imagination*, n'intervient-elle pas d'une manière plus
ou moins manifeste? « L'imagination n'agit pas moins,
» dit D'Alembert lui-même, dans un géomètre qui crée
» que dans un poëte qui invente (2); » et il en est encore
ainsi, ajoute-t-il, du métaphysicien. Précieuses concessions, arrachées par la rectitude de son esprit au
défenseur le plus convaincu et le plus habile des vues de
Bacon; mais concessions bien incomplètes. Ce que
D'Alembert reconnaît pour la métaphysique et la géométrie, n'est pas moins vrai de toutes les autres sciences; et
si Archimède, comme le dit si bien D'Alembert, *mérite
d'être placé à côté d'Homère* (3), quel est le grand inventeur, dans quelque branche que ce soit, auquel on ne
puisse décerner le même honneur?

C'est donc en vain que Bacon, D'Alembert et Diderot
essaient de rapporter les connaissances humaines à trois

---

(1) J'emploie ici ces expressions dans le sens très étendu que Bacon
donne aux mots *expérience* et *raison*.

(2) D'ALEMBERT, *loc. cit.* p. xvj.

(3) *Ibid.*

groupes distincts, qui ne s'uniraient que dans la *science
universelle,* et pour ainsi dire à trois fleuves, distincts à
leurs sources et dans leurs cours, confondus seulement à
leur embouchure. En réalité, ils se rencontrent et se mêlent
sur une multitude de points; et les limites qu'on essaie de
leur assigner ne sont, le plus souvent, que des lignes arti-
ficiellement tracées. Et c'est pourquoi, en suivant les trois
auteurs dans le développement de leurs communes vues,
tant de sagacité d'une part, tant de savoir et de profon-
deur, tant de finesse de l'autre, n'aboutissent, comme classification, qu'à des résultats si peu admissibles. Les connaissances que les auteurs disent de *mémoire* sont aussi,
pour la plupart, des *connaissances de raison* et *d'imagination;* et parfois, des parties arbitrairement découpées
d'une même science se trouvent, à titre de sciences distinctes, partagées entre la *philosophie* et de *l'histoire.*
Il en est ainsi, entre autres, de nos connaissances sur la
nature; bien plus, de nos connaissances sur les mêmes
groupes d'êtres naturels : connaissances objectivement et
essentiellement indivisibles, et que pourtant on voit,
dans la classification de Bacon, et dans celle de D'Alembert et de Diderot eux-mêmes, scindées en deux groupes
qu'on rejette à grande distance l'un de l'autre : l'un, considéré comme *science de raison* et comme une branche
de la *philosophie;* le second, prétendue *science de
mémoire* et branche de *l'histoire,* figurant, sous le nom
d'histoire naturelle à côté de *l'histoire sacrée, ecclésiastique* et *civile* (1). Rapprochement que Bacon croyait

(1) Nous verrons plus tard (*Prolégomènes,* livre II, chapitre II,
sect. IV et V) les *philosophes* allemands *de la nature,* et principalement

justifier en disant : « Dans l'Histoire naturelle sont rap-
» portés les actes et les exploits de la nature, comme
» dans l'Histoire civile ceux de l'homme (1) ! »

M. de Schelling, arriver, malgré les différences fondamentales de leur doctrine et de celle de Bacon, à une semblable scission de la science de la nature.

Il n'est pas inutile d'ajouter que la doctrine de l'illustre philosophe allemand, si je m'étais placé à son point de vue, m'aurait fourni elle-même des arguments décisifs contre les classifications subjectives des sciences.

(1) Je ne puis mieux éclaircir ce qui précède, qu'en reproduisant ici les parties du tableau figuratif de Diderot qui offrent le plus d'intérêt au point de vue de notre science.

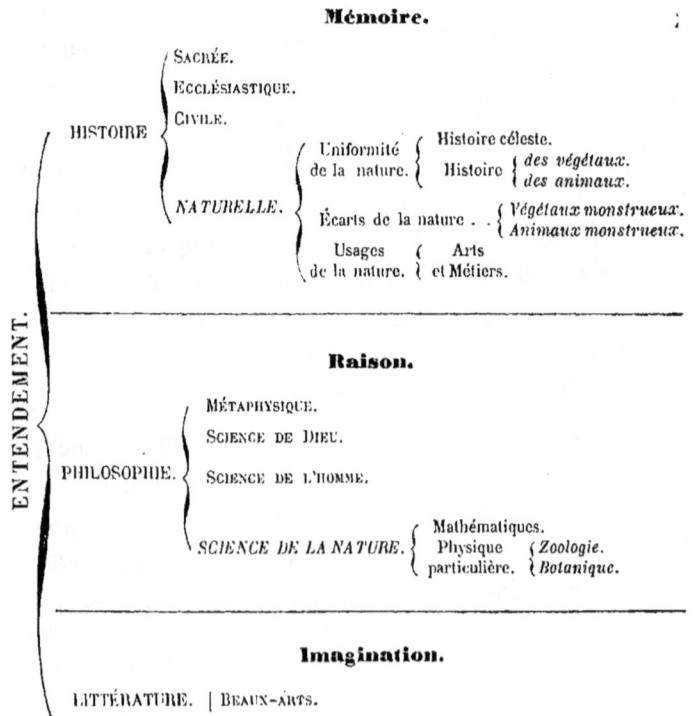

Mémoire.

ENTENDEMENT.

HISTOIRE
- SACRÉE.
- ECCLÉSIASTIQUE.
- CIVILE.
- NATURELLE.
  - Uniformité de la nature.
    - Histoire céleste.
    - Histoire { des végétaux. / des animaux.
  - Écarts de la nature . . { Végétaux monstrueux. / Animaux monstrueux.
  - Usages de la nature. { Arts et Métiers.

Raison.

PHILOSOPHIE.
- MÉTAPHYSIQUE.
- SCIENCE DE DIEU.
- SCIENCE DE L'HOMME.
- SCIENCE DE LA NATURE.
  - Mathématiques.
  - Physique particulière. { Zoologie. / Botanique.

Imagination.

LITTÉRATURE. | BEAUX-ARTS.

IV.

Quand on voit d'aussi grands esprits entraînés par l'erreur de leur point de départ à de telles conséquences, et réduits à les justifier ainsi, comment s'étonner qu'on ait généralement délaissé la voie où s'était avancé Bacon, où l'avaient suivi D'Alembert et Diderot? J'y trouve encore, dans notre siècle, un naturaliste illustre, De Candolle (1); mais il est le seul; et encore, que reste-t-il, dans sa classification, de celles de ses devanciers? S'il conserve, sous le nom de *sciences rationnelles*, la troisième classe de Bacon, il fait entièrement disparaître la classe des *sciences d'imagination,* et substitue aux *sciences de mémoire* les *sciences expérimentales* et les *sciences testimoniales;* les unes dérivant, dit-il, de *l'expérience acquise par nos propres sensations*, les autres fondées sur le *témoignage des autres hommes.*

Cette classification, ternaire, comme celle de Bacon, est, comme elle aussi, simple et ingénieuse; mais elle prête à de semblables objections. Les notions qui nous viennent par le *témoignage* ne sont pas d'une autre nature que celles auxquelles nous arrivons par l'expérience proprement dite et par l'observation : elles ont, au fond, la même origine, à laquelle seulement nous ne remontons qu'indirectement. Aussi nos connaissances *testimoniales* et *expérimentales* s'unissent-elles très fréquemment. Est-il besoin de démon-

(1) Voyez sa *Théorie élémentaire de la botanique*, 1ʳᵉ édit., 1813, p. 1 et 2.

I. 14.

trer aujourd'hui que dans les sciences elles-mêmes qui se
fondent principalement sur le témoignage et la tradition, on
s'éclaire souvent et très utilement par l'observation (1)?
Réciproquement, et bien mieux encore, qui ne reconnaîtra
que dans les sciences d'observation et d'expérience, on se
voit obligé, à chaque instant, de recourir au témoignage
des hommes qui ont vécu autrefois, ou qui habitent ou ont
habité d'autres lieux? Que serait notre savoir, s'il fallait ne
tenir compte que de ce que nous avons constaté par nous-
mêmes (2)? Et comme d'ailleurs, ainsi que le reconnaît
De Candolle, le raisonnement intervient toujours à côté de
l'observation et de l'expérience, il est vrai de dire de la

(1) Tout le monde reconnaît aujourd'hui, dans l'*anthropologie* et ses
nombreuses branches, l'auxiliaire indispensable de l'histoire. On verra
dans la suite de cet ouvrage, qu'il est d'autres sources encore où l'on
peut puiser par l'observation des connaissances applicables aux sciences
historiques. J'ai déjà donné quelques indications à cet égard dans
mon mémoire *Sur la possibilité d'éclairer l'histoire naturelle de
l'homme par l'étude des animaux domestiques.* (Voy. les *Comptes rendus de l'Académie des sciences*, t. IV, p. 662, 1837, ou mes *Essais
de zoologie générale*, p. 217 et suiv.)

(2) De Candolle reconnaît que dans les sciences qu'il nomme *expérimentales*, on recourt avec beaucoup d'avantage au témoignage des
autres hommes; mais, suivant lui, dans ces sciences, et ce serait leur
caractère distinctif : « Tout individu qui en a la volonté, peut à la
» rigueur... s'assurer, par le témoignage de ses propres sens, de la
» vérité des faits que le raisonnement ou le témoignage d'autrui lui
» ont fait connaître. »

Cette distinction est plus spécieuse qu'exacte. Parmi les sciences
que De Candolle considère comme essentiellement *expérimentales*, laquelle n'est pas en même temps *testimoniale*, dans le sens que l'illustre
botaniste donne à ce mot, c'est-à-dire composée en partie de notions
non susceptibles d'être soumises à volonté à une vérification expérimentale? Où en seraient, sans les notions purement *testimoniales*, en

plupart des sciences qu'elles sont à la fois *expérimentales*, *testimoniales* et *rationnelles*, aussi bien que de *mémoire*, *d'imagination* et de *raison*.

Sous leur forme nouvelle, et après toutes les corrections que leur a fait subir De Candolle, les vues de Bacon ne sont donc guère plus admissibles qu'elles l'étaient d'abord. Et c'est ainsi qu'on en a généralement jugé. L'autorité si grande de De Candolle leur a valu à peine quelques adhésions; et l'on peut dire aujourd'hui abandonnée de tous, et abandonnée d'une manière définitive, la pensée de fonder la classification des sciences sur la diversité de nos *facultés*, de nos *méthodes*, et plus généralement, comme le dit De Candolle, de nos *moyens de parvenir à la vérité* (1).

astronomie, l'histoire des comètes et celle des bolides ; en géologie, celle des éruptions volcaniques, des tremblements de terre et d'une foule d'autres phénomènes; en médecine, celle des épidémies et épizooties ; en zoologie, la connaissance des mœurs des animaux ? Où en seraient surtout la météorologie et la tératologie?

(1) Sciences *rationnelles*, *testimoniales* et *expérimentales* (d'observation et d'expérience), telle est, on vient de le voir, la division admise par De Candolle.

Dans un ouvrage intitulé : *De methodo philosophandi*, Rome, 1828, le père VENTURA a donné une classification des sciences que l'on pourrait croire, au premier aspect, fort analogue à celle de De Candolle. L'auteur (voy. le chap. II, p. 296) admet trois groupes principaux, et ces groupes sont : *scientiæ auctoritatis*, *scientiæ ratiocinii* et *scientiæ observationis*. Il n'y a guère ici qu'une analogie apparente. Les *scientiæ auctoritatis* (soit d'autorité divine, soit d'autorité humaine) sont la psychologie, la théologie naturelle et révélée, la jurisprudence. Les *scientiæ ratiocinii* comprennent la rhétorique, la poésie, les arts. Les *scientiæ observationis* réunissent, aux diverses branches des sciences naturelles, la chimie, la physique, l'astronomie et les *mathématiques*. Les premières composent toutes les connaissances qui se rapportent à

Dieu ; les secondes, celles qui sont relatives à l'homme ; les dernières, celles qui le sont à la matière et aux corps, ou à la nature. *Deus, homo, corpus*, dit l'auteur, et à ces trois objets de la connaissance il fait correspondre trois sciences principales : *Ethica, logica, physica.*

Il est facile de voir que la classification du père Ventura devrait être, selon sa pensée, à la fois subjective et objective. Elle est en réalité objective. C'est en vain que l'auteur essaie de faire concorder, avec les divisions plus ou moins satisfaisantes qu'il établit d'après la diversité des objets de nos connaissances, celles qu'il fonde sur la diversité de nos moyens de connaître.

CHAPITRE V.

DE LA CLASSIFICATION DES CONNAISSANCES HUMAINES,
D'APRÈS LA DIVERSITÉ DES OBJETS QU'ELLES CONSIDÈRENT.

SOMMAIRE. — I. Conception encyclopédique de Descartes; sa détermination de l'ordre
hiérarchique ou de la série des connaissances humaines. — II. Classifications mathésiologiques plus ou moins conformes à la série de Descartes. Classifications de M. Auguste
Comte et d'Ampère. — III. Concordance de ces diverses conceptions, et particulièrement
de celle de Descartes, avec l'ordre logique et avec l'ordre historique de l'évolution des
diverses branches des connaissances humaines.

I.

Le xviie siècle a un nom plus grand encore que celui
de Bacon : Descartes. Opposons aux vues de l'auteur du
Novum organum celles de l'auteur du *Discours sur la
méthode*, et, sur ses pas, nous reconnaîtrons l'incontestable supériorité de la *classification objective* sur toutes
les classifications établies d'après les diversités de *source*,
de *méthode* ou de *but ;* en un seul mot, sur toutes les
classifications subjectives.

Il s'en faut de beaucoup que Descartes se soit avancé
le premier dans la voie où, selon moi du moins, la science
doit se tenir à sa suite. Il y a fait, non les premiers pas,
mais les pas les plus décisifs.

Aristote avait parfaitement distingué, d'après la diversité de leurs objets, la physique, les mathématiques, la

théologie (1). Bacon, mettant à profit d'anciennes indications, n'avait ni moins nettement séparé, ni moins bien
défini ce qu'il appelle la *science de Dieu*, la *science de
l'homme*, la *science de la nature* (2). Mais, soit dans
la *Métaphysique*, soit dans le livre de Bacon, les diversités objectives ne fournissent encore que des *subdivisions*
dans un groupe de sciences, préalablement déterminé à un
point de vue subjectif. Pour Aristote, les mathématiques,
la théologie, rentrent, comme unités d'un ordre secondaire, dans le groupe des *sciences théoriques*. Pour
Bacon, les connaissances relatives à Dieu, à l'homme, à
la nature, ne sont que les trois branches des *sciences de
raison* ou de la philosophie.

Les diversités objectives sont donc ici subordonnées
à de simples diversités subjectives. C'est Descartes qui a
le mérite d'avoir renversé le premier cet ordre, et par là
même il a porté la question sur le seul terrain où elle pût
être heureusement abordée. Aussi lui devons-nous, après
ce qu'il a fait par lui-même, une grande partie de ce
qu'on a fait depuis deux siècles (3). Sciemment ou à leur
insu, et quelle que soit ailleurs l'opposition de leurs

(1) *Métaphysique*, liv. VI, I, et XI, VII, traduct. de MM. PIERRON et
ZÉVORT, t. I, p. 209.

(2) *De dignitate et augmentis scientiarum, lib.* III, *cap.* I. « La
» nature, » dit Bacon, qu'il est permis de trouver ici un peu subtil et
recherché, « la nature frappe l'entendement par un rayon *direct*; la
» divinité... par un rayon *réfracté*; enfin l'homme par un rayon *réflé-
» chi.* » (Trad. de LASALLE, t. II, p. 3.)

(3) Son influence s'est même étendue très sensiblement et très heureusement sur les travaux des auteurs qui ont fondé la classification
sur d'autres bases, principalement sur ceux de De Candolle et de

doctrines, presque tous les auteurs modernes sont ici disciples de Descartes ; et si l'on doit surtout aux efforts des savants et des philosophes français les lignes secondaires de l'édifice dont il avait tracé les lignes principales, c'est sans doute parce qu'ils procédaient plus directement de ce grand homme.

Combien Descartes l'emporte ici sur son contemporain et son émule Bacon ! Combien son raisonnement, sans être moins ingénieux, est plus ferme et plus sûr ! Et de quelle vive lumière il sait éclairer les rapports des sciences entre elles ! Non qu'il essaie de les exprimer tous ; non qu'il veuille classer rationnellement toutes les sciences, ou, comme il les appelle, les *parties de la philosophie.* C'est leur ordre hiérarchique, leur enchaînement, c'est leur filiation logique, qu'il a essentiellement en vue ; c'est-à-dire, non leur classification elle-même, mais les fondements de leur classification ; non le problème tout entier, mais la partie capitale du problème.

C'est Descartes qui nous a enseigné, pour les diverses sciences entre elles, comme, dans chaque science, pour les diverses notions qui la composent, le grand art de « conduire par ordre ses pensées, » de « *monter* peu à » peu, comme par degrés, des *objets les plus simples* et » les plus aisés à connaître, jusqu'à la connaissance des » *plus composés* (1). » A ce point de vue, il reconnaît la

M. d'Omalius d'Halloy, dont les divisions secondaires sont, pour la plupart, conformes à la série de Descartes.

On peut dire des auteurs modernes qu'en ce qui concerne la mathésiologie, tous, sans aucune exception, sont plus ou moins cartésiens.

(1) *Discours sur la méthode,* édit. de 1668, p. 20 et 21, et dans les *OEuvres philosophiques,* édition de M. GARNIER, t. I, p. 18.

priorité logique des mathématiques, associées par lui à la
métaphysique, sur ce qu'il appelle la physique, c'est-à-
dire sur les sciences relatives à la nature ; et parmi celles-
ci, des sciences qui traitent d'une manière plus générale
de la matière, sur celles qui considèrent les propriétés des
corps, et principalement sur celles qui ont des *objets
très composés*. Ces dernières sont la botanique, la zoologie ; puis la science de l'homme, ou plutôt les diverses
sciences, subordonnées entre elles selon les mêmes vues,
auxquelles donne lieu l'étude si complexe de l'être *créé
à l'image de Dieu*.

Après toutes ces connaissances théoriques, viennent
pour Descartes leurs applications ; celles-ci sont pour lui
les *branches* d'un arbre dont la métaphysique représente
les *racines*, et les sciences de la nature, le *tronc*. Or,
remarque-t-il ingénieusement, dans la préface de ses
Principes (1), « comme ce n'est pas des racines ni du
» tronc des arbres qu'on cueille les *fruits*, mais seule-
» ment des extrémités de leurs branches, aussi la princi-
» pale utilité de la philosophie dépend de celles de ses
» parties qu'on ne peut apprendre que les dernières (2). »

Tel est, selon Descartes, l'ordre hiérarchique des

(1) *OEuvres*, édit. citée, p. 192.

(2) **La** philosophie, c'est-à-dire ici, l'ensemble des sciences, dont
chacune est pour Descartes, comme on l'a vu plus haut, l'une des
parties de la philosophie.

Il est curieux de mettre en regard de ce passage de Descartes
l'*arbor scientiæ* de Raymond Lulle (voyez plus haut, p. 185 et 186),
dont chaque branche se termine par une fleur ou un fruit. Descartes
aurait-il fait à l'auteur de l'*Ars magna* l'honneur de se souvenir ici
de son *arbre?*

sciences; telle est sa conception encyclopédique : conception une, simple et logique, dont le seul énoncé fait déjà
ressortir l'incontestable supériorité. Malheureusement cet
énoncé, tel que je viens de le donner, ne se trouve point
dans les œuvres de Descartes : ses vues y sont exposées par
parties, ou même seulement indiquées ; elles n'y sont nulle
part présentées didactiquement et dans leur ensemble ; et
c'est pourquoi l'*arbre encyclopédique* de Descartes est si
longtemps resté, non pas seulement moins célèbre que celui
de Bacon, mais méconnu et presque ignoré de tous (1).

Si, à la fin du XVIIIᵉ siècle, les vues de Descartes sont
comprises et partagées par quelques hommes d'élite, si
même elles deviennent, en 1795, la base de la première

---

(1) Outre le *Discours sur la Méthode*, les *Méditations* et les *Principes de philosophie*, voyez, pour la conception encyclopédique de
DESCARTES, les traités des *Météores* et des *Passions de l'âme*.

Ce n'est pas une œuvre sans difficulté que de poursuivre l'enchaînement des vues de Descartes dans ses nombreux écrits. Le meilleur
guide que l'on puisse ici choisir, est sans nul doute le travail de
M. Jean REYNAUD, intitulé : *De l'encyclopédie de Descartes* (dans
l'article *Encyclopédie* de l'*Encyclopédie nouvelle*, t. IV, 1843, p. 775
et suiv.); travail où Descartes a trouvé, dans l'un des philosophes les
plus éminents de notre époque, un interprète et un commentateur
digne de lui.

Je dois faire remarquer que M. Reynaud a été sur quelques points au
delà de Descartes, énonçant ce que l'auteur du *Discours sur la Méthode*
n'avait fait qu'indiquer, et ne concevait sans doute encore qu'obscuré-
ment ; parfois aussi enrichissant la conception encyclopédique qu'il
analysait de vues qu'il eût pu revendiquer pour lui-même, mais qu'il
a voulu rapporter à Descartes comme des conséquences nécessaires, non
encore tirées toutefois, des prémisses posées par ce grand homme. Il est
donc vrai de dire que nous ne devons pas seulement à M. Reynaud un
excellent résumé et une haute appréciation de l'œuvre de Descartes :
il en a développé quelques parties, il y a rempli quelques lacunes.

organisation de l'Institut national (1), il faut venir jusqu'à nos jours pour les trouver scientifiquement exposées et démontrées. M. Auguste Comte en 1830, Ampère, en 1834, sont ici, après deux siècles d'intervalle, les continuateurs immédiats de Descartes.

II.

On pourra s'étonner de voir ici rapprochés ces deux noms si inégalement et surtout si diversement célèbres, Ampère et M. Auguste Comte. Partisan et ardent défenseur de doctrines en opposition radicale avec les théories philosophiques de Descartes, avec les convictions d'Ampère, l'auteur du *Cours de philosophie positive* (2) ne semble pas moins séparé d'eux en mathésio-

(1) La loi organique de l'Institut national des sciences et arts, votée le 25 octobre 1795 par la Convention, et dernière œuvre de cette assemblée, divisait l'Institut en trois classes : les *sciences physiques et mathématiques*, subdivisées en mathématiques, arts mécaniques, astronomie, physique, chimie,. minéralogie, botanique, zoologie, médecine et économie rurale; les *sciences morales et politiques*; la *littérature* et les *beaux-arts*. Il est facile de voir que l'ordre adopté dans cette loi dérive directement de la série de Descartes.

On a souvent rappelé que Daunou fut le rapporteur et l'un des auteurs principaux de la loi organique de l'Institut; mais on sait beaucoup moins généralement qu'il y eut pour coopérateurs, non seulement Boissy d'Anglas et Lanjuinais, ses collègues dans la *Commission* dite *des Onze*, mais aussi Lagrange et surtout Laplace. On ne s'étonnera pas que de tels hommes se soient inspirés des vues de Descartes.

(2) Le *Cours de philosophie positive* de M. Auguste COMTE a été publié de 1830 à 1842; mais, dès le premier des six volumes qui com-

logie que partout ailleurs. A ne le comparer qu'à son illustre contemporain (1), qu'y a-t-il de commun, au premier aspect, entre la classification très simple de M. Comte, très simple toutefois parce qu'il se borne aux traits principaux (2), et cet échafaudage complexe de divisions et de subdivisions dichotomiques, si laborieusement édifié par Ampère (3)? Entre l'une et l'autre, cadres de classification, nomenclature, mode d'exposition, tout diffère, et de la manière la plus tranchée. Pourtant ne nous y trompons

posent cet ouvrage, l'auteur avait fait connaître l'ensemble des vues qu'il a successivement développées.

Il est nécessaire d'ajouter qu'avant la publication de cet ouvrage, M Comte avait fait connaître sa conception mathésiologique par des cours particuliers faits de 1826 à 1829 Dans l'un de ces cours il avait eu l'honneur d'avoir pour auditeurs Fourier, Blainville, Broussais, Navier, Esquirol, M. Poinsot, M. Binet, et plusieurs autres savants distingués.

(1) Le célèbre *Essai* d'AMPÈRE *sur la philosophie des sciences* se compose de deux parties, l'une publiée en 1834, et l'autre, en 1843, sept ans après la mort de l'auteur.

Une première exposition des vues d'Ampère avait été faite en 1832 par l'auteur lui-même dans la *Revue encyclopédique*, t. LIV, p. 223. Il venait, à cette époque, de les développer dans une suite de leçons au Collége de France; leçons dont d'excellents résumés ont été publiés dans le journal *le Temps*. Ces résumés sont dus à M. Roulin.

(2) M. Comte, dans son ouvrage et dans ses cours, ne s'est occupé que très accessoirement, d'une part, des sciences pratiques, de l'autre, parmi les sciences théoriques, de ce qu'il appelle les *sciences concrètes*, c'est-à-dire *particulières et descriptives* (voyez t. 1, p. 57 et suiv.). Ses recherches ont donc surtout porté sur les sciences *générales* et *fondamentales;* sciences qui sont, suivant lui, au nombre de six : la *mathématique*, l'*astronomie*, la *physique*, la *chimie*, la *physique organique* ou *biologie*, la *physique sociale* ou *sociologie*.

(3) Selon Ampère, les sciences se partagent d'abord en deux *règnes*, savoir: les sciences *cosmologiques*, comprenant, dans un premier groupe ou *embranchement*, les sciences *mathématiques* et *physiques*, dans un

pas : toutes ces différences ne sont qu'extérieures ; elles
s'arrêtent à la surface ; et sous ces apparences diverses,
que d'analogies, que de similitudes ! Dans ces deux classifications, tant admirées par quelques uns, si sévèrement
appréciées par le plus grand nombre, on retrouve également, pour l'essentiel, la série de Descartes. C'est le même
arbre, où seulement l'un, M. Comte, se borne à énumérer
les branches mères, où l'autre, Ampère, considère l'une
après l'autre toutes les divisions successives, et jusqu'aux rameaux eux-mêmes. M. Comte et Ampère ne pro-
cèdent-ils pas, comme Descartes, *des objets les plus simples aux plus composés ?* Les mathématiques, *première
partie de la philosophie* pour Descartes, ne sont-elles
pas, pour M. Comte, la *première des six sciences fondamentales*, et, pour Ampère, les trois *premières* sciences
du *premier embranchement ?* Dans la série de Descartes
viennent ensuite les sciences relatives à la nature, à la
nature inanimée d'abord, puis à la nature vivante : l'astronomie, la physique, la chimie, ne précèdent-elles pas
pareillement, chez M. Comte, la *cinquième science fondamentale* ou la *biologie*, et, chez Ampère, le *second*

second, les sciences *naturelles* et *médicales ;* puis, comme second
règne, les sciences *noologiques*, semblablement divisées en deux
embranchements, comprenant, le premier, les *sciences philosophiques*
et *dialegmatiques*, et le second, les *sciences ethnologiques* et *politiques*.
Viennent ensuite d'autres subdivisions, toutes régulièrement et dicho-
tomiquement faites.

J'aurai à revenir plus tard (Chap. VI, sect. IV et V, p. 248 et suiv.,
et p. 258) sur cette classification des sciences, qui, malgré les nombreuses critiques dont elle a été justement l'objet, n'en est pas moins
une œuvre fort remarquable et digne, à plus d'un titre, du grand
nom de son auteur.

règne, celui des *sciences physiologiques?* Enfin, conformes encore ici aux indications de Descartes, ne voyons-nous pas la série de M. Comte se terminer par ce qu'il nomme la *physique sociale*, et celle d'Ampère comprendre dans sa seconde moitié les *sciences noologiques*, dont les sciences *philosophiques, dialegmatiques, ethnologiques* et *politiques* forment les quatre divisions principales?

Il est donc vrai de dire que les vues de Descartes se retrouvent au fond, chez M. Comte et chez Ampère. Son principe est le leur aussi ; il est par eux semblablement appliqué, et ce sont ces mêmes résultats, déjà énoncés ou indiqués par Descartes dès le XVIIe siècle, qu'ils reprennent dans le nôtre, ou plutôt qu'ils inventent à leur tour, et qu'ils développent, démontrent et mettent dans tout leur jour (1).

(1) Les vues de Descartes se retrouvent, non bien moins comprises et appliquées, en ce qu'elles ont d'essentiel, dans trois autres classifications mathésiologiques qui appartiennent aussi à des savants ou à des philosophes éminents de notre temps et de notre pays. Telles sont celles de MM. BABINET, Jean REYNAUD et COURNOT.

Le premier de ces auteurs s'est malheureusement borné à indiquer brièvement ses vues dans un *Discours* prononcé à une distribution de prix, et qui a paru sous ce titre : *Sur la classification des sciences, considérées d'après la nature des objets qu'elles embrassent*, Paris, in-8, 1826. — Pour la classification objective de M. Jean REYNAUD, voy. son article *Encyclopédie*, déjà cité, p. 793; 1843 ; — et pour celle de M. COURNOT, son *Essai sur les fondements de nos connaissances*, 1851, p. 265 et suiv. — J'aurai à revenir, dans le Chapitre suivant, sur ces trois classifications.

D'autres savants et philosophes français ont publié, depuis un demi-siècle, des classifications objectives, ou principalement objectives (fondées aussi en partie sur des considérations subjectives), qui ont joui,

III.

Il est rare qu'une théorie , une conception véritablement logique, n'aille pas au delà des données que l'auteur
avait spécialement prises en considération , et sur lesquelles il l'avait fondée. Elle fournit presque toujours une
expression très heureuse, outre celles-ci , de toutes celles,
aperçues ou inaperçues, qui sont avec elles en cônnexion
nécessaire.

à l'époque où elles ont paru, de quelque célébrité, mais qui sont loin de
mériter une place à côté de celles qui viennent d'être rappelées. Telles
sont, par exemple, celles de LANCELIN et de JULLIEN (de Paris), qu'on
trouvera citées avec plusieurs autres dans la liste bibliographique
placée en note dans le Chapitre suivant, p. 237.

En tête de tous les auteurs qui, dans notre siècle, ont fondé la classification des sciences sur des considérations objectives, j'aurais aussi à
citer notre immortel BICHAT, s'il eût développé les vues indiquées par
lui, dès 1801, au commencement de son *Anatomie générale.* (Voy. plus
bas, p. 249 et 250.)

Les classifications objectives ont, dans notre siècle, dominé à l'étranger aussi bien qu'en France. Mais les savants et philosophes que nous
avons ici à citer, se sont beaucoup plus écartés de la voie ouverte par
Descartes, et avec peu de bonheur dans la plupart des cas. Combien les
classifications de M. Comte et d'Ampère, bien que des objections très
graves puissent, sur plusieurs points, leur être opposées; combien,
parmi les plus récentes, celles de M. Reynaud et de M. Cournot, sont
supérieures à celles qui ont été ailleurs proposées, par exemple, à celle
de KRUG, malgré la célébrité éphémère dont elle a joui en Allemagne,
et bien plus encore, à celle de Jérémie BENTHAM, malgré la juste illustration de son auteur! Comment admettre, avec le premier, ces trois
groupes dont deux au moins sont si loin d'être naturels, les sciences
libres, comprenant la philologie et l'histoire; les sciences *positives*, rela-

C'est ce qui a lieu pour la conception encyclopédique de Descartes, devenue après lui celle de M. Auguste Comte, puis celle d'Ampère (1), et plus tard, toujours la même, pour l'essentiel, sous des formes diverses, celles de plusieurs autres philosophes ou savants français, principalement de M. Jean Reynaud et de M. Cournot (2).

Et il n'est pas besoin des modifications plus ou moins profondes que lui ont fait subir ces auteurs, de l'extension qu'ils lui ont donnée, pour que les ingénieuses remarques présentées par eux à l'appui de leurs vues soient appli-

tives (liées, *gebundene*, dit l'auteur) aux faits de la réalité, groupe où la philosophie et l'anthropologie se trouvent interposées entre les mathématiques et la physique ; et les sciences *mixtes*, où la médecine se rencontre avec les connaissances administratives? Et comment accepter du second cette longue suite de dichotomies arbitraires, ou, comme il le dit, ce *système de bifurcation exhaustive*, divisant et subdivisant toutes les connaissances humaines en groupes aussi bizarrement dénommés qu'artificiels : inextricable dédale où le fil conducteur semble à chaque instant près d'échapper à l'auteur lui-même ?

Voyez, pour la classification de Jérémie BENTHAM, la seconde partie de sa *Chrestomathia*, publiée d'abord à part, in-8, en 1816 et 1817 ; réimprimée dans *The Works*, édition d'Édimbourg, partie XV, p. 1 à 192 ; — et aussi l'*Essai sur la nomenclature et la classification des principales branches d'art et science*, publié à Paris en 1823, d'après Jérémie Bentham, mais avec quelques développements, par Georges BENTHAM.

Pour celle de KRUG, voyez son *Allgemeines Handwœrterbuch der philosophischen Wissenschaften*, article *Wissenschaft*, publié en 1829, dans la première édition, et en 1834, dans la seconde (pour celle-ci, voy. t. IV, p. 529). Cet article résume plusieurs travaux antérieurement publiés par l'auteur sur les mêmes questions.

(1) Celle aussi de M. BABINET, antérieur à M. Comte et à Ampère, d'après les trop courtes indications que donne ce célèbre physicien dans le *Discours* plus haut cité. (Voyez p. 229, note.)

2 *Ibid.*

cables, avec la même force et tout aussi heureusement, à la conception de Descartes. Ces remarques, en effet, en tout ce qu'elles ont de juste et de vrai, dérivent, non des développements secondaires qu'a pu recevoir le principe de Descartes, mais de ce principe lui-même ; et si manifestement, si simplement, que les concordances philosophiques et historiques, signalées et démontrées dans notre siècle par MM. Auguste Comte, Ampère et Reynaud, eussent pu être en grande partie énoncées dès le milieu du xviie.

Quelques mots suffiront pour le faire voir, du moins à l'égard des deux points principaux.

En premier lieu, par cela même que Descartes, *conduisant sa pensée par ordre*, s'avance rationnellement *des objets les plus simples aux plus composés*, l'ordre qu'il établit donne lieu à une série très régulièrement et hiérarchiquement constituée. Chaque science y vient précisément après celle sur laquelle elle doit s'appuyer comme sur une introductrice, ou mieux, une *tutrice* nécessaire ; après celle qui doit l'éclairer, comme elle-même éclairera celle qui lui succède. C'est une chaîne où chaque anneau, suspendu à celui qui le précède, porte à son tour l'anneau qui le suit.

Les sciences qui, pour Descartes, viennent les premières comme relatives à des objets plus simples, les sciences *antérieures*, sont donc en même temps les *antécédents* logiques des autres ; et la série, établie au premier point de vue, coïncide avec celle que l'on établirait au second.

Elle concorde, de plus, avec l'ordre auquel on serait

conduit, en ayant égard au développement successif de nos connaissances : les sciences, logiquement antérieures, intermédiaires, postérieures, sont aussi historiquement antérieures, intermédiaires, postérieures. Et comment n'en serait-il pas ainsi ? Des efforts ont bien pu être tentés simultanément dans toutes les directions (1); mais ceux qui s'adressaient aux sciences les plus simples ont été nécessairement les premiers heureux, puisque ces sciences, indépendantes des autres, qui, au contraire, dépendent d'elles, étaient à la fois, pour l'esprit humain, les premiers points d'arrivée et les premiers points de départ pour aller au delà. Ainsi, sous ce point de vue encore, la conception cartésienne se montre digne de son auteur : la logique et l'histoire se vérifient ici réciproquement; ou plutôt les *antécédents logiques* étant toujours aussi les *antécédents historiques*, l'une est partout la clef de l'autre. Et quand Descartes nous montre, selon l'ordre de la complexité de leurs objets respectifs, les mathématiques précédant la physique générale, et celle-ci, toutes les autres sciences qui traitent des propriétés des corps bruts; quand il place à leur suite la botanique, et au delà encore (2), la zoologie, puis les sciences relatives à notre espèce, ce grand homme, par là même, nous fait apercevoir, dans cette suite de progrès qui, de l'antiquité à nos jours, se sont succédé à intervalles si inégaux, dans cette suite de découvertes où le vulgaire ne voit souvent que d'heureux

(1) Voyez l'*Introduction historique*, p. 17 et suiv., et *Résumé*, p. 119 et 120.

(2) Mais sans distinguer, autant qu'il était nécessaire, les sciences qui suivent la botanique.

I.   15.

hasards, un enchaînement régulier de causes et d'effets, et l'application constante d'une même loi générale; loi qui a permis que la Grèce vît naître dès le viᵉ siècle avant l'ère chrétienne un Pythagore, et au ivᵉ un Euclide; que la Sicile possédât au iiiᵉ un Archimède, et Alexandrie, sous les Césars, un Diophante; mais qui a voulu que l'Europe attendît jusqu'au xvᵉ siècle un Copernic, jusqu'au xviᵉ un Galilée et un Keppler, jusqu'au xviiᵉ un Newton, jusqu'au xviiiᵉ un Lavoisier; qui a voulu, qui veut que le développement des sciences biologiques soit plus tardif encore, et qu'il doive à son tour précéder et préparer celui des sciences sociales, *les plus complexes* et *les plus dépendantes* de toutes, par conséquent *les dernières* dans l'ordre de l'évolution de l'esprit humain : qui, aujourd'hui même, oserait annoncer l'avénement prochain de leur Lavoisier ou de leur Newton?

CHAPITRE VI.

DE LA CLASSIFICATION OBJECTIVE ET PARALLÉLIQUE DES SCIENCES, ET DU RANG DE L'HISTOIRE NATURELLE DANS LA SÉRIE DES CONNAISSANCES HUMAINES.

SOMMAIRE. — I. État de la question après Descartes. — II. Division objective des sciences. Sciences mathématiques. Sciences physiques. Sciences biologiques. Sciences humanitaires ou sociales. Philosophie ou sciences philosophiques. — III. Concordances diverses. — IV. Vérification par l'étude comparative des travaux modernes. — V. Subdivision de chacun des groupes primaires. Sciences théoriques. Sciences appliquées ou pratiques. Expression de leurs doubles rapports à l'aide de la *classification parallélique*. — VI. Résumé. Rang des sciences naturelles dans la série générale des connaissances humaines.

I.

En présence de toutes les concordances qui viennent d'être signalées, comment ne pas reconnaître dans la série de Descartes l'ordre vrai de nos connaissances? Elle se démontre, en quelque sorte, par elle-même, par sa simplicité logique, par son caractère éminemment rationnel. Elle se justifie par sa corrélation parfaite avec la suite des développements de l'esprit humain. Elle est confirmée par les travaux des auteurs modernes, par l'identité fondamentale de leurs résultats avec ceux de l'immortel auteur du *Discours sur la méthode*.

Mais la détermination de l'ordre sérial est loin d'être tout le problème. Soit qu'il ait suffi à Descartes de poser le principe et de marquer la direction générale de la série, soit que le temps lui ait manqué, il a laissé à ses successeurs le soin, difficile encore, de la réaliser, ou, comme on peut le dire en empruntant ces expressions à la belle science mathématique qu'il a créée, de la *tracer*, de la *construire*.

C'est cette seconde partie du problème qu'ont essayé de résoudre plusieurs auteurs modernes; notamment, M. Auguste Comte, de 1826 à 1830 (1), et Ampère, pendant une longue suite d'années et jusqu'à sa mort (2); tous deux également (peut-être sans avoir su eux-mêmes jusqu'à quel point) disciples et continuateurs de Descartes, dont ils ont diversement adopté et appliqué les vues fondamentales, en les développant, souvent très ingénieusement, en les modifiant selon leurs vues propres. Tels sont encore, auteurs de travaux beaucoup moins étendus, mais importants aussi, sur les mêmes questions, M. Jean Reynaud (3), qui a fondé directement, selon ses expressions, *son encyclopédie sur celle de Descartes*, si savamment et si habilement exposée par lui (4); et M. Cournot (5), qui, tout récemment et le dernier venu, a su trouver encore des sentiers nouveaux sur un terrain parcouru

(1) Et même jusqu'en 1842, date du sixième volume du *Cours de philosophie positive* de M. COMTE; mais, comme on l'a vu, p. 226, note 2, la conception tout entière de M. Comte avait été publiée dès 1830. Voyez surtout les deux remarquables leçons qu'il a intitulées *Exposition*, t. I, p. 1 à 116.

(2) Voyez l'histoire qu'AMPÈRE a lui-même donnée de ses travaux dans son *Essai sur la philosophie des sciences*, 1re part., 1834, *Préface*, p. 5 et suiv.

(3) Article *Encyclopédie* de l'*Encyclopédie nouvelle*, t. IV, 1843.

(4) Voyez plus haut, p. 225, note.

(5) *Essai sur les fondements de nos connaissances*, 1851, t. II p. 265 et suiv.

par de si illustres et de si nombreux devanciers (1).

Ce sont les mêmes questions que j'avais, de mon côté, abordées en 1840; mais seulement, comme je vais le faire ici, dans leurs données principales, et dans leurs rapports avec les sciences auxquelles est particuliè-

(1) Outre DESCARTES, M. Auguste COMTE, AMPÈRE, M. Jean REY- NAUD et M. COURNOT, dont les travaux viennent d'être rappelés, et les auteurs qui ont été cités précédemment (voyez ch. II, p. 183 et suiv.; ch. III, p. 200; ch. IV, p. 211 et suiv., et p. 217 et 219; et ch. V, p. 229, 230 et 231), j'aurais encore, pour être complet, à mentionner une foule de noms que recommandent des recherches ou des essais plus ou moins estimables sur la classification des sciences. Pour abréger une liste qui serait presque interminable, je renverrai à l'article *Wis- senschaft* de l'*Allgemeines Handwœrterbuch der philosophischen Wissenschaften* de KRUG. 2ᵉ édit., t. IV, 1834, p. 531 et 532; et je citerai seulement les auteurs suivants, dont les travaux, les uns omis (quoique déjà publiés), par le savant professeur de Leipzig, les autres d'une date postérieure, ne figurent pas dans son relevé bibliographique :

LANCELIN, *Introduction à l'analyse des sciences*, t. III, 1803. Ce volume tout entier est consacré à l'exposition des vues de l'auteur sur la mathésiologie. — DESTUTT DE TRACY, *Logique*, ou 3ᵉ partie des *Éléments d'idéologie*, ch. IX; édit. in-8, 1805, p. 386-521; édit. in-18, t. I, 1825, p. 337-432 Il n'y a que de très légers changements d'une de ces éditions à l'autre; mais Destutt de Tracy avait publié des vues à quelques égards très différentes dans un travail (principale- ment bibliographique), inséré dans le *Moniteur*, nˢ des 8 et 9 bru- maire an VI (1707). — GENCE, *Tableau méthodique des connaissances humaines*, avec texte explicatif, in-folio, 1806. — JULLIEN (de Paris), *Esquisse d'un essai sur la classification des sciences*, in-8, 1819, avec un *Tableau synoptique des connaissances humaines*, in-fol. — TO- ROMBERT, *Exposition des principes et classification des sciences dans l'ordre des études*, in-8, 1821. — WALKER, *Esquisse d'un système naturel des sciencés*, dans la *Revue européenne*, juillet 1824. — FARCY, *Aperçu philosophique des connaissances humaines*. in-18, 1827. — Henri CASSINI, *Opuscules phytologiques*, t. III, 1834, p. 178 et suiv. — LARROQUE, *Cours de philosophie, Logique*, chap. VI; 2ᵉ édit., 1838,

rement consacré cet ouvrage. On verra bientôt que les
solutions auxquelles j'ai été conduit sont, comme celles
d'Ampère, de MM. Comte, Reynaud et Cournot, très
conformes à la conception encyclopédique de Descartes.

J'exposerai d'abord mes vues, en prenant pour point
de départ les notions qui viennent d'être exposées. Je
comparerai ensuite les résultats que j'ai cru et crois
devoir admettre, avec ceux qu'ont obtenus, dans la
même direction, les auteurs qui m'y ont précédé ou
suivi (1).

II.

Nous venons de reconnaître que la classification mathésiologique doit être essentiellement *objective*, les différences *subjectives* n'ayant à y intervenir que secondaire-

p. 266-271. L'auteur fait précéder l'exposé de sa propre classification
de remarques très judicieuses sur celle d'Ampère.

Cette liste, déjà très longue, le serait bien plus encore, si je voulais
y tenir compte des indications données par une multitude d'auteurs,
sans les développements qui seuls pouvaient rendre leurs travaux
vraiment dignes d'intérêt. — Parmi ces auteurs, je me bornerai à citer
Mariotte. Outre les travaux qui l'ont illustré comme physicien, Mariotte a laissé un *Essai de logique*, qui, bien qu'aujourd'hui oublié,
n'est pas indigne de ses autres écrits. (Voy. ses *OEuvres*, Leyde, 1717,
t. II). Dans sa *Logique*, Mariotte ne s'étend pas sur la classification des
sciences, mais il indique leur division en trois groupes, les *sciences
intellectuelles* (les mathématiques), les *sciences naturelles*, et les
sciences morales.

(1) Communiqués par moi en 1840 au prince Charles Bonaparte, les
résultats de mes études sur les rapports et la classification des sciences,
ont été exposés par lui, en 1841, dans l'un des congrès italiens.

Un résumé très concis, mais exact, de la communication du prince

ment. Si nous nous demandons combien doivent y être établies de *divisions primaires*, nous pouvons donc déjà répondre : autant que nos connaissances ont d'*objets principaux ;* autant qu'il est de *groupes principaux* ou d'*ordres de vérités*. Et c'est à déterminer le nombre de ces groupes et leur enchaînement logique, que nous devons d'abord nous attacher.

Essayons de le faire, en écartant enfin toutes ces données arbitraires qui, jusqu'à présent, ont tenu une si grande place dans la solution des questions de ce genre.

Il est d'abord un groupe dont la détermination, au point de vue objectif, ne peut faire difficulté : groupe tellement distinct que déjà nous avons pu le définir, et c'est le seul, à l'aide de considérations seulement subjectives (1). C'est le groupe des vérités mathématiques, vérités essentiellement *abstraites, absolues, nécessaires*. Ces vérités,

---

CH. BONAPARTE se trouve dans les *Atti della terza riunione degli scienziati italiani*, Florence, 1841, p. 332.

J'ai à plusieurs reprises (en mai 1841, puis en 1843, 1844 et 1847) exposé les mêmes vues dans mes cours au Muséum d'Histoire naturelle, les développant dans leurs rapports avec le sujet spécial que j'avais à traiter, et cherchant à faire nettement saisir la classification qui en dérive, à l'aide de tableaux synoptiques mis sous les yeux de mon auditoire. Peut-être rendrai-je plus clair ce qui va suivre, en reproduisant ici un de ces tableaux (celui de 1844). Ce sera résumer à l'avance la première partie de ce chapitre.

VÉRITÉS
- *absolues et abstraites* . . . . SCIENCES MATHÉMATIQUES.
- *relatives*
  - *à la matière.* . . . . SCIENCES PHYSIQUES.
  - *à la vie (ou aux êtres vivants).* SCIENCES BIOLOGIQUES.
  - *à l'humanité* . . . . SCIENCES SOCIALES.

} PHILOSOPHIE.

(1) Chap. IV, sect. II.

Il est facile de voir que les différences subjectives précédemment indiquées résultent comme corollaires des différences objectives.

et tel est leur caractère le plus général, sont indépendantes de *tout*, hormis de l'entendement qui les conçoit. Faites abstraction de tous les êtres matériels, et même, en général, de la matière : supprimez-les, pour ainsi dire, par la pensée ; la seule notion de l'espace subsistant, ces vérités subsisteront encore, au moins virtuellement (1). Elles ont éternellement préexisté dans la suprême intelligence, et je puis dire, empruntant les expressions de Bossuet (2) : » Ces vérités subsistent devant tous les siècles, et devant « qu'il y ait eu un entendement humain ;... elles seraient » toujours bonnes et toujours véritables, quand il n'y » aurait personne qui fût capable de les comprendre... » Elles subsistent éternelles et immuables. »

Les *sciences mathématiques* ont pour objet ces vérités abstraites, indépendantes, nécessaires, éternelles.

Après elles, les *sciences physiques*.

A la notion de l'espace que nous supposions seule subsistant, ajoutons celle de la matière : un second ordre de vérités devient aussitôt, par l'intermédiaire de nos sens, accessible à notre esprit ; et nous concevons une seconde classe de sciences. Les vérités physiques ne sont plus abstraites et purement *intellectuelles,* mais *réelles*, en prenant ce mot dans l'acception que lui donne Buffon (3) ; elles ne sont plus absolues, nécessaires, éternelles, mais subordonnées à l'existence de la matière et des corps,

---

(1) « Personne ne s'est hasardé encore à nier ce que dit Montes-» quieu, qu'avant qu'on eût tracé de cercle, tous les rayons étaient » égaux. » (RÉMUSAT, *Essais de philosophie*, t. I, p. 288.)

(2) *Connaissance de Dieu et de soi-même*, ch. IV, v.

(3) Voyez Chap. IV, p. 205.

indépendamment desquels elles ne sauraient être conçues, même virtuellement.

Très distinctes ainsi des vérités du premier ordre, les vérités physiques ont en même temps ce caractère, qu'elles s'étendent à toutes les propriétés de la matière, sous toutes ses formes et dans toutes ses conditions, étant relatives à sa distribution dans l'espace, aux agglomérations et aux combinaisons qu'elle y forme, aux forces, aux actions, aux phénomènes qui s'y produisent. Elles sont telles que souvent, alors même que nous les constatons uniquement à l'égard de notre globe ou du système dont notre globe fait partie, nous pouvons, par la pensée, les suivre au delà et par tout l'univers ; vérités ainsi réductibles à des lois que nous sommes fondés à considérer, non seulement comme d'un ordre très général, mais, dans le vrai sens de ce mot, comme *universelles*, selon cette pensée hardie de Descartes (1) : « Encore que Dieu aurait » créé plusieurs mondes, il n'y en saurait avoir aucun » où elles manquassent d'être observées! »

(1) *Discours sur la méthode*, 5ᵉ partie.
Il importe de faire observer, en citant cette pensée de Descartes, qu'elle n'implique nullement la *nécessité* de ces lois qui, en effet, pourraient n'être *observées dans aucun monde*. La notion de la contingence des corps, et en général de la matière, est donc parfaitement conciliable avec la proposition de Descartes, et l'on doit se garder de la confondre avec les vues des auteurs qui ont admis la nécessité de la création ; par exemple, d'un philosophe récent, qui, citant cette belle parole de D'Alembert : L'univers est un fait unique (voyez plus haut, p. 173), ose ajouter : Ce fait unique *est nécessaire.* Ce philosophe si hardi, ou plutôt si téméraire, est une femme, mademoiselle Sophie Germain. — Voyez son remarquable ouvrage, intitulé : *Considérations générales sur l'état des sciences et des lettres*, 1833, p. 57 et 59.

Après les vérités relatives à la *matière* et à tous les corps dans toutes leurs conditions et tous leurs états, viennent des vérités qui, loin d'être encore générales ou universelles, se circonscrivent dans des cercles de plus en plus restreints, devenant aussi de plus en plus *dépendantes*.

Telles sont les vérités *biologiques* ou relatives à la *vie* : vérités qui ont pour objets ces êtres encore étendus et matériels, ces *corps* dits organisés et vivants, que distinguent, entre tous les autres, et d'une manière si tranchée, leur accroissement graduel à partir d'un moment initial, la mobilité continuelle de leur composition physique, leur durée limitée, et par conséquent la restitution, d'abord lente et partielle, puis, finalement, entière, de la substance qui a successivement constitué leur individualité (1).

Telles sont encore les vérités *humanitaires* ou *sociales*, relatives, comme ces noms l'expriment, à nous-mêmes, à l'*humanité ;* en d'autres termes, à l'homme considéré comme être intelligent, moral et social, et, à ce point de vue, non moins distinct de tous les autres êtres doués de vie, que ceux-ci de tous les autres *corps ;* en d'autres termes encore, aux *sociétés humaines ;* êtres collectifs auxquels chacun de nous est ce que sont à un être vivant et individuel les diverses molécules qui concourent momentanément à le former ; êtres dont on

---

(1) Êtres qui se distinguent aussi en ce qu'ils sont à eux-mêmes cause et effet, ajouterais-je avec Kant, si je ne voulais m'abstenir ici de le suivre dans des considérations métaphysiques dont je reconnais d'ailleurs la justesse. On trouvera une bonne analyse des vues de l'illustre philosophe allemand sur ce sujet, dans l'*Histoire de la vie et de la philosophie de Kant,* par SAINTES, 1844, p. 211.

peut dire aussi, abstractivement, qu'ils naissent, vivent, se renouvellent sans cesse, et finissent par se dissoudre en leurs éléments, mais à longs périodes, et sans qu'on puisse à l'avance assigner le moment de leur vieillesse et le terme de leur durée.

Aux vérités relatives à la *vie* ou aux *êtres vivants*, à celles qui se rapportent à l'*humanité* ou aux *sociétés humaines*, correspondent les *sciences biologiques* et les *sciences humanitaires* ou *sociales*, sciences constituant ainsi naturellement le troisième et le quatrième terme fondamental de la série mathésiologique : sciences à la fois très distinctes, et liées par des affinités qu'on ne saurait méconnaître plus que leurs différences objectives. Les unes et les autres se rapportent à des phénomènes dont le propre est d'être très complexes, incessamment variables, passagers, et, comparativement à ceux qui sont du domaine des sciences physiques, seulement locaux : phénomènes dont l'existence est, par conséquent, très restreinte, aussi bien dans l'espace que dans le temps, et qui restent sans influence sur l'ensemble; en sorte qu'autant les vérités mathématiques sont indépendantes des vérités physiques, autant celles-ci le sont des vérités relatives, d'une part, à la vie ou aux êtres vivants, de l'autre, à l'humanité ou aux sociétés humaines.

Les sciences biologiques et les sciences humanitaires ou sociales forment donc naturellement les troisième et quatrième groupes fondamentaux de la série mathésiologique, qui se trouve ainsi très logiquement constituée; car elle procède, selon une progression très régulière, et dont la *raison* est partout la même, des vérités les plus *simples,* les plus *générales* et les plus *indépendantes,* à celles qui sont le plus *complexes,* le plus *spéciales* et le plus *subordonnées.*

A la suite des sciences physiques, biologiques et humanitaires, ou, comme ont dit plusieurs philosophes, après les *sciences de la nature,* et au-dessus de la *science de l'homme,* nous ne saurions plus concevoir que la *science de Dieu,* et plus généralement, la *philosophie* ou les *sciences philosophiques,* dont la connaissance de Dieu est le sublime couronnement. Mais la philosophie, science des rapports généraux, de l'ensemble, de la cause première, n'est pas une science que l'on puisse assimiler aux autres, et placer à leur suite, ou parmi elles comme un terme de plus dans la série, fût-ce comme le terme principal et prédominant. Elle est le résumé général, l'ensemble des corollaires communs de toutes les autres sciences, unies et confondues en elle dans leurs sommités; elle est le foyer où convergent et se concentrent les rayons divers du savoir humain. La philosophie, dans le sens vrai de ce mot, la *philosophie première,* comme ont dit Aristote (1) et Bacon (2), et qui serait mieux dite la *philosophie dernière,* puisque tout y aboutit, n'est pas *une science;* elle est la *science des sciences,* la *fin* de toutes les autres : en deux mots, en tant qu'elle nous est accessible, la science *une et suprême.*

(1) *Métaphysique,* liv. VI, 1. La philosophie première, la science première, dit Aristote, est la *science universelle,* la *science par excellence;* et comme telle, elle doit avoir pour objet l'*être par excellence.*

(2) *De dignitate et augmentis scientiarum, lib.* III, *cap.* I. — Bacon définit la philosophie première la *science des choses divines et humaines.*

III.

Arrivés à ce point, qui ne voit que nous sommes revenus à la série de Descartes, mais maintenant à sa série divisée, décomposée, dont nous connaissons les termes principaux aussi bien que la direction générale, et dont l'ordre se trouve vérifié par de multiples concordances? Ces termes sont les sciences *mathématiques, physiques, biologiques* et *humanitaires* ou *sociales*, que relient, dans leurs sommités, les sciences *philosophiques* (1). Cet ordre est celui dans lequel je les énonce ici : ordre dont je puis dire d'abord, avec Descartes, qu'il procède *des objets les plus simples aux plus composés* (2), et en outre, des objets les plus généraux aux plus particuliers; de

(1) Des noms dont je me sers ici, les deux premiers et le dernier sont depuis longtemps sanctionnés par l'usage : nulle difficulté à leur égard.

Le nom de *sciences biologiques*, appliqué au troisième groupe, est beaucoup plus récent ; mais un grand nombre d'auteurs s'en sont déjà servis à l'exemple de Lamarck (voyez p. 168), et il est aujourd'hui très généralement usité. On ne saurait d'ailleurs lui substituer un terme plus satisfaisant en lui-même, et mieux en rapport avec l'idée qu'il doit exprimer. Encore ici, nulle difficulté.

J'ai, au contraire, beaucoup hésité sur le choix du nom qu'il conviendrait d'adopter pour le quatrième groupe. Aucun des termes jusqu'ici employés n'est exempt d'objection. Provisoirement je me sers tout à la fois du mot *sciences sociales*, très généralement usité (trop peut-être, par les extensions diverses qu'on lui a si souvent données), et du mot *sciences humanitaires*, qui, plus large, et par cela même, plus exact, semble pouvoir être utilement introduit dans la nomenclature mathésiologique. Je laisse aux auteurs qui s'occupent spécialement de ces sciences, le soin de prononcer sur le nom qui doit leur être définitivement donné.

(2) Voyez Chap. V, p. 223 et 224.

ces êtres abstraits qui ne sont qu'étendus, à des êtres
étendus encore, *et de plus, matériels;* de ceux-ci à des
êtres matériels encore, *et de plus, vivants;* de ces derniers
enfin, à des êtres vivants encore, *et de plus, intelligents et
moraux.* Ordre où, par cela même, on s'avance progres-
sivement de vérités et de sciences dont le domaine est *infini,* puis *universel,* à des vérités et à des sciences de plus en
plus *limitées;* par conséquent, et à tous égards, *des plus
complétement indépendantes aux plus dépendantes.*

Sous tous ces points de vue, notre ordre sérial se vérifie *logiquement.* Puisque cet ordre est l'ordre même
de Descartes, je puis ajouter qu'il ne se vérifie pas moins
heureusement par l'*histoire :* c'est ainsi, nous le savons
déjà, qu'a commencé, que s'est opéré et que se poursuit encore l'évolution des connaissances humaines.

A toutes ces concordances, à celle-ci surtout, je puis
en rattacher une autre encore, et la plus remarquable
peut-être, bien qu'indirecte; dernière et décisive confirmation de notre ordre sérial. Les mêmes relations de
temps et de succession qui existent entre les quatre groupes
principaux de la série mathésiologique, se retrouvent
entre leurs *objets* eux-mêmes. En effet, ce sont les mathématiques, sciences des vérités éternelles, qui ont devancé
historiquement toutes les autres. Plus récentes que les
mathématiques, les sciences physiques ont précxisté aux
sciences biologiques; de même la matière et les corps bruts
aux êtres vivants. Enfin les sciences humanitaires sont celles
dont le développement est le plus tardif, comme l'homme
est le chef-d'œuvre final et le couronnement de la création.

Les sciences se développent donc précisément dans
l'ordre même où leurs objets se sont produits.

IV.

La classification des sciences en quatre groupes principaux vient d'être obtenue directement et rationnellement, à l'aide de diverses considérations théoriques, et principalement en partant des vues de Descartes. Elle peut aussi être déduite indirectement, et par voie éclectique, de l'étude et de l'appréciation comparative des principales conceptions encyclopédiques, de celles qui ont eu et ont encore cours parmi les savants et les philosophes Je puis presque dire l'assentiment des auteurs de ces diverses conceptions, acquis à l'avance à la classification dont je viens de poser les bases; classification que j'appellerais volontiers celle de tous, car il pouvait suffire d'en extraire, d'en dégager tous les éléments essentiels des travaux les plus récents et les plus estimés. C'est ce que je vais sommairement démontrer (1).

Nul dissentiment, en premier lieu, sur l'ordre général de notre série : c'est l'ordre même de Descartes ; par conséquent, celui qui prévaut dans la science depuis MM. Comte et Ampère surtout. Je l'ai montré ailleurs, et je n'ai plus à revenir sur ce point (2).

(1) Je comprendrai dans l'exposé analytique qui va suivre, aussi bien les classifications postérieures à la première publication de mes vues (voyez plus haut, p. 238) que celles qui les ont précédées, et dont j'ai pu me servir en 1840.

(2) Voyez le Chapitre précédent, sect. II.

Depuis la rédaction de ces Prolégomènes, les idées que j'ai tout à

On est d'accord aussi, et presque sans exception, à
l'égard du groupe par lequel s'ouvre la série, celui
des *sciences mathématiques*. Il est, de nos jours,
généralement admis; il l'a été de tout temps. Parmi
les modernes, il occupe le même rang dans les classifications objectives de MM. Auguste Comte, Ampère,
Reynaud, Cournot (1), et dans celle, basée sur les
mêmes principes, qu'a indiquée M. Babinet (2); il l'occupe
aussi dans les classifications subjectives de De Candolle,
de M. d'Omalius d'Halloy et de M. Gerdy (3). Tous ces
auteurs le placent à la tête de la série. On lui assigne
presque partout aussi les mêmes limites. A l'arithmétique
et à l'algèbre, à la théorie des fonctions et à celle des
probabilités, à la géométrie et à la mécanique, Ampère
presque seul adjoint l'astronomie; et il est trop manifeste

l'heure exposées, et que je rappelle ici, ont été encore confirmées et
mises en lumière par quelques auteurs; par exemple, résumées, avec
autant de concision que de netteté, par le disciple le plus éminent de
M. Comte, M. LITTRÉ. Voyez son article sur les *Étoiles filantes*, inséré
dans la *Revue des deux mondes*, t. XIV (nouvelle période), p. 289,
avril 1852 : « Une juste hiérarchie des sciences, dit M. Littré, place au
» premier degré ce qui est plus général et plus simple, pour venir à ce qui
» est plus particulier et par conséquent plus compliqué... Rien ne peut
» plus faire que cette notion suprême, aujourd'hui mise dans la cir-
» culation, ne pénètre enfin les esprits, et qu'on ne comprenne la
» subordination réelle des sciences. »

(1) Pour les classifications de MM. COMTE, AMPÈRE, REYNAUD et
COURNOT, voyez p. 226 et suiv. — Pour celles d'AMPÈRE et de M. COUR-
NOT, voyez aussi, outre la suite de cette Section, p. 258 et p. 262.

(2) *Discours sur la classification des sciences*, prononcé en 1826 à
une distribution de prix, et déjà cité, p. 229.

(3) J'ai résumé les vues de DE CANDOLLE, p. 217 et suivantes; celles
de MM. D'OMALIUS D'HALLOY et GERDY, p. 200 et 201. — Pour ces
trois auteurs, voyez en outre plus bas, p. 252.

qu'il le fait bien plus pour la symétrie de son cadre que pour des motifs de fond (1).

Le groupe des *sciences physiques* et celui des *sciences biologiques*, seulement indiqués par Descartes, mais dont la distinction avait été plus nettement faite en 1801 par Bichat et en 1802 par Lamarck (2), n'avaient pas

(1) Quelque grande que soit l'autorité d'Ampère, son opinion sur le rang et les rapports mathésiologiques de l'astronomie n'a eu qu'un bien petit nombre de partisans; elle n'en a plus, et surtout ne saurait en avoir dans l'avenir. On s'accorde de plus en plus à reconnaître que l'astronomie appartient au groupe des sciences physiques.

Il est bien vrai que, pour nous faire connaître le volume, la figure, la masse, les distances, les mouvements des astres, et plus généralement la distribution de la matière dans l'espace, l'astronomie emprunte aux mathématiques leurs méthodes; mais elle les applique à des faits essentiellement physiques, qu'elle ramène à des lois physiques aussi. Le principe lui-même de la gravitation a ce caractère; l'astronomie en tire mathématiquement les plus sublimes conséquences auxquelles puisse s'élever l'esprit humain; mais il n'est au fond ni mathématique ni astronomique; il est, il reste un principe de physique générale, puisque tous les corps, quels qu'ils soient, s'attirent réciproquement, puisque la pesanteur est un fait universel.

L'astronomie ne consiste d'ailleurs pas tout entière dans ce qu'on a appelé la *géométrie* et la *mécanique célestes*. Sans parler de la chimie qui a pu, grâce à la chute des aérolithes, démontrer l'existence, hors de notre globe, de la même matière qui en constitue l'écorce, la physique intervient utilement, et de jour en jour davantage, dans l'étude des corps célestes. A l'aide des rayons lumineux, propres ou réfléchis, qu'ils nous envoient, et par lesquels il nous est donné de communiquer avec eux, elle les explore, et parfois obtient des résultats qui vont jusqu'à en pénétrer à quelques égards la nature : par exemple, à rendre compte de la formation des montagnes de la lune, et bien plus encore à démontrer l'état gazeux de la surface incandescente du soleil; admirable application de l'optique, qui suffirait pour faire vivre à jamais le nom de M. Arago.

(2) Pour BICHAT, voyez le remarquable début de l'*Anatomie générale*.

1.   16.

été admis par les auteurs de la première partie de notre
siècle. La *physique générale* qui *examine d'une manière
abstraite* les propriétés des corps, et la *physique particulière* ou *histoire naturelle* qui *étudie individuellement*
ces mêmes corps, aussi bien les corps bruts que les
êtres vivants, telle était la division adoptée jusqu'à nos
jours dans ce qu'on avait appelé en général la *physique* ou
science naturelle : division tellement consacrée par l'u-
sage, que ni Haüy (1), ni Cuvier et De Candolle eux-
mêmes (2) n'ont songé à s'y soustraire ou ne l'ont osé.

C'est par Bichat que la distinction des *sciences physiques* et des *sciences
physiologiques* a été le plus nettement faite. Il importe d'ailleurs
de faire remarquer que les *sciences physiologiques* de Bichat ne sont
pas exactement ce que nous appelons *sciences biologiques*, mais seulement une partie de celles-ci. Bichat laisse en dehors des sciences physiologiques, et considère comme constituant un groupe à part, les
sciences biologiques descriptives.

Quant à LAMARCK, on a déjà vu (p. 168) que cet illustre zoologiste
avait indiqué, en 1802 et 1803, la nécessité de réunir toutes nos
connaissances sur les êtres vivants en une science commune, la *biologie*. Mais Lamarck n'a ni développé ni précisé ses vues, et il est resté,
sur ce point, sans influence sur les travaux ultérieurs.

A plus forte raison en a-t-il été ainsi de RAFINESQUE-SCHMALZ,
auteur connu surtout par ses nombreuses innovations terminolo-
giques, et dont les vues ont rarement mérité de fixer l'attention, et
surtout d'être accueillies dans la science. Sur ce point pourtant, Rafi-
nesque a été mieux inspiré qu'à l'ordinaire : sous le nom de *somiologie*,
il a nettement admis le groupe des sciences biologiques dans l'opus-
cule, déjà cité, qu'il a fait paraître en 1814 sous ce titre : *Principes
fondamentaux de somiologie*, Palerme, in-8.

(1) *Traité élémentaire de physique, Introduction*, p. j.

(2) Voyez CUVIER, *Tableau élémentaire de l'Histoire naturelle des
animaux*, p. 1 et 2, 1798 ; et surtout *Règne animal*, p. 2 et 3. —
DE CANDOLLE, *Théorie élémentaire de la botanique, Introduction*.

Les définitions qui viennent d'être données sont empruntées à
Cuvier et à De Candolle.

Elle est tombée enfin devant les progrès récents de nos connaissances; et les travaux modernes ont fait prévaloir la distinction, entrevue par Descartes, Bichat et Lamarck, entre ces deux groupes éminemment naturels : d'une part, toutes les sciences relatives à la matière en général et aux *corps bruts;* de l'autre, toutes celles qui traitent des *êtres organisés* et doués de vie. A son tour, cette distinction fondamentale est sanctionnée par l'usage. On peut sans doute signaler ici de nombreuses divergences d'opinion ; mais la plupart, depuis M. Comte, et surtout depuis Ampère, ne sont que secondaires et souvent de pure forme. Je retrouve les *sciences physiques* (1) et les *sciences biologiques* sous ces mêmes noms chez M. Cournot ; sous ceux de *sciences physiques* et *physiologiques* chez Ampère (2); de *physique*

(1) On disait autrefois indifféremment *science de la nature, science naturelle* et *physique.* Il n'en est plus de même aujourd'hui. Quoique parfaitement équivalentes par leurs données étymologiques, ces expressions *sciences physiques* et *sciences naturelles,* ont reçu de l'usage des sens très différents. Ces dernières sont, par excellence, dans le langage actuel, les sciences qui traitent des êtres vivants, en d'autres termes, les *sciences biologiques théoriques.*

(2) La nécessité logique de comprendre dans un même groupe la physique générale, la chimie, la minéralogie et la géologie, avait été reconnue avant Ampère ; mais c'est surtout grâce aux travaux de l'illustre physicien qu'elle a été comprise et qu'elle a prévalu.

C'est sous l'influence d'Ampère que la Société philomathique de Paris, si anciennement et si justement renommée, s'est divisée en trois grandes sections, correspondant l'une aux sciences *biologiques,* les deux autres aux sciences *mathématiques* et *physiques,* la minéralogie et la géologie faisant partie de la section mathématique. Dans l'Académie des sciences de Paris, au contraire, ces deux dernières branches de nos connaissances, et la chimie elle-même, continuent à être écartées de la physique, et réunies à la botanique et à la zoologie, selon les idées qui ont si longtemps régné en mathésiologie.

inorganique(1) et de *physique organique* ou *biologie* chez M. Comte ; de *physique* et de *zoologie* chez M. Rey-naud (2); d'*inorganomie* et d'*organomie* chez M. d'Omalius d'Halloy (3); l'une de ces sciences s'occupant, dit le célèbre géologue belge, des forces et des corps bruts, l'autre de la vie et de ses produits. L'*organologie* de M. Gerdy, l'*histoire naturelle organique* de De Candolle, sont encore le groupe des *sciences biologiques*, mais considéré ici comme une simple subdivision de l'*histoire naturelle* ou *physique particulière;* subdivision opposée à l'histoire particulière des corps bruts qui est l'*inorganologie* du premier, l'*histoire naturelle inorganique* de celui-ci (4).

(1) Subdivisée en astronomie, physique et chimie.

(2) M. REYNAUD, *loc. cit.*, p. 789, a donné au mot *zoologie*, pour éviter d'en créer un autre, un sens beaucoup plus étendu qu'on ne le fait d'ordinaire. C'est pour l'auteur la science des êtres vivants. On sait que ζῶον ne répond en grec à notre mot *animal*, que parce que les animaux sont les *êtres vivants par excellence*. L'adjectif ζῶος signifie *animé*, *vivant*.

(3) M. D'OMALIUS D'HALLOY, dans ses premiers travaux mathésiologiques, avait encore admis l'ancienne division en *physique générale* et *histoire naturelle* particulière; mais il a très heureusement modifié sa classification dans son *Tableau des connaissances humaines*; *Note additionnelle*. 1838 (voy. p. 200).

Dans ce *Tableau*, M. d'Omalius d'Halloy donne ainsi les divisions principales de l'*organomie* et de l'*inorganomie* :

INORGANOMIE	générale	{ Physique.
		{ Chimie.
	particulière.	{ Astronomie.
		{ Météorologie.
		{ Minéralogie.
		{ Géologie.
ORGANOMIE		{ Botanique.
		{ Zoologie.

L'ensemble de toutes ces sciences forme, pour M. d'Omalius, le groupe des *sciences naturelles*.

(4) M. BABINET, *loc. cit.*, a parfaitement déterminé le groupe des

Ajoutons enfin que la distinction des sciences *physiques* et *biologiques* se retrouve, et ici officiellement consacrée, dans les programmes actuels de l'instruction publique (1).

Le quatrième groupe principal, celui des sciences humanitaires ou sociales, a été admis plus généralement encore que les deux précédents. On le retrouve, sous des noms divers, dans presque toutes les conceptions encyclopédiques, aussi bien dans celles qui datent de l'antiquité ou du moyen âge, que dans les plus modernes. Parmi celles-ci, il occupe le plus souvent le même rang. C'est ainsi que sous le nom de *physique sociale* ou *sociologie*, il constitue la dernière des six sciences fondamentales de M. Auguste Comte ; sous celui de *sciences noologiques,* groupe subdivisé en *sciences noologiques* proprement dites et en *sciences sociales* (2), le second des deux *règnes* mathésiologiques d'Ampère (3) ; sous le même

sciences physiques, mais non celui des *sciences biologiques*. Il fait de nos connaissances sur les végétaux, d'une part, sur les animaux, de l'autre, deux groupes de premier ordre, au lieu d'un seul groupe principal, secondairement divisé.

(1) Voyez la note de la page 255.

(2) Celles-ci subdivisées encore en *sciences ethnologiques* et *politiques*.

(3) Ampère s'écarte d'ailleurs ici, sous un point de vue important, des auteurs avec lesquels il est le plus ordinairement d'accord. De ses *sciences noologiques*, c'est-à-dire des sciences humanitaires, tant pratiques que théoriques, et de quelques autres branches de nos connaissances qu'il y rattache plus ou moins heureusement, Ampère compose ce qu'il appelle un de ses deux *règnes*, c'est-à-dire une *moitié* tout entière de l'encyclopédie. C'est attribuer à ce groupe une importance très exagérée. Tous les auteurs en ont ainsi jugé, et l'on doit s'étonner qu'Ampère n'ait pas abandonné ses vues à cet égard, en voyant à quelles conséquences il allait être conduit. La valeur des divisions et

nom, la dernière des divisions admises par M. d'Omalius d'Halloy et par plusieurs autres ; sous celui de *sciences*
relatives au microcosme (1), la dernière des trois classes
auxquelles Blainville rapporte toutes nos connaissances ;
enfin, sous celui de *sciences politiques,* la cinquième et
dernière des divisions principales, admises par M. Cournot parmi les sciences théoriques.

De nos quatre groupes principaux ou *embranchements*
mathésiologiques, il n'en est donc pas un seul auquel on
ne pût être conduit par l'analyse, comparativement faite,
des travaux modernes. Et s'il est vrai que la distribution
des connaissances humaines que j'ai cru devoir adopter il
y a quelques années, n'avait été encore proposée par
aucun des savants et des philosophes qui m'ont précédé,
elle était en quelque sorte par parties dans la science, et je

subdivisions étant exagérée dans la même raison que celle du groupe
principal, il se trouve que des sciences qui ne sont et ne seront jamais
admises par personne, figurent dans les tableaux d'Ampère avec le
rang de sciences de *second ordre,* quand, dans l'autre *règne,* des
sciences d'une très grande importance sont considérées comme étant
seulement de *troisième ordre.* Il en est ainsi, par exemple, de l'analyse
mathématique, de la minéralogie, de l'anatomie, de la chimie elle-
même, qui, par là, se trouvent placées hiérarchiquement à côté de la
lexiographie et de la *mnémiognosie,* au-dessous de la *bibliologie* et
de l'*hoplismatique !* Plus l'autorité d'Ampère est, en général, légitime
et imposante, plus il est nécessaire de dire qu'il s'est ici trompé,
entraîné par le désir de retrouver partout, et à tous les degrés de
la classification, ses *quatre points de vue* (voyez p. 258, note) et ses
quadruples divisions et subdivisions.

(1) Par opposition aux sciences relatives au *macrocosme,* c'est-à-
dire à celles qui étudient le monde en masse et dans ses parties.
(Voyez BLAINVILLE et MAUPIED, *Histoire des sciences de l'organisation,*
t. 1, 1845 ; *Introduction,* p. xxj.)

suis presque en droit de la présenter comme la résultante
de tous les efforts antérieurement faits (1).

V.

Les groupes fondamentaux ou *embranchements mathésiologiques* viennent d'être déterminés au point de vue
objectif : les considérations subjectives vont intervenir
à leur tour pour les subdivisions.

Il est encore ici des points sur lesquels tous les auteurs
sont d'accord, et que l'on peut regarder comme mis hors
de doute. Telle est la distinction, que déjà nous avons re-

(1) J'ai eu la satisfaction de voir les divisions que j'avais proposées
en 1841, admises en 1848 dans les *Programmes officiels des examens
dans les Facultés des sciences*, Paris, in-4 (programmes que les nouveaux décrets et arrêtés de 1852 n'ont nullement modifiés à cet égard).
C'est sur la proposition de la Faculté des sciences de Paris, et de l'avis
du Conseil de l'Université, qu'ont été instituées trois séries d'épreuves
pour la licence et le doctorat : la première pour les *sciences mathématiques ;* la seconde pour les *sciences physiques ;* la troisième pour les
sciences naturelles, c'est-à-dire pour les *sciences biologiques ;* car la
minéralogie a été reportée parmi les sciences physiques.

En ajoutant aux trois groupes admis par la Faculté les *sciences
humanitaires* ou *sociales* dont elle n'avait pas à s'occuper, on retrouve
exactement la classification que je viens d'exposer.

Tout récemment, cette même classification a été en très grande partie
adoptée par M. Cournot, comme on a pu le voir par ce qui précède. Ce
savant admet avec moi, et sous les mêmes noms aussi bien que dans
le même ordre, les sciences *mathématiques, physiques* et *biologiques*.
Après celles-ci, M. Cournot termine l'encyclopédie par deux groupes,
les *sciences noologiques* et *symboliques*, et les *sciences politiques* et
l'*histoire*. Ces deux groupes correspondent, mais non exactement, aux
sciences philosophiques et aux *sciences sociales*.

connue d'une manière générale, entre les sciences essentiellement *théoriques* et nos connaissances *appliquées*
ou *pratiques* (1); distinction qui se reproduit dans chacun
des embranchements, et à laquelle aucune objection n'est
opposée et ne saurait l'être. Dans l'embranchement qui
nous intéresse plus spécialement, quelle difficulté pourrait
s'élever contre la division des *sciences biologiques* en
théoriques et appliquées, c'est-à-dire, ainsi qu'on les
nomme généralement, en *sciences naturelles* et *sciences
médicales et agricoles?* Parmi les autres branches de
nos connaissances, la distinction des *mathématiques
pures* ou théoriques et *appliquées* est devenue vulgaire;
et la division des sciences physiques et des sciences humanitaires en *théoriques* ou *spéculatives,* et *pratiques* ou
d'*application*, se présente tout aussi naturellement, et
n'est guère moins généralement admise.

La difficulté n'est donc pas là (2); elle est dans la détermination du rang qu'il convient d'assigner à ces
diverses subdivisions, dans l'expression des multiples
rapports de ces connaissances pratiques, dans lesquelles
Descartes (3), s'inspirant très vraisemblablement de Raymond Lulle (4), voyait autant de fruits à l'*extrémité des
branches de l'arbre de la science.* Simple et ingénieuse
comparaison qui tenait compte, à la fois, du caractère

(1) Voyez le Chapitre III.

(2) Réserve faite toutefois de la détermination des limites des divers
groupes théoriques et pratiques. Ces limites sont parfois très difficiles
à tracer; inévitable conséquence de l'unité fondamentale des connaissances humaines.

(3) Voyez Chap V, p. 224.

(4) Chap. II, p. 185.

propre de ces connaissances, et du lien qui unit chacune
d'elles à la science théorique dont elle dérive. Il était difficile de mieux indiquer comment la disposition des *fruits*
sur l'*arbre encyclopédique,* pour nous servir de l'image
employée par Descartes, dépend de la disposition des
branches; comment la détermination de l'une devait
donner implicitement celle de l'autre.

Malheureusement, personne, durant deux siècles, ne
s'est avancé dans la voie que Descartes avait si bien indiquée à ses successeurs. Il y avait deux genres de rapports
à exprimer : les auteurs ont tous délaissé l'un pour s'attacher exclusivement à l'autre ; ceux-ci, mettant ensemble
tous les *fruits*, sans s'inquiéter de leurs relations nécessaires avec les *branches;* ceux-là mêlant, dans une union
intime, par cela même confuse, les *fruits* produits avec
les *branches* productrices. Les deux auteurs qui, dans les
temps modernes, se sont occupés avec le plus de succès
de la classification des sciences, Ampère et M. Comte, ont
fait eux-mêmes ici comme leurs devanciers : le premier
méconnaissant la diversité de nos deux ordres de connaissances qu'il entremêle à chaque instant ; le second, les
séparant entièrement l'un de l'autre, et voyant en eux deux
systèmes essentiellement distincts et la *division la plus
générale* que l'on doive admettre en mathésiologie (1).

Entre ces deux solutions inverses, également inadmissibles comme expressions des doubles rapports des
sciences, on peut heureusement en concevoir une troisième où se trouvent réunis, sans leurs inconvénients, les

(1) *Loc. cit.*, t. I, p. 61 et 66.

avantages de toutes les deux. Comment un esprit aussi pénétrant, aussi inventif que celui d'Ampère, et naturellement porté, plus qu'aucun autre peut-être, vers de telles conceptions (1), n'a-t-il pas reconnu qu'il existe un moyen de *relier sans réunir*, de *distinguer sans isoler;* un moyen

(1) Quand je traiterai, dans la suite de cet ouvrage, de la *classification par séries parallèles* et de son application à l'Histoire naturelle, je montrerai par des documents inédits ou peu connus que l'illustre physicien avait compris, dès 1834 (deux ans seulement après moi), la possibilité de cette application; bien plus, qu'il avait essayé de la réaliser.

Dans la mathésiologie elle-même, Ampère s'est montré, et autant qu'on peut l'être, partisan de la classification par séries parallèles : sa classification tout entière peut être dite parallélique; elle est même, dirais-je, trop parallélique, à cause de la symétrie parfaite que l'auteur a voulue partout entre ses divisions de divers degrés. C'est ce qu'on reconnaît facilement, si, au lieu de suivre l'auteur dans le dédale des innombrables sciences qu'il admet, on se borne à mettre en rapport ses divisions principales; par exemple, les divisions primaires et secondaires de ce qu'il appelle son *premier* et son *second règnes*. Voici le tableau qu'il en donne lui-même à la fin de la première partie :

Premier règne.	Second règne.
Sc. cosmo-LOGIQUES. { *Cosmologiques propr. dites* { Mathématiques. / Physiques. } *Physiologiques* { Naturelles. / Médicales. }	Sc. NOOLO-GIQUES. { *Noologiques propr. dites* { Philosophiques. / Dialegmatiques. } *Sociales* . . { Ethnologiques. / Politiques. }

Si le parallélisme des deux séries comprises dans ce double tableau ne ressortait pas de sa simple inspection, je ferais remarquer que, selon Ampère, les sciences *mathématiques* et *philosophiques, physiques* et *dialegmatiques, naturelles* et *ethnologiques, médicales* et *politiques,* se correspondent d'un *règne* à l'autre, comme se rapportant respectivement à ce que l'auteur appelle les *points de vue autoptique, cryptoristique, troponomique, et cryptologique.* — Voyez AMPÈRE, *loc. cit., Préface,* et *Observations,* à la suite des exposés de classification, notamment, 1re partie, p. 41. C'est là que les quatre points de vue sont définis et dénommés.

d'exprimer à la fois les rapports de toutes les connaissances théoriques *entre elles*, de toutes les connaissances pratiques *entre elles* aussi, et des unes *avec les autres ?* Ce moyen, fort simple, est l'emploi de cette forme particulière de classification que j'ai nommée en Histoire naturelle *parallélique* ou *par séries parallèles*, et dont l'application est bien loin de se limiter à notre science.

C'est un savant qui, à l'exemple d'Ampère, s'est livré en même temps à l'étude des mathématiques et à celle de la philosophie, et qui a fait à la classification des sciences d'heureuses applications de son double savoir; c'est M. Cournot qui a le premier, et tout récemment, employé la méthode parallélique en mathésiologie (1). Il l'a fait avec un incontestable succès. Après lui, il ne me reste qu'à constater, sauf quelques réserves particelles, un progrès que j'essayais de réaliser par moi-même, mais sans doute d'une main moins ferme et moins sûre (2). Au lieu de disséminer, comme Ampère, les sciences pratiques parmi les sciences théoriques, ou de les en isoler et éloigner, comme M. Comte, M. Cournot les dispose collatéralement à celles-ci, chacune d'elles étant placée vis-à-vis de la science théorique dont elle dérive; d'où il suit que leur ensemble forme une autre *série*, semblablement

_____

(1) *Essai sur les fondements de nos connaissances*, t. II, p. 265 et suiv. Voyez particulièrement le tableau synoptique annexé à la page 269.

(2) Il était impossible qu'après avoir conçu, il y a plus de vingt ans, le plan de la *classification par séries parallèles*, et en ayant poursuivi d'année en année l'application aux sciences naturelles, je n'eusse pas conçu la pensée de l'étendre à la mathésiologie. Mais je n'avais rien publié sur ce sujet, lorsqu'a paru le remarquable ouvrage de M. Cournot.

ordonnée, *composée de termes respectivement analogues* à ceux de la première, et pouvant lui être dite *parallèle*.

La classification mathésiologique, ainsi établie, et en écartant un autre ordre de considérations qu'y fait intervenir M. Cournot, est ce qu'on peut appeler *bi-parallélique*. C'est la série de Descartes *dédoublée*, et néanmoins se présentant encore sous une forme assez peu complexe pour être saisie dès le premier aspect.

Tel en sera en effet le plan :

Premièrement, quatre groupes principaux ou *embranchements*, coordonnés selon les relations *objectives* des sciences qu'ils comprennent (**1**);

Dans chacun de ces embranchements, deux groupes secondaires, deux *classes*, *subjectivement* établies, en raison de la diversité des buts; c'est-à-dire, l'une *théorique*, l'autre appliquée ou *pratique*.

De là, quatre classes théoriques, *superposées* les unes aux autres, en une *série*, qui doit être dite *principale;* quatre classes pratiques, de même *superposées*, et constituant une seconde *série*, essentiellement *subordonnée* ou *dérivée*.

En même temps, chaque groupe pratique est *juxtaposé* au groupe théorique dont il dérive (**2**). Et les groupes

(1) Ces quatre embranchements, outre les transitions directes qui peuvent exister de l'un à l'autre, s'unissent, comme on l'a vu plus haut (sect. II, p. 244), dans la science *une et suprême* ou la philosophie.

(2) J'ai essayé d'exposer aussi clairement que possible le plan de cette classification parallélique des sciences, où les deux ordres de rapports qui les relient sont exprimés par ces deux modes de rapprochement, la *superposition* et la *juxtaposition*.

juxtaposés se correspondent, non seulement dans leur ensemble, mais aussi partie par partie, et pour ainsi dire, terme à terme et science par science : l'arpentage se trouvant à côté de la géométrie ; la technologie chimique, de la chimie ; la médecine, de la physiologie ; et pour prendre aussi un exemple dans le quatrième embranchement, la politique à côté de l'économie sociale.

La classification des sciences en deux séries parallèles peut se ramener, comme il est facile de le voir, à une construction très simple, et dont l'usage nous est à tous familier, la *table à double entrée,* si anciennement

Pour ne laisser ici aucune obscurité sur un sujet difficile, je crois devoir mettre sous les yeux du lecteur un tableau qui résumera synoptiquement ce qui vient d'être dit.

Plan de la classification objective et paralléllque des sciences.

SÉRIE GÉNÉRALE. (Quatre embranchements.)	PREMIÈRE SÉRIE PARTIELLE. (Quatre classes.)	SECONDE SÉRIE PARTIELLE. (Quatre classes.)
I. SC. MATHÉMATIQUES.	(Classe I.) SC. MATH. THÉORIQUES ou *pures.*	(Classe II.) SC. MATH. PRATIQUES ou *appliquées.*
II. SC. PHYSIQUES.	(Cl. I.) SC. PHYS. THÉORIQUES ou *sc. cosmologiques.*	(Cl. II.) SC. PHYS. PRATIQUES ou *sc. technologiques.*
III. SC. BIOLOGIQUES.	(Cl. I.) SC. BIOL. THÉORIQUES ou *sc. naturelles.*	(Cl. II.) SC. BIOL. PRATIQUES ou *sc. agricoles et médicales.*
IV. SC. SOCIALES.	(Cl. I.) SC. SOC. THÉORIQUES.	(Cl. II.) SC. SOC. PRATIQUES ou *sc. politiques.*

Pour les rapports des quatre embranchements avec la philosophie, voyez le petit tableau, p. 239.

imaginée (1) et si souvent employée par les mathémati-
ciens. Dans la *table* mathésiologique, les sciences *objectivement* analogues se trouveront sur la même ligne *ho-
rizontale*, et celles qui se ressemblent *par leur but*,
sur la même *verticale :* sorte de projection qui donnera,
de leurs doubles rapports, une expression graphique aussi
nette que facile (2).

(1) Chacun sait que la *table de multiplication*, celle des *tables à
double entrée* qui nous est à tous le plus familière, a été attribuée à
Pythagore.

(2) Entre les deux *séries parallèles* que j'admets avec lui, la *série
théorique* et la *série pratique*, M. Cournot en interpose une autre,
appelée par lui *cosmologique et historique*. Sa classification est donc
tri-parallélique. Ses vues à cet égard me paraissent devoir être non
pas rejetées, mais modifiées. Les sciences *cosmologiques et historiques*
de M. Cournot sont les mêmes sciences théoriques aussi, mais plus
particulières et plus descriptives, que M. Auguste Comte avait déjà
distinguées sous le nom de *concrètes* (voy. Chap. V, p. 227, note 2).
Voici, par exemple, comment M. Cournot divise et classe les sciences
biologiques.

SÉRIE THÉORIQUE.		SÉRIE COSMOLOGIQUE ET HISTORIQUE.	SÉRIE TECHNIQUE OU PRATIQUE.	
Anatomie Embryogénie Tératologie Physiologie	végétales.	Botanique. Classification des végétaux. Paléontologie botanique.	Phytotechnie. Sciences agronomiques.	
Anatomie Embryogénie Tératologie Physiologie	animales.	Zoologie. Classification et distribution des animaux. Paléontologie zoologique.	Zootechnie. Élève des animaux. Art vétérinaire, etc.	
Anatomie Embryogénie Tératologie Physiologie	humaines.	Anthropologie. Classification et distribution des races humaines.	Hygiène. Gymnastique. Éducation physique.	Pathologie. Clinique. Chirurgie. Pharmaceutique.

VI.

Si j'écrivais un traité de mathésiologie, et non les simples prolégomènes d'une Histoire naturelle générale, que
de divisions secondaires et tertiaires, que de subdivisions
je devrais maintenant introduire dans les cadres, vides
encore, de la classification qui vient d'être esquissée!
Ampère n'admettait pas moins de 32 sciences du premier ordre, 64 du second, 128 du troisième, et celles-ci
ne correspondaient, selon lui, qu'aux groupes d'un ordre
encore si élevé que les naturalistes appellent *familles* (1).
Qui osera pénétrer jusque dans les derniers replis de ce
dédale dont Ampère lui-même s'est contenté d'éclairer les
voies principales?

Pour moi, ici du moins, je n'ai pas même à le tenter.
J'ai atteint le seul but que je dusse me proposer; les pas
que j'essaierais de faire encore ne pourraient que m'en
éloigner. Ce but, c'était la détermination du rang que
doivent occuper les sciences naturelles dans la hiérarchie
des connaissances humaines; celle de leurs rapports médiats ou immédiats avec les autres sciences, soit *logique-*

Il y a sans nul doute, entre ce que M. Cournot appelle, ses séries
théorique proprement dite et *cosmologique*, des rapports de parallélisme; mais ce sont là des rapports d'un ordre inférieur, dont il suffit
de tenir compte dans l'arrangement des subdivisions. En d'autres
termes, la *série théorique* (comme aussi la *série pratique*) peut
être secondairement fractionnée, et, en quelque sorte, de nouveau
dédoublée; mais elle doit d'abord, au point de vue de l'ensemble, être
considérée comme une.

(1) *Loc. cit.*, t. I, p. 29.

ment antérieures, et dont elles dérivent nécessairement, soit postérieures, et dont elles-mêmes à leur tour fournissent les antécédents logiques. Déterminations indispensables au début de ce livre ; car par elles se trouve nettement tracée à l'avance la voie où nous devons nous avancer. Tels sont les rapports hiérarchiques d'une science et ses antécédents logiques, et telle sera sa méthode.

Résumons, avant de terminer, quelques unes des conséquences auxquelles nous sommes arrivés.

Les *sciences biologiques,* dont les *sciences naturelles* font partie, disons plus, dont elles constituent la partie théorique et fondamentale, ont leur place marquée entre les *sciences physiques* et les *sciences humanitaires* ou *sociales.* Celles-ci s'appuient sur elles ; elles-mêmes s'appuient sur les premières. Tel est, logiquement, leur ordre de filiation ; tel aussi, historiquement, l'ordre dans lequel devait s'opérer leur développement, dans lequel en effet il s'est opéré et se poursuit encore.

Notre classification exprime ces relations en disant que les sciences physiques constituent le *second embranchement* mathésiologique, les sciences biologiques le *troisième,* les sciences humanitaires le *quatrième.* En plaçant les mathématiques en tête et comme *premier* embranchement, la classification indique aussi très exactement les rapports de ces sciences avec toutes les autres : rapports immédiats avec les sciences physiques ; aussi leur sont-elles directement et très efficacement applicables ; rapports seulement médiats avec les sciences biologiques et humanitaires ; aussi n'ont-elles plus sur celles-ci qu'une action indirecte et de plus en plus affaiblie.

Les sciences humanitaires ne sont pas les seules qui aient, dans les sciences naturelles, leurs antécédents logiques. Il en est ainsi des *sciences médicales* et *agricoles*. Mais ici les rapports sont beaucoup plus intimes, et d'un autre ordre. Ce ne serait pas assez de dire que les sciences médicales, la zootechnie, l'agriculture s'appuient sur les sciences naturelles; elles sont, en quelque sorte, ces sciences elles-mêmes, prises à un point de vue différent, et développées dans les parties où elles peuvent nous être directement utiles. En termes plus précis, les unes et les autres se confondent objectivement : elles ne se distinguent que subjectivement.

La classification exprime ces rapports, non plus seulement immédiats, mais intimes, en disant que ces diverses sciences constituent, *dans un seul et même embranchement,* deux groupes secondairement distincts : d'une part, les sciences biologiques théoriques ou *sciences naturelles,* la botanique, la zoologie, l'anthropologie; de l'autre, les sciences biologiques appliquées, l'agriculture, la zootechnie, la médecine.

On voit que dans les sciences naturelles, et particulièrement dans leur dernière et plus haute branche, l'anthropologie, se trouvent en même temps les antécédents logiques, d'une part, des sciences humanitaires, de l'autre, des sciences médicales. Théoriquement et pratiquement, toutes les sciences biologiques convergent donc vers l'homme.

Mais elles ne s'y arrêtent pas. Par la connaissance de la création, elles s'élèvent jusqu'au Créateur : elles aboutissent où aboutissent toutes les branches des connaissances

humaines : elles viennent se confondre par leurs sommités dans la *science une* dont l'être un et divin est le
suprême objet. La *philosophie naturelle,* selon la juste
et heureuse dénomination que l'usage a consacrée, est
encore du domaine du naturaliste : elle est déjà de celui
du philosophe.

LIVRE II.

DE LA MÉTHODE,

DANS SON APPLICATION AUX SCIENCES NATURELLES.

———

On entend le plus souvent par *Méthode*, en Histoire naturelle, « une distribution des êtres de même nature en » plusieurs divisions, servant à les faire reconnaître avec » plus de facilité »; « sorte de dictionnaire où l'on part des » propriétés des choses pour découvrir leurs noms. » Ainsi s'expriment, d'une part, l'ouvrage qui représente par excellence, et pour ainsi dire officiellement, l'état de la langue scientifique aussi bien que de la langue vulgaire (1); et de l'autre, le livre qui a si longtemps fait loi pour les zoologistes, le *Règne animal* de Cuvier (2).

Dans les autres sciences et en philosophie, le mot *Méthode* a un sens beaucoup plus général. C'est, suivant une définition souvent reproduite, « l'art de combiner les » moyens à l'aide desquels la vérité peut être découverte » ou démontrée; » en d'autres termes, *l'ensemble des procédés intellectuels* à l'aide desquels il nous est donné de découvrir et de démontrer la vérité.

(1) Sixième édition du *Dictionnaire de l'Académie française*, 1835, t. II, p. 199. — Cette édition mérite d'autant mieux d'être citée, au point de vue qui nous occupe ici, que les articles d'Histoire naturelle y ont été rédigés ou revus par Cuvier.

(2) Première édition, p. 9; deuxième, p. 8.

Suivant cette dernière définition, ce qu'on a appelé *Méthode* en Histoire naturelle n'est, en réalité, qu'une partie de la méthode : la méthode appliquée à la distinction et à la classification des êtres, à la connaissance des faits. Méthode partielle qui, il est vrai, pouvait suffire et devait prévaloir dans une première époque de la science. Tant qu'on faisait de l'observation notre seul moyen de connaître, et de la classification naturelle le terme de nos efforts, l'*idéal auquel l'Histoire naturelle doit tendre* (1), il est clair qu'on devait voir dans l'art de classer la méthode par excellence, la méthode tout entière.

Si, au contraire, l'Histoire naturelle doit être, ainsi que la conçoit l'école moderne (2), la science des lois aussi bien que des faits de l'organisation, la méthode, agrandie comme la science elle-même, redevient ce qu'elle est en logique, en mathématique, dans toutes les autres branches de nos connaissances : *L'ensemble de nos procédés intellectuels.* Dès lors ce qu'on avait appelé *la méthode* n'est plus qu'*un* de nos procédés ou de nos moyens de découverte et de démonstration, spécialement applicable à un ordre déterminé de questions ; une des formes, un des côtés de la méthode, dont l'importance reste et sera toujours très grande, mais sans qu'on puisse désormais le considérer, ni comme exclusif, ni même comme prédominant.

C'est à ce dernier point de vue que nous nous placerons dans la suite de ce livre : il est le seul que puisse admettre l'état présent de la science.

(1) Voyez le Chap. II de ce Livre, sect. III et VIII.
(2) *Ibid.*, sect. VII et VIII.

CHAPITRE PREMIER.

DE LA MÉTHODE,
DANS SON APPLICATION AUX SCIENCES NATURELLES.

SOMMAIRE. — I. Considérations préliminaires. — II. Rapports nécessaires entre l'évolution des sciences naturelles et celle des sciences physiques. — III. Conséquences relatives au perfectionnement de la méthode en Histoire naturelle. — IV. État présent de la question.

I.

Sans la méthode, point de science; et dans toute science, telle est la méthode, telle la science elle-même. La méthode, comme l'a dit Laromiguière, est l'*instrument de l'esprit* (1). C'est par elle qu'il découvre et démontre; et le principe de sa force, comme la cause de sa faiblesse ou de ses erreurs, est surtout dans la rectitude, l'insuffisance ou le vice de la méthode qu'il emploie. Nous admirons trop Descartes pour expliquer avec lui (2) sa supériorité sur le *com-*

(1) *Leçons de philosophie*, Ire partie, leçon 1re; 2e édit., t. I, p. 57. — « Un enfant, aidé d'un levier, remarque le même auteur, p. 55, est plus » fort qu'Hercule livré à ses propres forces. Celui qui connaît l'artifice » des chiffres étonnera le génie d'Archimède, si Archimède ne calcule » que dans sa tête ou avec ses doigts. »
La méthode est *comme l'architecture* (ou mieux, *comme l'architecte*) *des sciences*, dit JAUCOURT, article *Méthode* de l'*Encyclopédie méthodique, Grammaire et littérature*, t. II, p. 546.

(2) Première partie du *Discours de la méthode*.

mun des hommes, par les *règles* et les *maximes* dont il s'é-
clairait dans la recherche de la vérité ; mais le génie lui-
même, s'il devance parfois la méthode, ne saurait manquer bientôt, sans elle, ou de s'arrêter, ou de s'égarer.
Améliorer la méthode, ajouter à nos moyens de connaître,
c'est donc faire autant, plus peut-être, que d'ajouter à nos
connaissances (1) : Bacon, sans avoir fait lui-même aucune découverte importante, n'a pas été moins grand dans
son siècle, il ne l'est pas moins aux yeux de la postérité,
que Galilée, que Keppler lui-même.

Les logiciens ont dit souvent que la méthode est toute
la logique. Elle est le fond même de la philosophie, ajou-
terai-je avec le savant traducteur de la *Psychologie*
d'Aristote (2) ; et c'est pourquoi, dans les temps modernes
comme dans l'antiquité, on ne saurait citer un seul grand
nom en philosophie, auquel ne puisse se rattacher le souvenir d'une réforme ou d'un progrès dans la méthode. Et
s'il existe dans cette science supérieure plusieurs écoles
rivales et adverses, c'est surtout parce qu'on y a conçu plusieurs méthodes de rechercher et de démontrer la vérité ;
ou, pour mieux dire, parce qu'on n'a su voir encore que
sous des aspects partiels et divers la méthode générale,
essentiellement une, qui pourra seule un jour constituer la
vraie philosophie : cette philosophie dont Pythagore se

---

(1) « Dans toutes les sciences, la connaissance de la méthode employée
» à trouver les vérités est pour ainsi dire plus précieuse que celle de ces
» vérités même, puisqu'elle renferme le germe de celles qui restent à
» découvrir. » (CONDORCET, *Éloge de Lieutaud*, dans les *Éloges des Académiciens*, édit. de 1797, t. II, p. 224, et dans les *Œuvres*, t. II, p. 398.)

(2) BARTHÉLEMY SAINT-HILAIRE, article *Méthode* du *Dictionnaire
des sciences philosophiques*, t. IV, p. 263 ; 1839.

croyait déjà maître, mais qu'après tant de siècles écoulés, nous cherchons à notre tour, et que nos successeurs chercheront sans doute longtemps encore : car c'est par elle, *science dernière et suprême* (1), que se fermera, s'il doit être jamais fermé, le cercle des connaissances humaines.

II.

L'Histoire naturelle, heureusement, n'a pas besoin que la philosophie se soit définitivement constituée et complétée, pour trouver sa vraie méthode, et se constituer elle-même. La science de Platon et d'Aristote, de Descartes et de Leibniz, telle que l'ont faite ces grands hommes, s'est du moins assez rapprochée du but, pour indiquer sûrement à ces sciences partielles, qu'elle relie déjà en attendant qu'elle les unisse, la voie où elles doivent s'avancer, chacune à leur tour, et selon une marche rigoureusement déterminée par leurs relations réciproques : les sciences physiques à la suite et à l'aide des mathématiques; les sciences naturelles après les sciences physiques, leurs *initiatrices*, leurs *tutrices* nécessaires, comme elles-mêmes le seront des sciences médicales et des sciences humanitaires. Admirable succession de progrès dont le génie de quelques uns et le travail de tous ont pu et pourront accélérer le mouvement, mais non intervertir l'ordre général, identique, comme on l'a vu dans le premier Livre de ces

1) Voyez Liv. I, Chap. VI, p. 244.

Prolégomènes (1), avec la hiérarchie rationnelle de nos connaissances, et dès lors, logiquement invariable dans son ensemble (2).

Dans cette évolution graduelle de l'esprit humain où chaque science prend, sur son *antécédent logique* immédiat, un appui qu'elle rend plus tard à la science suivante, la connaissance des progrès déjà accomplis, et de leurs causes, est une source de précieuses indications sur ceux qui restent à accomplir, et sur les moyens d'en hâter le cours. Pour ne prendre d'un aussi vaste sujet qu'un seul point, celui qui nous intéresse le plus en ce moment, on va voir que, si la question de la méthode en Histoire naturelle (3) n'est pas résolue par la notion de l'ordre hiérarchique des sciences, par celle de l'influence successive des unes sur les autres, elle est du moins posée sur un terrain bien préparé, et où ne peut se faire longtemps attendre une solution qu'indiquent déjà de précieuses analogies.

Quels sont les *antécédents logiques* de l'Histoire naturelle? On l'a vu : médiatement, les mathématiques; immédiatement, les sciences physiques. Tout en subissant l'influence de la philosophie qui domine toutes les connaissances humaines, et des mathématiques qui en ouvrent si magnifiquement le cercle, c'est donc aux sciences physiques que l'Histoire naturelle est essentiellement subordonnée; c'est d'elles qu'elle reçoit directement son impul-

---

(1) Chap. V, p. 233, et Chap. VI, p. 246.

(2) Ce qui n'exclut pas quelques exceptions partielles, presque toutes facilement explicables par les circonstances où elles se sont produites.

(3) Et plus généralement, dans les sciences biologiques.

sion, absolument comme le globe terrestre, objet principal des sciences physiques, entraîne dans son mouvement tous les êtres dont l'étude est du domaine du naturaliste. Ce que les sciences du premier embranchement ont été pour celles du second, celles-ci sont appelées à l'être pour celles du troisième; et il viendra un jour où l'histoire du perfectionnement des sciences physiques par l'intervention des mathématiques, et celle du perfectionnement des sciences naturelles par l'intervention des sciences physiques, seront deux chapitres très semblables, et également admirés, de l'histoire de l'esprit humain.

III.

Les sciences mathématiques ont exercé sur les sciences physiques une double influence. Elles leur ont prêté le *secours de leurs théories,* si heureusement applicables à la coordination et à l'explication des résultats partiels, à leur enchaînement par des lois simples et fécondes. Elles leur ont donné, de plus, l'*exemple de leur méthode,* ou plutôt leur méthode elle-même dans ce qu'elle a de plus général ; c'est-à-dire, selon les expressions mêmes de Descartes(1), l'art de *parvenir* aux *plus difficiles démonstrations* par de *longues chaînes de raisons toutes simples et faciles.* Et c'est à mesure que ces théories et cette méthode, des sciences purement abstraites auxquelles elles appartenaient

(1) *Discours de la méthode,* 2ᵉ partie ; édition de M. COUSIN, t. II, p. 142.

I. 18

d'abord en propre, se sont étendues à toutes les sciences physiques, en renouvelant d'abord l'esprit pour les renouveler bientôt elles-mêmes; c'est dans l'ordre où chacune a subi l'action de ce double progrès, que l'astronomie d'abord, puis la physique, la chimie, la minéralogie, et de nos jours, la géologie, ont revêtu un caractère véritablement scientifique, et se sont constituées ou ont commencé à se constituer sur leurs bases définitives.

Est-ce là l'histoire future des sciences naturelles? Sans prétendre établir entre leur évolution et celle des sciences physiques un parallèle dont l'un des termes manque encore en si grande partie, ne pouvons-nous, du moins, en saisir quelques traits? Ne sommes-nous pas rationnellement conduits à chercher de même, *dans une double alliance avec les sciences antérieures,* les moyens les plus sûrs et les plus prompts de constituer l'Histoire naturelle sur ses bases définitives? Double alliance où elle recevrait, à son tour, l'*appui de théories,* heureusement applicables à la coordination et à l'explication d'une multitude de faits et de résultats partiels, et l'*exemple d'une méthode* qui n'est, au fond et à vrai dire, ni la méthode physique, ni la méthode mathématique, mais, par excellence, la *méthode logique;* la méthode de toutes les sciences déjà parvenues à un degré très avancé de développement, où on la retrouve, en effet, partout la même en ce qu'elle a d'essentiel, mais diversifiée dans ses formes et ses conditions secondaires, selon la variété des applications qu'elle comporte.

Ce ne sont là que des prévisions analogiques, c'est-à-dire des indications, et non des preuves. Mais de ces prévisions, une partie est déjà pleinement justifiée. L'alliance des sciences physiques, quant à leurs théories, et des sciences naturelles, est depuis longtemps consommée, et il n'est pas un physiologiste, pas un vrai naturaliste qui n'en apprécie le bienfait. Plus on en resserre les liens, plus les fruits en sont heureux. Le mouvement de la science tend aujourd'hui de plus en plus à ramener les *faits biologiques* à des *lois physiques,* comme autrefois, les *faits physiques* à des *lois mathématiques;* et le moment n'est pas très éloigné où la physiologie tout entière, les fonctions exceptées du système nerveux, méritera ce nom de *physique animale et végétale* ou de *physique organique,* qu'elle a si longtemps porté chez les anciens, qu'elle portait encore dans le xviii⁰ siècle, et qu'elle n'a complétement perdu que de nos jours, au moment même où elle allait enfin le justifier.

Si l'alliance de l'Histoire naturelle avec les sciences physiques peut lui être aussi profitable au second point de vue, celui de la méthode, nous ne saurions le dire : il n'y a pas de communes mesures pour ce qui est et pour ce qui peut être un jour. Mais ce que nous pouvons, dès à présent, affirmer, c'est que, du moins, les conséquences possibles de ce second genre de progrès sont d'un ordre beaucoup plus général.

Jusqu'où devront s'étendre ces fécondes applications des théories de la pesanteur, du calorique, de la capillarité, de l'endosmose, des vibrations sonores et lumineuses, de l'électro-magnétisme, des affinités chimiques, qui ont donné la clef de tant de phénomènes organiques jusqu'alors inexpliqués, et pour la plupart jugés inexplicables? Elles seront, sans nul doute, poursuivies beaucoup plus loin encore ; car un mouvement aussi rapide que celui qui entraîne en ce moment la science ne saurait être près de son terme ; mais si loin que ce soit, elles n'atteindront jamais tous les ordres de phénomènes biologiques ; elles ne parviendront pas à faire de toutes les branches de l'Histoire naturelle une suite d'applications et de corollaires de la physique et de la chimie ; prétention tellement exagérée, chimère tellement absurde, que, malgré un mot célèbre de Descartes contre les philosophes (1), on n'en citerait pas un seul, et à plus forte raison, pas un naturaliste, qui ait jamais osé ou qui voulût aujourd'hui s'en avouer le partisan.

Heureusement, les limites où s'arrête l'application aux faits biologiques des théories et des lois de la physique et de la chimie, ne sont pas celles des rapports des sciences physiques avec l'Histoire naturelle. Il est un côté par lequel celle-ci peut encore ressentir efficacement leur influence, la méthode ; et ici, si faibles que doivent être d'abord les progrès obtenus, si faibles qu'ils puissent rester toujours, ils vaudront du moins par leur généralité. Comment concevoir un perfectionnement de la méthode, sans un perfectionnement, non de telle ou telle branche, mais de la science elle-même ? En sorte que, cette fois encore, les sciences physiques seraient un jour à l'Histoire naturelle ce que les mathématiques ont été et sont aux sciences physiques, où, dans quelques branches seulement, elles réus-

(1) « Ayant appris dès le collége qu'on ne doit rien imaginer de si » étrange et de si peu croyable qu'il n'ait été dit par quelqu'un des » philosophes... » (DESCARTES, loc. cit., 2ᵉ partie ; édit. de M. COUSIN, t. I, p. 138.)

sissent, par les plus sublimes applications qui en aient jamais été faites, à coordonner, à relier géométriquement les résultats partiellement obtenus ; mais où elles sont partout, et là même où leurs théories, leurs lois et leurs formules ont le moins pénétré, les sources de cet esprit de précision et de rigueur, de cette méthode sûre et puissante, dont la géométrie reste le plus parfait modèle, mais dont heureusement elle perd de plus en plus le privilége (1) !

IV.

Est-il bien vrai que toutes les branches de nos connaissances soient appelées à participer à ce mouvement de réforme et de progrès, qui, graduellement propagé de la géométrie aux autres sciences mathématiques et aux sciences physiques, vient d'atteindre jusqu'à la géologie, cette science, jusqu'à ces derniers temps, vaine et

---

(1) Ce privilége que PASCAL, *Pensées*, part. I, art. III, réclame pour elle, même à l'exclusion de la logique. « La méthode de ne point errer, » dit-il, est recherchée de tout le monde. Les logiciens font profession » d'y conduire, les géomètres seuls y arrivent. »

Chacun sait que Platon avait fait placer à l'entrée de l'Académie cette inscription :

Οὐδεὶς ἀγεωμέτρητος εἰσίτω.

« Que personne n'entre ici sans savoir la géométrie ! »

N'était-ce pas dire sous une forme ingénieuse, que la géométrie, ce type par excellence de la méthode scientifique, est notre introductrice nécessaire dans toutes les autres sciences ?

C'est aussi la géométrie, qui est présentée comme le type de la méthode scientifique par ARISTOTE, *Analytica posteriora*, l, I et XIV.

chimérique entre toutes? Le même esprit, les mêmes
principes, la même méthode générale, diversement modifiés dans leur application, doivent-ils régner un jour
dans le cercle entier des connaissances humaines, et réaliser au point de vue logique cette pensée hardie d'un philosophe moderne? « Il n'existe qu'un seul modèle du
vrai (1). »

Si le but où sont parvenues les sciences des deux premiers embranchements est celui où tendent celles des
deux derniers, celles-ci s'y avancent, du moins, d'un mouvement très inégalement rapide, les sciences naturelles
laissant bien loin derrière elles les sciences médicales et
surtout les sciences sociales ou humanitaires. Dans toutes
ces sciences, des dissentiments sur les questions fondamentales, sur la question de la méthode aussi bien que sur les
autres, avaient créé plusieurs écoles profondément séparées. En médecine, et bien plus encore, en économie
sociale, en politique, les dissentiments sont encore ar-

(1) Mademoiselle Sophie GERMAIN, *Considérations générales sur l'état
des sciences et des lettres aux différentes époques de leur culture*, in-8,
1833, p. 40 et suiv. — « Dès leur naissance, dit mademoiselle Germain,
» p. 47, les sciences mathématiques ont offert à l'esprit humain l'en-
» tière réalisation de ce type du vrai. »

Ce remarquable ouvrage d'une femme également distinguée comme
géomètre et comme philosophe est consacré en grande partie au développement de la pensée que je viens de rappeler; pensée que je ne
saurais d'ailleurs admettre avec toute l'extension que lui donne
l'auteur.

On ne doit pas oublier, en lisant ce livre, que mademoiselle
Germain a été enlevée à la science avant d'avoir pu l'achever et le
revoir. De là quelques exagérations où le lecteur doit voir bien plutôt
le motif d'un regret que d'une critique.

dents, les écoles irréconciliables. En Histoire naturelle, au contraire, les dissentiments s'éteignent, les écoles se rapprochent de jour en jour. La science marche depuis longtemps, et maintenant à grands pas, vers l'unité. Cuvier, Schelling, Geoffroy Saint-Hilaire, soutenaient, chacun contre les deux autres, des vues théoriques radicalement opposées : en fait, et dans la pratique, Cuvier et Geoffroy Saint-Hilaire ont souvent été entraînés, par la force des choses, dans les mêmes voies; Schelling, s'il eût cru devoir descendre des hauteurs de l'*idéalisme transcendantal,* s'y fût rencontré avec eux; et aujourd'hui, les disciples de tous trois s'y mêlent, s'y unissent de plus en plus.

Et c'est ce qui a lieu surtout pour la méthode.

Peut-on aussi, en Histoire naturelle, pour employer les expressions de Descartes (1), peut-on, *conduisant ses pensées par ordre, parvenir à de difficiles démonstrations,* par une suite de *raisons toutes simples et faciles,* enchaînées à la manière des géomètres? La méthode des *sciences antérieures* peut-elle se plier aux données particulières des sciences naturelles? Devons-nous essayer de l'y introduire, et, pour ainsi dire, de l'y naturaliser? Et est-ce par ce progrès qu'elles peuvent arriver à s'établir enfin sur leurs bases définitives, à se constituer?

A ces questions, Cuvier et Schelling, par des motifs contraires, répondent : Non. Geoffroy Saint-Hilaire a déjà, en partie, répondu : Oui.

Mais Cuvier se réfute lui-même, en faisant, à l'aide de

(1) Voy. p. 273.

la méthode qu'il récuse, d'admirables découvertes, devant lesquelles la sienne lui commandait de s'arrêter. Celle de Schelling, si large qu'en soient les bases, reste improductive, tant que l'on s'y tient strictement renfermé. Et c'est pourquoi les disciples de ces deux maîtres, étendant l'une, réformant l'autre, viennent bientôt se rencontrer (1), avec ceux de Geoffroy Saint-Hilaire, sur le seul terrain où l'Histoire naturelle puisse être à la fois *prudente* et *positive*, comme la voulait surtout Cuvier, *hardie* et *grande*, comme la concevait Schelling.

Fait capital dans l'histoire de la science, et que nous devons nous efforcer de mettre en lumière, en résumant, dès à présent, dans ce qu'elles ont d'applicable à la méthode, les vues des trois chefs d'école.

(1) Se fondre, *communier*, a dit M. Victor MEUNIER, dans un passage remarquable de son *Histoire philosophique des progrès de la zoologie générale*, Paris, 1840. (Voy. *Discours préliminaire*, p. 80.)

CHAPITRE II.

DES TROIS ÉCOLES PRINCIPALES EN HISTOIRE NATURELLE, ET DE LEURS VUES SUR LA MÉTHODE.

SOMMAIRE. — I. Parallèle des trois méthodes et des trois écoles.
II. Vues de Cuvier dans sa jeunesse. — III. Exposé des vues définitives de Cuvier et de son école sur l'ensemble de la science et sur la méthode.
IV. Caractère et influence de la *Philosophie* allemande *de la nature*. Accueil fait en France aux travaux des Philosophes de la nature. — V. Exposé des vues de Schelling et de son école.
VI. Sources de l'esprit nouveau de la science. École philosophique française. — VII. Exposé des vues de Geoffroy Saint-Hilaire et de son école. — VIII. Réfutation des objections de Cuvier.
IX. Résumé.

I.

Pourquoi, en Histoire naturelle, trois écoles principales, celles dont Cuvier, Geoffroy Saint-Hilaire, Schelling ont été les chefs dans notre siècle, et dont ils restent les principaux représentants?

C'est parce qu'on a conçu trois manières, fondamentalement différentes, d'étudier la nature et d'en pénétrer les mystères. Autant de méthodes, autant d'écoles :

En premier lieu, l'observation (1), c'est-à-dire l'étude directe de la nature, dans tous les phénomènes, dans

(1) Soit l'observation proprement dite, soit l'expérience qui n'est que l'observation *préparée*, et faite dans des circonstances spéciales. (Voyez p. 204.)

I.   18.

toutes les manifestations accessibles à nos sens; d'où la connaissance des *faits*.

En second lieu, l'observation, et, de plus, *après et par* elle, le raisonnement, d'où la connaissance des faits, et, *à l'aide de ces faits,* celle des *lois* de la nature.

En troisième lieu, le raisonnement, d'une part; de l'autre, l'observation; d'où, en même temps, la connaissance des *lois* de la nature, déduites, *indépendamment des faits,* de principes métaphysiques préétablis; et parallèlement, la connaissance des faits (1).

Pour les naturalistes de la première école, la science est essentiellement une *histoire, l'histoire* de la nature, dans le sens spécial de ce mot. Elle est l'exposé descriptif et méthodique des faits.

Pour ceux de la seconde, elle est, de plus, la connaissance de leurs rapports généraux et de leurs lois. C'est une *histoire* raisonnée de la nature qui peut en devenir la *philosophie* positive.

Pour ceux de la troisième école, elle est à la fois une *histoire* et une *philosophie* de la nature : *deux sciences,* comme ils le disent, dans une science; la première seulement empirique et accessoire, la seconde purement rationnelle et fondamentale; sciences parallèlement développées, et réciproquement indépendantes.

(1) On pourrait concevoir encore le *raisonnement* comme seul moyen de découvrir, et la connaissance des lois comme objet unique de la science. Parmi les disciples de M. de Schelling, quelques uns ont semblé voir la science tout entière dans cette méthode et dans cet ordre de résultats, et poussé aussi loin que possible la négligence et le dédain des faits. Mais c'est ici l'abus *extrême* de la doctrine du maître, abus qui toutefois en découlait naturellement.

Quiconque définit l'Histoire naturelle *seulement* une science de faits, doit, s'il est conséquent avec lui-même, adopter la première méthode. Il est de la première école.

Les naturalistes en étaient autrefois presque tous. Mais Cuvier a ici tellement surpassé ses prédécesseurs, et surtout, dans une époque où se posaient, en face de l'ancienne méthode, les vues plus hardies de Schelling et de Geoffroy Saint-Hilaire, il l'a, contre eux, si énergiquement défendue, qu'il se l'est en quelque sorte appropriée : il s'est constitué, il restera le représentant par excellence de l'école qu'elle caractérise.

C'est donc dans les ouvrages de Cuvier que nous devons étudier les vues de la première école, comme les doctrines opposées dans les ouvrages des fondateurs des deux nouvelles écoles, Schelling et Geoffroy Saint-Hilaire.

Dans le résumé qui va suivre, je m'attacherai à reproduire aussi fidèlement que possible, non seulement les pensées des deux naturalistes français et du philosophe allemand, mais les expressions elles-mêmes dont ils les ont revêtues. Autant qu'il sera possible, je n'interpréterai pas, je citerai.

II.

Entre les vues de Cuvier jeune et à l'entrée de la carrière, et les doctrines qu'il a professées et défendues dans son âge mûr, la distance est immense. La hardiesse poussée jusqu'à la témérité, tel est Cuvier lorsqu'il débute en Histoire naturelle [1]; la prudence portée jusqu'à

(1) Citons du moins, comme exemples, deux passages écrits par Cuvier, l'un en 1795, l'autre en 1796 :

la circonspection la plus extrême, tel il est plus tard, et surtout vers la fin de sa vie. Il semble d'abord qu'un autre Buffon va se lever dans la science ; au terme de ses travaux, c'est Daubenton qui revit en lui ; et Goethe en a fait, il y a vingt ans, la remarque (1), dans ce célèbre parallèle des naturalistes français qu'il écrivit presque sur son lit de mort (2).

Dans ces glorieuses années de sa jeunesse, à laquelle se rapportent à la fois les travaux de Cuvier sur les *Mollusques,* son *Anatomie comparée* et ses premières recherches sur les *Fossiles,* tout ce qu'il a fait de vraiment neuf, tout ce qu'il a créé de vraiment grand (3), qu'est-ce pour lui que l'Histoire naturelle ? Une science *placée sur la limite qui sépare les sciences de pur raisonnement* des

« Dans ce que nous appelons des *espèces* ne faut-il voir que les » *diverses dégénérations d'un même type?* » (*Histoire naturelle des Orangs-Outangs*, par Cuvier et Geoffroy Saint-Hilaire, dans le *Magasin encyclopédique*, 1ʳᵉ ann., t. III, p. 452.)

« Qu'on se demande pourquoi on trouve tant de dépouilles d'ani- » maux inconnus,... et l'on verra combien il est probable qu'elles ont » appartenu à des êtres d'un monde antérieur au nôtre...; *êtres dont* » *ceux qui existent aujourd'hui ont rempli la place pour se voir* » *peut-être un jour également détruits et remplacés par d'autres.* » (*Mémoire sur les espèces d'éléphants vivants et fossiles*, dans les *Mémoires de l'Institut national*, t. II, p. 21.)

(1) Mais sans la distinction, nécessaire pour que cette remarque soit juste, entre la jeunesse de Cuvier et son âge mûr.

(2) Voyez p. 100, note.

(3) L'année 1812 peut sembler grande entre toutes dans la vie de Cuvier. C'est l'apogée de ses travaux et de sa gloire dans les trois directions qu'il a suivies. La division du règne animal en embranchements, le mémoire sur la tête osseuse des vertébrés, les *Recherches sur les ossements fossiles*, ont paru en 1812.

Mais tous ces travaux étaient depuis longtemps commencés ou pré-

sciences de faits ; une science où, tandis que *l'esprit du naturaliste contemple* une multitude de faits et d'êtres, *son génie s'élève avec enthousiasme à la recherche des causes de ces faits, à la considération des rapports de ces êtres!* C'est par ces paroles que Cuvier ouvre, en 1796 (1), la série de ces admirables Mémoires par lesquels il allait fonder la paléontologie ; et l'on peut également supposer qu'il a puisé dans la prévision de ses futures

parés : l'impulsion dont ils sont en 1812 le résultat date en réalité de la jeunesse de leur auteur. 1795 à 1800, ce sont là les grandes, les immortelles années de la vie de Cuvier.

Cette assertion pourra étonner mes lecteurs. Je la justifierai brièvement.

En zoologie, les premiers mémoires sur les *vermes* de Linné, et ce sont les mémoires fondamentaux, sont de l'année 1795, année où Cuvier a aussi posé, avec mon père, les bases de la classificatoin naturelle. Aux années 1796, 1797, 1798, appartiennent plusieurs mémoires importants sur les mollusques ; à 1798 et 1799, plusieurs découvertes capitales sur les annélides, et le mémoire sur les méduses.

Les deux premiers volumes de l'*Anatomie comparée*, les seuls qui soient presque entièrement l'œuvre de Cuvier, sont de 1800 ; les trois autres ont paru en 1805. Mais les leçons elles-mêmes de Cuvier, dont cet ouvrage est le résumé, avaient commencé dès la fin de 1795 ; et dès 1799, l'auteur avait jeté les fondements et recueilli les matériaux de l'ouvrage tout entier.

Parmi les travaux paléontologiques, le *Mémoire sur les éléphants*, qui a été publié en 1796, avait été composé en grande partie en 1795 ; le *Mémoire sur les rhinocéros* est de 1797 ; enfin, à l'année 1798 appartiennent les recherches sur les ossements du gypse de Montmartre.

Dans la vie de quel savant trouverait-on, en si peu d'années, d'aussi grands travaux? Et jusqu'où se serait élevé Cuvier, si toute sa vie eût répondu à sa jeunesse? Les fonctions administratives et politiques que Cuvier a remplies durant les trente dernières années de sa vie seront dans tous les temps un sujet de regret pour les amis de sa gloire et pour ceux de la science.

(1) *Mém. sur les éléphants, loc. cit.*, p. 1 et 2.

découvertes ce sentiment si vivement exprimé de la grandeur de la science, et dans ce sentiment lui-même la force
de les poursuivre et la puissance de les accomplir.

L'Histoire naturelle , disait encore , deux ans plus
tard (1), l'illustre zoologiste, c'est la connaissance de
toutes les propriétés sensibles et de toutes les parties
des corps naturels, l'*explication de tous les phénomènes*
dont ils sont le théâtre, et la *démonstration de la conformité* de ces phénomènes, selon leur nature, avec les
lois générales *des sciences physiques et mathématiques,*
ou avec celles des *sciences morales et psychologiques.*
D'où, au delà des branches diverses de l'*Histoire naturelle
particulière*, et dérivant de toutes à la fois, comme elle
les relie et les résume toutes, une science supérieure et
sublime, l'*Histoire naturelle générale ;* science qui « con-
» sidère d'un seul point de vue tous les corps naturels, et le
» résultat commun de toutes leurs actions dans le grand
» ensemble de la nature. » L'Histoire naturelle générale,
ajoute Cuvier, « ne peut être *portée à sa perfection* que
» lorsqu'on *aura complété* les histoires particulières *de
» tous les corps naturels* (2). »

Ainsi, en 1795, en 1796, en 1798 encore, pour Cuvier, les faits, leurs *rapports,* leurs *lois,* leurs *causes,*
tel est l'objet de l'Histoire naturelle. Notre science touche
aux *sciences de pur raisonnement ;* elle observe, découvre, explique, démontre ; elle tend vers une sublime
unité, et elle y parviendra : car, dans son jeune *enthou-*

_____

(1) Dans] son *Tableau élémentaire de l'Histoire naturelle des animaux,* an VI (1798), p. 2 et 3.

(2) *Ibid.,* p. 4.

siasme, Cuvier ne met de terme ni à son ambition, ni à nos espérances ; nul progrès ne lui semble au-dessus des forces de l'esprit humain ; nul mystère ne lui paraît impénétrable : il entrevoit le jour où l'Histoire naturelle particulière sera *complétée,* et l'Histoire naturelle générale *portée à sa perfection!*

III.

Est-ce bien le même naturaliste que nous allons entendre maintenant? Est-ce bien Cuvier qui va blâmer et proscrire tout ce qui peut faire la science grande et sublime, tout ce qui l'avait fait si grand lui-même durant les belles années de sa jeunesse ?

Ses paroles sont formelles. Observer, constater, décrire les faits, les coordonner à l'aide de la classification, telle est pour lui la science. Au delà, à une seule exception près (1), il n'y a plus que des hypothèses et des systèmes: éphémères productions de l'esprit, que l'histoire nous montre passant tour à tour à la surface de la science, y jetant parfois un éclat passager, mais bientôt n'y laissant que des ruines auxquelles chaque siècle vient ajouter les siennes.

Telle est la doctrine de Cuvier ; et une fois qu'elle s'est établie dans son esprit, il ne lui arrive guère de prendre la

---

(1) Elle est relative à la *Loi* ou au *Principe des conditions d'existence* que Cuvier assimile au principe des causes finales. (*Règne animal,* t. 1, *Introduction,* 1re édition, p. 6; 2e, p. 5.)

plume ou la parole, sans la reproduire ou la rappeler. Dans le mouvement dès lors si manifeste de la science vers les idées générales, Cuvier voit le plus grand des périls qui puissent la menacer ; et, chef respecté de nombreux disciples, il croit de son devoir de signaler hautement les écueils où ils pourraient s'égarer et se perdre. On doit regretter une si longue et si énergique résistance à d'inévitables progrès ; on ne peut qu'honorer les fermes convictions qui en étaient le mobile.

De là ces retours si fréquents, et sous tant de formes diverses, à cette *science des faits* qui est pour lui la saine Histoire naturelle, la vraie, la seule science.

« L'Histoire naturelle est une science de faits, » dit-il en commençant sa grande *Ichthyologie* (1). Nous *faisons profession,* et *dès longtemps,* ajoute-t-il un an plus tard, « de nous en tenir à l'*exposé des faits positifs* (2). » Que l'on se borne à cet *exposé,* au *détail des circonstances,* c'est ce que Cuvier recommande formellement dans l'un

---

(1) *Histoire naturelle des poissons,* t. I, p. 1 ; 1828.

(2) *Mémoire sur un ver parasite d'un nouveau genre (Hectocotylus)* dans les *Annales des sciences naturelles,* t. XVIII, p. 147 ; 1829. Je citerai textuellement le passage auquel je viens d'emprunter quelques mots : « Que l'on juge combien de systèmes il serait possible de fonder » sur des ressemblances aussi extraordinaires. Jamais l'imagination » n'a eu à s'exercer sur un sujet plus curieux. Pour nous qui, *dès* » *longtemps faisons profession de nous en tenir à l'exposé des faits* » *positifs, nous nous bornerons* aujourd'hui *à faire connaître* aussi » exactement qu'il nous sera possible *l'extérieur* et *l'intérieur* de notre » animal. » L'ensemble de ce passage ne laisse aucun doute sur le sens du mot *faits positifs,* employé par Cuvier dans plusieurs articles de la même époque.

Il est à remarquer qu'au moment même où l'illustre zoologiste

de ses derniers écrits(1), autorisant à peine les naturalistes à ne pas « s'interdire *absolument* la faculté d'*indiquer* les » conséquences *immédiates* qui leur paraîtront dériver » des faits qu'ils auront observés. » C'est dans ces limites, sous ces réserves, que Cuvier permet à ses disciples de penser et d'*oser!*

Après l'observation qui constate les faits, doit venir la classification qui les met en ordre : « *sorte de dictionnaire,* » dit Cuvier (2), où l'on part des propriétés des choses pour » découvrir leurs noms, » et en même temps, « le *plus* » *sûr moyen* de réduire les propriétés des êtres à des » règles générales, de les exprimer dans les moindres » termes, et de les graver aisément dans la mémoire. » La classification, à ce point de vue, est la *méthode* par excellence : si elle était *naturelle,* c'est-à-dire telle que

opposait la prudence et la certitude de sa méthode d'observation à la témérité des auteurs habitués à *exercer leur imagination,* lui-même donnait, au lieu d'un *fait positif*, un résultat doublement erroné : le prétendu *ver parasite* n'était ni un *ver* ni un *parasite*.

(1) *Avertissement* placé en tête des *Nouvelles Annales du Muséum d'Histoire naturelle,* et publié à part comme prospectus de ce recueil, mars 1832. (Voy. p. 3.)

Il est à remarquer que Cuvier parle ici, non en son nom propre. mais au nom collectif des professeurs administrateurs du Muséum. Ses collègues ont, dit-il, *résolu de composer* exclusivement *leur collection* de l'*exposé des faits* et du *détail de leurs circonstances;* car « ce qui, » dans des recueils de ce genre, conserve un *intérêt durable,* ce sont » les descriptions exactes et les bonnes figures..., les caractères..., les » détails positifs et bien décrits... »

Ainsi la majorité des membres du corps illustre qui représente par excellence l'Histoire naturelle en France, partageait alors les vues de Cuvier; et la doctrine que je rappelle et résume ici, est bien celle qui dominait parmi nous il y a vingt ans.

(2) *Règne anim., Introd.*, 1re édit., p. 9; 2e, p. 8 et 9.

J. 19

les êtres des mêmes groupes fussent partout *plus voisins entre eux que de ceux de tous les autres* groupes, on aurait réalisé l'*idéal auquel l'Histoire naturelle doit tendre;* on posséderait l'*expression exacte et complète de la nature entière.* « En un mot, la méthode naturelle serait » *toute la science,* et chaque pas qu'on lui fait faire approche la science de son but (1). »

Le perfectionnement de la classification, c'est donc le but, le terme de l'Histoire naturelle. Sur la recherche des *causes*, Cuvier se tait maintenant, et s'il revient sur ces *lois* et ces théories d'ensemble dont la découverte avait fait un instant sa sublime ambition, c'est pour les déclarer vaines et chimériques. Au delà de ce qu'il appelle la loi ou le principe des *conditions d'existence* ou des *causes finales*, plus rien que la raison puisse avouer!

Supposer le contraire, ce serait même, selon Cuvier, porter atteinte à la liberté du Créateur. « En effet, si l'on » remonte à l'auteur de toutes choses, quelle autre loi pou- » vait le gêner, que la nécessité d'accorder à chaque être » qui devait durer, les moyens d'assurer son existence?... » Certaines lois de coexistence dans les organes étaient » donc nécessaires; *mais c'était tout; pour en établir* » *d'autres, il faudrait prouver ce défaut de liberté dans* » *l'action du principe organisateur,* que nous avons » vu n'être qu'une chimère (2). »

Ainsi, point de lois, point de théories d'ensemble; et cette science sublime, l'*Histoire naturelle générale,* dont

(1) *Règne anim., loc. cit.,* 1ʳᵉ édit., p. 11 et 12; 2ᵉ, p. 10.
(2) Article *Nature* du *Dictionnaire des sciences naturelles,* t. XXXIV, p. 267; 1825.

Cuvier inscrivait du moins le nom dans le premier de
ses ouvrages, cette science n'est qu'un rêve, sans réalisation possible, ni aujourd'hui, ni jamais! Elle n'est pas,
elle ne saurait être. Renoncez donc, dit Cuvier, à poursuivre une ombre; et revenez à la vraie science, à la
science positive, celle des faits, en dehors de laquelle il n'y
a que succès illusoires et triomphes d'un jour (1). Les faits

(1) C'était là l'argument favori de Cuvier, et il se plaisait à y revenir sans cesse. Comme exemples, voyez particulièrement, dans le
Cours sur l'Histoire des sciences naturelles, recueilli par M. MAGDE-
LEINE DE SAINT-AGY, la leçon d'introduction, et celle qui résume les
travaux des XVIe et XVIIe siècles.

L'histoire, dit Cuvier dans la première (t. 1, p. 2), enseigne le mode
d'investigation qui conduit le plus souvent aux découvertes; elle enseigne, et le professeur annonce qu'il le démontrera *de nouveau*, que
les systèmes et les hypothèses n'ont dans la science qu'une existence
passagère, et que les faits seuls subsistent

Dans la leçon de résumé (2e partie, p. 536), Cuvier s'exprime ainsi :
« Nous avons mis pour ainsi dire l'esprit humain en expérience...
» Voyez ce qui subsiste de l'antiquité, pour les sciences physiques et
» naturelles : une partie des ouvrages d'Aristote et de Théophraste...
» Le reste intéresse tout au plus notre curiosité. Toutes les hypothèses,
» toutes les idées systématiques doivent ainsi tomber dans l'oubli. »

Voyez encore l'*Avertissement* déjà cité. L'*expérience*, dit Cuvier,
parlant ici au nom des professeurs du MUSÉUM, *leur a appris l'intérêt
durable* qui s'attache aux faits, les hypothèses et les dissertations
théoriques tombant au contraire bientôt *dans le même oubli où sont
tombées les hypothèses ou les théories qui les avaient précédées.*

C'est là, suivant Cuvier, l'un des résultats fondamentaux de ses
études historiques, et il faut bien remarquer qu'il admet, qu'il entend
démontrer ce résultat dans le sens le plus large; qu'il l'oppose en réalité,
bien qu'il se serve habituellement des mots *hypothèses* et *systèmes*, à
toutes les conceptions théoriques. *Les faits seuls sont durables, c'est là
l'axiome fondamental.* Voilà sa pensée telle qu'elle ressort de l'ensemble des passages que je cite ou pourrais citer, et telle, comme on
va le voir, que lui-même l'a résumée.

bien observés, l'expérience le prouve, sont, pour l'esprit
humain, *la seule acquisition durable*. C'est là « l'*axiome*
»*fondamental* des sciences positives (1) », et la plus grande
utilité de l'histoire des sciences est de nous l'enseigner.

Telles sont, résumées par son illustre chef, les vues
générales de cette grande *école des faits,* si exclusive,
et si longtemps prédominante en Histoire naturelle ; telle
est sa méthode, à laquelle, heureusement, elle a su ne pas
se tenir toujours. Nous n'aurions besoin que des exemples
donnés par elle-même, pour prouver, contre ses préceptes, qu'*observer, décrire, classer,* est le commencement de la science, non la science tout entière (2).

(1) Exorde de l'*Éloge de Desmarest*, dans le *Recueil des Éloges
historiques* de CUVIER, t. II, p. 339 ; 1819. Cet éloge a été lu à l'Académie des sciences le 16 mars 1818. C'est la première fois que Cuvier
a énoncé aussi fermement l'idée qu'il a depuis si souvent développée.

(2) Ce n'est ici le lieu, ni de faire connaître avec détail, ni surtout
de discuter les vues de Cuvier sur les autres grandes questions de la
science. Mais je crois compléter utilement le résumé qui précède, en
indiquant dès à présent par quel lien logique ces vues se rattachent
aux idées de l'illustre naturaliste sur la méthode, et aussi comment
elles s'enchaînent entre elles. J'ai essayé déjà dans un autre ouvrage
(*Vie, travaux et doctrine de Geoffroy Saint-Hilaire*, chap. X, p. 361)
de faire saisir ces relations par un aperçu général de la doctrine de
Cuvier. Je crois devoir reproduire ici ce rapide aperçu qu'il serait à
peu près impossible d'abréger encore.

« Admettons pour un moment, selon l'hypothèse si longtemps consacrée dans la science, que les germes qui devaient se développer dans
la suite des siècles, soient sortis directement, à l'origine, des mains du
Créateur ; que dans ces germes soient en petit, ou, comme on disait,
en miniature, tous les organes, la génération ne faisant, selon l'expression de Régis, *que les rendre plus propres à croître d'une manière
plus sensible.* Cette hypothèse dominant à la fois la zoologie proprement dite, l'anatomie et la philosophie naturelle elle-même, chacune

IV.

Opposons à l'*école des faits* l'école qui en est le plus éloignée. A Cuvier n'admettant qu'une seule idée théorique : c'est que toute théorie est impossible ; à Cuvier restreignant, à l'extrême, l'exercice de la pensée, opposons Schelling, fondant sur elle la science tout entière ;

de ces branches en subira nécessairement et profondément l'influence. Ses conséquences directes seront, en anatomie, la réduction de l'embryogénie à un rang très secondaire, puisqu'il ne reste plus qu'à épier le moment où tous ces organes *préformés* auront assez grandi pour devenir perceptibles à nos sens ; en zoologie, la fixité des espèces, et l'admission sans limites des causes finales : la première, parce que toutes les différences entre les êtres organisés sont initialement établies par le Créateur lui-même ; celle-ci, parce que la Sagesse suprême, en appelant dès l'origine tous les êtres à une vie ou dès lors active ou latente, en a nécessairement ordonné les conditions. Il est clair que ce système laisse peu de place à la recherche des lois générales : chaque type ayant été fait seulement en vue de sa destination propre, et étant essentiellement distinct de tous les autres, il ne reste guère qu'à constater, d'une part, l'accord de son organisation avec cette destination, ce sera le but le plus élevé de la philosophie naturelle ; de l'autre, la nature et la valeur des différences extérieures et intérieures, d'où la prééminence accordée aux travaux d'observation, de description et de classification.

» Soyez partisan du système de la préexistence des germes, et soyez conséquent avec vous-même ; vous ne sauriez sortir de ce cercle. »

Tel est précisément le cercle où Cuvier s'est renfermé. La doctrine de Cuvier est *une* et logiquement *indivisible*, et je montrerai qu'il ne s'est écarté de ses principes que sur une seule grande question, celle des races humaines, résolue par lui dans le sens de l'unité, comme elle pouvait et devait l'être selon la doctrine, logiquement *indivisible* aussi et partout concordante, de l'école opposée, celle de Geoffroy Saint-Hilaire.

Schelling qui a osé dire : « Philosopher sur la nature,
» c'est créer la nature (1) ! »

Les vues de M. de Schelling datent de la fin du xviiie siècle. En 1795 et 1796, à peine âgé de vingt ans, l'auteur
les indiquait déjà (2); il en exposait l'ensemble (3),
dès 1797, 1798, 1799, dans plusieurs ouvrages dont le
titre même était une nouveauté hardie. Kant avait dit la
Science de la nature(4); Schelling ose dire la*Philosophie*

(1) Sur cette proposition, aussi célèbre que peu comprise, voyez plus
bas, p. 305 et 306.

(2) Dans les *Philosophische Briefe über Dogmatismus und Kriticis-
mus*, 1795. — Dans cet écrit se trouvent, ainsi que M. de Schelling
l'a plusieurs fois rappelé, les premiers germes de la doctrine qu'il a
développée durant les sept années suivantes.

On retrouve cette même doctrine, non toutefois sans de notables
modifications, dans tous les écrits que l'auteur a publiés jusqu'en 1815.
Il s'en est, au contraire, considérablement écarté, lorsqu'il a repris
la plume, en 1841, après un long silence, pour exposer ce qu'il appelle maintenant sa *Philosophie positive*.

(3) Il est regrettable que M. de Schelling, bien moins physicien et
naturaliste que métaphysicien, ne s'en soit pas tenu à cette exposition
d'ensemble. Les tentatives qu'il a faites pour appliquer ses vues à la
physique et à la chimie sont, le plus souvent, peu dignes du grand
nom de leur auteur, et trop analogues aux conceptions bizarres par
lesquelles plusieurs *Philosophes de la nature*, s'autorisant de l'exemple
de leur maître, ont prétendu renouveler, par la seule force de leur
pensée, l'Histoire naturelle et la médecine.

(4) *Naturwissenschaft*.

On trouve quelques vues analogues à celles que Schelling a depuis
développées, dans les *Metaphysische Anfangsgründe der Naturwissenschaft* de KANT, Riga, 1786 ; 2e édit., 1787 ; 3e, Leipzig, 1808 ; et dans
les *Werke*, t. V, p. 304 à 436.

M. MICHELET, de Berlin, dans sa *Geschichte der letzten Systeme der
Philosophie*, t 1, a fait avec raison ressortir l'intérêt des vues émises
par Kant dix ans avant Schelling ; mais il va beaucoup trop loin,

de la nature (1). De ses ouvrages, de ceux de Goethe et de l'enseignement si justement admiré de Kielmeyer,

lorsqu'il ajoute, p 129 : « La Philosophie de la nature de Schelling » repose entièrement sur les principes posés par Kant. »

(1) *Philosophie der Natur* ou *Naturphilosophie*.

Trois ouvrages et un mémoire de SCHELLING portent le titre de : *Philosophie de la nature*. Ce sont, par ordre de dates : *Ideen zu einer Philosophie der Natur*, Leipzig, 1797 ; 2ᵉ édit., Landshut, 1803. — *Erster Entwurf eines Systems der Naturphilosophie*, Iéna et Leipzig, 1799. — *Einleitung zu seinem Entwurf eines Systems der Naturphilosophie*, Iéna et Leipzig, 1799. — *Aphorismen zur Einleitung in die Naturphilosophie*, insérés dans les *Jahrbücher der Medicin als Wissenschaft*, Tubingue, t. 1, p. 1 ; 1806.

Voyez aussi l'ouvrage intitulé : *Von der Weltseele, eine Hypothese der höhern Physik*, Hambourg, 1798 ; 2ᵉ édit., 1806 ; 3ᵉ, 1809.

Aucun de ces ouvrages n'a été traduit dans notre langue ; mais les lecteurs français peuvent s'en faire une idée exacte par les analyses, très consciencieusement faites, qu'on doit à M. WILLM (voy. son excellente *Histoire de la philosophie allemande depuis Kant jusqu'à Hegel*, t. III, 1847, p. 72 et suiv.). Dans ce même ouvrage, la Philosophie de la nature, telle que l'a conçue Schelling, est en outre résumée dans son ensemble, p. 204 à 237, et appréciée, p. 366 et suiv. Voyez aussi t. IV, 1849, p. 605.

Les trois ouvrages suivants de Schelling, où la *Philosophie de la nature* n'occupe qu'une place très secondaire, ont été au contraire traduits en français :

System des transcendentalen Idealismus, Tubingue, 1800, in-8. Traduit par M. GRIMBLOT, Paris, 1842.

Bruno, oder über das göttliche und natürliche Princip der Dinge (sous forme de dialogue); Berlin, 1802 ; 2ᵉ édit., 1842. Traduit par M. HUSSON, Paris, 1845.

Vorlesungen über die Methode des academischen Studium, Tubingue, 1803 ; 2ᵉ édit., Stuttgart et Tubingue, 1813 ; 3ᵉ, 1830. Traduit par M. BÉNARD, avec quelques articles détachés et divers fragments dont trois se rapportent à la *Philosophie de la nature*. — M. Bénard a réuni tout ce qu'il a traduit de Schelling, dans un volume intitulé : *Schelling, Écrits philosophiques*, Paris, 1847.

Enfin je citerai deux recueils publiés par Schelling de 1800 à 1802,

date cette vive impulsion qui, à travers tant de systèmes
erronés ou exagérés, a porté si loin, dans notre siècle,
la gloire scientifique de l'Allemagne (1).

En France, il est peu de philosophes contemporains
dont le nom soit plus célèbre (2) et plus honoré (3) que

sous les titres de *Zeitschrift* et de *Neue Zeitschrift für die speculative
Physik*; recueils dont il est lui-même en grande partie l'auteur.

Par ces indications bibliographiques, et par celles qui vont bientôt
les compléter, j'épargnerai, je l'espère, aux naturalistes qui voudront
à leur tour étudier M. de Schelling, une partie des difficultés que j'ai ren-
contrées dans mes efforts pour remonter aux sources, et pour pénétrer
le vrai sens d'une doctrine jusqu'à ce jour si imparfaitement connue.

(1) Goethe et Kielmeyer sont l'un et l'autre antérieurs à Schelling.

La *Métamorphose des plantes* de GOETHE est de 1790, et une partie
de ses travaux zoologiques est plus ancienne encore. On peut consulter à cet égard mon rapport *Sur les travaux zoologiques et anatomiques de Goethe*, dans les *Comptes rendus des séances de l'Académie des
sciences*, t. VI, p. 320, 1838, et dans mes *Essais de zoologie générale*,
1841, p. 153.

Le célèbre discours de KIELMEYER, *Ueber die Verhältnisse der or-
ganischen Kräfte unter einander*, a été prononcé en février 1793 à
Stuttgart, et aussitôt imprimé. Par ce discours où, au milieu de vagues
énoncés et de développements sans intérêt, se trouvent d'admirables
aperçus, on peut du moins se faire une idée de cet enseignement de
Kielmeyer, qui a laissé de si profondes traces dans l'esprit de ses
élèves, et qui a donné à l'Allemagne tant de naturalistes et d'anatomistes justement célèbres.

Comment se peut-il que pas un des disciples de Kielmeyer ne nous
ait fait connaître, n'ait conservé à la postérité les leçons d'un tel
maître?

(2) La célébrité du nom de Schelling date, parmi nous, du beau livre:
De l'Allemagne, par Mᵐᵉ DE STAEL. (Voy. la troisième partie, chap. VII.)

(3) « Le plus beau génie de tous les philosophes allemands, celui
» qui a le plus de rapport avec Platon, est M. de Schelling, » dit
M. DE RÉMUSAT, dans un remarquable *Rapport*, fait à l'Académie des
sciences morales, au nom de la Section de philosophie, sur le *Concours
pour l'examen critique de la philosophie allemande* (voy. les *Mémoires*

celui de M. de Schelling : il en est peu dont la doctrine (**1**) y soit restée, après un demi-siècle, aussi imparfaitement connue. Conception mixte entre la philosophie générale et l'Histoire naturelle, elle ne pouvait être scientifiquement appréciée parmi nous, que par le concours de nos métaphysiciens et de nos naturalistes. Les premiers, encore est-ce depuis peu (2), ont consciencieusement donné le leur,

de l'*Académie des sciences morales et politiques*, t. V, 1847, p. 223 à 237.) M. de Rémusat résume ici le jugement que M. WILLM a développé et motivé, *loc. cit.*, t. IV, p. 605.

(1) En ce qui concerne la nature.

(2) On a vu par l'une des notes précédentes (p. 295) que les seules traductions que nous ayons de SCHELLING, celles de MM. GRIMBLOT, HUSSON et BÉNARD, ne remontent qu'à 1842, 1845 et 1847.

L'ouvrage de M. WILLM (voy. la même note) n'a paru, pour les parties relatives à Schelling, qu'en 1847 et 1849.

C'est vers la même époque qu'un ouvrage spécialement consacré à la philosophie de Schelling a été publié, par M. MATTER, sous ce titre: *Schelling, ou la Philosophie de la nature et la Philosophie de la révélation*, Paris, 1845 ; ouvrage qui est, en très grande partie, la reproduction textuelle d'articles publiés dans le *Dictionnaire de la conversation*, t. L, 1839, et dans la *France littéraire*, nouv. série, t. VII, 1841.

Voyez encore : BARCHOU DE PENHOEN, *Histoire de la philosophie allemande depuis Leibnitz jusqu'à nos jours*, Paris, 1836. L'auteur de ce livre s'y est peu étendu (voy. t. II, p. 1 à 107) sur Schelling et son école, auxquels il se proposait de consacrer un ouvrage spécial. — OTT, *Hegel et la Philosophie allemande*, Paris, 1844 ; savant ouvrage où, comme son titre l'annonce, la philosophie de Hegel est seule exposée avec développement.

Dans les derniers volumes (posthumes) de l'*Histoire comparée des systèmes de philosophie*, par DEGÉRANDO, 1847, on trouve aussi, t. IV, p. 348 et suiv., un aperçu de la doctrine de Schelling.

Enfin, je citerai un intéressant et savant article sur Schelling, récemment publié par M. WILLM, dans le *Dictionnaire des sciences philosophiques*, t. V, p. 508 ; 1851. M. Willm n'a d'ailleurs fait ici que résumer son important travail déjà cité.

J.   19.

examinant la doctrine de Schelling sous tous les points
de vue où ils avaient à le faire. Ils l'ont commentée, dis-
cutée, métaphysiquement, dans ses principes; morale-
ment, dans ses conséquences; historiquement, dans ses
rapports d'analogie avec les philosophies de Pythagore, de
Platon, de Xénophane, de Bruno, de Spinosa, dans ses rapports de filiation avec celles de Hume, de Kant et de Fichte.

Ici, ce qu'on devait faire a donc été fait. Mais le reste
appartient aux naturalistes, et le reste est encore à faire.

Quand il fallait à Schelling un interprète impartial autant que compétent, ce sont ses adversaires eux-mêmes
qui se sont chargés de nous le faire connaître. C'est le chef
illustre de l'*école des faits ;* ce sont, après lui, ses disciples,
qui, en France, se sont le plus occupés de la *philosophie
de la nature* et de l'*idéalisme transcendantal;* ce
sont eux qui ont surtout commenté et discuté la doctrine
de Schelling; et ils l'ont fait, non comme on discute quand
on veut éclairer, mais comme on combat quand on veut
vaincre; délaissant l'examen des principes pour la critique
de leurs conséquences secondaires les plus manifestement erronées, le fond de la doctrine pour ses parties les
plus vulnérables; ne distinguant pas même, le plus souvent, entre Schelling et ses disciples, ou même ceux
de Kielmeyer (1) ; frappant, sans choix et sans ré-

_____

(1) Il est d'ailleurs vrai qu'un grand nombre de savants allemands
sont disciples à la fois de Schelling et de Kielmeyer, dont les idées sur
plusieurs points capitaux étaient analogues; si bien que ces deux grands
esprits se sont plus d'une fois rencontrés. Par exemple, SCHELLING,
Von der Weltseele, p. 297, reconnaît que Kielmeyer était arrivé avant
lui, par une autre voie, à ce résultat, que toutes les fonctions de la vie
ne sont que des modifications diverses d'une force unique.

serve (1), la Philosophie de la nature, dans toutes ses
exagérations allemandes, de quelles sources qu'elles
vinssent; se complaisant dans leur énumération, dans
leur développement; recherchant, entre toutes, les plus
bizarres pour les mettre le plus en lumière; ne dédaignant pas d'en triompher par le plus facile, mais le
moins démonstratif des arguments, la plaisanterie, et y
réussissant, du moins au jugement du public scientifique
qui, ayant sans cesse sous les yeux le tableau de toutes
ces aberrations de l'esprit humain, finissait par les prendre,
qu'elles fussent ou non de Schelling, pour la doctrine
elle-même dont elles ne sont que l'abus! Combien de
savants encore, parmi les zoologistes eux-mêmes, croient
connaître assez la Philosophie de la nature, parce qu'ils
ont ri, avec Cuvier, de la décomposition de la tête en
membres, corps et tête (2), ou de tel autre de ces

(1) Et parfois, trop manifestement, sans études sérieuses, sans avoir
pris la peine de remonter aux sources. Tels auteurs français n'avaient
pas même *vu les titres* des ouvrages dont ils se portent juges!

L'un d'eux, par exemple, qui prétend nous faire connaître Kielmeyer, et le juger, ne sait pas en écrire le nom! Le même *juge* reporte à Tubingue, et en 1796, le célèbre discours qui fut prononcé
par Kielmeyer à Stuttgart, le 11 février 1793.

(2) *La tête de la tête!* Cet exemple des *idées fantastiques* des Philosophes de la nature est celui que Cuvier se plaisait le plus à citer.
Combien de fois il l'a reproduit dans ses cours du Muséum et du
Collége de France, toujours spirituel et mordant, et toujours sûr de
provoquer le rire de ses auditeurs!

Ses disciples ont depuis essayé de faire comme lui.

M. de Schelling entendait autrement la critique scientifique. « Je
» n'attaquerai jamais, dit-il, une philosophie par ses derniers ré-
» sultats; mais je la jugerai dans ses premiers principes, comme doit
» le faire tout esprit philosophique. » (Voyez le *Discours d'ouverture*

systèmes qui devaient inévitablement compromettre, avec leurs auteurs, la doctrine qu'ils prétendaient développer !

Nous aussi, nous aurons souvent à combattre, dans le cours de cet ouvrage, les vues de Schelling, celles aussi de son émule Hegel (1) et de ses principaux disciples (2). Que ce

du cours de philosophie de Berlin en 1841, traduit par M. GRIMBLOT, à la suite de l'*Idéalisme transcendantal; loc. cit.*, p. 412.) On doit savoir gré au savant traducteur d'avoir ajouté à l'*Idéalisme* cet admirable discours par lequel Schelling a ouvert, près d'un demi-siècle après ses premières publications, la nouvelle série de travaux qu'il poursuit encore en ce moment.

(1) Condisciple de Schelling, puis son disciple quoique un peu plus âgé que lui, et plus tard son adversaire, Hegel a surtout eu en vue de donner une forme plus rigoureuse à la philosophie de Schelling. Sur beaucoup de points il en a modifié le fond. Voy. sa *Naturphilosophie*. Cet important ouvrage forme la seconde partie de l'*Encyclopädie der philosophischen Wissenschaften*. D'abord publié en 1817, et plusieurs fois réimprimé, il l'a été en dernier lieu dans les HEGEL's *Werke*, t. VII, Berlin, 1842.

(2) Schelling se proposait d'exposer dans un ouvrage spécial la Philosophie de la nature organique. Il ne l'a jamais fait; mais de nombreux disciples ont repris son projet, et ont essayé de le réaliser, chacun selon ses vues propres. A leur tête se place l'illustre OKEN, qui a développé les siennes dans son *Lehrbuch des Systems der Naturphilosophie*, Iéna, 1809; 2ᵉ édit., 1831; 3ᵉ, Zurich, 1843. — Voyez aussi : *Grundriss der Naturphilosophie*, Francfort, 1802. — *Abriss des Systems der Biologie oder Moralphilosophie*, Goettingue, 1805. — *Lehrbuch der Naturgeschichte*, Leipzig et Iéna, 1812 à 1816. — *Esquisse du système d'anatomie, de physiologie et d'histoire naturelle*, Paris, 1821. Parmi les disciples et les continuateurs de Schelling, il me suffira de citer ici après Oken : TREVIRANUS, *Biologie oder Philosophie der lebenden Natur*, Goettingue, 1802. — J. WAGNER, *Von der Natur der Dinge*, Leipzig, 1803; ouvrage où l'auteur annonce qu'il exposera dans leur ensemble les vues de Schelling. Il s'en écarte parfois. — STEFFENS,

soit du moins par d'autres armes et avec le sérieux, disons plus, avec le respect dû à d'aussi hautes conceptions ! Que ce soit en distinguant avec soin, dans la Philosophie de la nature, ce qui est l'œuvre propre de Schelling et ce qui appartient à ceux qui l'ont suivi ; car chacun doit répondre de ses propres vues et de celles qui en dérivent nécessairement, mais non de tout ce qu'ont cru y découvrir de téméraires interprètes, ou de ce qu'y ont ajouté des disciples qu'il eût désavoués. Ainsi, seulement, notre critique pourra être juste, et si elle ne l'était pas, comment pourrait-elle servir la science ? La justice, c'est sous un autre nom, sous un nom plus saint encore, la vérité elle-même (1).

Grundzüge der philosophischen Naturwissenschaft, Berlin, 1806, et *Anthropologie*, Breslau, 1824. — ESCHENMAYER, *Einleitung in die Natur and Geschichte*, Erlangen, 1806. – Fr. WALTHER, *Physiologie des Menschen*, Landshut, 1807. — STUTZMANN, *Philosophie der Geschichte der Menscheit*, Nuremberg, 1808. — KIESER, *Aphorismen aus der Physiologie der Pflanzen*, Goettingue, 1808.—WILBRAND, *Darstellung der gesammten Organisation*, Giessen et Darmstatt, 1809, et *Gesetz des polaren Vorhaltens in der Natur*, Giessen, 1819. — NEES D'ESENBECK, *Handbuch der Botanik*, Nuremberg, 1820.

Les vues de quelques uns de ces auteurs ont été analysées par M. BARCHOU DE PENHOEN, *loc. cit.*, t. II, p. 84 et suiv.

Je me borne présentement à ces indications, renvoyant aux parties de cet ouvrage où j'aurai à traiter des classifications, des harmonies, et surtout des analogies, la citation de divers ouvrages ou mémoires, quelques uns d'une grande importance, dont les auteurs se sont plus ou moins directement inspirés de la philosophie de Schelling.

(1) Voici les principales sources où, avec les ouvrages déjà cités, les lecteurs français, étrangers à la langue allemande, peuvent trouver des notions plus ou moins exactes sur les vues de Schelling et de ses disciples.

Celui de nos naturalistes qui est le plus souvent revenu sur la

V.

Laissons toutes ces interprétations incomplètes, tous ces commentaires inexacts, au milieu desquels n'apparaît que confusément la vraie pensée de Schelling sur la nature : c'est aux sources, c'est à ses livres eux-mêmes, à ceux de

Philosophie de la nature, c'est Cuvier; mais il l'a fait dans ses cours plus que dans ses ouvrages, et bien plus souvent pour lancer contre elle quelques traits destinés à atteindre en même temps l'école philosophique française, que pour exposer et discuter les idées de Schelling et de ses disciples. — Parmi ses ouvrages, voyez surtout: *Recherches sur les ossements fossiles*, 2e édit. , t. V, 2e part., p. 3; 1824. — Article *Nature*, *loc. cit.*, p. 267; 1825. — *Hist. nat. des poissons*, t. I, p. 228 à 239; 1828. — *Dernière leçon*, publiée à part, Paris, 1832, p. 18. — M. Duvernoy, dans son excellente *Notice historique sur Cuvier*, Paris, 1833, p. 67, a succinctement résumé les vues de son illustre maître sur la doctrine de Schelling.

Dans un article qui porte le même titre que l'un des précédents, et qui est en partie destiné à lui répondre, l'article *Nature* de l'*Encyclopédie moderne* (t. XVII, p. 24, et à part, in-8, Paris, 1829), mon père a fait connaître aussi son opinion sur la Philosophie allemande de la nature. Je reviendrai sur cet article. — Voyez encore Victor Meunier, *Histoire philosophique des progrès de la zoologie générale*, 1840, p. 73 et suiv. —Et Blainville, *Histoire des sciences de l'organisation*, publiée par l'abbé Maupied, t. III, 1845, p. 481.

Ces travaux, particulièrement ceux de Cuvier, de mon père et de M. Meunier, sont surtout de critique ou de discussion. Les suivants sont principalement des exposés ou des résumés.

L'auteur du volume complémentaire de l'*Histoire des sciences naturelles* de Cuvier (t. V, 1845), M. Magdeleine de Saint-Agy, a consacré la seconde partie de ce volume à l'histoire, la plus développée qu'on en ait donnée parmi nous, de la *Philosophie de la nature en*

sès principaux disciples, qu'il faut remonter pour se faire une idée juste de la méthode des *Philosophes de la nature*. Et il est nécessaire d'y remonter sur leurs pas, bien que je n'aie pas à exposer dans ces Prolégomènes l'ensemble de leur doctrine, jusqu'au point d'où elle est partie, jusqu'à la proposition fondamentale, celle de l'identité des lois de la nature avec les lois de l'intelligence humaine.

Qu'est-ce que la nature? Schelling répond : *Le côté réel* (1) *tout entier dans l'acte éternel de la manifestation divine* (2); acte *compris lui-même dans la pensée* de Dieu, à la fois *sujet* et *objet, par une sublime transformation dont la nature visible et finie est le symbole.* Acte éternel, ajoute Schelling, qui *se reproduit en toutes*

France et en Allemagne (voy. p. 313 à 435). Il expose, p. 323 et suiv., les vues de Schelling, dont il fait (comme CUVIER, *Dernière leçon*, p. 18) le continuateur de Kielmeyer ; p. 534 et suiv., celles d'Oken, de Spix, de M. Carus et de quelques autres anatomistes allemands et français. Il est fort regrettable que ce travail étendu ait été fait avec peu d'exactitude et de critique. L'auteur, qui n'est pas remonté aux sources, s'est souvent mépris, et parfois sur des points capitaux.

J'indiquerai avec plus de confiance, quoique ce travail laisse lui-même beaucoup à désirer, un discours prononcé et publié à Genève en 1828 sur la Philosophie de la nature par un savant pasteur, M. CHOIZY. Voyez son ouvrage intitulé : *Des doctrines exclusives en philosophie rationnelle*, p. 63 à 115.

(1) *Réel* (reale) par opposition à *Idéal*.

(2) *Vorlesungen, eilfte Vorles.*, 2ᵉ édit., p. 254; trad. de M. BÉNARD. *loc. cit.*, p. 178.

M. Bénard (auquel j'ai emprunté tout ce qui, dans cet alinéa, est en italiques) a cru ne pouvoir faire passer dans notre langue, ni les expressions, en effet intraduisibles, ni la pensée tout entière de Schelling. *In dem ewigen Act der Subject-Objectivirung*, dit l'auteur; c'est-à-dire, mot à mot, selon la périphrase qu'il emploie ailleurs (p. 288) : *Dans l'acte éternel de la transformation de la subjectivité en objectivité.*

choses et se continue dans les formes particulières,
toutes réductibles à l'*universel* et à l'*absolu* (1), dont
elles sont comme autant d'aspects divers.

La nature est donc, pour Schelling, la manifestation de
Dieu ; c'est sa pensée réalisée, et où il *se contemple lui-
même* (2). La *création de l'univers* ou l'*évolution de
l'absolu* est un *acte éternel de connaissance* (3) ; et le
système de la nature est l'*expression de l'esprit universel dans la matière* (4), la *révélation de l'infini dans
le fini* (5).

L'intelligence humaine qui voit Dieu dans la nature,
selon Schelling, s'y retrouve aussi elle-même. L'*intelligence et la nature sont parallèles,* dit-il (6). Les lois de
l'une sont les lois de l'autre. Et la nature reproduit en elle
les lois de notre esprit par une concordance, non pas simplement accidentelle, mais *nécessaire et primordiale* (7) ;
et il ne suffirait pas de dire qu'elle *exprime* ces lois ;
Schelling veut qu'elle les *réalise* (8). S'il conçoit *la possi-*

(1) *Vorles.,* p. 257.

(2) *Ibid.,* p. 292. — Et où il s'*affirme* lui-même, dit J.-B. WILBRAND,
Darst. der ges. Organis., t. I, p. 1.

(3) WILLM, *loc. cit.,* t. III, p. 368. — Dans le savant résumé qu'il
a donné des vues de Schelling, M. Willm dit aussi un peu plus haut :
« L'intelligence divine est créatrice ; ses idées se réalisent par cela
» même qu'elles sont pensées ; les choses en sont le reflet, la copie,
» l'expression phénoménale. »

(4) *Ibid.,* p. 208.

(5) FRIES, *Systema orbis vegetabilis,* Lund, 1825, *Introductio,* p. 1.

(6) *Transcend. Idealismus,* Préface ; traduction de M. GRIMBLOT,
p. LXVIII.

(7) *Ideen,* Introduction, 1re édit., p. LXIV.

(8) *Ibid.* — « *Nicht nur ausdrücke* , dit l'auteur, *sondern selbst*
» *realisire.* »

bilité d'une nature en dehors de nous, c'est par son *identité absolue* (1) avec *l'esprit en nous.* C'est en ce sens que
Schelling a dit : « La nature n'est que l'organisation visible
» de notre esprit (2). » Et ailleurs : « La nature doit être
» l'esprit visible, comme l'esprit la nature invisible (3). » La
Philosophie transcendantale, qui expose les lois de l'esprit,
n'est donc, pour ainsi dire, qu'une philosophie *inverse* de
celle de la nature, où l'on part du *subjectif* comme principe
pour en faire sortir l'*objectif,* au lieu de déduire le *subjectif* de l'*objectif* (4).

Pour Schelling, l'activité de notre esprit peut donc être
assimilée à l'activité de la nature, ou, mieux, à celle de
Dieu lui-même, *réalisée* dans la nature. Nous pensons
comme Dieu a créé. Notre pensée, c'est presque une
création intérieure. D'où cette proposition, devenue si
célèbre, et tant admirée par les Philosophes de la nature,
si ambitieuse qu'ils la trouvassent eux-mêmes : « Philoso-
» pher sur la nature, c'est créer la nature (5) ! »

(1) Ce sont les mots eux-mêmes dont s'est servi Schelling : *absolute
Identität,* dit-il dans les *Ideen, loc. cit.*

(2) *Einleitung,* p. 3.

(3) *Ideen,* p. LXIV.

(4) *Transcend. Idealismus, loc. cit.* — Ces deux sciences sont *théoriquement* égales, dit Schelling ; car il est indifférent, à ce point de
vue, de partir de l'objectif ou du subjectif.

OKEN, *Lehrb. der Naturphil., Begriff* (voy. 3ᵉ édit., p. 2), considère
comme *parallèles* la philosophie de l'esprit et celle de la nature, et
il insiste sur la priorité de celle-ci.

(5) *Erster Entwurf,* p. 6. — Voici les propres paroles de Schelling :
« *Ueber die Natur philosophiren heisst die Natur schaffen.* »

Cette proposition, souvent citée en Allemagne, y est considérée
comme la plus haute expression de la doctrine de M. de Schelling ;

A la témérité de ces hypothèses et de ces déductions, qu'en ce moment nous n'avons pas à suivre plus loin (1), quelle méthode pourra correspondre, dont l'audace ne doive aussi nous étonner? Puisque la raison humaine est dépositaire des idées éternelles, des *idées créatrices,* il lui suffira de les chercher en elle-même. Qu'elle s'interroge donc, et si elle peut se répondre sur son être propre et sur ses rapports avec le Créateur, elle devra, par là même, répondre sur la création entière ; elle *comprendra*, elle *reconstruira l'univers* (2).

Dans l'exercice de notre pensée est, pour Schelling, la source de toute vraie science. Tout doit y dériver d'axiomes, de principes que trouve en elle ou que crée notre raison; et c'est par elle aussi que doivent être déroulées toutes les conséquences. Que seraient des faits sans théories ? Rien (3).

comme son *expression énergique, inspirée,* dit M. Michelet, de Berlin, dans la savante préface qu'il a placée en tête de la *Naturphilosophie* de Hegel. « Si cette proposition de Schelling semblait trop présomptueuse, ajoute M. Michelet, si elle encourait le reproche d'*être une divinisation de la philosophie par elle-même (eine Selbstvergötterung),* on pourrait la traduire ainsi : Philosopher sur la nature, c'est « repenser la grande pensée de la création. » (Voy. Hegel's *Werke,* t. VII, p. v et vi.)

(1) Je n'ai à donner ici un aperçu de l'*idéalisme* panthéistique de M. de Schelling que dans les parties de cette doctrine, indispensables à l'intelligence de la *méthode* des Philosophes de la nature. Je reviendrai, en traitant des harmonies générales, et surtout des *analogies,* sur l'ensemble de la doctrine de M. de Schelling, et sur les conséquences principales qui en ont été déduites soit par lui-même, soit par ses disciples.

(2) Willm, *loc. cit.,* t. IV, 1849, p. 598.

(3) *Zeitschrift,* 1800; dans un article *Sur la spéculation et l'expérience en physique,* qui a été traduit par M. Bénard, *loc. cit.,* p. 365 à 372.

Et si des théories sont nécessaires, comment y parvenir? En dehors des faits, et non par eux. Toute théorie, dit Schelling, qui est abstraite de l'expérience, est contraire à l'expérience elle-même. « Il ne peut y avoir ou se for-
» mer de vraies théories que celles qui se construisent *à*
» *priori* (1). » Au fond, « tous les phénomènes se ratta-
» chent à une seule loi absolue et nécessaire, de laquelle
» ils peuvent tous être déduits. En un mot, dans la science
» de la nature, tout ce que l'on sait (dans le sens le plus
» rigoureux du terme), on le sait *à priori* (2). »

La méthode recommandée par Schelling est donc essentiellement *déductive,* et la science de la nature, comme il la conçoit, devient une science toute *rationnelle* où, bien loin de remonter des faits à leurs lois, on descend de celles-ci aux faits. Si l'observation, l'expérience, ont à intervenir dans la *vraie science,* ce sera donc, à prendre dans toute leur rigueur les idées de Schelling, non plus pour découvrir, mais pour vérifier des conceptions déjà existantes dans notre esprit; et encore pourrait-on dire qu'elles ne sont pas indispensables, même à ce titre; car si Schelling part d'hypothèses, c'est, suivant lui, d'hypothèses *nécessaires,* par conséquent démontrées.

Schelling, auquel on a reproché à juste titre, comme à ses disciples, de dédaigner, de *mépriser* les faits, se garde cependant d'admettre ces conséquences extrêmes. Il reconnaît formellement la nécessité de l'expérimentation. Lui-même l'a dit : « Il serait impossible de pénétrer la con-

(1) *Zeitschr., loc. cit.* Trad. de M. Bénard, p. 368.
(2) Fragment *Sur l'idée d'une physique spéculative;* traduit par M. Bénard, *Ibid.,* p. 374.

» struction intérieure de la nature, si notre liberté ne nous
» permettait pas de mettre la main sur elle (1). » L'expérimentation, telle que la conçoit Schelling, n'est d'ailleurs
que la vérification d'une *idée* préexistante dans l'esprit, et
il s'en explique très nettement : « Chaque expérimentation
» est une *question adressée à la nature,* et dont la ré-
» ponse est préjugée. *Chaque expérimentation qui mé-*
» *rite ce nom, est une prophétie* (2). »

Il ne s'agit ici, pour Schelling, que de la vérification, ou
mieux, pour employer un terme plus conforme à sa doctrine, de la *réalisation* de ses *idées* préconçues, de ses
prophéties. Ailleurs il va plus loin, et c'est d'une manière
générale qu'il admet, qu'il recommande l'observation et
l'expérience. Schelling veut, à côté de l'étude philosophique ou *spéculative,* une étude *empirique* de la nature.
Seulement il fait à celle-ci une bien modeste place, dont
il lui défend sévèrement de sortir. Qu'elle n'ait pas *la prétention,* dit-il, d'être *la science elle-même* (3) ! Qu'elle
sache s'abstenir de toute explication et de toute *hypothèse;*
qu'elle se renferme dans la simple et fidèle *exposition
des phénomènes eux-mêmes!* Et surtout qu'elle ne tente
pas de *porter ses regards sur l'univers,* de *pénétrer
l'essence des êtres,* d'*édifier un système* (4) où elle se
perdrait aussitôt : autant vaudrait essayer la traversée de
l'*Océan sur un brin de paille* (5) !

(1) Même fragment, p. 373.
(2) *Ibid.*
(3) *Vorlesungen,* p. 251.
(4) *Ibid.,* p. 252; trad. de M. BÉNARD, p. 177.
(5) « *Den Durchbruch des Oceans mit Stroh.* »

Qui ne serait frappé de la similitude de ces paroles et
de celles du chef illustre de l'école la plus opposée? Schelling parle ici comme Cuvier ! Il veut, comme lui, la prudence la plus circonspecte; il veut, comme lui, plus que lui,
la recherche exclusive des faits. Il dit, lui aussi : *Observer
et décrire,* et il n'ajoute même plus : *Classer!* Il entend
faire des naturalistes de simples collecteurs de faits! Rencontre singulière entre les doctrines les plus extrêmes !
Mais la rencontre n'est que là, et sur un seul point. Où
la science se termine pour Cuvier, c'est seulement, pour
Schelling, l'*empirisme* (1) qui finit, et la *vraie science*
va commencer ; et si le naturaliste est condamné à ne pas
faire un seul pas en avant de l'observation, un champ
sans limites est librement ouvert au philosophe : c'est
l'univers entier, où il contemple, dans la nature, Dieu et
lui-même.

Telle est, autant que nous avons besoin de le connaître
dès le début de cet ouvrage, ce système de Schelling,
dont le dernier résultat est ainsi de nous placer en face
de deux *sciences de la nature :* l'une, purement *rationnelle,* spéculative, philosophique, toute d'*idées,* la *vraie
science,* qui, allant, selon les expressions de Schelling
lui-même, du *centre à la circonférence,* comprend le
cercle tout entier; qui peut et *doit* tout oser; l'autre, à
peine digne du nom de *science empirique,* descriptive,
toute de *faits,* seulement *périphérique,* et pour toujours
impuissante : l'une, chaîne immense où tout se rattache
à la conception suprême, à l'*absolu;* l'autre, vaine suite
de notions fragmentaires, et pour ainsi dire, de prémisses

(1) *Empirie* ou *Empirismus.*

sans conclusions possibles; sans lien avec la première,
qui ne daigne pas descendre jusqu'à elle, et jusqu'à laquelle il lui est interdit d'aspirer!

Scission singulière, plus singulière dans le système
unitaire par excellence, de la science essentiellement une
de la nature, en deux sciences diverses et partout séparées! en deux sciences telles, que je ne craindrai pas de
dire l'une au-dessous de la dignité de l'esprit humain,
l'autre à jamais au-dessus de sa puissance!

VI.

Serons-nous condamnés à opter entre ces deux voies
et ces deux ordres de résultats? D'une part, l'étude par
les sens; les fondements jetés, et sans cesse agrandis,
d'un édifice qui jamais ne doit s'élever : de l'autre, l'é-
tude par l'esprit; des plans, tracés au loin dans l'espace;
un édifice immense qui demeure suspendu sur le vide!
Est-ce là la vraie science? Ne rien oser, est-ce assez? tant
oser, n'est-ce pas trop? Et sera-ce, les regards toujours
abaissés vers la terre ou toujours élevés vers la nue, que
nous connaîtrons, dans sa majestueuse réalité, le monde
qui nous entoure?

Non, avait dit Linné dès la première page du *Systema
naturæ* (1) : la vraie noblesse de l'homme, le caractère éminent de sa supériorité sur les animaux, est
d'observer, de raisonner et de conclure; et c'est

(1) *Introitus*, p. 1. — Cet *introitus* ne se trouve que dans les dernières éditions du *Systema naturæ*.

ainsi qu'il lui est donné d'admirer l'œuvre du Créateur (1).

Non, avait dit aussi Buffon, dans son *Premier dis-cours* (2), en des termes que je voudrais pouvoir com-plétement reproduire, tant ici la netteté et la fermeté philo-sophique de la pensée, aussi bien que l'éloquente perfection du style, inaugurent dignement l'immortel monument de l'Histoire naturelle française ! *Faire des descriptions exactes et s'assurer des faits particuliers,* c'est, pour Buffon, le *but essentiel* qu'on doit se proposer *d'abord.*
« Mais, ajoute-t-il, il faut tâcher de s'élever à quelque chose
» de plus grand et de plus digne encore de nous occuper ;
» c'est de combiner les observations, de généraliser les faits,
» de les lier ensemble par la force des analogies, et de tâ-
» cher d'arriver à ce haut degré de connaissance où nous
» pouvons juger que les effets particuliers dépendent d'ef-
» fets plus généraux, où nous pouvons comparer la na-
» ture avec elle-même dans ses grandes opérations. »

Ainsi s'exprimaient déjà les deux grands naturalistes du xviiie siècle, aussi bien d'accord ici qu'ils le sont peu presque partout ailleurs. Mais, dans cette voie de la *généra-lisation logique* qu'ils indiquaient dès lors à tous, qui les a suivis jusqu'à nos jours ? Quelques-uns à peine, et pour en sortir presque aussitôt. Tandis que Lamarck s'en écar-tait (3), ayant su, trop rarement pour sa gloire, modérer

(1) « *Curiosum esse (hominem) similemque quidem reliquis animan-*
» *tibus, sed nobiliorem utpotè qui curiosiùs observat quæ sensibus*
» *patent, indèque sapientiùs ruciocinando rilè concludit, adeòque*
» *miratur pulchrum sapientis opus artificis.* »
(2) *De la manière d'étudier et de traiter l'Histoire naturelle.* (Voy.
Histoire naturelle., édit. de l'imprimerie royale, t. I, p. 50 et 51, 1749.)
(3) Il l'avait nettement indiquée, et à une époque déjà fort éloignée

sa témérité habituelle et n'être que hardi ; tandis que
Goethe la délaissait (1), abandonnant, comme lui-même
l'a dit, son maître Loder pour son ami Schiller, et *Linné*
pour Shakespeare (2), la multitude des naturalistes
n'avait pas même osé faire un seul pas, en dehors de ce
qu'on appelait la science *positive*. En Linné, elle n'admi-
rait toujours que le descripteur et le classificateur ; et
encore, ici, s'attachait-elle aux parties les moins neuves
et les moins durables de son œuvre (3). En Buffon, elle
voyait l'auteur de discours philosophiques, de descriptions littérairement admirables, mais aussi d'*hypothèses*

de nous : « Rassembler les faits observés, et les employer à découvrir
» des vérités inconnues, c'est, dans l'étude de la nature, la tâche que
» doit se proposer d'une manière inébranlable quiconque se dévoue à
» ses véritables progrès. » (*Recherches sur l'organisation des corps*
vivants, publiées en 1802.)

(1) Sans même publier d'importants travaux déjà achevés. Plusieurs
beaux mémoires zootomiques que Goethe avait composés vers la fin
du XVIIIᵉ siècle n'ont paru qu'en 1820. (Voy. les *Œuvres d'histoire*
naturelle de GOETHE, traduction de M. MARTINS, Paris, 1837 ; *Pré-*
face, p. 5.) Goethe, qui avait conçu la nécessité d'une grande réforme en anatomie comparée, s'est ainsi privé de l'honneur d'accomplir ce progrès.

Au reste, eussent-ils été publiés, ses mémoires zootomiques eussent
bien pu avoir le même sort que ses travaux botaniques, compris si
tardivement, et seulement après ceux de Geoffroy Saint-Hilaire, et
sous leur influence. J'ai cité plus haut, p. 112, la juste remarque de
M. Flourens sur ce point important de l'histoire de la science.

(2) Goethe, faisant l'histoire de ses travaux, s'est représenté lui-
même comme partagé et en quelque sorte indécis entre Spinosa, Linné
et Shakespeare. L'influence de Schiller l'emporta enfin, et Goethe de-
vint l'un des plus grands poètes d'une époque dont il eût pu être l'un
des plus grands naturalistes.

(3) Voyez plus haut, l'*Introduction historique*, p. 72 et suiv.

vagues, de *systèmes fantastiques qui ne servent qu'à les déparer;* d'un livre où *le vice de la méthode se fait sentir aux plus prévenus* (1). Ainsi, à l'appui d'une cause qui, au fond, n'était celle ni de l'un ni de l'autre, tous deux, étaient invoqués en sens contraire : Linné comme un parfait modèle de la vraie science ; Buffon comme un éclatant exemple des funestes écarts, des *aberrations* (2) où le génie lui-même se laisse entraîner, dès qu'il tente de s'élever au-dessus des faits ! Longue injustice de l'Europe savante, dont la patrie même de Buffon ne sut pas s'affranchir !

Après Buffon étaient venus les *Philosophes de la nature;* et par leurs témérités, si admirées de quelques-uns, mais si redoutées de tous les autres; par celles aussi, il faut le dire, de notre illustre Lamarck, la méthode restreinte d'observation exclusive, contre laquelle ils réagissaient, semblait plus consacrée que jamais. Non seulement la foule, mais les hommes d'élite eux-mêmes, près de s'élancer vers un horizon entrevu et désiré, s'arrêtaient, toujours retenus sur la rive par le tableau, si souvent et si habilement renouvelé, de naufrages qui pourtant n'avaient pas été sans gloire.

Ainsi, après Buffon, après Goethe, Kielmeyer et Schel-

(1) CUVIER, *Éloge de Lacépède,* dans le *Recueil* déjà cité, t. III, p. 296 et 297.

On sait l'opposition et les critiques si vives de Pallas contre Buffon.

Que serait-ce, si j'avais à rappeler les passages où tant de naturalistes secondaires se sont faits sans nulle mesure et sans respect les échos des deux illustres zoologistes dont je viens de citer les noms !

(2) Cuvier du moins n'a appliqué qu'indirectement à Buffon un mot aussi dur. Il est tels auteurs qui ne l'ont même pas trouvé assez sévère *contre* Buffon : ils ont cru devoir le fortifier par des épithètes, parfois en chercher d'injurieux synonymes ! (Voy plus haut, p. 82 et 84.)

ling, après Lamarck, l'ancienne méthode régnait encore, et plus que jamais, en Histoire naturelle. Fortifiée, affermie par les attaques même dont elle semblait avoir triomphé, et maintenant, représentée, défendue par Cuvier qui jetait sur elle comme un reflet de sa propre grandeur, on l'eût crue pour longtemps maîtresse de l'avenir de la science. Dans les voies où s'avançait si glorieusement le maître, la multitude suivait respectueuse et confiante.

C'est à ce moment même que parut la *Philosophie anatomique;* livre si nouveau (1) qu'il semblait devoir rester incompris. Il le fut, en effet, mais non de tous. Il y eut des esprits assez clairvoyants pour apercevoir, dès ses premières lueurs, la lumière qui allait se répandre sur la science; et, à l'étranger et en France, il s'éleva des voix pour dire dès lors à un public, qui s'en étonnait, ce qu'il devait répéter un quart de siècle plus tard (2).

A ces premiers interprètes de la *Philosophie anatomique*, à ces juges du lendemain, nous ne devons pas seulement d'avoir hâté le mouvement en s'y associant; nous leur devons aussi d'en avoir bien marqué le sens et fixé l'origine. Double et éminent service rendu à la science elle-même et à son histoire.

Celui qui vient dire aux hommes de son temps, à ses

(1) Très nouveau encore en 1818 et 1822, quoique l'auteur eût conçu et exposé l'ensemble de ses vues dès 1806 et 1807.

(2) Il était naturel que la *Philosophie anatomique* fût d'abord comprise en France. Le premier volume à peine publié, elle fut appréciée avec une rare sagacité et une grande hauteur de vues par M. FLOURENS. — Voy. son *Analyse de la philosophie anatomique*, Paris, in-8, 1819, imprimée aussi en partie en 1820 dans la *Revue encyclopédique*, t. V, et traduite en grec par M. PICCOLO dans l'Eρανῖς.

émules, engagés tous ensemble dans les mêmes voies :
Quittez cette direction, et suivez-moi! celui qui ose imprimer à la science un mouvement nouveau, par cela même
qu'il va contre les doctrines régnantes, semble aller contre
les principes : il subit le sort de tous les novateurs, il est
taxé de témérité, et la réforme qu'il propose est repoussée.
Honneur aux savants assez sagaces pour se dire les premiers : Le progrès est là! et assez fermes pour le proclamer!

Avec le temps, la vérité triomphe : les hommes avancés, puis les savants d'une portée ordinaire, puis les re-
tardataires eux-mêmes, viennent au novateur, adoptent
ses idées, entrent dans ses voies. Mais, au sein de son
triomphe, et par son triomphe même, un danger le menace. Quand tous marchent avec lui, quand tous sont
pleins de l'esprit dont il a animé la science, il peut arriver,
après quelque temps, que cette direction, cet esprit, par cela
même qu'ils sont devenus la direction commune, l'esprit
de tous, et qu'on n'en comprend plus d'autres, semblent
avoir été toujours ceux de la science. C'est une illusion,
c'est un oubli dans lequel il est difficile de ne pas tomber.
En cueillant les fruits d'un arbre, songeons-nous aux efforts de celui qui autrefois, quand nous n'étions pas encore, laboura péniblement le sol pour y déposer une
précieuse semence?

Dans les sciences, heureusement, les témoins du temps
passé subsistent; et tels sont, pour la réforme accomplie
par la *Philosophie anatomique*, les écrits contemporains,
précieux monuments d'une époque que la plupart des
naturalistes actuels ne peuvent déjà plus connaître par
leurs propres souvenirs.

VII.

La lutte fut longue et difficile. Il ne fallait rien moins, selon une juste et énergique expression (1), qu'*arracher de vive force* l'Histoire naturelle des mains elles-mêmes qui en tenaient le sceptre. Ce ne fut pas assez de la *Philosophie anatomique* et des travaux, si avancés dès 1806, qui l'avaient préparée; ce ne fut pas assez que, par eux, l'auteur eût introduit et fait triompher dans l'une des branches principales de la science la méthode féconde qu'il recommandait pour toutes (2). Bien des années s'écoulèrent avant que l'esprit nouveau pénétrât profondément dans la science; plus de temps encore, avant qu'il y prédominât à son tour, grâce aux efforts, sans cesse

(1) Expression de M. Coste, lorsqu'il caractérise dans l'*Introduction* de son *Embryogénie comparée* le mouvement imprimé à la science par Geoffroy Saint-Hilaire. (Voy. plus haut, p. 114, note 1.)

(2) Il importe de remarquer que si, de l'auteur de la *Philosophie anatomique*, datent surtout l'esprit nouveau et la méthode philosophique qui ont changé la face de la science, ce n'est pas seulement parce qu'il a conçu plus nettement et proclamé plus fermement que tout autre ce double progrès : c'est aussi, et surtout, parce qu'il l'a *réalisé* dans une branche que j'appellerais volontiers la branche fondamentale de la science; car sur elle s'appuient toutes les autres. Avant les travaux de Geoffroy Saint-Hilaire en 1806 et 1807, il n'existait en anatomie comparée *aucune méthode* rationnelle. Je crois pouvoir le montrer dans la suite de cet ouvrage, de manière à ne laisser aucun doute dans l'esprit de tout lecteur impartial. — Voy., en attendant, *Vie, trav. et doctrine de Geoffroy Saint-Hilaire*, chap. VIII, sect. II et suiv.

continués, du chef de la nouvelle école, de ses premiers disciples, par-dessus tous, de M. Serres (1); grâce aussi au puissant concours de Meckel et de plusieurs autres élèves de Kielmeyer ou de Schelling, réformant heureusement la méthode de leurs maîtres.

Il fallut tout ce temps et tous ces efforts. Et, cependant, au fond, il ne s'agissait pas de renverser, de détruire, comme un grossier échafaudage qui a fait son temps, l'œuvre si laborieusement édifiée par les siècles antérieurs; il s'agissait de l'étendre, de l'agrandir, par conséquent de la conserver. La révolution, dont la *Philosophie anatomique* apportait le principe, n'était pas de celles qui couvrent d'abord le sol de ruines, pour reconstruire ensuite : c'était une pacifique réforme, pourrait-on dire, si, par elle, la science n'eût dû être si profondément modifiée.

Tout ce qu'on a fait est bien, disait Geoffroy Saint-Hilaire; mais il faut faire plus. L'observation, l'analyse, sont indispensables; mais elles ne suffisent pas : le raisonnement, la synthèse ont aussi leurs droits. Usons de nos

(1) Voyez, entre autres, son beau mémoire sur l'*Anatomie transcendante*, inséré dans les *Annales des sciences naturelles*, t. XI, p. 47; 1827. Le premier paragraphe a pour titre : *De l'abstraction en anatomie*.

Peut-être me sera-t-il permis de rappeler, après les travaux de mon père et ceux de mon illustre maître, les efforts que je n'ai cessé de faire aussi en faveur de la même cause (voy. la *Préface* de cet ouvrage), et qui datent presque de mon entrée dans la science. L'introduction de mon premier mémoire sur les primates, insérée dans les *Mémoires du Muséum d'histoire naturelle*, t. XVII, p. 121, et l'article *Naturaliste* de l'*Encyclopédie moderne*, 1re édit., t. XVIII, remontent, l'une à 1828, l'autre à 1829.

sens, pour l'observation, le plus et le mieux possible ; mais
aussi, après l'observation, des *plus nobles facultés* qui
soient en nous, *notre jugement et notre sagacité comparative* (1). *Établissons des faits positifs,* mais ensuite
sachons déduire leurs *conséquences scientifiques :* ne
faut-il pas qu'*après la taille des pierres, arrive leur mise
en œuvre* (2) ? « Autrement, quel fruit retirer de ces
» matériaux? Vraie déception, s'ils sont inutiles, si on
» ne les assemble et ne les utilise dans un édifice (3). »

Vous pensez, a dit encore Geoffroy Saint-Hilaire,
s'adressant ici à cette école qui, *pour croire,* voulait,
comme l'un des apôtres, avoir vu corporellement (4);

(1) *Notice historique sur Buffon,* discours placé en tête de l'édition
de Buffon dite *Buffon Saint-Hilaire,* t. I, 1837, et dans les *Fragments
biographiques,* 1838 (voy. p. 12 et 13.)

(2) *Rapport à l'Académie des sciences,* dans le *Moniteur* du 29 octobre 1829 ; passage reproduit dans les *Principes de philosophie zoologique,* p. 188, note ; 1830.

(3) *Ibid.* — « Voudrait-on, dit-il ailleurs, que semblable à un bûche-
» ron qui ne ferait d'abatis que pour abandonner ensuite ce produit et
» le laisser périr sur le sol, je disséquasse pour découvrir et observer des
» dimensions, pour donner des mesures? » (*Premier mémoire sur les
organes sexuels de la poule,* dans les *Mém. du Muséum,* t. X, p. 84; 1823.)

(4) Le passage auquel j'emprunte ces expressions se trouve dans un
des mémoires paléontologiques de l'auteur (recueil des *Mémoires de
l'Académie des sciences,* t. XII, p. 136) ; mémoire écrit en 1831, au
plus fort de la lutte des deux écoles françaises, et qui, à ce point de
vue, mérite doublement l'attention. Je lui emprunterai encore le passage suivant, où la question en litige est très nettement posée :
« C'est un parti pris de repousser les idées pour n'admettre *exclu-
» sivement* que des reliefs corporels : seulement des faits que l'on
» puisse pratiquer matériellement, et par conséquent qui ne cessent
» jamais d'être palpables par nos sens! Pour cette école, la science du
» naturaliste doit se renfermer dans ces trois résultats : *nommer,*

vous pensez « que le soin de nommer et de classer les
» êtres doit former le *maximum* de nos efforts dans les
» sciences naturelles… On a dû commencer par les travaux
» de classification, parce qu'il a d'abord fallu inventorier,
» c'est-à-dire voir avec ordre les productions de la na-
» ture. Mais croire que la science se doive contenter des
» perfectionnements des distributions méthodiques, ce
» serait exiger que le littérateur s'en tînt à admirer le bon
» ordre de ses livres, sur les rayons de sa bibliothèque.
» Le littérateur qui range ses livres et le naturaliste qui
» classe ses animaux en sont au même point… Il y a,
» par delà les travaux de classification, un autre but à

» *enregistrer* et *décrire*… Des faits, même très industrieusement fa-
» çonnés par une observation intelligente, ne peuvent jamais valoir,
» à l'égard de l'édifice des sciences, s'ils restent isolés, qu'à titre de
» matériaux plus ou moins heureusement amenés à pied d'œuvre. Or
» comme on ne saurait porter trop de lumière sur cette thèse, je ne
» craindrai pas d'employer le secours de la parabole suivante :

» Paul a le désir et les moyens de se procurer toutes les jouissances
» de la vie : il est intelligent, inventif, et il s'est appliqué à recher-
» cher et à rassembler ce qu'il suppose lui devoir être nécessaire. Il
» approvisionne son cellier des meilleurs vins ; il remplit son bûcher
» de tout le bois que réclame son chauffage : il agit avec le même
» discernement pour tous les autres objets de sa consommation pro-
» bable. Les qualités sont bien choisies, les objets habilement rangés,
» et un ordre savant règne partout. Mais, arrivé là, Paul s'arrête. De
» ce vin, il ne boira pas ; de ce bois, il ne se chauffera pas ; de toutes
» les autres pièces de son mobilier il n'usera pas !…

» Que dire d'un savant qui déclare s'en tenir à la production ou à la
» bonne disposition de *faits positifs?* S'il ne se plaît qu'à bien éla-
» borer ses matériaux, et qu'à les livrer parfaitement façonnés pour
» être un jour employés, il renonce à ce qu'il y a de plus vif, de plus
» enivrant et de plus profondément philosophique dans la vie des
» sciences. »

» atteindre, c'est la connaissance des rapports des choses :
» telle est *la vraie science, la haute Histoire naturelle.*
» Tout ce qui y prélude est de métier, n'est qu'un ache-
» minement à ce grand et important résultat. Les idées
» philosophiques formeront toujours la véritable moisson
» à retirer du grand champ de la nature ; magnifique ré-
» compense des plus nobles efforts ; trésor des âmes fortes,
» sur quoi se fondent les progrès de la civilisation, les
» indéfinis perfectionnements de la raison humaine (1). »

En d'autres termes, les faits *d'abord ;* leurs conséquences *ensuite.* Les faits pour arriver aux idées (2). C'est
là la *vraie science ;* car c'est la *science complète,* la
seule qui admette l'emploi successif et combiné de toutes
les ressources, de toutes les forces qui sont en nous ; la
seule où il nous soit donné de nous avancer, à la fois prudents et hardis. Prudents sans hardiesse, nous resterions

---

(1) Ce passage est la fin d'un Mémoire publié en 1823 sous ce titre :
Considérations et rapports nouveaux d'ostéologie comparée. (Voy.
Mém. du Mus., t. X, p. 184 ; 1823.)

« Les idées philosophiques... trésor des âmes fortes », dit ici mon
père. « Ces hautes connaissances, les délices des êtres pensants », avait
dit LAPLACE, à la fin de son *Exposition du système du monde.* La
création n'est pas moins admirable, contemplée dans ses détails ter-
restres que dans son céleste ensemble ! Aussi voit-on ici le naturaliste
non moins pénétré que l'astronome de la grandeur de sa mission.

(2) C'est ce qu'a parfaitement compris et résumé M. Henri MARTIN,
de Rennes, lorsque dans sa savante *Philosophie spiritualiste de la nature,* Paris, 1849, il dit, t. I, p. 141 : « Prétendre que les formules
» biologiques auraient pu être trouvées *à priori,* c'est là une illusion
» qu'Étienne Geoffroy Saint-Hilaire a combattue aussi énergiquement
» que Georges Cuvier, et d'autant plus efficacement qu'il a soutenu en
» même temps les droits légitimes du raisonnement et de la synthèse
» dans la science de la nature. »—Voy. aussi V. MEUNIER, *loc. cit.,* p. 78.

immobiles. Hardis sans prudence, comment ne pas nous égarer dans les champs sans limites de la pensée!

Et par là, l'école de Geoffroy Saint-Hilaire ne s'eloigne pas moins de celle de Schelling que de celle de Cuvier. Disons plus : en principe, sinon dans les résultats, Geoffroy Saint-Hilaire est plus opposé encore à Schelling qu'à Cuvier; car il accepte tout ce que fait Cuvier, qui n'est, pour lui, qu'incomplet; il rejette, au contraire, dans son application à notre science, le fond même de la doctrine de Schelling dont la grandeur l'étonne, mais ne l'entraîne pas. Jamais il ne parle de Schelling sans admiration, jamais des Philosophes allemands de la nature, sans reconnaissance pour l'élan qu'ils ont imprimé à la science (1) : disons aussi, sans reconnaissance personnelle pour le concours que lui prêta souvent cette école, sa puissante alliée contre leurs adversaires communs (2). Mais il ne la combat pas moins dans ses espérances, trop sublimes, selon lui, pour ne pas être illusoires. Les idées, dit-il aux disciples de Schelling (3),

(1) « L'Allemagne, cette admirable nation ! » s'écrie-t-il dans l'un de ses derniers écrits, en parlant des services rendus par les Philosophes de la nature.

(2) On verra, dans la suite de cet ouvrage, qu'il est plusieurs fois arrivé à Schelling et à Geoffroy Saint-Hilaire, le premier descendant des hauteurs abstraites de sa pensée vers les faits, le second s'élevant de ceux-ci à leurs lois, de se rencontrer dans leurs marches inverses.

(3) Voyez l'article *Nature* de l'*Encycl. mod.*, t. XVII, p. 24 ; 1829.

« Opposons, dit-il plus bas dans le même article, cette juste sévérité » de principes à l'affligeante flexibilité d'opinion des doctrines *à priori.* » Et il emprunte à la *Cephalogenesis* de Spix un trop célèbre exemple, pour *faire justice*, dit-il, d'un tel mode *d'établir ou de supposer des rapports.*

doivent être *immédiatement engendrées par des faits précis et évidents,* non créées par votre esprit *pour le besoin du moment, et comme à volonté.* La *subtilité de votre pensée* ne vous conduit qu'à des *suppositions :* vous élevez de vastes édifices, mais craignez qu'ils ne soient *fondés que sur l'erreur.* Vous *pressentez* les faits, quand il faudrait les *saisir actuellement :* démontrez-les ; et dans votre ardeur pour la science, n'essayez pas d'*y cueillir des fruits qui n'y sont point encore* (**1**).

Ce qui ne veut pas dire, cependant, qu'il faille toujours attendre que les idées naissent d'une étude patiente des faits. Ce serait interdire au génie de deviner. Ce que demande la logique, c'est que les idées qui se font jour dans notre

(**1**) Il dit aussi, dans les *Principes de philos. zoologique,* p. 189 : « Une certaine école qui abuse de la méthode *à priori*..., principale-
» ment formée des *Philosophes de la nature,* se fait de sa confiance
» en ses pressentiments un moyen d'explication pour la solution des
» plus hautes et des plus difficiles questions de la physique... Une
» autre veut trop que l'on s'en tienne au seul enregistrement des
» faits... Faisons mieux ; évitons l'un ou l'autre de ces écueils... : *in
» medio stat virtus.* »

L'auteur avait déjà dit, en 1818, dans la *Philosophie anatomique,*
t. I, p. 2 : « Entre ces deux extrêmes, se déterminer seulement d'après
» l'analogie, ou se rendre trop difficiles sur les faits, il me semble
» qu'il est un milieu à tenir. C'est la ligne dont je chercherai à ne
« point m'écarter. »

On pourra remarquer que, sauf ce dernier passage, tous ceux que je viens de citer sont de 1823 à 1837. Dans les voies où il marchait depuis 1806, et même plus anciennement, Geoffroy Saint-Hilaire n'a commencé qu'en 1820 à rencontrer quelques adversaires, et Cuvier ne s'est mis à leur tête qu'en 1825. Les passages qui précèdent sont presque tous empruntés aux réponses faites par Geoffroy Saint-Hilaire aux objections dont ses vues avaient été l'objet.

intelligence ne soient prises par elle que pour ce qu'elles sont, ne dérivant pas des faits : pour des conceptions seulement provisoires, pour de *simples hypothèses,* ou, selon l'expression dont Geoffroy Saint-Hilaire s'est servi si souvent pour lui-même : pour des *pressentiments.* Ces idées *préconçues* peuvent guider très utilement dans la recherche des faits (**1**) ; mais elles ne sauraient en dispenser : l'observation seule peut leur donner droit de cité dans la science. Voilà l'esprit vrai de la doctrine de Geoffroy Saint-Hilaire, et c'est par là qu'il se sépare essentiellement des Philosophes allemands de la nature. Comme eux, il conçoit souvent *à priori,* mais il démontre *à posteriori* (**2**). Où ceux-ci se fussent hasardés à dire :

(1) Et même, sans elles, où irait la science? Combien lents seraient ses progrès! « Pour bien voir, » dit Schelling, dans un passage de la *Zeitsch. für spec. Phys.,* trad. par M. Bénard, *loc. cit.,* p. 368, « il » faut savoir de quel côté on doit regarder. » Et il ajoute spirituellement : « Beaucoup d'expérimentateurs ressemblent à ces voyageurs » qui pourraient, disent-ils, faire beaucoup de questions sur le pays, » s'ils savaient seulement sur quoi ils doivent questionner. »

(2) C'est ce qui explique comment il a pu qualifier ses découvertes, à la fois, par rapport aux procédés de l'école de Cuvier, de découvertes *à priori;* par rapport à ceux de l'école de Schelling, de découvertes *à posteriori.*

Cependant (à part les erreurs inévitablement attachées à toute œuvre humaine), mon père a quelquefois dévié sciemment, avec une *témérité* dont il fait l'aveu (voy., par exemple, son *Mémoire sur la concordance de l'hyoïde* dans les *Nouvelles Annales du Muséum,* t. I, p. 328 ; 1832), de la ligne qu'il s'était tracée, et qu'il a toujours considérée et *recommandée exclusivement* comme celle de la vraie science. Il est des cas exceptionnels où une logique supérieure prescrit elle-même aux novateurs ce que la logique ordinaire interdit à ceux qui les suivent. (Voy. *Vie et travaux de Geoffroy Saint-Hilaire,* chap. VIII, sect. v.)

Cela est! il dit : *Cela peut être !* quelquefois : *Cela doit être!* et il examine (1). Il cherche, et il trouve (2).

Doctrine dont l'ensemble peut se résumer ainsi :

« On s'est bien trouvé de la route suivie jusqu'à présent, » de l'observation préalable des faits : mais, dans l'ordre » progressif de nos idées, c'est le tour présentement des » recherches philosophiques, qui ne sont que l'*observa-* » *tion concentrée* des mêmes faits, que cette observation » étendue à leurs relations et ramenée à la généralité par » la découverte de leurs rapports. » Ce résumé est de Geoffroy Saint-Hilaire lui-même, et il y a plus de trente ans qu'il est écrit (3).

Ainsi, une science nécessairement *positive,* mais aussi nécessairement *philosophique,* et philosophique parce qu'elle a commencé par être positive : œuvre, non d'*observateurs,* décrivant la nature sans prétendre jamais l'interpréter, ou de *philosophes, de penseurs,* l'interprétant avant même de l'avoir observée, mais de *naturalistes* qui *observent* et *pensent,* qui constatent et interprètent, qui fondent et édifient !

(1) Citons un exemple. Quand Geoffroy Saint-Hilaire pressent le système dentaire des jeunes oiseaux, admet-il aussitôt l'existence de ce système? Non, il le cherche, et parce qu'il le cherche sous l'influence de son *pressentiment,* il le découvre. Le *pressentiment* devient une *vérité.*

Et ainsi dans une foule de cas. Quels sont le but et le résultat des longs travaux sur lesquels repose la théorie de l'Unité de composition? Leur auteur l'a dit lui-même plusieurs fois : *changer en une vérité démontrée* ce qui n'était encore qu'un *pressentiment philosophique.* Grand exemple après lequel tout autre serait superflu.

(2) *Quærite et invenietis; pulsate et aperietur.* Ces paroles ont, en science aussi, leur juste application.

(3) *Phil. anat.,* t. II, *Discours préliminaire,* p. xxiij.

VIII.

On s'étonnera un jour, on peut s'étonner déjà, qu'une telle doctrine ait eu peine à s'établir dans la science. Il n'y avait pas même, dira-t-on, à la défendre : il suffisait de l'énoncer. Il est des propositions d'une vérité si manifeste qu'elles se prouvent par elles-mêmes. On ne démontre pas un axiome.

« Si l'homme, a dit Laplace (1), s'était borné à recueil-
» lir des faits, les sciences ne seraient qu'une nomencla-
» ture stérile, et jamais il n'eût connu les grandes lois de la
» nature. C'est en comparant les faits entre eux, en saisis-
» sant leurs rapports, et en remontant ainsi à des phéno-
» mènes de plus en plus étendus, qu'il est enfin parvenu
» à reconnaître ces lois, toujours empreintes dans leurs
» effets les plus variés. »

Que voulait Geoffroy Saint-Hilaire pour l'Histoire naturelle ? Précisément ce que veut ici, pour les sciences en général, le continuateur de Newton, ou plutôt ce qu'il proclame, au nom de la logique et de la dignité de l'esprit humain, comme une règle fondamentale et généralement reconnue.

Règle contestée pourtant par deux des plus grands esprits de notre siècle : Schelling et Cuvier.

Schelling se prononce ici, on l'a vu, de la manière la plus absolue. Pour lui, il n'y a, il ne peut y avoir de

(1) *Loc. cit.*, Liv. 1, Chap. xi.

vraies théories, que les théories construites *à priori* (1).
Proposition extrême, et qui, en dehors de la ferveur
de ses premiers disciples, n'a pu trouver un seul partisan! Quoi! le système du monde, parce que son point
de départ est dans l'*expérience,* serait contraire à *l'expérience elle-même!* Et il en serait ainsi de toutes ces sublimes conséquences, déduites depuis trois siècles, des
faits physiques, chimiques, géologiques!

Cuvier est moins absolu, mais aussi moins conséquent.

Schelling était parti d'un principe, et il y reste partout
fidèle. Que fait Cuvier? Ce qu'il trouve bon dans les autres
branches de nos connaissances, il le trouve mauvais en
Histoire naturelle. Il croit ailleurs à la puissance de l'esprit humain; il la nie dans la science où lui-même venait
d'en donner de si éclatantes preuves!

On a lu plus haut, résumées par Cuvier lui-même (2),
les vues qu'il fit un instant prévaloir, bien plus par l'autorité et l'ascendant de son nom, que par la force de sa
logique. Faibles et fragiles arguments que les siens, osons
le dire, et dont bientôt il ne restera que le souvenir, si
caractéristique de l'époque où ils furent produits! Nous
sommes loin du temps où, bien que déjà réfutés, ils de-
meuraient dans la science, tenus encore pour décisifs et
souverains par la foule, qui ne les discutait pas, qui les
acceptait.

Le danger de l'erreur : tel est le thème invariable qui
s'y reproduit sous mille formes, la menace sans cesse
suspendue sur le novateur et son école.

(1) Voyez plus haut, sect. v, p. 307.
(2) Sect. III.

Danger réel, et que je suis loin de méconnaître. Mais il est deux manières d'échapper à un danger prévu: s'arrêter à l'entrée de la route; la parcourir avec prudence. Le premier parti serait sans doute le plus sûr. Mais voyez à quelle conséquence on serait conduit! Dans cette science de *faits* que vous dites *seule positive* et *seule vraie,* l'erreur ne s'est-elle jamais fait jour (1)? Notre raison n'est pas infaillible, mais vos sens le sont-ils (2)? Les observations erronées sont-elles beaucoup plus rares dans les annales de la science que les *aberrations* de raisonnement? Si, de peur de celles-ci, nous devons cesser de raisonner, cessez donc aussi d'observer : tenez-vous immobiles, ne faites rien (3); seul moyen, en effet, d'enlever toute chance à l'erreur (4). Mais la vérité vaut bien qu'on risque quelque chose pour elle, et vous l'avez compris. Pour échapper aux illusions microscopiques, avez-vous brisé votre microscope? Non; vous avez fait une étude attentive du mécanisme de l'instrument, de tous les phénomènes dont il est le théâtre, et la micrographie est devenue de plus en plus exacte. Notre raison, nos *plus nobles facultés* (5), ne mériteraient-elles pas qu'on en fît

(1) Voyez p. 288, note 2, l'exemple singulier d'une double erreur, commise par le chef illustre de l'école des faits, au moment où il invoquait son propre exemple à l'appui de ses préceptes.

(2) Sur les innombrables erreurs de nos sens, voy. le Chap. IV, sect. II.

(3) Et contentez-vous d'une *science morte,* selon l'expression de M. SERRES, *loc. cit.*

(4) « Toute méthode, disais-je en 1898, *loc. cit.,* est comme un » instrument dont un homme adroit tire un parti avantageux, mais » qui, entre les mains d'un ouvrier inhabile, reste inutile et peut de- » venir dangereux. »

(5) Voyez p. 318.

autant pour elles, qu'on apprît à en user logiquement, et,
comme dit Descartes, à les *conduire ?* Se pourrait-il que
les plus magnifiques dons que le Créateur nous ait ac-
cordés ne fussent que des dons trompeurs, et que nous
dussions, par prudence, nous en abstenir ? Véritable ab-
dication intellectuelle après laquelle nous rappellerions ce
prétendu sage qui, ayant trop médité sur les dangers d'une
chute, avait trouvé le seul moyen sûr de ne jamais
tomber : il ne marchait plus.

Mais, disait Cuvier, ici la chute n'est pas seulement
possible : elle est inévitable, et nous le *démontrons* par
l'histoire de la science.

La *démonstration* historique de Cuvier est célèbre ; elle
a été souvent développée par lui-même (1), souvent reproduite par ses disciples. Mais tous ces échos, répétant la
parole du maître, n'ont pu lui donner la force qui lui manquait. Dépouillé de ces formes oratoires qui ont pu faire illusion à de bons esprits, l'argument historique de Cuvier est
le suivant : « L'histoire prouve que les résultats théoriques,
successivement introduits dans la science, même ceux qui
y ont jeté le plus d'éclat, n'y ont eu qu'une existence passagère : les faits, au contraire, une fois aperçus, sont pour
jamais acquis : donc les faits sont, pour l'esprit humain,
la seule acquisition durable, et c'est vers leur découverte
que les esprits sages doivent diriger leurs efforts (2). »
Triste argument qui nous montre la science entière cou-

(1) Voyez sect. III, p. 291 et 292.

(2) Réduit à sa plus simple expression logique, ce raisonnement se
réduit à ceci : *Aucune des théories déjà imaginées n'a subsisté ; donc
aucune théorie ne subsistera.* Enthymème dont la proposition moyenne

verte de ruines, et qui, sous ces ruines, ensevelit jusqu'à l'espérance !

L'histoire est, heureusement, à notre point de vue, moins sombre et moins désespérante (1). En nous retournant vers le passé, nous n'apercevons pas seulement des ruines, et la conclusion dernière de nos études n'est pas le découronnement de toutes nos gloires. Mais Cuvier aurait-il le malheur d'avoir ici raison, quelle force en recevrait son argument? Mesurera-t-on la puissance de la science, parvenue à sa maturité, sur les essais de son enfance (2)? Et

sous-entendue devrait être : *Or il en sera de l'avenir comme du passé.* Ceux mêmes qui ont le plus applaudi au raisonnement *oratoire* de Cuvier, l'eussent-ils admis ainsi ramené à la sévérité de la forme syllogistique !

(1) Voyez l'*Introduction historique*, et particulièrement le *résumé*. Pour résumer la question au point de vue où je me suis placé dans cette Introduction, l'histoire conduit à reconnaître trois périodes, caractérisées, l'une par la *confusion* des diverses branches des connaissances humaines, l'autre par la *division* du travail et l'esprit d'analyse, la troisième par l'*association* et l'esprit de synthèse.

Pour Cuvier, au contraire, après ce que j'appelle la *période de confusion* (période qu'il divise en *religieuse* et *philosophique*), il n'est plus qu'une seule période, celle de *division* et d'*analyse* (voy. son *Cours sur l'histoire des sciences*, part. I, p. 10. Toute tentative pour rendre l'Histoire naturelle philosophique serait donc un retour vers une méthode que la *vraie science* a dépassée.

Serait-il vrai que l'*association* des sciences, *après* la période de *division*, *après* la découverte des faits par l'analyse, dût être assimilée à leur *confusion avant* elles? L'esquisse historique par laquelle j'ai commencé cet ouvrage a eu en partie pour objet de réfuter cette assimilation, si souvent faite par Cuvier, entre la vague et confuse unité de la science dans sa première période, et cette savante et harmonique unité qui s'établit définitivement dans la troisième.

(2) Voyez la note ci-dessus.

« La vie des sciences a ses périodes comme la vie humaine, » a dit

de ce qu'elle n'a pas construit *quand les matériaux man-*
quaient, résulte-t-il qu'elle ne saurait construire *quand ils*
abondent? On se serait trompé dans le passé, et la conséquence serait qu'on doit se tromper aussi dans le présent,
dans l'avenir, à perpétuité! L'erreur, pour avoir gou-
verné le monde, en devrait donc rester la reine éternelle :
le progrès ne serait qu'un mot; et parce que ni Ptolémée ni Brahé n'ont connu le vrai système du monde,
Keppler et Newton eussent été impossibles!

Que prouve donc ici l'histoire tant invoquée? Rien.
Ou plutôt, c'est elle-même qui nous enseigne ce qu'a
été pour les autres sciences, ce que sera pour la nôtre,
la méthode féconde qui s'y introduit aujourd'hui (1);
c'est elle ainsi qui nous montre le chemin, devenant
notre alliée contre ceux mêmes qui l'avaient invoquée.
Se pouvait-il que l'histoire ne fût pas, ici encore, avec la
logique (2)?

GEOFFROY SAINT-HILAIRE, *Princ. de philos. zool.,* p. 189 ; « elles se
» sont d'abord traînées dans une pénible enfance, elles brillent main-
» tenant des jours de la jeunesse : qui voudrait leur interdire ceux de
» la virilité? »

Voyez aussi un travail déjà cité, qui fait partie des *Mém. de l'Acad.*
des sc., t. XII. L'auteur y reproduit, p. 136, la même pensée en réponse
au célèbre argument historique, et il ajoute : « Quant à cette affecta-
» tion de présenter les faits comme constituant seuls le domaine de
» la science, il serait aussi, je crois, plus juste de dire qu'ils n'ar-
» rivent aux âges futurs que s'ils sont escortés et protégés par les
» idées qui s'y rapportent, et qui seules, par conséquent, en font la
» principale valeur. »

(1) Voyez le Chapitre précédent.

(2) Quelques mots suffiront pour répondre à une troisième objection, la seule qui, après les précédentes, mérite de nous arrêter. Celle-ci
est de Frédéric CUVIER. (Voy. son *Rapport* à l'Académie des sciences sur

Poursuivons donc l'œuvre commencée ; que les in-
succès de nos devanciers ne nous découragent pas, et que
plus tard les nôtres n'effraient pas nos successeurs !
Observons les faits ; ne nous y arrêtons pas : cherchons
avec confiance leurs rapports et leurs lois. Ne donnons
pas, comme Schelling, *tout à l'intelligence ;* mais faisons
lui sa part légitime : petite d'abord, il se peut ; mais bientôt
plus grande, et immense dans l'avenir ; car chaque génération viendra l'accroître à son tour ; et qu'est-ce qu'une
génération ? un instant dans la vie de l'humanité !

Témérité singulière dans une école, qui se disait prudente et sage entre toutes, et qui osait dire : Je trace ce
cercle ; la science n'en sortira pas (**1**) !

un de mes mémoires, plus haut cité ; *Ann. des sc. nat.*, t. XVI, p. 216 ;
1829.) Ce que vous voulez, disait le savant zoologiste, c'est le *juste
milieu.* Or le juste milieu est un *point* où chacun croit être, et *la
question est malheureusement insoluble.*

On peut répondre : Le milieu est déterminé, si les extrêmes le sont.
Or un extrême, c'est ici l'observation exclusive ou presque exclusive.
L'autre, c'est le raisonnement *à priori.* Entre ces deux extrêmes est le
milieu de la vraie science qui n'est pas un *point insaisissable* comme
l'indique Frédéric Cuvier, mais un large intervalle où chacun doit
s'avancer selon le nombre et la valeur des faits qu'il possède, et selon
la portée logique de son esprit.

(**1**) Je ne saurais terminer cette discussion sans faire remarquer
qu'une réforme en Histoire naturelle était nécessaire, qu'elle l'est
encore sur un très grand nombre de points, non seulement pour rendre
la science grande et philosophique, mais aussi, et avant tout, pour lui
donner ce caractère *positif*, cette *certitude*, cette *stabilité*, en vue
desquels on prétendait restreindre entre d'aussi étroites limites l'exercice de notre pensée.

Cette assertion étonnera sans doute quelques uns de mes lecteurs.
Quand une école qui se qualifiait elle-même de *positive* a dominé
jusque dans notre siècle, quand un chef tel que Cuvier a été si long-

IX.

Résumons ce long chapitre, qui doit être, à quelques égards, comme la préface de cet ouvrage tout entier.

Trois méthodes et trois écoles étaient en présence : trois méthodes que je crois pouvoir caractériser, pour le faire en un mot, en disant celle de Cuvier, *élémen-*

temps à sa tête, comment croire qu'elle n'ait pas introduit dans la science, qu'elle n'y ait pas fait régner partout, avec l'*esprit positif*, la précision et l'exactitude?

La vérité a ses droits, et il faut bien le dire : cela peut paraître étrange, mais cela est. Cuvier lui-même a donné l'exemple d'abus d'une extrême gravité qui malheureusement se sont perpétués jusqu'à ce jour. On le voit tantôt placer arbitrairement dans une division des êtres qu'il eût été *nécessaire*, lui-même le dit, de ranger ailleurs *dans un système rigoureux* (*Règne animal*, t. I, 1re édit., p. 184; 2e édit., p. 188); tantôt, et très souvent, il assigne à un groupe tout entier une caractéristique vraie seulement d'une partie des animaux que ce groupe comprend; tantôt encore, et aussi bien dans les déterminations des organes en anatomie comparée que des espèces en zoologie, il semble admettre également deux opinions opposées et contradictoires, par conséquent l'une au moins fausse; comme s'il était indifférent d'adopter l'une ou l'autre, de dire oui ou non; comme si, dit Geoffroy Saint-Hilaire (*Philos. anat.*, t. II, p. xv et xviij) une *inconnue* x n'était pas nécessairement a ou b, *l'un à l'exclusion de l'autre*.

Les disciples de Cuvier ne pouvaient manquer de l'imiter ici. Ils l'ont fait et le font encore. Tels d'entre eux ont décrit, comme types d'espèces nouvelles, des individus qu'eux-mêmes présument appartenir comme variétés à des espèces déjà connues, mais dont il est bon, disent-ils, de faire mieux ressortir les caractères; mode de procéder qui a surtout été reproché à l'auteur de l'*Histoire des mammifères de la Ménagerie*, mais qui est loin de lui être propre, et que nous voyons pratiquer chaque jour encore. Tels autres, ou les mêmes

taire; celle de Schelling, selon sa propre expression (1), *transcendantale;* celle de Geoffroy Saint-Hilaire, *scientifique.*

De là le rôle et le sort de chacune.

On doit commencer, logiquement, par ce qui est *élémentaire.* La première des trois méthodes devait donc d'abord dominer dans l'Histoire naturelle. Ses défenseurs ont donc eu raison, *temporairement,* contre ceux qu'ils combattaient. Mais ils ont voulu avoir trop longtemps raison, et c'est pourquoi la science a échappé de leurs mains. Ils s'arrêtaient : elle ne s'arrête jamais.

La méthode de Schelling est *transcendantale.* S'appliquera-t-elle un jour heureusement à la science réelle ? Deviendra-t-elle, selon l'espoir toujours nourri par son auteur, un instrument de découverte (2) ? Plus générale-

ailleurs, rapportent à des groupes prétendus naturels des êtres chez lesquels on chercherait en vain les caractères de ces groupes ; ou encore ils associent entre eux des types qu'ils reconnaissent eux-mêmes *étrangers* les uns aux autres : abus que nous voyons se reproduire jusque dans les travaux récents des disciples directs et des collaborateurs eux-mêmes de Cuvier. Voyez, par exemple, le *Dictionnaire universel d'Histoire naturelle*, t. II, p. 619 ; 1843.

Plus l'autorité de Cuvier est légitime et imposante, plus grand est le nombre des naturalistes qui ont ici suivi l'exemple du maître, plus il importe d'insister sur la nécessité d'une marche plus logique. Je l'ai fait déjà à plusieurs reprises ; je le ferai de nouveau en toute occasion, tant que les naturalistes, qu'ils soient de l'école *positive* ou de l'école philosophique, ne s'accorderont pas entre eux sur un point aussi fondamental.

(1) Voyez p. 295, note 1, et p. suiv.

Je laisse ici de côté cette science *empirique* et périphérique que reconnaît Schelling, mais qui est en dehors de sa doctrine fondamentale.

(2) Schelling croit qu'*il n'eût pas été absolument impossible de pré-*

ment, sera-t-il donné au naturaliste, partant, soit des idées
de Schelling, soit de celles, nées ou à naître, de tout autre
philosophe, de conclure *à priori,* de **déduire** les faits
biologiques de principes rationnellement établis? On
répondra : Non. Je n'irai pas jusque-là. Instruit par l'histoire de l'esprit humain, j'admire trop sa puissance pour
ne pas rester, même ici, dans le doute. Mais, entre cette
science idéale et la nôtre, quel abîme ! Et dût-il un jour
être franchi par le génie, comment pourrions-nous aujourd'hui porter au delà nos regards? On peut rêver cet
avenir, on ne peut le prévoir.

Pour avoir dépassé la méthode de Cuvier, nous sommes
donc bien loin d'arriver à celle de Schelling. La première
ne suffit plus à la science; comment la science suffirait-
elle à la seconde? C'est entre les services rendus par l'une
dans le passé et les espérances illusoires ou indéfinies de
l'autre, que doit s'accomplir le mouvement actuel de
l'esprit humain. A la méthode mixte, à la méthode de *généralisation logique,* l'état présent de l'Histoire naturelle
et tout ce que nous pouvons apercevoir de son avenir.

Buffon (1) entrevoyait, il y a plus d'un siècle, ce progrès ; Geoffroy Saint-Hilaire a entrepris de le réaliser. La
prévision est aujourd'hui justifiée ; le progrès se réalise de
jour en jour. Que reste-t-il de la vive opposition qu'il ren-

voir *le galvanisme.* Ne regrettons pas que Galvani et Volta aient évité
à l'illustre philosophe la peine d'en faire la découverte. Les Philosophes de la nature ont *prévu* un grand nombre de faits et de phénomènes ; mais bien rarement ces faits et ces phénomènes se sont retrouvés dans la nature.

(1) Linné aussi (voy. p. 310 et 311); mais bien plus vaguement et
un peu plus tard.

contrait encore il y a moins de vingt ans? Des dissentiments
sur de graves questions : mais, dans ces luttes nouvelles,
il ne s'agit plus, pour personne, de la méthode elle-même,
mais de son application. On n'a ni le même point de
départ, ni la pensée d'arriver au même but ; mais on n'en
marche pas moins, dès à présent, dans les mêmes voies.
Où sont aujourd'hui les partisans de l'observation à l'exclusion du raisonnement, de l'analyse à l'exclusion de la
synthèse? Et où trouver, fût-ce dans la patrie de Schelling,
un naturaliste qui voulût fonder ses théories sur une
idée conçue *à priori* et non vérifiée? Non; tous observent; tous concluent et généralisent, plus hardis seulement ou plus timides, parfois encore hésitants, selon
l'école d'où ils procèdent. Ainsi s'apaisent de longs débats, et si séparés autrefois *qu'ils semblaient n'avoir*
point pour but l'étude du même univers (1), les disciples
de Cuvier, ceux de Schelling sont bien près de se donner
la main sur le terrain mixte où les appelait depuis longtemps Geoffroy Saint-Hilaire; et il nous est permis de
dire à notre tour, sans être accusés de devancer les temps :
« L'esprit humain triomphe enfin de la contradiction de
» ses propres efforts (2) ! »

(1) Expressions de GEOFFROY SAINT-HILAIRE, dans les *Comptes*
rendus de l'Acad. des sc., t. III, p. 525 ; 1836.

(2) C'est encore l'auteur de la *Philosophie anatomique* qui s'exprime
ainsi. (Voy. son *Cours de l'Histoire naturelle des mammifères*, leç. 1,
p. 26 ; 1828)

Il est incontestable que les idées de l'école philosophique ont heureusement pénétré jusque dans les travaux des disciples les plus dé-
voués de Cuvier. Je citerai, entre tous, ceux du représentant actuel le
plus éminent de l'école de ce grand maître, du savant deux fois choisi

par lui à quarante ans de distance, comme son collaborateur dans l'un de ses ouvrages capitaux. Pour prendre un exemple, lequel des deux adversaires dans la célèbre discussion de 1830, lequel de Cuvier ou de Geoffroy Saint-Hilaire eût partagé les vues de M. Duvernoy sur l'amphioxe? Lequel eût applaudi à l'explication qu'il a donnée, par la théorie des *inégalités de développement*, de l'organisation si remarquable de ce dernier des vertébrés? (Voy. dans le *Magasin de zoologie*, ann. 1846, p. 327 et suiv., l'analyse des *Leçons* de M. Duvernoy au Collége de France.)

D'une autre part, le progrès n'est pas moins marqué, en sens inverse, dans l'école de Schelling, école aujourd'hui d'observateurs aussi bien que de penseurs : « *Integer et æquus rerum æstimator*, disent-ils » aujourd'hui, *facilè concedit, Philosophiam naturæ tùm primùm* » *æquis procedi passibus, quando altera (via quæ ducit per observa-* » *tionum sylvam immensam) alteri (viæ per intuitionis deserta im-* » *mensa) amicas porrigit manus.* » J'emprunte ce passage à M. FRIES, *Systema orbis vegetabilis*, Lund, 1837.

Ce que dit ici M. Fries est ce que pensent et disent aujourd'hui tous les Philosophes distingués de la nature; même ceux qui ne sont que philosophes, et non naturalistes. (Voy. MICHELET, de Berlin, Préface de la *Naturphilosophie* de HEGEL, dans l'*Encycl. der phil. Wissensch.*, *loc. cit.*) L'auteur de cette savante préface, parlant des travaux de Goethe, se montre très favorable à cette *méthode intermédiaire* qui prévaut maintenant, et dont Goethe, qui a souvent combattu Schelling, avait fait plusieurs belles applications dès le xviiie siècle. (Voy. plus haut, p. 295 et 312.)

CHAPITRE III.

DU PERFECTIONNEMENT DE LA MÉTHODE, ET DES PROGRÈS QUE DOIT FAIRE L'HISTOIRE NATURELLE, A L'EXEMPLE ET AVEC LE SECOURS DES SCIENCES ANTÉRIEURES.

SOMMAIRE. — I. Direction que doivent suivre les sciences naturelles. Rapports entre leur méthode et celle des sciences antérieures. — II. Progrès qu'elles doivent accomplir, caractères qu'elles doivent revêtir, à l'exemple et avec le secours de celles-ci. — III. Simplification possible du problème.

I.

Par ce qui précède, la question fondamentale à laquelle nous consacrons ce Chapitre a reçu une première solution : la direction générale que nous devons suivre, est du moins indiquée. La *vraie méthode,* c'est pour nous, dès à présent, celle qui embrasse le domaine entier de la science, qui emploie et utilise, en les coordonnant, toutes nos facultés de connaître. C'est celle qui procède des faits, soigneusement observés, à leurs conséquences logiquement déduites, et de plus en plus généralisées.

Et nous n'avons pas seulement déterminé le point de départ et le point d'arrivée ; de l'un à l'autre, nous n'avons pas seulement pour guides les règles générales, et, pour ainsi dire, purement théoriques, de la logique; mais ses règles déjà heureusement appliquées à d'autres branches des connaissances humaines, et qui, par là même, nous sont, à l'avance, pratiquement connues.

Vérité capitale, et qu'il importait d'établir dès le début de cet ouvrage. Que l'Histoire naturelle soit considérée, ainsi qu'elle l'a été si longtemps, comme une science de simple observation, et, à ce titre, opposée aux sciences expérimentales, de raisonnement et de calcul, elle reste nécessairement isolée, entre toutes les autres branches de nos connaissances, par sa méthode comme par son point de départ; elle ne peut que s'avancer péniblement, comme au hasard et par tâtonnement, vers un but que rien ne lui indique à l'avance. Qu'elle rentre, au contraire, science d'observation, mais aussi d'expérience et de raisonnement, parfois de calcul, dans la série générale des connaissances humaines; qu'elle y prenne sa place, anneau nécessaire de la chaîne, au rang marqué par ses connexions logiques : sa méthode se trouve rattachée à la méthode plus parfaite des sciences plus avancées, et la route lui est sûrement tracée vers un but sur lequel nulle hésitation n'est possible; car c'est celui vers lequel ont successivement marché toutes les *sciences antérieures,* et qu'elles ont atteint plus ou moins complétement, chacune à son tour, selon sa nature propre, ou, ce qui revient au même, selon son rang sérial.

Non cependant que la méthode de l'Histoire naturelle doive ou puisse jamais se confondre avec celle des sciences physiques, et, à plus forte raison, des mathématiques; sciences où les mêmes facultés, mais diverse-

ment exercées, s'appliquent à des connaissances objectivement diverses (1). Jamais l'expérience, en biologie, ne
prédominera sur l'observation proprement dite, et le calcul n'y tiendra toujours qu'une place secondaire. Il y a des
limites qui ne sauraient être franchies.

Mais, entre ces limites, le champ est vaste encore, et
pour tenir la même route, il n'est pas indispensable de
suivre le même sentier.

C'est ainsi que, dans les sciences antérieures, les géomètres cherchent la vérité par le pur raisonnement; les algé-
bristes par le raisonnement et le calcul; les astronomes par
l'observation, le raisonnement et le calcul; les physiciens,
par l'expérience, le raisonnement et le calcul : tous ne s'a-
vançant pas moins vers le même but, et selon la même
logique; tous pratiquant en réalité une même méthode générale dont les méthodes propres à chaque science, si distinctes qu'elles soient, ne sont qu'autant de formes secondaires, autant de sentiers divers dans une route commune. Et de là vient que dans toutes les sciences des
deux premiers embranchements, se retrouvent, à des degrés inégaux, il est vrai, plusieurs caractères communs
d'une grande importance, ceux-là même d'où résulte la
supériorité de ces sciences sur toutes les autres branches
du savoir humain.

C'est cette méthode générale qu'il s'agit d'importer et
pour ainsi dire de naturaliser dans notre science, sous les
formes et avec les modifications que comporte la nature
des phénomènes biologiques ; ce sont ces caractères généraux qu'il s'agit de lui imprimer, au degré où ils lui sont

(1) *Prolégomènes*, Liv. 1, Chap. **V** et **VI**.

applicables. Ainsi seulement la biologie deviendra ce qu'elle doit être, non une science mathématique ou une autre physique expérimentale ; tel n'est pas et ne peut être son avenir; mais, à l'exemple et avec l'appui des sciences *antérieures,* et tout en restant elle-même, une science complétement digne de ce nom, et comparable à ses aînées, à la physique, aux mathématiques elles-mêmes, dans les limites résultant des diversités objectives, par la sévérité de sa marche, la rigueur de ses déductions et la grandeur incontestée de ses résultats.

II.

Ces considérations ont pour nous trop d'importance pour que nous ne cherchions pas à nous en rendre plus complétement maîtres. Nous avons besoin ici, non d'un aperçu général des progrès futurs de notre science, mais de notions assez précises pour nous devenir pratiquement utiles.

Le point de départ doit en être pris dans une comparaison établie, au point de vue de la méthode et de la valeur logique de leurs résultats, entre toutes les sciences des deux premiers embranchements. En procédant ainsi, on arrive bientôt à saisir entre elles, d'une part, plusieurs différences caractéristiques dont les principales nous sont déjà connues, celles qui distinguent entre eux les deux embranchements, et dans chacun les sciences particulières qu'il comprend ; de l'autre, une somme de traits communs *à toutes* ces sciences, qui établit entre elles, malgré les diversités spécifiques, une analogie marquée et comme une similitude d'ensemble. Chacune diffère, et toutes se ressemblent; et il s'en faut de peu qu'on ne puisse dire d'elles, comme Ovide des divinités de la mer (1) :

. . . . *Facies non omnibus una,*
Nec diversa tamen, qualem decet esse sororum (2).

Laissons, pour le moment, les *diversités* dont nous avons ailleurs essayé de tenir compte. Ce qui nous intéresse ici, c'est ce qui est commun, ce qui réunit, non ce qui distingue.

Ce qui est commun, c'est d'abord et nécessairement ce qu'énonce ou implique la définition même de la science. Toute science *raisonne,* c'est-à-dire, de notions déjà reconnues vraies en *déduit* ou *induit* d'autres plus complexes ou plus cachées (3). Toute science aussi *démontre,* c'est-à-dire s'élève, par des méthodes et procédés d'ailleurs variables, à des notions dont *la légitimité ne peut plus être révoquée en doute par aucun esprit droit* (4); les unes étant certaines dans le sens absolu de ce mot, les autres ayant du moins cette *certitude physique* ou expéri-

(1) *Metamorphoseon lib.* II.

(2) Ou, et mieux encore, comme le dit Goethe des *formes (Gestalten)* :

Alle Gestalten sind ähnlich, und keine gleichet der andern,
Und so deutet das Chor auf ein geheimes Gesetz.

Ces vers où le grand poète de l'Allemagne se fait si heureusement l'imitateur du poète latin, se trouvent dans la pièce intitulée : *Die Metamorphose der Pflanzen.*

(3) Voyez Chap. V, sect. I.

(4) JAVARY, *De la certitude,* 1847, Chap. I.

mentale qui résulte d'une probabilité infinie ou très grande.

Ce qui est commun, c'est donc d'abord le *raisonnement*, la *démonstration*, d'où la *certitude* des résultats obtenus (**1**).

Ce sont ensuite les neuf caractères suivants, dont quelques uns, comme il est facile de le voir, ne sauraient exister sans les précédents, et réciproquement :

La *positivité* (**2**) et la *précision*, principes de tout progrès dans les sciences, qu'elles affranchissent, qu'elles épurent, pour ainsi dire, de la plupart des causes d'erreurs : l'une en éliminant, non seulement ce qui est démontré faux, mais provisoirement aussi ce qui n'est pas démontré vrai ; l'autre, toute expression vague, confuse ou équivoque de la vérité ; en deux mots, l'une, le conjectural et l'arbitraire ; l'autre, l'indéfini.

La *généralité*, à laquelle l'esprit s'élève par une suite d'abstractions de plus en plus compréhensives. Ces abstractions ont pour terme la découverte des rapports généraux et constants de coexistence, de succession ou d'analogie ; en d'autres termes, la connaissance des *lois* auxquelles se ramènent les notions particulières d'abord obtenues.

La *déduction*, toute loi, même inductive, renfermant

(1) Autrement on n'aurait pas la *science*, et c'est ce qu'a parfaitement exprimé Bossuet, *De la connaissance de Dieu et de soi-même,* Chap. I, xiii : « Quand, *par le raisonnement*, on entend *certainement* » quelque chose, qu'on en comprend les raisons, et qu'on a acquis la » faculté de s'en ressouvenir, c'est ce qui s'appelle *science*. »

(2) Mot déjà employé par plusieurs auteurs, comme aussi nécessaire que les mots *positif* et *positivement*, depuis longtemps consacrés par l'usage.

en elle des conséquences qui peuvent être déductivement obtenues (1).

La *fixité* de la science, indéfiniment variable, tant qu'elle ne se compose que de notions vagues et d'hypothèses douteuses ; qui se fixe, au contraire, dès qu'elle est devenue précise et positive.

La *hiérarchie* des résultats obtenus ; résultats qui, dérivant les uns des autres par une véritable filiation logique, se subordonnent naturellement entre eux dans un ordre déterminé par cette filiation même.

La *concordance* des diverses méthodes partielles, et plus généralement, des divers moyens de connaître ; en d'autres termes, la possibilité de démontrer les mêmes résultats de plusieurs manières différentes : vérification décisive, non seulement de ces résultats, mais des méthodes elles-mêmes qui y conduisent.

L'*association* des diverses méthodes partielles, des diverses branches de la science, et plus tard des diverses sciences ; d'où la réalisation, par le concours de plusieurs ou de toutes, de progrès auxquels chacune d'elles n'eût pu s'élever isolément.

Enfin l'*application* au bien social, l'utilité pratique se trouvant au terme des efforts eux-mêmes qui ne tendaient d'abord qu'à agrandir le domaine intellectuel de l'esprit humain (2).

(1) Ces conséquences ne sauraient d'ailleurs avoir, malgré leur origine mixte, que la valeur de résultats seulement inductifs. Elles doivent être soumises à une vérification expérimentale.

(2) D'après les philosophes de l'école de Saint-Simon, il y aurait lieu d'ajouter un treizième caractère, commun, selon eux, non seule-

Tels sont les caractères que je crois pouvoir dire aujourd'hui communs à toutes les sciences des deux premiers embranchements, et d'où résulte leur supériorité actuelle sur toutes celles qui les suivent. Chacune les a revêtus à son tour, et très exactement, selon un ordre chronologique conforme à l'ordre hiérarchique; depuis les branches élémentaires des mathématiques où on les voit briller, partiellement il est vrai, dès l'antiquité; jusqu'à l'astronomie, la physique, la chimie, la minéralogie, qui les ont graduellement acquis du xvi° siècle à la fin du xviii°, de Galilée et de Keppler à Lavoisier et à Haüy; jusqu'à la géologie elle-même, plus complexe encore, par conséquent plus tardive : science qui, à une

ment à toutes les sciences des deux premiers embranchements, mais à toute science : la *prévision*.

Parmi les naturalistes, BLAINVILLE et MAUPIED, *Histoire des sciences de l'organisation*, T. 1, 1845, p. xvij, ont dit aussi que toute science conduit à la *prévision*.

L'exactitude de cette assertion dépend du sens que l'on attache au mot *prévision*.

S'agit-il de la *prévision* proprement dite, de la *vue des choses futures*, selon la juste définition de l'Académie française? Il est clair qu'elle ne peut appartenir qu'aux sciences appelées *dynamiques* par quelques uns de ces philosophes et par Blainville : ces sciences sont en effet les seules qui aient à étudier des phénomènes successivement produits.

Veut-on entendre, au contraire, par *prévision*, comme on le fait si souvent, le premier aperçu d'un résultat, non *futur*, mais seulement *inconnu?* La prévision est alors possible dans toute science, mais elle rentre dans l'induction ou la déduction ordinaires.

En un sens, la prévision n'est donc pas un caractère absolument général; dans l'autre, elle ne constitue pas un caractère distinct.

Disons d'ailleurs, à l'avance, que, de quelque manière qu'on entende ce mot, la prévision est possible en Histoire naturelle.

époque voisine encore de nous, n'était guère qu'une *collection* de conjectures en l'air et d'*hypothèses bizarres,* à ce point qu'on avait pu appliquer aux géologues, *sans qu'ils eussent trop le droit de se plaindre* (1), le mot de Cicéron contre les augures de Rome : science où un esprit heureusement positif a enfin pénétré, et avec lui la précision, la certitude, la fixité ; où, de nos jours, l'expérience a pu être appelée en aide à l'observation, et le calcul au raisonnement inductif et déductif ; où une multitude de faits, source d'importantes applications, ont été ramenés à des généralités aussi certaines qu'eux-mêmes, grâce au concours des méthodes diverses dont on dispose, et qui tantôt se complètent, tantôt se con-trôlent l'une l'autre, de manière à ne plus laisser la moindre place au doute. Immenses progrès qui datent presque tous d'hier, qui se poursuivent encore sous nos yeux, mais déjà incontestés, et après lesquels il est vrai de dire avec M. Arago : « La géologie a pris rang parmi » les *sciences exactes* (2). »

(1) Expressions d'ARAGO dans l'*Annuaire du bureau des longitudes pour* 1829, p. 207.

(2) *Loc. cit.*

Il y a quatorze ans qu'a été rédigé le passage auquel je renvoie ici, et les progrès qu'a faits depuis la géologie l'ont de plus en plus justifié.

Au moment où je termine ce Chapitre, vient de paraître l'important ouvrage de M. ÉLIE DE BEAUMONT sur les *Systèmes de montagnes* (octobre 1852). Combien l'auteur s'y avance encore au delà de ses pré-cédents travaux ! Et après les progrès qu'il réalise, combien d'autres il nous montre à l'horizon ! La grande idée de l'*évolution régulière du globe* (et non plus de *révolutions,* dans le sens ordinairement attaché à ce mot) me paraît ressortir comme conséquence dernière du livre de M. Élie de Beaumont : vue nouvelle destinée à exercer une

Sciences exactes! ce beau titre dont les mathématiques ont eu si longtemps le privilége, s'est donc étendu, de proche en proche, jusqu'à la dernière des sciences du second embranchement.

Pensera-t-on qu'il doit s'y arrêter?

Si, dans une progression, dans une série, *régulièrement ordonnée,* et que l'on étudie successivement à partir de son origine, les mêmes propriétés, les mêmes caractères se sont reproduits, sans lacunes, pour un grand nombre de termes consécutifs, n'y a-t-il pas lieu de *présumer* (je ne dis pas d'*affirmer*) qu'ils appartiennent aussi aux termes ultérieurs de la série (1)?

influence aussi grande et aussi heureuse sur les sciences biologiques que sur la géologie elle-même. Il m'est du moins impossible de ne pas le penser, d'après les vues auxquelles j'ai été conduit, et que j'ai exposées depuis plusieurs années. Qu'est-ce, à l'égard des êtres organisés, que cette hypothèse des *destructions et créations successives* qui a été admise et qui l'est encore par tant de naturalistes? C'est l'hypothèse d'une suite de *révolutions biologiques,* concordant avec les *révolutions géologiques.* Au système de l'*évolution* plus ou moins régulière du globe, au contraire, quel système d'idées doit correspondre? Précisément celui auquel j'étais à l'avance arrivé. L'*harmonie progressive,* selon l'expression dont je m'étais servi, n'est autre chose, en biologie, que l'*évolution régulière.* Vue que je développerai dans la suite de cet ouvrage, et que j'indique seulement ici pour montrer comment, dès à présent, les sciences biologiques s'apprêtent à suivre les sciences antérieures, et particulièrement leur *antécédent immédiat,* la géologie, dans la voie où elles doivent les avoir à la fois pour exemples et pour guides.

(1) En traitant plus bas de ce que j'appelle la *Méthode sériale,* je la considérerai spécialement dans son application à l'Histoire naturelle. Mais les considérations que je présenterai, sont en très grande partie vraies de toutes les applications de la méthode sériale.

Voyez Chap. VI, sect. III.

Cette supposition n'acquiert-elle pas surtout une très grande vraisemblance, s'il s'agit du terme immédiatement suivant ?

La série mathésiologique est une de ces séries *régulièrement ordonnées*. Si donc il est des caractères déjà reconnus pour un grand nombre de sciences consécutivement placées dans la série, on doit *présumer* leur extension possible et future à celles qui viennent ensuite. Constater les conditions communes à toutes les premières, c'est donc du moins déterminer (et quel autre moyen de le faire ?) les lacunes qui subsistent encore dans les secondes : par cela même, marquer les points sur lesquels doivent se diriger, avec de grandes chances de succès, les efforts ultérieurs de notre esprit.

Nous en sommes précisément là pour les sciences biologiques, et plus spécialement pour les sciences naturelles. Ce sont elles qui, dans l'ordre sérail, succèdent immédiatement à la géologie. A elles donc, si l'accord qui a jusqu'à présent régné entre la logique et l'histoire ne doit pas se rompre tout à coup à leur préjudice, à elles de s'élever enfin aux caractères dont ne manque plus aucune de leurs aînées.

Voilà le but, et si loin qu'il puisse être encore, c'est beaucoup de l'apercevoir nettement à l'horizon.

Nous avions dit :

Il faut que les sciences biologiques se rapprochent des sciences antérieures par leur méthode et la valeur logique de leurs résultats : première expression d'un progrès qui, sous cette forme, se laisse plutôt deviner qu'il ne se montre.

Nous dirons maintenant :

Il faut qu'à l'exemple des sciences antérieures, particulièrement des sciences physiques, modèles plus proches et plus imitables, elles deviennent de plus en plus *précises, positives, généralisatrices, déductives, concordantes* et *fixes ;* que les résultats de tous les degrés s'y coordonnent *hiérarchiquement ;* qu'une *association* intime de leurs diverses branches prépare, à l'avantage commun, des alliances plus étendues ; et qu'elles multiplient de jour en jour leurs *applications* au bien de la société.

III.

Si la réforme, si la constitution définitive des sciences biologiques ne peut être obtenue qu'après tant de conditions remplies, n'est-il pas à craindre qu'elle ne puisse se réaliser qu'après une longue suite d'années, après des siècles peut-être ? N'aurions-nous *ici* qu'une de ces lointaines perspectives, en vue desquelles le voyageur, déjà fatigué d'une longue course, se décourage, et parfois s'arrête ?

Heureusement non.

En réalité, le problème, pour être très complexe, ne l'est pas tout à fait autant qu'il le semble à un premier aperçu. On peut du moins le simplifier. Entre les nombreux caractères que je viens d'énoncer, il existe des rapports multiples et intimes qui ne sont pas seulement de concordance ou d'affinité, mais souvent de filiation et de dépendance. D'où il suit que pour arriver à tous ces caractères, il suffit d'en avoir directement réalisé quelques uns, pour que les autres soient, par là même, indirectement obtenus. Ainsi, que l'on parvienne à rendre la science précise et positive : il est clair qu'elle aura bientôt acquis la certitude, d'où, à son tour, la fixité. Qu'on fasse succéder le raisonnement à l'observation; qu'on généralise, et qu'on le fasse logiquement, il sera impossible que les diverses méthodes, que les divers résultats partiels ne soient pas concordants ; car la concordance est partout où est la logique. Il sera impossible aussi que les branches voisines de la science, en s'étendant, ne viennent pas à se rencontrer et à s'unir. Enfin, les applications se produiront aussi d'elles-mêmes quand le moment en sera venu, comme, sur l'arbre, les fruits après les fleurs, au moment voulu par les lois de son évolution naturelle.

Rendre la science *précise, positive* et logiquement *généralisatrice*, voilà donc, en dernière analyse, le véritable problème à résoudre, et quand il sera résolu, le reste ira de soi.

Problème dont l'étendue et la complication, même en le posant ainsi, sont immenses encore. Mais il est du moins nettement posé, et c'est un pas vers sa solution.

Essayons maintenant d'en faire un second. Rendons-nous compte de toutes les difficultés que nous allons rencontrer sur notre route, et des ressources à l'aide desquelles nous aurons à lutter contre elles. Si graves que soient les premières, si faibles que soient celles-ci, nous serons soutenus par cette pensée qu'il s'agit ici de progrès clairement annoncés, pour les sciences naturelles, par l'exemple de toutes leurs aînées, et dont nous pourrions au besoin trouver la promesse dans leur propre histoire : car il n'en est aucun qu'on n'y puisse dire dès à présent partiellement réalisé (1), ou qui ne commence manifestement à s'y produire. Marchons donc avec confiance : le passé même de notre science nous assure ici de son avenir.

(1) Mais aucun encore complétement; aucun, sans excepter même les progrès qui doivent précéder tous les autres. On a vu (Chap. II, p. 331, note 1) combien l'*école* dite *positive* est loin d'avoir justifié le nom qu'elle se donnait à elle-même.

CHAPITRE IV.

DES DIFFICULTÉS, DU CARACTÈRE ET DE LA VALEUR DE L'OBSERVATION DANS LES SCIENCES NATURELLES.

SOMMAIRE. — I. Immensité et difficultés de la science. — II. Causes d'erreur dans l'observation. — III. Valeur différente de l'observation dans les sciences physiques et dans les sciences naturelles. Observation *typique*. Observation seulement *individuelle*. Nécessité de l'intervention du raisonnement, non seulement pour saisir les lois des faits biologiques, mais même pour obtenir et établir ces faits.

I.

Il est des difficultés communes à toutes les sciences; il en est aussi de propres à chacune. Celles que nous rencontrons dans l'étude de la nature organique, sont telles que, nulle part ailleurs, l'esprit humain ne saurait avoir à en surmonter de plus grandes et, en apparence, de plus invincibles. Immensité du nombre, complexité et instabilité des phénomènes, multiplicité des causes d'erreurs, tout ici se réunit contre nous.

Si les créateurs de l'Histoire naturelle eussent pu voir dès l'origine où ils tendaient, où ils nous appelaient après eux, ils se seraient sans doute arrêtés dès les premiers pas, comme le voyageur s'arrête au bord de l'abîme dont son œil a mesuré les inaccessibles profondeurs.

Qui eût osé entreprendre de distinguer et de dénom-

brer tous les êtres vivants qui peuplent la terre et les
eaux, si l'on avait su dès l'origine qu'ils se comptent par
centaines de mille? Plus d'unités qu'il n'y a d'heures de
travail dans la vie la plus pleine et la plus laborieuse (1)!

Qui n'eût reculé, à plus forte raison, devant la pensée de
pénétrer jusque dans l'organisation intime de ces innombrables produits de la puissance créatrice? Les uns si petits
qu'ils échappent à la vue, et cependant si pleins de merveilles : *natura in minimis maxime miranda!* Et la plupart si diversement complexes! Dans une seule chenille,
Lyonet nous montre quatre mille muscles (2) et plus de dix
mille branches trachéennes (3); et quand il a accompli ce
prodige de patience et d'adresse, qu'a-t-il fait? Il n'a décrit
encore que le premier des trois états dans lesquels nous
apparaît l'animal après sa naissance. Pour un seul in-
secte, il eût fallu plusieurs Lyonet!

Et pour ces innombrables parties dont se compose chacun de ces êtres, que de problèmes à résoudre, et quels
problèmes! Leur complexité, non moins que leur multitude, confond tout d'abord l'imagination; et quand on a
pénétré dans leur étude, l'esprit s'étonne en présence de
difficultés nouvelles, et peut-être plus redoutables encore.

(1) Supposez un homme qui, de vingt à soixante-dix ans, travaille
sans jamais s'arrêter douze heures par jour, et faites le calcul. Cette
assiduité *idéale*, ce travail impossible donnerait 219 144 heures. Les
estimations récentes les plus modérées portent au delà le nombre des
espèces connues.

(2) Quatre mille quarante et un. (LYONET, *Traité anatomique de la
chenille qui ronge le bois de saule*, in-4, La Haye, 1760, p. 584.)

(3) « Le nombre des branches égale peut-être celui de toutes les autres
» parties de l'animal prises ensemble. » (LYONET, *ibid.*, Préface, p. X.)

Comment ramener à des lois des phénomènes, non seulement si diversifiés, mais si instables? Où fixer sa pensée au milieu de ces variations incessantes, de ces fluctuations perpétuelles, de ces différences fugitives ; mobile tableau dont on ne distingue quelques détails que pour les voir aussitôt modifiés ou effacés? Il n'est pas, dit un vieil adage, *deux feuilles semblables :* est-il une feuille que l'on puisse dire semblable à elle-même à deux instants successifs de son existence? La nature organique est comme un océan sans bornes, où un ensemble, qui néanmoins est permanent, se compose de parties continuellement agitées, déplacées, changeantes, et telles qu'elles semblent fuir sans cesse devant notre observation, condamnée à ne saisir ici qu'un instant dans la durée comme un point dans l'espace !

Que ne peut l'homme quand il multiplie ses forces par la double puissance du nombre et de l'association! Cette nature organique dont l'immensité n'est surpassée que par celle des cieux, il l'a embrassée tout entière. Dans le dédale des faits biologiques, il a su se rendre maître du fil conducteur ; il a démêlé le plan simple des organisations les plus complexes. Sur le terrain mouvant de phénomènes indéfiniment variables, il a jeté les fondements solides d'une science une et immuable, et il a entrepris, avec succès, de démontrer la fixité générale de la nature, à l'aide des phénomènes eux-mêmes qui sont, en apparence, les plus contraires à cette haute abstraction de notre esprit; à peu près comme on prouve en astronomie l'immobilité relative du soleil par les déplacements mêmes dont nous croyons être témoins.

Admirables résultats, dont nous devons toutefois ne pas nous exagérer la valeur. Si importants qu'ils soient, et fussent-ils complétement obtenus, la science se fait; elle n'est pas faite. Ce que nous possédons est considérable; ce qui nous reste à acquérir, bien plus considérable encore; et si loin qu'aient pu aller nos prédécesseurs, il est toujours vrai de dire : L'infini est devant nous.

Mais, grâce à eux, dans ce champ infini, nous savons maintenant nous orienter. Par tant d'épreuves si décisives et si heureusement franchies, la science a appris à se connaître elle-même; elle a la mesure de ses forces; et, entre tous les progrès qu'elle a faits, celui-ci n'est pas un des moindres. Il n'est plus de difficultés si ardues, que nous ne puissions regarder en face, que nous craignions d'aborder de front.

Et non seulement nous le pouvons, mais nous le devons. Il était bon qu'elles restassent voilées à tous les yeux, quand il s'agissait d'imprimer le mouvement. Quand il ne s'agit plus que de le continuer et de le diriger, il importe de n'ignorer aucun des obstacles et des périls qu'il reste à surmonter.

C'est pourquoi, dans mes efforts pour rapprocher, autant qu'il est possible, notre science des sciences antérieures, je ne manquerai jamais d'en faire ressortir toutes les difficultés (1), convaincu qu'on est encore utile en les signalant là même où l'on ne peut les vaincre, et en éclairant la route, là même où l'on ne saurait la parcourir.

(1) Voyez surtout ce Chapitre et le suivant.

II.

En Histoire naturelle, et plus généralement, dans les sciences qui ont la nature pour objet, tout dérive médiatement ou immédiatement de l'observation : c'est par les faits seuls que nous allons aux idées. Posons donc avant tout ces questions : Que nous donne l'observation? Que sont pour nous ses résultats? Et sera-ce par l'exercice seul de nos sens que nous obtiendrons ces *faits,* dans lesquels nous avons reconnu, non la science tout entière, mais le commencement nécessaire de la science (1)?

Je n'hésite pas à le dire : L'observation ne nous donne de résultats certains et utiles, de faits vraiment scientifiques, qu'autant qu'ils ont été rationnellement *contrôlés* et *appréciés.* Quoi qu'on en ait pu dire, la science, si limitée qu'on la veuille concevoir, ne peut pas plus être créée par l'observation pure que par la spéculation pure ; pas plus par le seul exercice de nos sens que par celui de notre esprit.

Une multitude d'auteurs ont pensé le contraire, ou, pour mieux dire, se sont exprimés comme s'ils le pensaient. On dirait, à les entendre, l'observation exempte de toutes ces difficultés, de tous ces périls qui, selon ces mêmes auteurs, nous arrêtent invinciblement dès que nous voulons penser et conclure. A leur point de vue, il suffirait presque d'interroger la nature, de prendre la loupe et le

(1) Voyez le Chapitre II.

scalpel, pour obtenir sûrement des résultats qu'il ne resterait qu'à fixer par ce qu'on a appelé la *méthode descriptive ;* en d'autres termes, à enregistrer et à classer.

La science n'est malheureusement ni aussi simple, ni d'un accès aussi facile. Il n'est guère plus aisé d'en jeter les fondements par l'observation, qu'il ne le sera ensuite d'édifier par le raisonnement. Dès l'origine, des difficultés de divers genres, et d'une extrême gravité, se dressent devant nous.

Les unes signalées de tout temps. Combien de pages, combien de volumes écrits depuis Aristote, sur les erreurs de nos sens (1) ! Et combien encore à écrire sur un sujet que l'on peut dire inépuisable ! Partout des apparences, des illusions ! Nous vivons entourés de prestiges et comme en proie à un perpétuel mirage, entre ce ciel dont nous voyons les astres là où ils ne sont pas, et pour quelques uns peut-être, quand, depuis des siècles, ils ne sont plus ; et cette terre qui nous entraîne, quand nous croyons nous y reposer immobiles, d'un mouvement plus rapide quarante fois que celui du boulet à la sortie du canon, et treize cent cinquante fois que le vol de l'aigle !

Et tantôt, ainsi que dans ces grands phénomènes, c'est la nature elle-même qui nous trompe, nous montrant ce qui n'est pas : par exemple, en physique, pour citer des causes d'erreurs dont on peut rendre exactement compte, deux objets pour un, derrière un spath d'Islande ;

---

(1) Voyez entre autres un travail de l'illustre physicien MARIOTTE, intitulé : *Des erreurs où les sens sont capables de nous faire tomber.* C'est un chapitre de son *Essai de logique.* (Voyez Œuvres, Leyde, 1717, t. II, p. 687.)

ou, par l'immersion partielle, une ligne brisée au lieu d'une droite; par la perspective, la convergence de deux lignes parallèles; ou bien encore, après la pluie, un arc-en-ciel, en apparence localisé et le même pour tous.

Ailleurs la nature se présente à nos yeux telle qu'elle est, et ce sont nos sens qui nous égarent, substituant, à la réalité des phénomènes qui sont devant nous, leur image fausse ou altérée. Si, par exemple, nous agitons rapidement et circulairement un corps en ignition, il trace pour nous un arc lumineux, occupant à la fois, en apparence, toutes les positions par lesquelles il vient de passer tour à tour. Ailleurs, ce seront deux surfaces pareillement blanches que nous verrons successivement teintées, l'une de vert, l'autre de rouge, ou de bleu et d'orangé, ou de violet et de jaune, selon les couleurs qui leur seront juxtaposées. Réciproquement, dans d'autres circonstances, il nous arrivera de tenir pour semblablement colorés des corps de couleur différente. S'agit-il de la dimension des objets, nos sens ne sont pas plus infaillibles. Deux cercles, l'un blanc, placé sur un fond noir, l'autre noir, sur un fond blanc, paraîtront inégaux, s'ils sont égaux; et réciproquement, s'ils sont inégaux, le noir l'emportant un peu sur le blanc, l'œil, à telle distance donnée, les tiendra pour égaux; à telle autre même, le plus petit sera jugé le plus grand.

Et ainsi dans une foule d'exemples.

Que serait-ce maintenant, si, après toutes ces illusions physiques et physiologiques dont nul ne peut se défendre, nous mentionnions les *aberrations* individuelles *des sens* et les autres causes particulières d'erreurs dont chaque observateur a en lui le principe (1)?

Et que sera-ce surtout, si nous passons des phénomènes, relativement simples et fixes, dont les corps inorganiques sont le théâtre, à ceux dont l'ensemble constitue ce qu'on a si bien nommé le *tourbillon* de la vie? Ici, en même temps que les causes ordinaires d'erreurs se compliquent d'une foule d'autres, les corrections deviennent d'une extrême difficulté, surtout lorsque les instruments d'optique, appelés au secours de notre vue, en étendent si loin le pouvoir, mais si loin aussi les illusions. Il y a quelque chose de plus insaisissable encore à l'homme que l'infini de la distance : c'est l'infini de la petitesse. Plus merveilleux que le télescope lui-même, le microscope est aussi plus difficile à manier ; et combien y a-t-il de grandes questions où il n'ait pas à intervenir, et de plus en plus? Dans la connaissance des premières formations, dans celle des êtres les plus simples qui sont aussi presque toujours les plus petits, dans celle des tissus dont se composent élémentairement les organes, est le nœud de la science(2), et ce nœud, nos yeux seuls ne sauraient même l'entrevoir.

Dans une multitude de cas, l'observateur n'arrive donc à la vérité cachée sous l'apparence des phénomènes, qu'autant qu'il sait l'en dégager ; ce qu'il ne peut souvent qu'à l'aide d'instruments appropriés à la nature de ces phénomènes ; ce qu'il ne peut jamais sans le secours du rai-

(1) Les *erreurs personnelles*, comme on dit en astronomie.
(2) N'est-ce pas ici surtout que l'on sent la justesse de cette pensée : Les plus petits faits sont souvent en réalité les plus grands!

Eminet in minimis maximus ipse Deus !

sonnement et des connaissances antérieurement acquises.

Et encore, quand il est assez heureux pour y parvenir, que possède-t-il? Le plus souvent, un résultat incomplet, et qui ne peut encore être admis dans la science. On a passé du fait *apparent* au fait *réel*, mais *brut :* il reste à passer de celui-ci au fait scientifique, ou mieux, *scientifié.*

III.

C'est ici que se rencontre, dans l'étude des faits par l'observation, un second genre de difficultés, et celles-ci ne sont guère moins graves que les premières, qui pourtant ont presque seules fixé l'attention des naturalistes. Il semble qu'on ne se soit pas bien rendu compte des différences considérables qui existent entre l'observation zoologique, botanique, physiologique, essentiellement relative à des phénomènes ou à des caractères *individuels,* et l'observation physique ou chimique, portant sur les propriétés de la matière en général, des corps élémentaires et de leurs combinaisons diverses. Dire, comme on l'a fait si souvent, qu'ici, les faits étant plus simples et plus fixes, l'observation préparée ou l'expérimentation (1) peut être le plus souvent substituée à l'observation ordinaire, c'est, sans doute, signaler l'un des grands avantages de la physique et de la chimie sur l'Histoire naturelle, et l'une des causes principales de la sûreté de leur marche et de la rapidité de leurs progrès. Mais je vois ailleurs, entre ces diverses sciences, une différence bien plus importante

(1) Voyez Liv. I, Chap. II, sect. I et II.

encore, et vraiment fondamentale, que j'énoncerai ainsi :

En zoologie, en botanique, l'observation n'est qu'*individuelle*.

En physique, en chimie, elle est, le plus souvent, *typique,* c'est-à-dire représentative de toutes les observations analogues déjà faites ou qui pourront l'être, et telle, par là, qu'elle les résume, pour ainsi dire, en elle, et qu'elle peut suffire pour légitimer des inductions.

Citons des exemples.

Qu'un physicien fasse tomber sur un miroir plan un faisceau de rayons lumineux, ou qu'il lui fasse traverser, dans une chambre obscure, un prisme de verre : la lumière, dans le premier cas, sera réfléchie, selon un plan et sous un angle qu'il sera aisé de déterminer ; dans le second, réfractée et de plus décomposée en rayons colorés dont l'ordre et la disposition seront facilement reconnus. Qu'un autre physicien, ou le même, un autre jour, en d'autres lieux, avec un autre miroir ou un autre prisme, agisse semblablement sur un autre faisceau lumineux : s'il se sert encore d'un miroir plan, si le second prisme est égal au premier et de même nature, de même densité et dans la même situation relative, si la lumière émane de la même source, la réflexion ou la décomposition aura lieu exactement de la même manière. Et ainsi autant de fois que l'on recommencera dans les mêmes circonstances.

D'où il suit qu'à la rigueur, la première expérience pouvait donner, *à elle seule,* les lois de la réflexion ou de la décomposition de la lumière : toutes les expériences ultérieures peuvent être considérées comme de simples vérifications.

Il en est encore à peu près de même en chimie.

Veut-on, par exemple étudier l'oxygène? Qu'on extraie ce gaz, comme dans la célèbre expérience de Priestley en 1774, du précipité *per se ;* qu'on le tire de tout autre peroxyde, d'un chlorate, d'une substance organique, d'un corps oxygéné quelconque; par quel procédé qu'il ait été décomposé, réaction chimique ou action de la pile; ou encore qu'on puise le gaz dans l'atmosphère, sur un point ou sur un autre, vers le pôle ou vers l'équateur, près du sol, au fond d'une mine, ou aussi haut que peut nous porter un aérostat; on aura partout et toujours un gaz identique avec lui-même : *l'oxygène* et non tel oxygène. Les propriétés qu'on aura une fois constatées sont celles que retrouveront, s'ils agissent de même, tous ceux qui viendront ensuite. Encore ici, après le premier observateur, on ne fera plus que répéter ses expériences, que *revoir* et *vérifier.* Théoriquement, pour découvrir, il suffisait au chimiste d'un seul flacon de gaz pur, comme tout à l'heure au physicien d'un seul faisceau lumineux.

Étudier, analyser, dans toutes ses parties, un animal ou une plante, est bien plus difficile encore, qu'étudier, analyser un gaz ou un faisceau lumineux : mais, de plus, quand on y a réussi, qu'a-t-on obtenu? Des résultats seulement *individuels.* Qui pourrait dire ici, même au point de vue purement théorique, et abstraction faite de toutes les difficultés pratiques, que de tel chêne, par exemple, d'un rouvre ou d'un liége, le supposât-on parfaitement et complétement décrit, on pût conclure, à tous les rouvres, à tous les liéges, à plus forte raison, à tous les chênes? On ne le pourrait pas même prendre pour le représentant, pour

le *type* de tous les rouvres, de tous les liéges d'une seule
forêt, fussent-ils venus de glands simultanément tombés
sur un sol de même composition et dans des lieux semblablement exposés. On ne saurait davantage admettre
que les caractères zoologiques de tel lion ou de telle pan-
thère, si bien qu'on les connût, pussent donner ceux de
tous les lions ou de toutes les panthères, et encore bien
moins, si nous arrivons aux animaux domestiques, qu'il fût
permis d'étendre ceux de tel cheval ou de tel bœuf à tous
les chevaux et à tous les bœufs. Chacun de ces animaux
n'est qu'un individu, et non un *type* : un lion n'est pas *le*
lion ; un taureau, un bœuf, une vache, une génisse ne
sont pas *le* bœuf, et pour prendre en nous-mêmes un dernier exemple, *l'anatomie d'un homme* n'est pas *l'anatomie humaine*.

D'où l'on voit, premièrement, la nécessité de multiplier
les observations et, autant qu'il est possible, les expériences. Quand vous aurez fait l'étude d'un individu, si
parfaite qu'elle puisse être, l'étude d'un autre, de plusieurs autres ne répétera pas ce que vous aurez vu : elle
le complétera. Elle ne sera pas seulement utile pour
vérifier, mais indispensable pour *découvrir* (1).

(1) On objectera peut-être que cette étude ultérieure est souvent
impossible. La science sera-t-elle donc condamnée, toutes les fois
qu'il en sera ainsi, à s'arrêter impuissante ? De telle espèce on ne connaît encore qu'un individu : renoncera-t-on à l'établir ? Il est des types
tératologiques qu'on n'a vu se produire qu'une fois : doit-on renoncer
à en tenir compte?

Non, sans doute. La comparaison de cette espèce avec des congénères
bien connus, de ce type avec des types analogues bien déterminés,
ournira le plus souvent des notions équivalentes à celles que l'on ne
peut, dans ces cas, obtenir par une étude directe.

Et, en même temps que ressort toute l'importance des travaux d'observation, se montre ici, non moins clairement, leur insuffisance. Que seraient nos raisonnements sur la nature, s'ils ne reposaient sur l'observation? Rien, à moins que nous ne prétendions, comme Schelling (1), lire en nous-mêmes les lois du monde physique. Mais aussi, que sont nos observations, si nombreuses et si parfaites qu'on veuille les supposer, tant que notre esprit n'est pas intervenu, pour en saisir les rapports et le lien? Beaucoup par ce qu'elles nous promettent, mais bien peu par ce qu'elles nous donnent immédiatement. S'il est vrai qu'elles renferment en elles d'importantes vérités, c'est, qu'on me permette cette image empruntée aux croyances populaires, comme le caillou renferme l'étincelle : encore faut-il qu'on la fasse jaillir. Dix, cent, mille individus, ne sont toujours que des individus ; non l'espèce, non le *type*. Et de quel intérêt sont pour la science des individus? Que lui importerait, si l'on ne devait aller au delà, leur existence d'un instant sur un point de l'espace?

Mais, où nos yeux ne voient que des individus, notre esprit sait voir le type ; dans leur existence éphémère, il aperçoit l'espèce elle-même, l'une des *unités* permanentes *de la nature,* comme a si bien dit Buffon (2). C'est un mot de l'histoire de la création qui en fait deviner une page.

Voilà par quel côté les faits individuels, en dehors même de toute application pratique, méritent, non seulement de fixer notre attention, mais d'être étudiés avec le plus grand soin, et jusque dans leurs derniers détails.

(1) Voyez Chap. II, sect. v.
(2) *Seconde vue sur la nature,* dans l'*Histoire naturelle,* t. XIII, p 4.

Il n'en est pas de trop petits pour que le vrai naturaliste dédaigne de les constater au prix de longues heures d'étude, et de les fixer, s'il le faut, par les plus minutieuses descriptions.

Et il ne se laisse pas non plus effrayer par la multitude des notions particulières qu'il lui faut trop souvent recueillir pour la solution d'une seule question. En est-il de plus simple, en apparence, que celle ci : décrire telle veine chez l'homme ? Ou cette autre : déterminer combien de fois le pouls bat par minute dans l'état normal de telle espèce ? Et cependant, que d'observations anatomiques, d'observations et même d'expériences physiologiques, ont été ici nécessaires pour donner la notion vraie du *type* autour duquel oscillent, pour ainsi dire, toutes les variations individuelles ! Il en est de même, à plus forte raison, lorsqu'il s'agit de déterminer, en botanique ou en zoologie, les caractères d'une espèce. Les connaîtra-t-on sûrement et exactement, s'ils n'ont été étudiés chez des sujets jeunes, d'âge moyen, vieux, pris dans différentes saisons, sur des sols variés, sous des latitudes et à des altitudes diverses (1)? Encore ici, il faut s'élever par la comparaison d'un nombre suffisant d'individus à la connaissance du *type ;* de ce type qu'ils représentent tous ensemble, et que pas un peut-être, dans toute la nature, ne montre en lui seul ; de ce type qui est, par conséquent, au seuil même de la science, une première et nécessaire abstraction de notre esprit, qui le voit partout, quand, pour nos sens, il peut n'être nulle part réalisé.

(1) Et même encore, pour l'espèce végétale, à des expositions diverses.

Observons donc ; multiplions les observations, mais ne nous y tenons pas. Voir n'est pas savoir. Il faut le travail de l'esprit en même temps que celui des sens, pour les diriger, en corriger les erreurs, et dégager le résultat vrai, le *fait réel,* du résultat, du *fait apparent ;* il le faut aussi, et encore dès l'origine, pour substituer au *fait réel, mais brut,* le *fait scientifié.*

J'avais dit plus haut (1), montrant la nécessité du raisonnement en Histoire naturelle :

Après l'observation, quand nous avons établi les faits, posé les prémisses, notre esprit doit intervenir pour tirer les conséquences, pour généraliser, pour expliquer. A lui la découverte des lois, la recherche profonde des causes.

Énoncé vrai, mais incomplet. C'est partout et toujours, c'est dès le commencement de la science, on le voit maintenant, que doit intervenir notre esprit ; non seulement après l'observation, pour conclure, pour édifier ; mais aussi, *pendant* l'observation elle-même, pour jeter, avec elle, les fondements de l'édifice qu'il devra ensuite élever par ses propres forces.

(1) Voyez le Chapitre précédent.

CHAPITRE V.

DES DIFFICULTÉS, DU CARACTÈRE ET DE LA VALEUR DU RAISONNEMENT DANS LES SCIENCES NATURELLES.

SOMMAIRE. — I. Caractère et valeur de l'induction. Induction démonstrative. Induction inventive. — II. Caractère et difficultés du raisonnement dans les sciences naturelles. Première source de difficultés : nécessité d'aller du particulier au général. — III. Seconde source de difficultés : nécessité de procéder, dans un très grand nombre de cas, du composé au simple. — IV. Vérification, par l'observation, des résultats induits. — V. La certitude peut être obtenue par l'emploi combiné de l'observation et du raisonnement, et par la considération des rapports nécessaires. — VI. Elle peut l'être même, dans certains cas, par voie analogique. — VII. Le critérium de la certitude est dans la concordance des résultats obtenus par des voies diverses, et surtout dans la vérification expérimentale des conséquences déduites.

I.

Raisonner, dans le sens le plus général et, par là même, le plus vrai de ce mot, c'est combiner deux ou plusieurs notions antérieurement acquises, de manière à en faire sortir une notion nouvelle.

Il n'y a que deux modes fondamentalement différents de raisonner, la *déduction* et l'*induction,* parce qu'il ne peut y avoir que deux sortes de relations entre les notions déjà obtenues et celles qu'il reste à obtenir. Il n'y a que deux chemins possibles du connu à l'inconnu; comme il n'y a que deux manières de naviguer sur un fleuve : le descendre ou le remonter.

Le raisonnement est *déductif,* lorsque, des notions déjà acquises, on passe à des notions qui en sont les conséquences logiques; c'est-à-dire, telles que, les premières étant admises, les nouvelles notions sont, pour ainsi dire, elles aussi, virtuellement admises. On peut, en effet, considérer celles-ci comme implicitement contenues dans les notions d'abord obtenues, si bien que tel esprit clairvoyant pouvait les y entrevoir avant tout examen ultérieur. Et encore pourrait-on aller plus loin, et dire, avec Buffon (1), des vérités de déduction, qu'elles se ramènent souvent les unes aux autres, et *se réduisent à des identités,* n'étant, dans beaucoup de cas, que *des expressions différentes de la même chose.*

Le raisonnement déductif est rigoureux (2). Si les notions dont on est parti sont *certaines,* celles auxquelles on arrivera, le seront pareillement; en sorte que d'elles aussi, combinées à leur tour avec d'autres notions certaines, on pourra déduire de nouvelles conséquences, présentant

(1) Dans le célèbre discours *De la manière d'étudier et de traiter l'Histoire naturelle,* tome I de l'*Histoire naturelle,* p. 54. Buffon parle ici des vérités mathématiques.

Je crois ne devoir pas renvoyer à ce passage sans faire quelques réserves. Les idées que Buffon y expose me semblent, sur plusieurs points, empreintes d'exagération, parfois même tout à fait inadmissibles. Je laisse d'ailleurs aux géomètres le soin de les réfuter, et de défendre leur science, comme l'a essayé déjà, contre les vues analogues de Leibniz et de Condillac, le célèbre métaphysicien DUGALD STEWART (voy. *Elements of the philosophy of the human mind,* Chap. II, sect. III; traduct. de M. PEISSE, t. III, p. 115). — On peut consulter aussi avec fruit sur ce sujet WHEWELL, *The philosophy of the inductive sciences,* t. II, 1847; appendice, p. 595.

(2) En supposant, bien entendu, qu'il soit conforme aux règles de la logique.

encore le même caractère de *certitude ;* et ainsi de suite. D'où ces *longues chaînes de raisons* (1) qui s'étendent parfois, sans interruption, des premiers éléments d'une science à ses plus hautes et plus complexes vérités.

Le raisonnement *inductif* ou *par induction* procède tout autrement. L'esprit y doit faire un effort de plus. Il n'a pas seulement à obtenir, à l'aide des notions antérieurement acquises, des résultats qui en dérivaient nécessairement. Induire, c'est tirer d'un certain nombre de cas particuliers, le plus souvent, de faits, des conséquences générales ; en d'autres termes, et ceci fait clairement ressortir le vrai caractère de l'induction, passer, non *du contenant au contenu,* mais *du contenu au contenant.*

Il y a des raisonnements inductifs rigoureux ; tellement que, comme les logiciens l'ont remarqué, ils peuvent être assimilés à un argument syllogistique. Ce sont ceux où la conséquence générale est induite de *toutes* les notions particulières auxquelles elle est applicable. En supposant *certaine* chacune des notions dont on est parti, il est clair qu'on arrive à une conséquence *certaine* aussi. Mais qu'est-ce que cette conséquence ? L'expression pour l'*ensemble* de ce qu'on savait déjà pour *toutes les parties* (2). *De toto concluditur, quod de singulis partibus*

(1) Voyez plus haut, p. 273.

(2) Expression qui ne peut d'ailleurs être générale, sans ajouter quelque chose aux notions qu'elle comprend. On a parfois commis ici une erreur que, déjà, j'ai dû relever ailleurs : « Toute idée générale » suppose un rapport saisi entre les différentes idées individuelles » dont elle se compose ; d'où il suit que dans une idée générale est ren-

fuit demonstratum, comme on dit dans les traités de logique (1).

Bien plus souvent, le raisonnement inductif manque de rigueur, et dès lors, fût-on parti de données *certaines*, les notions auxquelles il conduit ne sauraient l'être. Il en est ainsi toutes les fois qu'on *induit* une conséquence générale d'*une partie* seulement des notions particulières qu'elle doit comprendre. On suppose alors la conformité des notions déjà obtenues avec celles qui manquent encore : hypothèse que de légitimes analogies rendent souvent très vraisemblable, et que l'on peut, souvent aussi, soumettre à des vérifications décisives : d'où, pour la conséquence induite, au défaut de la *certitude* absolue, qui est ici impossible, une *très grande probabilité;* si grande même parfois qu'on est en droit de la tenir pour infinie et dès lors équivalente à la certitude elle-même.

Contradiction singulière, mais plutôt apparente que réelle, entre la logique et la science : l'induction rigoureuse qui, seule, satisfait notre esprit, le sert peu ; à peine pourrait-on citer quelques progrès qui lui soient dus. A l'inverse, une multitude de découvertes ont été depuis

» fermée, outre la connaissance de plusieurs idées particulières, la » connaissance d'un rapport. De même, un fait général a une valeur » scientifique plus considérable que la *somme* des faits particuliers dont » il se compose ; car, outre ces faits, il suppose nécessairement la con- » naissance d'un rapport entre les faits. » *Mémoires du Muséum d'histoire naturelle*, t. XVII, p. 127, note, 1829.

Voyez aussi le remarquable ouvrage déjà cité de M. WHEWELL, t. II, p. 48.

(1) Voyez, par exemple, le traité si longtemps classique, et si souvent copié, de S'GRAVESANDE, *Introductio ad philosophiam*, Leyde, 1736, *Logica,* p. 366.

le *Novum organum*, et sont tous les jours, l'œuvre de
cette induction non rigoureuse, hypothétique, dont la
plupart des logiciens, pendant des siècles, n'ont pas même
daigné dire un mot, à moins que ce ne fût pour la condamner.

C'est que l'*induction démonstrative*, ainsi qu'on peut
nommer le premier genre d'inductions, ne démontre guère
que ce qu'on savait déjà, moins bien toutefois (1) : voie
sûre, mais étroite, où devait se tenir cette logique des écoles
qui s'est définie elle-même l'art de démontrer la vérité,
mais qui n'était guère en réalité, chose fort différente, que
l'art d'éviter l'erreur. L'autre, *l'induction analogique*,
ou par opposition avec la précédente, *l'induction inventive*, fait, au contraire, connaître ce qu'on ignorait, souvent
ce qu'on eût toujours ignoré sans elle : la science et la vraie
logique, toujours d'accord avec elle, ne pouvaient manquer de s'en faire un puissant instrument de découverte.

II.

Il n'y a pas de sciences, pas même la géométrie, pas
même l'algèbre, où l'on ne procède que par déduction ; il
n'y en a pas non plus où l'on se borne à l'induction ; mais
il en est où l'induction ne tient qu'une très petite place,
et d'autres où la déduction reste subordonnée à l'induction. C'est à ce point de vue qu'on peut admettre, avec
M. Whewell, la distinction des sciences en *déductives* et

(1) Voyez plus haut, p. 369, note 2.

inductives (1) : distinction qui, du reste, avait été depuis longtemps faite en d'autres termes (2).

L'Histoire naturelle organique est essentiellement *inductive* (3). Il n'y a qu'une voie pour s'élever des faits à leurs lois : c'est l'induction, et généralement, l'induction *analogique*, et non *démonstrative*.

L'Histoire naturelle organique est, en même temps, mais secondairement, *déductive*. Non que la déduction y soit rare, et qu'elle n'y joue souvent un rôle important ; mais elle y succède à l'induction, et ne peut rien que par elle, ne faisant, en réalité, qu'en étendre et multiplier les résultats, sans même en changer la valeur logique. Une notion *déduite* de notions préalablement *induites* n'est toujours qu'une conséquence, plus indirecte seulement, de l'observation ; par suite, bien qu'obtenue par un raisonnement rigoureux, une notion seulement expérimentale, et non purement rationnelle ; contingente, et non nécessaire ; plus ou moins probable, et non absolument certaine.

Les sciences physiques aussi sont essentiellement inductives, secondairement déductives. Mais, après cette analogie générale, que de différences ! et toutes, au désavantage des sciences biologiques. Combien s'aggravent ici toutes les difficultés que l'on rencontrait déjà dans l'étude des corps inorganiques !

(1) *Deductive sciences* et *Inductive sciences*, WHEWELL, ouvrage déjà cité, et *History of the inductive sciences*, 3 vol. in-8, Londres, 1837 ; 2ᵉ édit., 1847.

(2) Voyez *Prolégomènes*, Liv. I, Chap. IV.

(3) A moins d'admettre, avec les Philosophes de la nature, qu'on doive descendre des lois aux faits. Voyez plus haut, Chap. II, sect. v, l'analyse des vues de Schelling.

Où l'observation est *typique* (1), où chaque fait bien étudié représente une infinité de faits analogues, l'induction est manifestement aussi légitime que peut l'être un raisonnement *du particulier au général*. Et comme, en outre, il s'agit ici, le plus souvent, de notions qui peuvent être soumises au contrôle décisif de l'expérience (2), on obtient, dans la plupart des cas, et parfois très promptement, non la *certitude* métaphysique ou déductive, mais à son défaut, ce qu'on a appelé la *certitude physique*, c'est-à-dire cette probabilité infinie ou presque infinie, en présence de laquelle l'esprit le plus sévère n'hésite pas à se déclarer satisfait.

Il faut bien aussi, en Histoire naturelle, que nous arrivions, par l'induction, à la *certitude physique;* mais ici, de l'observation à la généralisation, de la connaissance du *fait* à celle de la *loi*, quelle longue route à parcourir ! Qu'est-ce qu'une généralité, et surtout une de ces hautes généralités que nous appelons *lois?* En biologie comme en toute autre science, une abstraction de notre esprit qui, dans une seule notion, comprend, résume, concentre une multitude de notions particulières. Et qu'est-ce qu'un *fait* biologique? Un *résultat* seulement *individuel*, vrai peut-être du seul individu chez lequel on le constate, et seulement dans l'instant où on le constate.

Et c'est de cette variété indéfinie que le naturaliste doit faire sortir l'unité; car aucune autre route ne lui est

(1) Voy. le Chap. précédent, p. 360.

(2) « Le *contrôle* est le caractère de la méthode expérimentale », a dit récemment et très justement M. CHEVREUL, dans l'un de ses savants articles sur l'*Alchimie*. Voyez le *Journal des savants*, ann. 1851, p. 765.

ouverte. Il lui faut, remontant pour ainsi dire contre le
cours naturel de sa pensée, conclure en général et syn-
thétiquement, quand il ne possède, avec certitude, que
des notions particulières et isolées ; conclure à un ordre
entier de faits, non de tous, successivement vérifiés, mais
d'une partie seulement de ces faits ; pas même du grand
nombre au petit, mais presque toujours du petit nombre
au grand ; bien plus encore, quand il s'agit d'une *loi,*
du fini à l'infini ; car toute *loi,* vraiment digne de ce nom,
est l'expression, non de cent, mille, dix mille faits, mais
d'un nombre illimité de faits déjà produits ou pouvant se
produire.

La présomption analogique par laquelle, en de tels cas,
on assimile aux faits observés les faits passés ou présents,
mais inconnus, et les faits futurs, et en vertu de laquelle
on *induit,* ne semble-t-elle pas une hypothèse trop hardie
pour être avouée par la logique ? Et se peut-il qu'ici l'induction ne tombe pas au rang de la simple conjecture ?

III.

On a signalé plusieurs fois déjà les graves difficultés
sur lesquelles je viens à mon tour d'insister. Celles dont il
reste à parler, ont été, au contraire, passées sous silence
par les biologistes ; et pourtant, comme on va le voir, elles
ne méritaient pas moins leur attention.

A côté de cette règle logique qui est le premier principe
de toute méthode scientifique : *Aller du connu à l'in-*
connu, il en est une autre que l'on a regardée comme

non moins fondamentale : *Aller du simple au composé.*
Règles connexes qui souvent même se confondent l'une
avec l'autre, le *simple* étant aussi le *connu,* et l'*inconnu*
ne restant tel que parce qu'on n'a pu encore le *décomposer.* Il en est ainsi en mathématiques, et presque toujours
aussi, dans les sciences physiques (1). Mais il n'en est
plus de même en Histoire naturelle. Comment a-t-on procédé lorsque, dans l'antiquité, cette science a été créée,
et créée, comme on l'a vu (2), par les philosophes ? D'une
part, de l'homme aux animaux, de ceux-ci aux plantes ;
de l'autre, de l'homme adulte au fœtus. En d'autres
termes, du *plus composé* au *moins composé.* Et com·
ment a-t-on procédé dans les temps modernes, quand la
science a été pour la seconde fois créée, et maintenant
par les médecins (3)? Encore de l'homme aux animaux et
aux végétaux qui l'entourent, et de l'état adulte à l'état
fœtal ; et plus tard, par l'extension et le perfectionnement
graduel des notions d'abord obtenues, des animaux et
des végétaux les plus élevés en organisation, aux types
les plus simples des deux règnes, et du fœtus aux états
embryonnaires antérieurs. Toujours du *plus composé* au
moins composé et au *simple.* Tellement que les confins
de nos connaissances zoologiques, botaniques, embryogé
niques, reculant peu à peu jusqu'aux animaux et aux
végétaux les moins complexes, jusqu'aux premiers pro-

(1) Les exceptions sont surtout relatives à la géologie, la dernière en
effet des sciences physiques, et celle qui lie le second embranchement
au troisième.

(2) Voyez l'*Introduction historique*, p. 16 et suiv.

(3) *Ibid.*, p. 37.

duits de la conception, les êtres les plus simples sont
aujourd'hui les seuls dont l'histoire reste enveloppée de
ténèbres qui, heureusement, commencent à se dissiper.

Et il ne pouvait en être autrement. Les êtres et les
états les plus simples ne sont-ils pas aussi les plus difficiles
à étudier? La nature les dérobe à nos yeux, les cachant
dans les eaux ou à l'intérieur d'un autre être organisé,
dans la graine, l'œuf ou le sein maternel; et là, encore,
que sont-ils pour la plupart? Des points vivants que
leur petitesse et leur transparence nous rendent doublement invisibles! Le plus souvent, pour savoir même
qu'ils existent, il a fallu l'invention du microscope; pour
pénétrer les mystères de leur nature, il faut ses perfectionnements, tout récents encore, et ceux que l'on réalise
de jour en jour.

Le *simple* devait donc être ici l'*inconnu*.

Et réciproquement, le *composé* devait être le *connu*.
A la fois *sujet* et *objet*, l'homme n'est pas seulement l'être
dont la connaissance, médicalement et philosophiquement
nécessaire, nous importe le plus : si complexe qu'elle soit,
elle est aussi celle qui peut être portée le plus loin, puisqu'ici l'*observation de soi* s'ajoute, chaque jour, chaque
heure, et autant de fois qu'il y a d'hommes éclairés, à
tous les moyens ordinaires de savoir. L'étude de l'homme
par lui-même commence pour chacun de nous le jour
où il commence à penser; elle ne cesse que lorsque sa
pensée s'éteint avec sa vie.

Voilà comment le naturaliste est contraint à marcher,
le plus souvent (1), *du composé au simple,* sous peine de

(1) Non toujours. Il est heureusement plusieurs ordres de question

s'aventurer *de l'inconnu au connu*. C'est la logique elle-même qui le condamne à s'avancer en sens contraire de ce qu'elle veut presque partout ailleurs, et de ce qu'indiquait ici même l'ordre de la nature, procédant généralement pour l'ensemble des règnes organiques, ainsi qu'on le verra plus tard, comme elle procède dans la formation de chaque être en particulier : *du simple au composé*.

D'où l'on voit qu'il en est, en Histoire naturelle, de l'interprétation et de la généralisation des faits par le raisonnement, comme de leur constatation par l'observation et l'expérience. En même temps que les difficultés communes à toutes les sciences qui ont la nature pour objet, se reproduisent toutes, et plus complexes que partout ailleurs, d'autres viennent s'y ajouter; et toutes ensemble opposent à nos progrès des obstacles si graves, elles multiplient tellement sous nos pas les causes d'erreurs, qu'on se demande si Pascal a été ici au delà du vrai, en disant de l'intelligence de l'homme : « Tout ce » qu'elle peut faire est d'*apercevoir quelque apparence* » du milieu des choses, dans un désespoir éternel d'en » connaître ni le principe, ni la fin... Nous brûlons du » désir d'approfondir tout, et d'édifier une tour qui s'é- » lève jusqu'à l'infini. Mais tout notre édifice craque, et » la terre s'ouvre jusqu'aux abîmes (1). »

Rassurons-nous cependant, et ne concluons pas des chimères de l'esprit humain aux monuments de sa sa-

où l'on peut marcher en Histoire naturelle du simple au composé. Ajoutons qu'il en sera ainsi de plus en plus à mesure que la science se perfectionnera.

(1) *Pensées*, Part. I, art. IV.

gesse; de la *tour* qui, semblable à celle de la Genèse, élèverait orgueilleusement *son faîte jusqu'au ciel* (1), à l'édifice moins gigantesque, mais stable, dont les assises lentement, mais solidement superposées, portent sur des fondements affermis.

Ici les fondements, ce sont les résultats de l'observation; c'est l'*induction* qui pose les premières assises, et la *déduction* continue l'édifice.

IV.

Quand il s'agissait des faits, nous avons vu l'observation, d'où ils dérivent tous, soumise à un double contrôle : d'une part, l'*observation* elle-même, plusieurs fois renouvelée, expérimentalement quand il est possible, et rectifiée, au besoin, à l'aide d'instruments appropriés; de l'autre, le *raisonnement,* intervenant d'abord pour vérifier, puis pour apprécier. C'est par ce double et indispensable contrôle que nous arrivons, en ce qui concerne les faits, à la *certitude physique.*

Comment, les faits reconnus *certains,* s'assurer de la validité des conséquences qu'on en a tirées? Encore par le double contrôle de l'observation, rendue expérimentale toutes les fois qu'il est possible (2), et du raisonnement.

(1) *Genèse,* XI, 4.

(2) Il est à peine besoin d'avertir qu'ici, comme plus haut, le mot *expérimental* est pris dans le sens qu'on lui donne le plus ordinairement, et non dans l'acception beaucoup plus générale qu'il a reçue en philosophie.

C'est à l'observation *seule* qu'il faut ici recourir, ont dit un grand nombre d'auteurs. Comme eux, je reconnais l'observation, et surtout l'observation sous sa forme expérimentale, comme le juge souverain de toutes les théories et de toutes les idées théoriques en Histoire naturelle; mais j'ajoute que, le plus souvent, elle ne saurait prononcer sans l'intervention du raisonnement. Toujours la même conclusion : ni l'observation exclusive, ni le raisonnement seul : l'observation et le raisonnement intimement associés.

Les seuls cas où l'induction puisse être légitimée par le seul secours de l'observation, sont ceux où elle se renferme dans le cercle des analogies les plus prochaines (1), et où, de plus, les observations sont parfaitement concordantes et très multipliées; où elles ont pu être répétées, non seulement dans le même lieu, au même instant et d'une seule manière, mais dans des lieux, des temps et, s'il se peut, par des procédés différents. C'est ainsi qu'il nous arrive à chaque instant d'étendre à toute une espèce, sans crainte d'erreur, tels résultats dont nous ne pouvons nous rendre raison, dont la cause nous échappe, mais que nous avons successivement vérifiés sur un très grand nombre d'individus; si bien que nous sommes invinciblement entraînés à les tenir pour communs à tous. On rirait d'un sceptique, venant révoquer en doute, au nom de la logique, l'existence de cinq doigts et de huit incisives chez les peuples encore inconnus du centre de

---

(1) **Et** encore est-il vrai de dire que dans ce cercle même, « il faut » quelque chose de plus que l'expérience», comme le remarque DUGALD STEWART, *loc. cit.*, 2ᵉ part., ch. II, sect. IV; traduct., t. II, p. 160.

l'Afrique! Et l'on en rirait à bon droit, et tout autant que si son doute portait sur l'un des organes essentiels à la vie. L'excès du scepticisme touche à l'absurde.

Mais ce scepticisme, qui tout à l'heure était folie, ne deviendra-t-il pas sagesse, si les observations n'ont pas été très multipliées, ou même si, faites en très grand nombre, elles ne l'ont pas été dans des circonstances, des temps et des lieux divers; en un mot, si l'on n'a pas pris le soin de les *varier* autant qu'il est en notre pouvoir de le faire? N'en sera-t-il pas ainsi, et à bien plus forte raison, si l'on ose, s'autorisant de faits dont la raison échappe encore à la science, franchir le cercle des analogies les plus prochaines? Que peut alors l'observation? Rendre la probabilité très grande, jamais assez pour nous tenir lieu de la certitude. Un résultat a été induit de cinquante, de cent, de mille observations : que l'on parvienne à constater encore le même résultat cent, mille fois encore : le tiendra-t-on pour suffisamment vérifié et légitimement admissible? Sera-t-on en droit d'affirmer qu'un nouveau fait né viendra pas le lendemain contredire les précédents? Non. Si vraisemblable qu'il puisse être devenu, on n'aura pourtant pas encore, selon les expressions de Bossuet, « la » science elle-même, mais seulement une opinion qui, » encore qu'elle penche d'un certain côté, n'ose pas s'y » appuyer tout à fait (1). »

Et ici, l'histoire ne nous enseigne que trop la circonspection. Cuvier, au terme de ses longues recherches paléontologiques, croit pouvoir dire : « Il n'y a point d'os humains

___

(1) BOSSUET, *De la connaissance de Dieu et de soi-même*, chap, I, XIII et XIV.

» fossiles (1); » c'est à ce moment même qu'on en découvre en plusieurs lieux différents (2). Exemple dont on pourra dire qu'il ne porte que sur un résultat *négatif*, et qu'il est pris dans l'une des branches les moins avancées de la science. Mais, dans toutes, que de résultats *positifs* aussi, longtemps confirmés par l'observation, parvenus ainsi à un très haut degré de probabilité, ont été à la fin condamnés par de nouveaux faits, au moment même où on les admettait universellement, comme on en admet encore tant d'autres qui peut-être auront le même sort ! En zoologie, pour citer en exemples des résultats très inégalement généraux, n'avait-on pas attribué à tous les animaux une cavité digestive; à tous les vertébrés un cerveau; à tous les mammifères des corpuscules sanguins circulaires; à tous les mammifères supérieurs, des circonvolutions cérébrales; à tous les carnassiers, des ongles et des molaires plus ou moins tranchantes? Aujourd'hui, on ne saurait le nier, autant de ces prétendus caractères généraux (3), autant de rectifications à faire ! Il existe des animaux infusoires sans cavité digestive; des

(1) Ce sont les termes mêmes dont se sert CUVIER, *Recherches sur les ossements fossiles, Discours préliminaire.* Voy. 2ᵉ édit., 1821, t. I, p. lxiv; ou *Discours sur les révolutions du globe,* 6ᵉ édit., 1830, p. 135.

(2) La découverte d'ossements humains fossiles dans diverses cavernes et brèches et dans des terrains meubles, n'a d'ailleurs rien de contraire au grand fait que Cuvier cherchait à démontrer : l'apparition tardive de l'homme à la surface du globe. La démonstration était inexacte; mais la conclusion subsiste.

(3) On verra par la suite que ces caractères, quoique n'étant plus que presque généraux, conservent, sous plusieurs points de vue, une très grande valeur.

vertébrés, les amphioxes (1), sans cerveau ; des mammifères, les chameaux et les lamas, à corpuscules sanguins elliptiques ; des primates, des singes même, sans circonvolutions cérébrales ; et, sur le même point du globe, il s'est trouvé simultanément deux carnassiers, l'un sans ongles, l'aonyx, l'autre, à molaires d'édenté, le protèle (2)!

Combien d'exemples encore, dans les mêmes branches de la science, et dans toutes les autres! Un volume entier ne suffirait pas à énumérer toutes les généralisations trop hâtivement faites, et sur lesquelles il a fallu revenir.

V.

C'était là, comme on l'a vu plus haut(3), le grand argument de Cuvier, défenseur, durant la seconde moitié de sa vie, de l'observation exclusive ou presque exclusive : c'est contre cette même doctrine que je l'invoquerai à mon tour. J'essaierai de faire voir qu'où ne saurait nous conduire l'observation seule, on peut parvenir par l'emploi, heureusement combiné, de l'observation et du raisonnement inductif et déductif.

L'induction qui succède à l'observation, n'est d'abord qu'une conséquence isolée, plus ou moins probable, selon

(1) Ou plus généralement les *myélaires*, ainsi que j'ai proposé (dans mon cours de 1852) d'appeler cette dernière classe de vertébrés, dont les amphioxes sont le type, et jusqu'à présent le seul genre connu.
(2) Tous deux trouvés dans l'Afrique australe par Delalande.
(3) Chap. II, sect. III et VIII.

le nombre et la valeur des faits dont elle découle. Mais quand plusieurs résultats ont été ainsi obtenus, il peut arriver, il arrive souvent que notre esprit, faisant un effort de plus, saisisse entre eux des rapports, qu'il les enchaîne, qu'il en compose un ensemble.

Ces rapports, dont le réseau, de plus en plus serré, s'étend peu à peu sur la science tout entière, sont de deux genres. Peut-être serait-on fondé à penser qu'ils ne diffèrent pas au fond ; mais nous devons les prendre ici pour ce que les montre l'état actuel de nos connaissances. Les uns, et il est trop vrai que ce sont encore aujourd'hui les plus nombreux, sont de simples rapports de coexistence, de succession, ou d'analogie, ou autres encore, dont nous pouvons dire tout au plus : *ils sont*. Mais il en est aussi que nous concevons comme étant, non pas seulement de *coexistence*, mais d'*harmonie* nécessaire, non de simple *succession*, mais de *causalité*, et dont nous arrivons à dire : *ils doivent être*.

Il est facile de voir que l'enchaînement d'un plus ou moins grand nombre de résultats par des rapports de ce second genre, peut leur donner cette probabilité infinie ou presque infinie qu'on a justement appelée la *certitude* physique. Il suffit, en effet, que quelques notions particulières ou générales soient placées au-dessus de tout doute raisonnable, pour qu'on ne puisse douter non plus de toutes les notions qu'on reconnaîtrait *nécessairement* liées, soit avec les premières, soit avec une de leurs conséquences rigoureusement déduites. D'où une certitude qui, résultant de raisonnements où la déduction se combine avec l'induction, est manifestement d'un ordre bien supé-

rieur à cette certitude purement inductive dont il était tout
à l'heure question : car, ici, nous ne nous bornons
plus à *voir, à constater ;* nous *comprenons,* nous ***savons.***
Nous concluons, non plus comme la foule de ceux qui,
pour avoir quotidiennement assisté au lever du soleil,
n'hésitent pas à dire : il se lèvera demain dans telle région
du ciel ; pas même comme celui qui induirait le même
résultat, non seulement de ce qu'il a pu constater par lui-
même des milliers de fois, mais de ce qu'ont vu aussi,
des milliers de fois, les hommes qui l'ont précédé ; mais
comme l'homme instruit qui sait que la terre tourne sur
son axe, et que son mouvement de rotation s'accomplit
en un jour d'occident en orient.

C'est dans des cas analogues qu'il devient permis au naturaliste d'affirmer, de déclarer telle conséquence non seulement probable, mais certaine. Soient deux phénomènes
dont le second ne peut exister que comme un effet d'un
autre ; si, d'une part, je suis sûr de ce rapport de causalité, si, de l'autre, j'ai constaté l'effet, je ne puis plus
douter de la cause, n'eussé-je pu jusque-là que l'induire
avec vraisemblance, ou même me fût-elle restée complétement inconnue. De même, si une espèce, ou plus simplement, un individu, a subsisté pendant un certain temps,
l'harmonie, par là même constatée, de ses organes entre
eux, et aussi de tous avec les circonstances ambiantes,
permettra de déduire, des connaissances déjà acquises
sur quelques uns, de précieuses notions sur d'autres, du
moins en ce qui concerne leurs conditions essentielles
d'existence. C'est ce que fait le naturaliste, lorsque, sur
l'examen extérieur d'une espèce nouvellement découverte,

il dit, en vertu des harmonies nécessaires (**1**), ce que sont les principaux organes intérieurs; lorsque, par exemple, à la vue d'un mammifère ou d'un oiseau, il affirme l'existence d'un cœur à quatre cavités, sans qu'aucun doute s'élève dans son esprit, et sans qu'aucun zoologiste puisse lui refuser son assentiment.

Le droit d'affirmer emporte pour le naturaliste celui de nier. Il n'hésitera pas à dire : Ceci est certainement faux, comme inconciliable avec tel autre résultat certainement vrai; et encore ici, quand il s'agira de causes et d'effets, ou d'harmonies nécessaires, il obtiendra l'adhésion unanime. Qu'un prétendu naturaliste s'avise de chercher un oiseau sans poumons, ou un mammifère sans cerveau ; il ira de pair, au jugement de tous les hommes instruits, avec le prétendu géomètre qui s'efforcerait de construire un triangle rectangle à côtés égaux. Il y a des impossibilités biologiques aussi bien que mathématiques.

Répétons-le cependant. Quoi que nous puissions faire, la certitude à laquelle nous arriverons, ne sera toujours que la *certitude physique ;* car la chaîne de nos raisonnements, si grande qu'y soit la part de la déduction, a tout au moins, pour premier anneau, un résultat simplement induit. Mais la chaîne n'en est pas moins assez solide, pour que le plus circonspect puisse, selon l'expression de Bossuet, *s'y appuyer tout à fait* (**2**). Qui pour-

(**1**) Des *harmonies*, disons-nous, et non, comme il arrive le plus souvent, des *analogies*. Nous porterons plus tard notre attention sur celles-ci.

(2) Voyez p. 380. — Abstraction faite, bien entendu, des erreurs individuelles de raisonnement. La géométrie, la logique elle-même ne

rait le contester? En douter même? Un Pyrrhon, un
Sextus, ou mieux, un Marphurius. Mais on ne réfute plus
Sextus, et il faut laisser Marphurius à Molière.

VI.

N'y a-t-il de certitude possible, en Histoire naturelle,
que pour ces deux ordres de résultats : l'induction simple
dans le cercle des analogies *les plus prochaines*, et après
un très grand nombre d'observations ; et la notion plus
complexe, abstraite par induction et déduction des *rapports nécessaires* de causalité ou d'harmonie?

Il est clair qu'en partant des rapports de simple succession, de coexistence, d'harmonie, on peut aussi soit
induire, soit déduire. Nous devons examiner de quelle
valeur seront les nouvelles notions ainsi obtenues.

Ces rapports sont-ils, au fond, d'une autre nature que
ceux que nous disons *nécessaires?* N'y aurait-il pas seulement entre eux cette différence, que nous nous rendons
compte des uns, et point encore des autres?

Pour beaucoup de cas, poser cette question, c'est
presque la résoudre.

Si deux faits se succèdent toujours l'un à l'autre, le
rapport de simple succession est bien près de se changer
en un *rapport de causalité*. De même, le *rapport de
coexistence,* s'il est constant, semble indiquer un *rapport*

---

sont pas exemptes de ce genre d'erreurs ; mais elles y sont bien moins
exposées que les sciences biologiques.

Nous verrons bientôt comment, dans celles-ci, l'observation peut
nous fournir un *critérium*.

d'harmonie, qu'avec quelques efforts nous découvrirons sans doute. Il en a été ainsi dans une multitude de cas, et ce qui a eu lieu si souvent dans le passé ne peut manquer de se reproduire dans l'avenir, et d'autant plus que la science sera plus perfectionnée.

Quant à l'*analogie,* s'il est clair qu'elle ne peut se confondre ni avec une cause, ni avec une harmonie encore méconnue, il peut arriver du moins que des *rapports d'analogie* s'enchaînent avec d'autres rapports nécessaires, et viennent à participer, par là même, à leur caractère de nécessité. Combien d'exemples, sans parler de ceux que nous trouverons plus tard dans notre propre science, attestent déjà cette possibilité! Pour n'en citer qu'un, et le prendre dans la page la plus glorieuse de l'histoire de l'esprit humain, que savait-on autrefois de la marche des planètes? On savait, dès les temps les plus reculés (1), que cette marche est *analogue ;* que les orbites de tous ces astres sont des courbes du même genre; en d'autres termes, des courbes *analogues* (2). Pourquoi? On l'ignorait; et de ces grandes analogies, *vingt et un siècles* après Philolaüs, les astronomes étaient encore réduits à

(1) Philolaüs, qui vivait dans le cinquième siècle avant notre ère, avait déjà reconnu l'uniformité des orbites planétaires. Voy. sur l'illustre disciple de Pythagore, le remarquable ouvrage publié par M. RENOUVIER, sous le titre modeste de *Manuel de philosophie ancienne,* 1844, t. 1, p. 200 et suiv.

(2) *Circulaires,* a-t-on dit d'abord. C'est ce que Keppler en a pensé lui-même avant de les supposer *ovalaires,* et enfin de les démontrer *elliptiques.* Mais l'*analogie* était également admise dans ces trois conceptions, qui ont été comme autant de pas vers la vérité, enfin pleinement obtenue.

dire, comme nous disons aujourd'hui en Histoire naturelle : *Elles sont*. Ils disent maintenant : *Elles doivent
être*, et ils en ont le droit ; car l'immortel Keppler avait
à peine achevé de démontrer ces analogies, que Newton
faisait voir en elles autant de conséquences *harmoniques
et nécessaires* d'une même loi générale, la loi suprême
qui régit les cieux.

Qui pourrait affirmer qu'une semblable révolution s'ac-
complira un jour en Histoire naturelle? Qui, surtout,
oserait en fixer le moment? Mais aussi, qui oserait dire
que ce moment ne viendra jamais? La science des analogies organiques, je le prouverai, n'en est plus à Philolaüs :
elle en est, ou peu s'en faut, à Keppler. Pourquoi
n'aurait-elle pas un jour son Newton?

En prévoyant ici l'un des plus grands progrès que
puisse accomplir notre science, avons-nous d'ailleurs à
attendre sa réalisation, pour faire intervenir légitimement,
dans nos raisonnements, les rapports d'analogie? Non,
sans nul doute : une autre voie nous est ouverte. Nécessaires ou non, il est des analogies tellement manifestes
que l'esprit le plus difficile ne saurait leur refuser son
acquiescement ; et, celles-ci admises, il en est d'autres
qui s'en déduisent aussitôt avec une probabilité égale à
la leur, c'est-à-dire encore, dans un grand nombre de
cas, avec une probabilité très grande ou même infinie.
Encore une source de *certitude* physique.

Et comment? Pour le comprendre clairement, tour-
nons-nous encore une fois vers les *sciences antérieures*(1),

_____

(1) Chap. I, sect. II et III.

à tant d'égards modèles de la nôtre, et ses guides dans la longue route qu'elle parcourt après elles.

On démontre directement, en géométrie, l'égalité de deux grandeurs, en les superposant, et en constatant qu'elles coïncident dans toute leur étendue. Il est des analogies qui se démontrent par un procédé très exactement comparable à la superposition géométrique, on peut le dire même, par une véritable *superposition analogique*. Ce sont celles que nous obtenons en mettant en rapport deux êtres ou deux organes, et en constatant qu'ils se correspondent soit dans toutes leurs parties, mode élémentaire de démonstration qui a été usité de tout temps, soit par tous leurs rapports essentiels, mode nouveau introduit dans la science par Geoffroy Saint-Hilaire (1). Que l'on compare la main d'un homme à celle d'un enfant nouveau-né : comment ne pas voir aussitôt que, n'étant ni égales, ni semblables, l'une et l'autre sont cependant composées de parties semblablement constituées et disposées : en un mot, qu'il y a *analogie* entre elles? Résultat sur lequel on ne saurait avoir plus de doute que sur l'égalité de deux grandeurs géométriques partout superposables.

Il en sera de même dans une multitude de cas plus ou moins simples; par exemple, si l'on compare, à la main de l'homme, au lieu de celle de l'enfant, d'une part, celle du fœtus, de l'autre, celle d'un singe, ou encore la patte d'un

(1) En attendant la suite de ce traité, je puis renvoyer à l'exposition que j'ai déjà faite de la *Théorie* ou plutôt de la *Méthode des analogues*, dans mon ouvrage sur la *Vie, les travaux et la doctrine scientifique de Geoffroy Saint-Hilaire.* **Voy. Chap. VIII.**

ours, dégagée des grossiers téguments qui en masquent les rapports ; et je puis même ajouter le pied de la plupart des mammifères, si je tiens compte de toutes les ressources nouvelles qu'offre la *Théorie des analogues* pour la détermination *directe* d'analogies aussi certaines, quoique moins frappantes au premier aspect.

Mais n'existe-t-il, en Histoire naturelle, d'autres analogies que celles qui peuvent être mises en lumière par une *comparaison directe* plus ou moins facile ? Et, s'il en existe, devons-nous renoncer à les connaître ? Ce serait s'arrêter, en géométrie, à ces cas simples où l'égalité se prouve par superposition, au lieu de nous faire, comme elle, de ceux-ci démontrés, les moyens de démontrer les autres. Son exemple est devant nous, suivons-le ; la logique nous y autorise pleinement.

Deux quantités, égales à une troisième, sont égales entre elles :

Tel est l'un des axiomes fondamentaux de la géométrie, et plus généralement des mathématiques, et chacun sait que c'est, de tous, celui dont elles ont tiré le plus de parti. L'algèbre tout entière n'en est qu'une suite d'applications.

Nous dirons à notre tour :

Deux parties, deux organes, analogues à un troisième, sont analogues entre eux.

Chacun reconnaîtra que c'est là aussi un axiome ; et non pas seulement dans le sens abusif quelquefois donné à ce mot en Histoire naturelle ; mais dans son acception vraie, et comme l'entendent les géomètres. Nous ne perdrons donc pas plus notre temps à démontrer notre axiome, qu'ils ne l'ont fait du leur. Nous l'applique-

rons ; et les nouveaux rapports d'analogie, que nous dé-
duirons, avec son secours, des analogies d'abord constatées par voie de comparaison directe, auront exactement
la même valeur logique que celles-ci. D'où la possibilité
de les combiner à leur tour entre elles et avec celles dont
elles dérivent, pour obtenir encore de nouvelles conséquences auxquelles la certitude ne saurait non plus
faire défaut, si elle existait au point de départ (1).

On verra plus tard jusqu'où peut conduire cette méthode nouvelle et rigoureuse de *comparaison indirecte*,
instituée à côté de cette *comparaison directe* si longtemps seule en usage, et condamnée par sa nature même
à s'arrêter presque partout dès les premiers pas (2).

(1) Reprenons ceci sous une autre forme. En mathématiques, lorsqu'on a $A=B$, $B=C$, et d'une autre part, $C=D$, on conclut d'abord
$A=C$, puis $A=D$.

On ne saurait contester que le naturaliste raisonnera semblablement, et avec non moins de rigueur, lorsqu'il dira :

A est analogue à B, B l'est à C, et C à D ; donc A est analogue à C,
et par conséquent aussi à D.

Ou en abrégeant à l'aide de notations (le signe ::: exprimant
l'analogie) :

A ::: B, B ::: C, C ::: D ; donc A ::: D ;

ou :

A ::: B ::: C ::: D.

De l'emploi des notations que j'indique ici, peut résulter, il est
facile de le voir, une expression aussi claire que concise de rapports très complexes, et même une sorte de *calcul des analogies* dont
la science pourra tirer, par la suite, un parti très avantageux.

(2) A ce qu'on peut appeler en général la méthode de *comparaison
indirecte* se rapportent une multitude de tentatives faites, depuis un
demi-siècle surtout, pour déterminer les analogies des êtres ou de
quelques uns de leurs organes, à l'aide de moyens termes ou, selon
l'expression reçue, de *passages*. Ces tentatives ont souvent été très heu-

VII.

Quelque assurés que nous puissions être de notre point de départ et de chacun de nos pas, il importe, un résultat obtenu, que nous puissions le contrôler. Tout homme est sujet à l'erreur; *cujusvis hominis est errare;* et la méthode théoriquement la plus parfaite n'est pas, pratiquement, infaillible. C'est pourquoi le calculateur qui vient de trouver un produit, d'extraire une racine, ne manque pas de *faire la preuve*. Le marin s'est à peine éloigné de la côte, qu'il *fait le point*.

Peut-on *faire la preuve* en Histoire naturelle? Un *contrôle* y est-il possible?

Un contrôle *absolu*, non; car, pas plus par cette voie indirecte que par la voie directe, nous ne saurions atteindre à la certitude métaphysique; mais un contrôle, et même un double contrôle, d'une très grande valeur.

En premier lieu, comme dans les sciences physiques, et surtout comme en mathématiques, il arrive souvent, en Histoire naturelle, que le même résultat puisse être obtenu de plusieurs manières; et non pas seulement en

reuses, quoiqu'on n'agît guère, jusqu'à la *Théorie des analogues*, que par tâtonnements, et trop souvent sans qu'il fût possible de se rendre compte de la légitimité des rapports premièrement admis, et par conséquent, de celle des résultats ultérieurement obtenus. Aussi que d'erreurs! On en compterait presque autant que de vérités découvertes, que de services rendus!

partant des mêmes données, mais à l'aide de données en grande partie ou même totalement différentes. Ces suites d'inductions et de déductions, indépendantes les unes des autres, et n'ayant de commun que leur conséquence, forment, chacune étant déjà d'une grande force par elle-même, un faisceau que rien ne semble plus pouvoir briser. Qui pourrait raisonnablement douter d'un résultat qui, d'abord solidement établi en anatomie comparée, s'est trouvé ressortir aussi, un peu plus tard, d'une part, des faits de la tératologie, de l'autre, de ceux de l'embryogénie, ou réciproquement? Admirable concours, dont les exemples, depuis Meckel, Geoffroy Saint-Hilaire et M. Serres, sont devenus innombrables (1), et qui n'est pas le dernier terme des progrès déjà réalisés ou possibles dans cette direction : je montrerai, plus d'une fois, d'une part, la physiologie expérimentale, de l'autre, la pathologie elle-même, apportant aussi leurs lumières au foyer commun, et toutes ces sciences, satisfaisant ensemble à ce double besoin de notre esprit : la certitude et l'unité.

Ces multiples et réciproques contre-épreuves d'une méthode et d'une science par une autre, si imposante que soit leur autorité, laissent pourtant place, après elles, à une vérification plus décisive encore ; et celle-ci, qui d'ailleurs est souvent la seule possible, est un *dernier appel aux faits.*

L'observation est le point de départ de tous nos raisonnements ; c'est à elle aussi qu'ils doivent aboutir ; mais à

(1) J'en ai exposé ou indiqué des centaines dans les trois volumes de mon *Histoire générale des anomalies.*

1.   25.

elle, chargée maintenant, et principalement sous sa forme
expérimentale, d'un rôle nouveau, de la solution de questions nouvelles. Répéter les observations dont on est
parti, ce ne serait toujours, le fît-on à l'infini, que s'assurer du point de départ : c'est au terme de la route qu'il
faut placer les vérifications. Or, il y en aura autant de
possibles que le résultat obtenu pourra fournir de conséquences générales, secondaires ou particulières, susceptibles d'être contrôlées par les faits. Si ces conséquences
sont toutes reconnues vraies, si nos prévisions logiques
se justifient constamment, si la nature nous montre matériellement réalisés tous les *faits* dont nous venions de
faire, pour ainsi dire, la découverte virtuelle, le résultat
dont ils dérivent, est manifestement confirmé et mis hors
de doute ; sinon, infirmé. L'Histoire naturelle a aussi ses
démonstrations négatives par la *réduction à l'absurde*.

Les règles ordinaires de la logique trouvent d'ailleurs
ici leur application. A peine est-il besoin d'ajouter que
l'erreur d'une ou de quelques unes des conséquences ne
prouve nullement la fausseté de *toutes* les notions antérieures, et la nécessité de les rejeter, sans distinction, de
la science. On n'abat pas un arbre, parce qu'il porte une
branche morte ; on le taille. Dans une longue chaîne d'inductions et de déductions, il peut suffire de changer un
anneau pour rattacher solidement aux faits de lointaines
conséquences dont on s'était d'abord écarté.

Réciproquement, la vérification elle-même de toutes
les conséquences obtenues, de toutes les prévisions légitimes de notre esprit, ne démontre pas *absolument* la
vérité des notions, à l'aide desquelles on y est arrivé.

A la rigueur, une notion vraie peut résulter de prémisses fausses. Une erreur parfois en annulle une autre. Mais ces cas exceptionnels dont la vieille scolastique s'est tant préoccupée, intéressent peu la vraie science, et ils n'empêcheront aucun esprit droit de s'arrêter à cette conclusion :

Quand d'une notion théorique, *logiquement établie,* on ne peut tirer que des conséquences conformes à la réalité des phénomènes ; quand les prévisions auxquelles elles nous conduisent légitimement, se justifient toutes, et ne sont que les *faits* eux-mêmes, vus des yeux de l'esprit avant de l'être de ceux du corps, nous sommes en droit de dire : la certitude nous est acquise, et nous en avons le *critérium*.

A qui ne suffirait-il pas? Nier ici, ce serait, les mathématiques exceptées, nier partout; nier en physique, en astronomie, comme en Histoire naturelle. Qu'on ne s'y trompe pas : où le calcul peut efficacement intervenir, les résultats sont, sans doute, beaucoup plus rapidement obtenus ; ils sont susceptibles de plus de précision, mieux enchaînés, et plus satisfaisants pour notre esprit; mais la route par laquelle on est parvenu à ces résultats n'en change pas le caractère : on ne possède toujours que la certitude physique, et pour *critérium*, la parfaite concordance de toutes nos déductions avec la réalité des phénomènes. Le principe lui-même de la gravitation universelle, cette clef de voûte de la philosophie naturelle, n'échapperait pas à la logique faussement rigoureuse qui ne se contenterait pas de ce genre de preuves. Pour s'être servi de la géométrie dans la démonstration

de cette vérité sublime, Newton ne l'a pas rendue géométrique ; elle ne l'est que par l'expression ou la forme,
non par le fond. Mais, par elle, ce qu'on savait, s'explique, et ce qu'on ne savait pas, se déduit ; les problèmes
regardés comme les plus insolubles, se résolvent de la
manière la plus satisfaisante ; les astres les plus rebelles *se
laissent eux-mêmes dompter* (1) ; et l'ordre règne dans
les cieux. Et c'est pourquoi on ne dit plus, comme autrefois Newton lui-même, l'*hypothèse,* mais la *loi* de Newton ; la loi des lois, régulatrice de tous les astres connus
et inconnus de notre système, et plus générale encore ;
si bien qu'on peut presque aujourd'hui lui appliquer ces
paroles hardies de Descartes sur les lois fondamentales de
la nature : « Encore que Dieu aurait créé plusieurs mondes,
» il n'y en saurait avoir aucun où elles manquassent d'être
» observées (2). »

(1) Expression de FONTENELLE dans un passage de l'*Éloge de Newton,*
où l'auteur traduit, ou plutôt imite, deux vers de l'illustre astronome
Halley.

(2) *Discours de la Méthode,* cinquième partie, édit. de 1668, p. 48 ;
et dans les *OEuvres,* édit. de M. COUSIN, t. 1, p. 170.

CHAPITRE VI.

DES PRINCIPALES MÉTHODES DE DÉCOUVERTE
ET DE DÉMONSTRATION EN HISTOIRE NATURELLE.

SOMMAIRE. — I. Décomposition de la méthode générale des sciences biologiques en méthodes partielles. — II. Méthode synthétique par division. — III. Méthode par ordination sériale, ou, par abréviation, *méthode sériale*. — IV. Méthode par coordination paralléiique, ou, par abréviation, *méthode paralléiique*. — V. Emploi de la méthode paralléiique pour l'expression des rapports naturels des êtres. Classification par séries parallèles ou *classification paralléiique*. — VI. Emploi de la méthode paralléiique considérée comme méthode inventive.

I.

A un point de vue général et philosophique, la méthode est une comme la science : elle est l'ensemble de nos moyens de connaître, comme celle-ci l'ensemble de nos connaissances raisonnées (1). Mais de même que la science se partage en sciences partielles de plusieurs ordres (2), la méthode, philosophiquement une, se décompose en méthodes partielles, telles que la *méthode mathématique*, la *méthode expérimentale*, la *méthode dite des naturalistes;* méthodes divisibles et subdivisibles à leur tour en méthodes plus particulières, dont chacune n'en reste pas moins , dans la sphère de plus en plus restreinte

(1) *Prolégomènes*, Liv. 1, Chap. 1, sect. I.
(2) *Ibid.*, sect. II.

de ses applications, l'art de *bien conduire sa raison* et de *chercher la vérité dans les sciences* (1). De là, autorisé par la logique, et consacré par l'usage, l'emploi habituel du mot *Méthode*, pour indiquer tout à la fois ces règles, ces procédés généraux de notre esprit qui se retrouvent dans toute recherche scientifique, et qu'a si admirablement résumés Descartes dans son immortel *Discours,* et ces moyens divers de découvrir ou de démontrer, dont dispose spécialement chaque science; absolument comme il est, dans presque toutes les langues, un nom commun à la route magnifique, menée, à travers une vaste contrée, d'une frontière à l'autre, et à l'humble sentier qui relie deux hameaux voisins.

C'est à ce point de vue que je me suis cru fondé, d'une part, comme je l'ai fait, à ramener la méthode des sciences biologiques, prise dans son ensemble, à la méthode générale, commune à toutes les sciences avancées; et de l'autre, ainsi que je vais le faire maintenant, à considérer cette même méthode biologique comme décomposable en méthodes partielles, les unes principalement inventives, d'autres démonstratives, d'autres encore mixtes, qui, tour à tour se suppléant ou se complétant, concourent, à des titres et à des degrés divers, et chacune par ses moyens propres, à l'œuvre commune, l'institution de la science.

Ce sont les principales de ces méthodes partielles qui vont faire le sujet de ce Chapitre. J'en exposerai dès à présent le plan et les avantages. Si je n'ignore pas que ces méthodes ne peuvent être complétement appréciées

_____

(1) DESCARTES, titre du *Discours de la méthode.*

indépendamment des applications qui en seront faites
plus tard, je sais aussi qu'il importe, pour donner toute
leur valeur à ces applications elles-mêmes, de les avoir
préparées, dès ces Prolégomènes, par quelques remarques générales. On ne connaît bien qu'à l'user le parti
qu'on peut tirer des instruments ou des armes dont on
dispose; mais encore est-il bon d'en faire la revue avant
de s'engager dans une lutte difficile.

Cette revue, je n'essaierai pourtant pas de la faire ici
complète. Laissant aux traités de logique ce qui est d'une
application générale à tous les travaux de l'esprit, je renverrai à la suite de cet ouvrage tout ce qui ne s'étend pas
à l'ensemble de notre science. Comment, quand je le
voudrais, traiter ici de la *Méthode naturelle*, à laquelle
se rattache, par excellence, le nom des Jussieu (1), et
de la *Méthode des analogues*, œuvre propre de Geoffroy
Saint-Hilaire (2)? Clefs, l'une de la zoologie et de la botanique descriptives (3), l'autre de l'anatomie comparée
et de l'anatomie philosophique, on ne saurait ni les juger,
ni même les comprendre, sans une étude préalable et
approfondie, d'une part, des rapports naturels des êtres;
de l'autre, des conditions d'existence et des rapports
essentiels des organes et des éléments organiques. Et
s'il en est ainsi de ces deux grandes méthodes, par les-

(1) Voyez l'*Introduction historique*, p. 89.

(2) Voyez *Vie, travaux et doctrine de Geoffroy Saint-Hilaire*,
chap. VIII, sect. III et IV.

(3) Et longtemps considérée comme *la méthode* par excellence.
Voyez l'Introduction du second livre des *Prolégomènes*, p. 267
et 268.

quelles plusieurs branches de l'Histoire naturelle ont fait des progrès si décisifs qu'ils ont été ressentis par la science tout entière, comment n'en serait-il pas de même des autres méthodes partielles; de celles dont l'application se limite, non plus à une ou plusieurs branches de la science, mais, dans une branche, à quelques questions d'un ordre déterminé, parfois à une seule? Réservons pour l'histoire de chacune de ces questions, la recherche des moyens particuliers à l'aide desquels elle peut être résolue, et dont la connaissance, en effet, est inséparable de celle de la nature propre des phénomènes qu'il s'agit de pénétrer, et des difficultés dont il faut triompher.

Rien, au contraire, ne s'oppose à ce que je donne placé dans ces Prolégomènes à trois méthodes d'un ordre assez général pour que leurs applications s'étendent, à mesure qu'elles seront bien comprises, à *toutes* les branches de la science, et exercent sur leurs progrès l'influence la plus marquée. Telles sont la *Méthode sériale*, depuis longtemps en usage parmi les naturalistes, mais incomplétement, et trop souvent à contre-sens; la *Méthode parallélique,* tout récemment introduite dans la science, et la *Méthode synthétique par division* qui, bien qu'on puisse citer quelques anciens et heureux exemples de son emploi, n'est guère moins nouvelle : les deux premières, intimement liées entre elles, et ayant pour caractère commun, en coordonnant la science, de l'enrichir de faits nouveaux; celle-ci, fort différente, à laquelle appartient, par excellence, la recherche et la découverte des lois biologiques.

Les développements dans lesquels il sera nécessaire d'entrer sur ces trois méthodes, à mesure que nous avancerons dans nos études, sont loin de rendre ici inutile un premier exposé général, destiné à servir de lien entre toutes les applications partielles, disséminées dans la suite de cet ouvrage. Essayons de leur donner ici une base commune. Aller au delà, ce serait peut-être franchir les limites de ces chapitres seulement préliminaires; rester en deçà, ce serait assurément ne pas les avoir atteintes.

II.

La *Méthode synthétique par division* n'est pas celle dont les applications seront les plus nombreuses; mais elle se place au premier rang par leur importance.

Comme l'indique le nom sous lequel je l'ai désignée (1), *diviser* est ici le moyen; *réunir* est le but.

L'immense extension que la science a prise depuis un siècle, et qu'elle prend chaque jour encore, y rend de plus en plus nécessaire cette *division du travail* que nous

(1) En 1847, et depuis, dans plusieurs de mes cours.

J'avais formulé cette méthode, j'avais même commencé à l'appliquer dès 1831, mais sans la dénommer, dans mes *Recherches sur les variations de la taille chez les animaux*. Voyez le recueil des *Mémoires de l'Académie des sciences, Savants étrangers*, t. III, 1832, p. 503, et mes *Essais do zoologio générale*, 1841, p. 331.

Je montrerai par la suite que Buffon et mon père, sans avoir conçu dans son ensemble ce que j'appelle la *Méthode synthétique par division*, l'ont très heureusement pratiquée dans quelques cas particuliers.

avons vu s'y produire dès la fin du XVIIe siècle, comme une conséquence des progrès antérieurs, et comme la source féconde de progrès nouveaux (1). Jusqu'où elle est aujourd'hui portée, chacun le sait : jusqu'au fractionnement, jusqu'au morcellement le plus extrême, surtout en ce qui concerne l'Histoire naturelle descriptive (2). Si, plus haut, l'unité de la science subsiste, s'il n'est pas un vrai naturaliste dont les connaissances *générales* ne s'é-

(1) *Introduction historique*, p. 62 et suiv., et *Résumé*, p. 121.

(2) Chaque branche de l'Histoire naturelle, et plus généralement des sciences biologiques, est devenue, dans notre siècle, comme une science distincte, spécialement et séparément cultivée. Ainsi que je le faisais remarquer il y a vingt ans, « c'est à peine si, parmi les naturalistes distingués de notre époque, on peut en compter quelques uns dont les recherches s'étendent à l'ensemble du règne végétal ou du règne animal. On ne cultive plus véritablement la zoologie, mais seulement l'ornithologie, l'histoire naturelle des mammifères, l'ichthyologie, ou quelque autre division de la science; encore est-il une de ses branches, l'entomologie, dont il est devenu nécessaire de subdiviser l'immense étendue. Comment pourrait-il en être autrement, lorsqu'il est tel ordre, celui des coléoptères, par exemple, qui comprend à lui seul plusieurs milliers de genres, presque tous composés eux-mêmes de nombreuses espèces!... Qui ne conçoit l'immense difficulté de saisir, au milieu de cette diversité presque infinie, quelques uns de ces aperçus philosophiques dont chacun lie entre eux et résume en lui une multitude de faits spéciaux, semblable à ces formules algébriques où se trouve à la fois, sous une forme simple et générale, la solution de tant de cas particuliers? » Mémoire cité, *Introduction*.

La division de la science a encore eu lieu d'une autre manière. Par exemple, l'anatomie est devenue une science distincte de la physiologie; et, en outre, la première s'est fractionnée à mesure qu'elle s'est enrichie. Il est aujourd'hui à peu près impossible d'embrasser dans de communes études l'immense étendue de l'anatomie comparée, de l'embryogénie, de la tératologie, de l'anatomie pathologique, de l'anatomie générale et de l'anatomie philosophique.

tendent à la totalité des êtres organisés, chacun a dû *se spé-*
cialiser pour l'étude des faits de détail, et il se tient pour
satisfait si, dans cet ordre de recherches, il est parvenu
à se rendre maître d'une ou de quelques parties de l'immense ensemble. L'ambition d'un naturaliste, fût-il un
Gesner, fût-il un Linné, ne saurait ici prétendre davantage; on n'est plus universel dans notre science, on ne
peut plus l'être, qu'à la condition d'y avoir tout effleuré,
rien approfondi. Ne savons-nous pas que la vie la plus
pleine et la plus laborieuse compte moins d'heures de travail qu'on ne connaît aujourd'hui d'êtres organisés (1)?

Comment concilier la nécessité où nous sommes, d'une
part, de borner nos études *spéciales* à un nombre relativement très petit de faits particuliers, de l'autre, de les
comprendre tous dans de communes *généralités ?* A l'aide
de la *Méthode synthétique par division,* combinaison de
deux procédés logiques, l'un décomposant les questions
qu'il s'agit de résoudre, l'autre les recomposant après de
premières solutions partielles.

Le premier n'est qu'une des formes ordinaires et les
plus connues de l'analyse. Décomposer un problème trop
complexe en plusieurs plus simples, délier le faisceau
qu'on ne saurait rompre dans son entier, c'est ce qu'on
fait, à chaque instant, non seulement dans toutes les
sciences, mais dans tous les travaux difficiles de l'esprit
et du corps. *Divide ut vincas :* cette maxime des tacticiens
n'est rien moins que propre à leur art : elle est d'une
application universelle.

(1) Chap. IV, sect. I.

Appliquons-la donc aussi à la recherche des généralités et des lois en Histoire naturelle. Sachons renoncer d'abord, pour mieux y parvenir ensuite, à la connaissance des lois zoologiques ou botaniques, à plus forte raison biologiques; car nul d'entre nous ne possède tous les ordres de faits que doit embrasser chacune d'elles, et les connût-on, quel regard serait assez vaste pour les embrasser dans le même instant, assez perçant pour en saisir le lien secret? Quel effort assez puissant pour ramener au foyer commun tous ces rayons dispersés? Ne tentons pas l'impossible, et l'impossible, c'est ici la solution complète directement obtenue : on ne voit que dans la fable Minerve sortir tout armée du cerveau de Jupiter. Ne prétendons pas aller vite, mais faisons en sorte d'aller sûrement. Chacun dans le cercle de nos connaissances spéciales, sur le terrain que l'étude nous a rendu familier, mammalogistes, ornithologistes, entomologistes, botanistes livrés à l'étude de tel embranchement, de telle classe ou même de telle famille végétale, essayons seulement d'enchaîner les faits d'un même ordre, ceux dont de longues études nous ont rendus maîtres; de déterminer leurs rapports, de découvrir les lois particelles qui les régissent; de démontrer ces lois, et d'en donner une expression aussi générale que le comporte ce degré de recherche.

Premiers résultats, d'une grande valeur par eux-mêmes (1); bien plus précieux encore par les conséquences générales dont ils peuvent nous ouvrir l'accès.

(1) Fût-il impossible d'aller au delà, ce qui a parfois lieu. Il est des généralités partielles qui restent sans application en dehors de tel ordre de faits ou de tel groupe zoologique ou botanique.

Comment franchir maintenant les limites dans lesquelles nous nous tenions d'abord renfermés? A l'analyse, nous avons fait succéder une synthèse partielle : par quel procédé logique nous élever de celle-ci à la synthèse générale? Faudra-t-il, pour chaque généralisation nouvelle, recommencer l'effort d'esprit et d'invention nécessaires pour nous mettre en possession de notre première loi partielle? Non, il n'est plus besoin de *découvrir;* la découverte se trouve faite, pour ainsi dire, une fois pour toutes; il ne s'agit plus que d'en *étendre* l'application aux autres groupes, aux autres ordres de faits. Dirons-nous cette seconde partie de notre tâche exempte de difficultés? Non, sans doute; en Histoire naturelle, tout est complexe, tout est difficile. Mais les difficultés principales sont aplanies; et le reste de la solution n'exigera plus cet *effort créateur* dont si peu d'esprits sont capables. Tout peut se réduire maintenant à *un simple travail de vérification.* Il suffira, en effet, d'examiner successivement, pour chaque groupe ou ordre de faits, si la loi *ailleurs connue* est ici applicable; ce qui revient à répondre par *oui* ou par *non* à une question, à l'avance nettement posée.

Sur un terrain ainsi préparé, comment celui qui a fait le premier pas, le plus difficile, ne réussirait-il pas à en faire d'autres? En dehors du cercle de ses études spéciales, il a, pour s'éclairer, la lumière que lui-même a fait jaillir de celles-ci. Il a d'ailleurs ouvert la voie à tous, et au besoin, les diverses synthèses partielles dont la synthèse générale doit finalement résulter, peuvent être obtenues, comme elles ont été préparées, par une *division* bien entendue du travail.

Telle est la Méthode synthétique par division. Je la résume ainsi :

Décomposer le problème ; découvrir sur un point, le plus favorable à la découverte (1) ; substituer, sur tous les autres, à l'*invention* la simple *constatation* d'un résultat prévu, et parvenir ainsi, par une suite de synthèses partielles, à cette synthèse générale qui, directement cherchée, nous fût restée inaccessible.

III.

Remplacer l'*invention* proprement dite, par la simple *constatation* d'un résultat prévu, tel est encore l'un des caractères et l'un des avantages principaux de la *Méthode par ordination sériale*, ou plus simplement, *Méthode sériale*. Mais, dans la plupart des cas, ce que celle-ci nous fait prévoir, ce sont, non plus des résultats généraux, des *lois*, mais des résultats particuliers, principalement des *faits*, dont la réalité est ensuite soumise au contrôle de l'observation ou de l'expérience.

Qu'est-ce qu'une *série ?* C'est, dans les sciences qui ont

(1) Ce point plus favorable se trouvera souvent, pour la zoologie, dans les degrés inférieurs de l'animalité, en raison de la simplicité de l'organisation et des phénomènes ; mais souvent aussi, plus souvent même, on devra le chercher à l'extrémité opposée du règne animal, c'est-à-dire parmi les êtres, non les plus simples, mais les mieux connus. C'est chez les mammifères que Buffon a d'abord recherché les lois de la distribution géographique des animaux. C'est par l'étude des vertébrés, et d'abord par leur étude ostéologique, que mon père a commencé la démonstration de l'unité de composition organique.

les premières employé ce mot, « une suite de grandeurs
» *qui croissent ou décroissent suivant une certaine loi ;* »
et, en dehors des mathématiques, définition très générale
où rentre la précédente, une suite de termes *ordonnés*
suivant une certaine loi. Dans les cas les plus simples,
chaque terme est à celui qui lui succède, à son *conséquent,*
comme est, à lui-même, son *antécédent.* Dans d'autres,
les relations entre les divers termes sont plus compli-
quées, mais telles encore que les variations d'une extrémité à l'autre de la série ont toutes lieu dans le même
sens. Dans d'autres encore, le sens des variations change
à une ou même à plusieurs reprises, la série revenant,
pour ainsi dire, sur elle-même, et son développement ramenant des termes plus ou moins analogues à ceux par
lesquels elle avait commencé.

Afin de ne laisser aucune obscurité sur les préliminaires d'un sujet parfois difficile, citons immédiatement, pour ces trois formes de séries, quelques exemples, pris parmi les plus élémentaires : pour la première,
la suite des nombres entiers, celle des puissances successives d'un de ces nombres, ou toute autre progression
soit arithmétique, soit géométrique ; pour la seconde, la
suite des carrés ou des cubes des nombres entiers et positifs ; pour la troisième, celle des distances de chacun
des points d'une demi-circonférence au diamètre, ou des
durées des jours durant le cours d'une année, ou encore,
pour recourir à une comparaison vulgaire, mais exacte,
celle des longueurs des échelons dans une échelle double.

Dans ces derniers exemples, au lieu de la demi-circonférence, considérons séparément les deux arcs de 90 degrés

dont elle se compose; de même, divisons l'année en deux périodes de six mois, s'étendant d'un solstice à l'autre; séparons l'échelle double en deux échelles simples : il est clair que les distances, les durées des jours, les longueurs des échelons seront *toutes croissantes* dans l'un de ces arcs, l'une de ces périodes, l'une de ces échelles simples; *toutes décroissantes*, au contraire, dans l'autre. Décomposition possible, sinon facile, dans tous les cas analogues; ce qui nous dispensera de nous occuper ici séparément des séries successivement croissantes et décroissantes, progressives et rétrogrades.

Ainsi entendu dans son sens le plus général, le mot *série*, comme l'idée qu'il exprime, a depuis longtemps passé en Histoire naturelle, et il y est de nos jours aussi usité que dans les mathématiques elles-mêmes.

Tous les êtres organisés peuvent-ils être disposés dans un ordre sérial? La série naturelle, si elle existe, et si elle est unique, est-elle continue, ou présente-t-elle des solutions de continuité? S'il y a plusieurs séries, sont-elles ramifiées, entre-croisées, parallèles? Il suffit de rappeler ici ces questions si fondamentales, et, de nos jours encore, tant débattues, pour faire préjuger toute l'importance de la *Méthode sériale*, appliquée à l'expression des affinités des êtres. C'est par elle seule que nos classifications peuvent, en restant naturelles, devenir exactes.

Elle fournit d'ailleurs un si grand nombre d'autres applications, et à des sujets si variés, qu'il n'est pas une branche de la science où elle ne puisse trouver son emploi utile. En anatomie comparée, n'avons-nous pas chez les animaux, et plus manifestement encore, chez les végétaux, des *suites* soit d'organes, soit d'appareils organiques plus ou moins complexes, modifiés des premiers aux derniers dans leurs dimensions, leur disposition, leur structure, de manière à nous faire suivre, degré par degré, l'accroissement ou le décroissement, le perfectionnement ou la dégradation d'un même type? En géographie biologique, à la *série des climats* qui se succèdent de la zone équatoriale aux régions polaires, ne voit-on pas correspondre, pour les espèces dont la distribution géographique est très étendue, une *suite* corrélative de modifications, notamment en ce qui concerne les caractères extérieurs et la taille? Et pour citer un exemple plus remarquable encore, pour le prendre dans la tératologie elle-même, les divers degrés d'anomalie ne se succèdent-ils pas, pour certains organes, ou même pour l'ensemble de l'organisation, de manière à représenter des *suites* de termes, parfois si régulièrement ordonnés qu'on pourrait dire l'*échelle tératologique*, comme on a dit si longtemps, comme on dit encore l'*échelle animale* (1)?

(1) Ce dernier exemple est pris dans un ordre de faits, avec lequel beaucoup de naturalistes sont encore peu familiers; mais je ne pouvais passer sous silence la possibilité, aujourd'hui complétement démontrée, d'appliquer aux monstres eux-mêmes les idées de *série*, de *progression régulière*, d'*ordre hiérarchique*. Pour citer un exemple propre à mettre en lumière ce résultat capital des recherches modernes, la *série tératologique*, établie d'après les principes des classifications zoologiques et botaniques, est naturelle, à ce point que le rang de chaque groupe dans la classification, en d'autres termes, son *rang sérial*, se trouve exprimer avec une grande précision l'ensemble des conditions d'existence des êtres que comprend ce groupe, et particulièrement, leur degré de viabilité. La concordance, à ce

Que sont ces *suites graduées* de formes biologiques, de modifications climatologiques, de variations organiques, sinon des *séries,* dans le vrai sens de ce mot? Et n'est-il pas clair qu'autant de séries, autant d'applications de la *Méthode sériale?*

Ces applications se ramènent toutes à ceci : conclure dans une série, des termes bien connus, à ceux dont la connaissance est encore imparfaite (1), en vertu des rapports qui relient plus ou moins manifestement les uns avec les autres, comme autant de degrés successifs d'un même type ou d'un même ensemble de phénomènes, comme autant de chaînons de la même chaîne, d'échelons de la même échelle. Procédé logique, d'où résulte l'avantage, dès qu'un certain nombre de faits ont été constatés, de les utiliser doublement; d'en obtenir, outre leurs conséquences directes, d'autres indirectes, seulement analogiques, mais souvent d'une très grande probabilité.

Comme toute méthode, comme tout instrument de l'esprit aussi bien que du corps, la *Méthode sériale* mal

dernier point de vue, est surtout très manifeste à l'égard des monstres unitaires. Ceux qui forment la tête de la série, c'est-à-dire, tous les types de la première famille, peuvent vivre des *années*, et même atteindre l'âge adulte. Les suivants peuvent vivre des *jours* ou des *heures*; ceux qui viennent plus bas dans l'ordre sérial, des *minutes* seulement. Plus bas encore sont des monstres qui *meurent en naissant*, et en dernier lieu, d'autres qui ne *naissent même pas* au monde extérieur. Voyez mon *Histoire générale et particulière des anomalies*, t. III, p. 367; 1836.

(1) Parfois à des termes encore inconnus et qu'il devient possible de prévoir. Je pourrais citer des exemples de types zoologiques, et même tératologiques, annoncés et caractérisés à l'avance à l'aide de la méthode sériale, et qui plus tard se sont présentés à l'observation tels qu'ils avaient été prévus.

comprise, mal appliquée (1), a ses dangers. A quels résultats absurdes ne serait-on pas conduit, si l'on venait à assimiler aux vraies *séries* de simples *suites* de termes *non régulièrement ordonnés?* Et où les premières elles-mêmes ne conduiraient-elles pas, si l'on venait à prendre une série successivement croissante et décroissante, progressive et rétrograde, pour une série uniformément croissante ou décroissante (2)? Ou si une série

(1) Et surtout appliquée à des sciences peu avancées et non encore revêtues du caractère positif. On s'est hâté d'appliquer la méthode sériale à l'histoire et à l'économie politique. Pour quelques admirables travaux, que d'erreurs! Ne rendons pas la méthode responsable de l'abus qu'on en a fait.

(2) On s'exposerait alors à conclure, comme celui qui, ayant vu les jours croître depuis le solstice d'hiver, jugerait qu'ils doivent croître encore après le solstice d'été.

Il en est, du reste, presque toujours des séries successivement progressives et rétrogrades, comme de cet exemple, où un observateur attentif, ignorât-il complétement les causes de l'accroissement et du décroissement des jours, se mettrait facilement à l'abri du genre d'erreurs que je signale ici. A l'approche du moment où la série, de croissante qu'elle était, va devenir décroissante, ou réciproquement, les variations d'un terme à l'autre deviennent très faibles. C'est comme un temps d'arrêt entre deux mouvements contraires.

Ce *temps d'arrêt* s'observe presque toujours en biologie aussi bien que dans les autres sciences. Je citerai comme exemple une série fort simple, en raison du petit nombre de termes dont elle se compose, la série des âges, et je l'indiquerai ici telle que je l'ai donnée plusieurs fois dans mes cours depuis 1846.

Dans cette série, il y a d'abord ascendance ou progrès plus ou moins rapide, puis état stationnaire, puis marche rétrograde ou déclin. Essayons d'exprimer avec précision ces faits qui nous sont à tous familiers, et de définir chaque âge physiologiquement.

La période ascendante comprend trois termes, caractérisés, *le premier,* ou la première enfance (*infantia*), par *un seul* ordre de fonc-

n'était pas composée de termes tous homogènes, c'est-à-dire de même nature, et aussi, du même degré de généralité; par exemple, dans l'application de la *Méthode sériale* à la classification, d'espèces toutes du même genre, de genres tous de la même famille, de familles toutes du même ordre, et ainsi de suite (1)? Ou même encore, la série étant régulièrement composée et ordonnée, si l'on prétendait y conclure, de quelques termes, seuls bien étudiés, à un grand nombre encore mal connus, ou si l'on dépassait de toute autre manière le cercle des conséquences légitimes (2)?

tions, nutrition; *le second*, l'enfance (*pueritia*), par *deux*, nutrition et relation; *le troisième*, l'adolescence ou la première jeunesse, par *trois*, nutrition, relation, reproduction.

Il y a aussi trois termes dans la période descendante; termes inversement caractérisés : *le premier*, l'âge mûr, ou mieux le premier déclin, par les *trois* ordres de fonctions; *le second*, la vieillesse, par *deux*, nutrition et relation; *le troisième* et dernier, la décrépitude, par *un seul*, la nutrition, qui survit aux autres fonctions comme elle les avait précédées.

Entre ces deux portions de la série, ou ces deux séries partielles, symétriquement croissante et décroissante, est la virilité, caractérisée par le développement complet de l'être et le plein exercice de ses fonctions : *summum*, apogée de la vie, où l'homme semble s'arrêter quelques années, entre le moment où il l'atteint, et celui où il va en descendre.

(1) On verra bientôt que les relations plus complexes qui échappent à la méthode sériale, peuvent donner lieu à l'emploi d'autres procédés logiques.

(2) Une des exagérations, un des abus de la méthode sériale, auquel les auteurs se sont le plus souvent laissé entraîner, est celui qui dérive du raisonnement suivant : Tel caractère, tel organe, telle fonction ont été constatés dans un groupe B; tel être appartient à un groupe A, supérieur au précédent; donc, à plus forte raison, cet être doit posséder ce même caractère, ce même organe, cette même fonction. Citons, entre cent exemples, cette fausse application de la méthode sériale, en vertu de laquelle un physiologiste distingué niait si énergiquement, il y a quel-

L'analogie est un *guide sûr*, a-t-on dit (1), mais *pour les esprits sages ;* et dans tous les cas, elle n'est qu'un *guide ;* elle indique, elle ne prouve pas. Ne demandons pas

ques années, les résultats des observations par lesquelles M. Owen et moi venions de constater, chacun de notre côté, le défaut de circonvolutions cérébrales chez quelques singes. Elles existent, disait-on, chez les makis, qui sont au-dessous des singes ; donc elles doivent exister chez tous ceux-ci. Et cet argument paraissait si démonstratif, qu'on ne voulait pas même examiner les pièces produites à Londres et à Paris. Voyez les *Comptes rendus de l'Académie des sciences*, t. XVI, 1843.

Aujourd'hui, le fait que nous annoncions a été vérifié par tous les zoologistes ; il est généralement admis. Faut-il en conclure que la méthode sériale était en défaut? Non, mais seulement qu'on l'appliquait mal, qu'on dépassait le cercle des *conséquences légitimes*. De l'existence d'un organe ou d'un caractère chez plusieurs animaux d'un groupe, on peut induire avec vraisemblance dans beaucoup de cas, qu'il se retrouvera *dans le groupe* immédiatement *supérieur* (ou *inférieur*, selon la nature de cet organe ou de ce caractère), mais non qu'il doit exister, ce qui est bien différent, *dans toutes les espèces de ce groupe.*

Cette dernière extension ne serait légitime que si, un groupe A étant *supérieur dans son ensemble* à un groupe B, chacune des espèces A, prise en particulier, était nécessairement, par cela même, supérieure à *toutes les espèces* B. Ce qui reviendrait à dire que la baleine, en tant que mammifère, est nécessairement supérieure en organisation au perroquet, ou encore, la lamproie et l'amphioxe lui-même, en tant que vertébrés, à l'abeille ou au poulpe. Citer ces exemples, c'est faire sentir, autant que je dois le faire dans ces Prolégomènes, le vice d'une hypothèse qui a longtemps régné dans la science, mais qui est aujourd'hui appréciée à sa valeur par tous les vrais naturalistes. Je montrerai ailleurs qu'il en est le plus souvent de deux groupes supérieurs et inférieurs, comme de deux branches d'arbre, nées l'une au-dessus de l'autre sur le même tronc : ne voit-on pas les rameaux ascendants de la branche inférieure atteindre ou même dépasser les rameaux descendants de la branche supérieure?

(1) GEOFFROY SAINT-HILAIRE, Mémoire sur les *Molosses*, dans les *Annales du Muséum d'histoire naturelle*, t. VII, p. 150 ; 1805.

davantage à la *Méthode sériale,* qui n'est qu'une forme de
ce qu'on peut appeler en général la *Méthode analogique;*
et pour qu'elle nous devienne ce *guide sûr* dont nous éprou-
vons à chaque instant le besoin dans des études aussi complexes, ne franchissons jamais la limite de ses légitimes applications, qui toutes peuvent se ramener à la solution de
deux genres de problèmes que l'on peut énoncer ainsi.

Tantôt nous connaissons plusieurs termes consécutifs
d'une série; il reste à déterminer les conditions d'existence, les propriétés, les caractères du terme *qui vient ensuite* dans l'ordre sérial. Tantôt, au contraire, la détermination porte sur un terme *intermédiaire* à deux autres,
préalablement étudiés. La comparaison avec les termes
connus, particulièrement avec les termes antérieurs dans
l'un de ces cas, avec l'antécédent et le conséquent dans
l'autre, conduit presque toujours à la solution par une facile induction. Soit, par exemple, une suite de dix termes,
ou, pour fixer les idées, de dix genres d'un même groupe,
constituant, par les modifications graduelles des caractères principaux, une série régulièrement ordonnée : si
l'on a constaté, pour neuf de ces termes, un ensemble de
caractères secondaires, variant aussi, et corrélativement,
par degrés, n'est-on pas fondé à prévoir, avec une très
grande probabilité, ce que seront ces caractères dans celui
qui reste à étudier? Si celui-ci est le dernier dans l'ordre
sérial, comment supposer la brusque cessation, au
dixième terme, de la concordance jusque-là observée? Et
s'il s'agit d'un terme de rang intermédiaire, comment présumer l'interruption, sur un point, de rapports communs
à tous les termes antécédents et à tous les conséquents?

Dans ces deux cas, dans le dernier surtout, l'esprit le plus sévère ne se défend pas lui-même de conclure ; et, sauf le recours à un contrôle ultérieur, pourquoi s'en défendrait-il ? On conclut ici en vertu d'un raisonnement assimilable, sinon à celui des géomètres, du moins à celui des astronomes et des physiciens, lorsqu'à l'exemple de Galilée (1), ils déterminent une grandeur, une distance, une vitesse, une température, une intensité magnétique ou lumineuse, en vertu de la loi dite *de continuité*. La méthode dont ils se servent par application de cette loi, et par laquelle tantôt ils simplifient et abrégent un travail trop complexe, tantôt suppléent à des calculs ou à des observations impossibles, n'est au fond que ce que j'appelle, en Histoire naturelle, la *Méthode sériale*.

Et cela est si vrai qu'il est des cas où le physicien et le naturaliste s'avancent parallèlement, chacun sur son terrain, vers des résultats dont la liaison intime est manifeste, et qui même s'expliquent les uns par les autres. Qu'un physicien, par exemple, détermine expérimentalement les températures moyennes, et plus généralement, les conditions climatologiques, de deux points A et C situés sous le même méridien entre l'un des pôles et l'équateur ; et qu'en même temps un naturaliste constate les différences organiques d'une espèce animale ou végétale, successivement observée en A et en C : si ces points sont peu distants, et s'il n'existe aucune cause locale de perturbation, comment ne pas prévoir, pour le point B, *intermédiaire* entre A et C, ce double résultat ? En ce point, le climat, d'une

(1) Voyez WHEWELL, *The philosophy of the inductive sciences*, 1847, t. II, p. 413.

part, l'animal ou le végétal, de l'autre, se trouveront dans des conditions *intermédiaires* aussi entre celles que le physicien et le naturaliste auront constatées en A et en B; conditions qu'on pourra déterminer, avec une très grande probabilité et une très grande approximation, par une simple *interpolation*.

Sachons, du reste, nous défendre d'une illusion trop naturelle. Dans ces cas eux-mêmes où le naturaliste s'avance ainsi à côté du physicien, il ne peut se flatter de marcher d'un pas aussi sûr. Il a beau raisonner et conclure de même; son raisonnement et ses conclusions ne sont pas au même degré légitimes. Le physicien a pu éviter les causes d'erreur, ou en tenir compte : quel naturaliste prétendrait connaître toutes celles dont il est entouré? Quand le physicien a le droit de s'arrêter, le naturaliste doit donc poursuivre : encore ici, parti de l'observation, c'est à l'observation qu'il devra aboutir. Par les applications de la *Loi de continuité*, on se dispense souvent, en physique, de recourir à l'expérience, comme, en mathématiques, au calcul. Le rôle, bien compris, de la *Méthode sériale*, est, non de dispenser de l'observation, mais de la devancer, de lui ouvrir le chemin. Elle annonce les résultats; celle-ci en est juge.

IV.

Dans toute science, l'étude des séries peut être faite à deux points de vue : étude isolée de chaque série; étude comparée de plusieurs séries. De là deux genres de rapports : les uns, directs, entre les divers termes qui se font suite dans la même série ; les autres, indirects, entre des termes de séries différentes : ceux-là nécessaires, car sans eux il n'y aurait pas série ; ceux-ci du moins possibles, et c'est assez pour que nous recherchions s'ils existent, et quel parti nous pourrions en tirer.

Sur les premiers se fonde la *Méthode sériale*, ou par simple *ordination linéaire* des termes d'une série. Je baserai sur les rapports du second genre, après la Méthode sériale *simple*, une méthode sériale *composée :* méthode non moins féconde, que je nommerai *Méthode par coordination parallélique*, ou plus simplement *Méthode parallélique*, le parallélisme des séries étant la condition nécessaire de l'emploi de celle-ci, comme la succession sériale ou linéaire des termes était celle de l'emploi de la Méthode sériale (**1**).

Il est à peine besoin de dire, après ce qui précède, qu'il ne s'agit pas seulement ici d'une méthode de classification, mais d'une méthode beaucoup plus générale, et applicable à plusieurs ordres de questions. La *Classification parallélique* ou *par séries parallèles* que j'ai proposée en Histoire naturelle, il y a plus de vingt ans (**2**), n'est

(1) Il est facile de concevoir, pour deux ou plusieurs séries, plusieurs modes de coordination. D'autres *Méthodes sériales composées* viendront-elles un jour s'adjoindre à la *Méthode parallélique?* On peut le prévoir et on est fondé à l'espérer.

J'ajouterai qu'une grande partie des considérations qui vont suivre sont applicables, non seulement à la *Méthode parallélique*, mais à toute méthode sériale composée, quelle qu'elle puisse être. Je me borne ici à cette indication : le moment ne me semble pas venu d'aller au delà.

(2) J'avais antérieurement, comme plusieurs auteurs, signalé des exemples plus ou moins remarquables de parallélisme ; mais en n'y

qu'un côté de cette méthode. Très heureusement applicable à l'expression des rapports naturels des êtres, elle est, de plus, essentiellement inventive. J'aurai donc à la considérer, comme la précédente, sous deux points de vue très distincts.

Que devons-nous entendre par *séries parallèles* (1)? Des *suites, semblablement ordonnées, de termes respectivement analogues,* par conséquent, semblablement croissantes ou décroissantes. Soit une série figurée par la suite des lettres A, B, C, D....., et ainsi de suite : A′, B′, C′, D′..... et A″, B″, C″, D″..... seront deux séries parallèles, dans lesquelles A sera représenté par A′, A″,

voyant encore que des cas particuliers, fort dignes toutefois d'attention. C'est seulement en 1832 que j'ai compris d'une manière générale, et que j'ai signalé la haute importance des résultats auxquels on peut arriver, en substituant à la vieille hypothèse de l'*échelle* ou de la *série unique,* la considération des *séries multiples et parallèles* qui se présentent à chaque pas dans l'étude des êtres vivants.

En attendant que je puisse traiter *ex professo* de la grande question que j'indique ici, et des tentatives faites, en divers sens, pour parvenir à sa solution, mes lecteurs me sauront gré de les renvoyer, outre les livres habituellement cités par les naturalistes, aux deux ouvrages suivants : J. REYNAUD, *Encyclopédie nouvelle*, article *Cuvier,* t. IV, p. 173 ; 1843. — Henri MARTIN (de Rennes), *Philosophie spiritualiste de la nature,* t. II, p. 297; 1849.

Voyez aussi Alph. BLANC, *Leçons de zoologie générale* (d'après l'un de mes cours au Muséum), Paris, in-8, 1848, p. 111 et suiv. L'excellent ouvrage de M. Blanc avait d'abord paru par fragments dans le *Journal général de l'Instruction publique,* 1847 et 1848.

(1) Ou *séries collatérales*, ou encore *séries à entrée double ou multiple.* Voyez le savant ouvrage déjà cité de M. COURNOT, *Sur les fondements de nos connaissances,* t. II, p. 61 et 67 ; 1851. — Sur la préférence à accorder au nom dont je me suis habituellement servi, voyez BLANC, *loc. cit.,* p. 125.

B, par B′, B″, et ainsi de suite, ces termes se correspondant comme feraient les échelons d'échelles juxtaposées, que l'on monterait ou descendrait parallèlement (1).

Qu'il y ait de telles séries en Histoire naturelle, qui peut en douter ? Les exemples se présentent ici en foule. Citonsen trois seulement, et choisissons-les dans des branches très différentes de la science.

(1) Disposons plusieurs séries parallèlement les unes aux autres sous la forme suivante :

A	A′	A″	A‴
B	B′	B″	B‴
C	C′	C″	C‴
D	D′	D″	D‴
⋮	⋮	⋮	⋮
Z	Z′	Z″	Z‴

Il suffit de jeter les yeux sur ce tableau pour voir qu'outre les suites ou séries principales, verticalement disposées, nous avons transversalement des suites de termes qui peuvent aussi être considérées comme sériales, A, A′, A″, A‴ ; B, B′, B″, B‴ ; C, C′, C″, C‴ ; d'où l'on voit déjà la possibilité, au moins théorique, de déterminer un terme inconnu, B′, par exemple, en vertu de deux ordres de rapports. Il est clair que B′ n'est pas seulement intermédiaire ou moyen entre A′ et C′; il l'est aussi entre B et B″.

Afin de ne négliger aucun moyen de me faire comprendre, je reproduirai ici une comparaison déjà employée par deux chimistes distingués : les images les plus vulgaires sont quelquefois les meilleures. Que l'on range ainsi un jeu de cartes : toutes celles d'une même couleur, les unes au-dessus des autres, du roi à l'as ; et à côté d'elles, les cartes des trois autres couleurs, semblablement disposées. Il est facile de voir qu'on aura ainsi un double ordre sérial : toutes les cartes de même couleur seront en série verticale ; toutes les cartes de même figure ou de même point, en série transversale. C'est exactement ce que représentent sous une autre forme les lettres que j'ai ci-dessus employées.

Les chimistes qui ont recouru à cette comparaison, sont MM. GERHARDT et CHANCEL, dans un remarquable mémoire *Sur la constitution des corps*, que l'on trouvera cité plus bas.

En embryogénie, ne voyons-nous pas le développement de deux animaux de la même classe ou de classes voisines, s'opérer par une semblable succession de phénomènes? d'où résulte une semblable succession d'états organiques, *termes respectivement analogues,* jamais identiques, *de deux suites semblablement ordonnées.*

En géographie biologique, quand deux espèces congénères ou de genres voisins ont une distribution très étendue, n'arrive-t-il pas que les types spécifiques, sans pourtant se confondre, se modifient graduellement dans le même sens, de manière à représenter des *suites* de variétés qui se correspondent de l'une à l'autre, selon les latitudes ou les altitudes?

En tératologie, des causes d'une autre nature, et dont l'influence s'étend bien plus profondément, ne produisent-elles pas encore, à partir de divers types spécifiques, des *suites* correspondantes, mais partout distinctes, de déviations? Si bien que la série des anomalies humaines, celle des monstruosités du chien, du chat, et des autres espèces zoologiques, étant entre elles *comparables terme à terme, mais jamais identiques*, nous n'arrivons à concevoir la série tératologique comme *une* que par une pure abstraction de notre esprit, et en la composant de termes dont chacun est l'expression générale, et pour ainsi dire, la *somme* de tous les termes de même rang dans chaque série partielle.

Il serait difficile d'imaginer des exemples plus différents par la nature des phénomènes auxquels ils se rapportent, et pourtant, qui n'en saisit aussitôt l'analogie? Dans tous trois, et dans une foule d'autres que chacun ajoutera facilement à leur suite, l'étude des séries parallèles conduit également à ceci :

Pour tous les termes de la même série, un ensemble de propriétés qu'on peut appeler la *constante* de la série, et qui la caractérise relativement à toutes les autres;

Pour chacun des termes d'une série, une modification déterminée de la *constante*, ou, suivant une expression en usage dans plusieurs sciences, une *variation;*

Pour les séries comparées entre elles terme à terme, des suites de modifications qui se répètent d'une série à l'autre, une *constante* différente s'y combinant successivement avec de semblables éléments de *variation*.

D'où *partout similitude, jamais identité;* correspondance point par point, nulle part rencontre. Comment se rencontrer en s'avançant dans la même direction, à partir de points différents?

Reconnaître en Histoire naturelle l'existence fréquente de ces suites de termes *homologues* ou *correspondants,* que j'ai nommées *séries parallèles,* c'est reconnaître aussi la nécessité d'une méthode qui soit pour l'étude comparée de ces séries, ce qu'est pour l'étude isolée de l'une d'elles la *Méthode sériale* simple.

Cette méthode heureusement comparative, c'est la *Méthode parallélique,* dont les applications seront par la suite, on peut l'affirmer sans témérité, tout aussi nombreuses et tout aussi importantes que celles des deux méthodes précédentes; et non pas seulement dans les sciences naturelles, mais dans presque toutes les branches des connaissances humaines (1).

(1) J'ai déjà montré plus haut (Liv. 1, Chap. VI, sect. v) la possibilité d'appliquer la *Méthode parallélique* à une question importante qui,

V.

Concevons deux ou plusieurs séries de termes homologues, parallèlement disposées; vis-à-vis de la suite des termes A, B, C... Z, on a placé A', B', C'... Z' et A″, B″, C″... Z″, chaque terme se trouvant en regard de son correspondant dans la première (1). On voit, tout d'abord, l'avantage que peut offrir une telle disposition pour l'expression des rapports dont on doit tenir compte. Ces rapports sont de deux genres : rapports entre les termes de la même série; rapports entre certains termes de séries différentes. Les uns et les autres ne sont-ils pas exactement et clairement indiqués, disons mieux, *graphiquement* tracés, pour chaque terme, par un arrangement qui, le laissant à sa place dans sa série, *entre son antécédent et son*

---

sans son secours, ne saurait recevoir une solution satisfaisante : l'expression des doubles rapports des connaissances humaines.

(1) Comme dans la note de la page 419.

Dans cette disposition, d'où résulte une *table à double entrée* (voyez p. 261), tous les termes de la *même série* se trouvent *sur la même ligne verticale*; tous les termes *correspondants* des diverses séries, *sur la même ligne transversale*. Ainsi nous avons, pour de *doubles rapports* à exprimer, *un double ordre linéaire*.

Outre les séries A, B, C...Z; A', B', C'...Z'; A″, B″, C″,..Z″, qui se succèdent et peuvent être ordonnées de manière à donner pour ainsi dire une *série de séries*, on peut concevoir une ou plusieurs autres séries a, b, c... z; *a, b, c...z*, parallèles aux précédentes, mais ne pouvant ni se placer à leur suite, ni s'intercaler entre elles. De tels cas se présentent à chaque instant dans les classifications zoologique et botanique. La *Méthode parallélique* leur est tout aussi facilement applicable qu'aux autres. Seulement, ici, les termes correspondants ne seront plus tous sur une même *ligne* transversale, mais sur un même *plan* transversal.

conséquent (1), le met, en même temps, *en regard de ses correspondants* ou *homologues* dans les autres séries? Et ce que je dis ici d'un terme, étant vrai de tous, l'est par conséquent des séries elles-mêmes dont les rapports réciproques sont clairement exprimés, sans que, pour aucune, l'ordre sérial soit en rien troublé; car, dans l'ensemble plus ou moins complexe dont elle fait partie, chacune reste exactement ce qu'elle était, prise isolément (2).

De là, en premier lieu, d'importantes applications à la classification des êtres organisés.

Nous ne sommes plus au temps où le perfectionnement de la classification était proclamé le but, l'*idéal auquel doit tendre l'Histoire naturelle* (3); où les *avenues du sanctuaire* (4) étaient prises pour le sanctuaire lui-même. Mais aujourd'hui, comme alors, et comme toujours, une

(1) *Entre son antécédent et son conséquent*, s'il s'agit d'un des termes intermédiaires. *Après son antécédent* ou *avant son conséquent*, s'il s'agit de l'un des extrêmes.

(2) Qui voudrait soutenir que les rapports d'un terme tel que B' avec A' et C' seront moins exactement et moins clairement exprimés, parce que B', en même temps qu'il se trouve entre A' et C', est aussi entre ses correspondants des autres séries, B et B''? Qui ne voit la possibilité de considérer successivement chaque ordre de rapports à part, absolument comme s'il était seul exprimé?

(3) CUVIER, *Règne animal*, Introduction; 1re édit., 1817, t. I, p. 11 et 12; 2e édit., t. I, p. 10.

(4) Pensée et expression de CUVIER, *Éloge historique de Bosc*, dans les *Mémoires de l'Académie des sciences*, t. X, p. cxcv; 1831.

Cuvier pourrait sembler ici en contradiction avec les principes qu'il a si longtemps et si fermement défendus (voyez Chap. II, sect. III). Il n'en est rien. Ce que je dis ici de la classification en général, Cuvier ne le dit que des *systèmes artificiels* de classification; des *sèches nomenclatures* et des autres *moyens de se préparer à la véritable science*, cette science dont la Méthode naturelle serait l'*idéal*.

histoire, vraiment *naturelle*, des êtres organisés, suppose, comme expression de leurs rapports entre eux, une classification qui les *rapproche selon les ressemblances qu'ils présentent* (1); c'est-à-dire, un *arrangement* tel que les plus semblables par leur organisation, se trouvent *plus voisins entre eux que de tous les autres* (2).

Ainsi s'expriment, à quelque école qu'ils appartiennent, tous les auteurs qui ont traité de ce qu'on nomme, depuis les Jussieu surtout, la *Méthode naturelle*.

Si tous sont ici d'accord, comment ne le seraient-ils pas bientôt sur les avantages de la Méthode parallélique appliquée à l'expression des rapports des êtres, ou, en deux mots, de la *Classification parallélique?* Comment, sans elle, parvenir à cette expression dans une multitude de cas? Si un groupe B ressemble, sous un point de vue, à A et à C, sous un autre à B', est-ce exprimer ses rapports, est-ce le classer *naturellement*, que le rapprocher de A et de C, en l'éloignant de B'? C'est pourtant ce que l'on fait à chaque instant dans les classifications prétendues *naturelles* qui ont rempli jusqu'à ce jour les livres de botanique et de zoologie (3). La *Méthode parallélique* donne, au contraire, une solution satisfaisante du problème, et quel

(1) Achille RICHARD, article *Méthode* du *Dictionnaire classique d'Histoire naturelle*, t. X, p. 494; 1826.

(2) CUVIER, *Règne animal, locis cit.*

(3) Citons un exemple propre à fixer les idées. Les lamantins ressemblent, par plusieurs systèmes d'organes, aux cétacés; par plusieurs aussi, aux pachydermes. Impossible d'exprimer ces doubles rapports dans le système ordinaire de classification. Aussi qu'est-il arrivé? Pour Cuvier, les lamantins viennent près des cétacés, à grande distance des pachydermes; pour Blainville, c'est l'inverse: ils sont placés à la suite des pachydermes, loin des cétacés. Et pourtant Cuvier et

autre moyen de l'obtenir? Elle place B entre A et C,
à côté de B', c'est-à-dire, met en relations immédiates,
et pourtant *diverses*, de *voisinage*, les êtres ou les
groupes d'êtres entre lesquels existent des *ressemblances*
très grandes, mais à des points de vue et par des
côtés *différents* de leur organisation. Et cela, sans
qu'il en coûte rien à la clarté, sans que le rapprochement
de toutes ces séries *connexes, mais distinctes*, qui ré-

Blainville cherchent également à rendre *plus voisins entre eux que de
tous les autres*, les types qui se *ressemblent* le plus. Il est clair qu'il
faudrait ici, pour y réussir, rapprocher à la fois les lamantins des pachydermes et des cétacés. Comment y parvenir? Par la *Méthode parallélique*. Faites deux séries parallèles; mettez, dans l'une, les lamantins
au-dessus des cétacés; dans l'autre, les pachydermes, à côté des lamantins; vous aurez exprimé nettement, non seulement que les lamantins
ressemblent en même temps aux pachydermes et aux cétacés, mais de
plus qu'ils leur ressemblent à des points de vue différents.

Et ainsi dans une multitude de cas. Les exemples se présenteraient
ici par centaines.

Si la *Classification parallélique* ne peut exprimer *exactement* tous les
rapports naturels des êtres, *ce qui est et sera toujours impossible, quoi
qu'on fasse*, elle fournit du moins de ces rapports une expression
approchée, et elle la fournit, sans tomber dans la complication extrême
de ces *arbres* ou de ces *réseaux*, auxquels ont recouru quelques
auteurs, frappés de l'insuffisance de la classification unilinéaire.

Je montrerai plus tard à quel point de vue, dans quelles circonstances particulières ces *réseaux* ou *arbres* peuvent être utilement
substitués à la disposition parallélique. En attendant, signalons, et
c'est assez pour la réfuter, l'erreur de quelques auteurs qui n'ont vu
dans la Classification parallélique, lorsque je l'ai proposée, qu'une
légère variante des dispositions *rétiforme* et *arboriforme*. Des séries
parallèles, c'est-à-dire partout distinctes, assimilées à des séries (si
encore on admet ici un véritable ordre sérial) entre-croisées, embran-
chées, diversement réunies! Autant vaudrait appeler parallèles, en
géométrie, des lignes qui se coupent.

sultent de l'application de la *Méthode parallélique*, puisse compliquer de la moindre difficulté l'étude analytique de chacune d'elles. Nous est-il plus difficile de lire une ligne associée à plusieurs autres que de la lire isolée? Non ; car au moment où nous la lisons, nos yeux ne voient pas toutes les autres; il est un instant où elle existe seule pour eux (**1**).

VI.

D'une expression heureusement approchée des rapports connus des êtres, il n'y a qu'un pas à l'indication de rapports jusque-là ignorés, et de celle-ci, à la découverte de faits encore inconnus. La *Méthode parallélique* est, en effet, *inventive* aussi bien que la *Méthode sériale*, et elle ne l'est pas moins utilement pour la science. Quand deux ou plusieurs séries de termes homologues ont été parallèlement ordonnés, il est clair que, de ceux qui sont bien connus, on peut conclure à des termes encore mal connus, aussi bien s'ils sont *correspondants*, que s'ils sont *consécutifs* (**2**). Dans l'un et l'autre cas on procède par

(1) Voyez page 423, note 2.

(2) D'où la possibilité, dans un grand nombre de cas, d'obtenir le même résultat de deux manières différentes, en vertu des relations d'un terme tel que C', d'une part, avec les termes de la même série, A', B', D'.., de l'autre avec ses correspondants, C, C'', préalablement connus. A peu près comme, en arithmétique, la valeur de l'un des termes d'une progression géométrique peut être calculée d'après ses relations, d'une part, avec les nombres auxquels il fait suite, de l'autre, avec ses correspondants dans d'autres progressions géométriques ou même arith-

des inductions si semblables, et applicables à la solution
de problèmes tellement analogues, que je pourrais répéter ici tout ce que j'ai dit de la Méthode sériale, des
avantages qu'elle procure, mais aussi des dangers où
elle pourrait entraîner des esprits trop peu circonspects,
et oublieux de cette maxime, ici encore fondamentale :
l'analogie indique, annonce les résultats; l'observation en
est le juge.

Ici comme partout, n'abusons pas, mais sachons user.
Ne demandons à la *Méthode parallélique* que ce qu'elle
peut légitimement nous donner; mais aussi, dans ces
limites, ne craignons pas de tout demander. Quand nous
serons en présence de deux séries parallèles, l'une bien
connue, l'autre encore imparfaitement étudiée, ne craignons pas, sauf le contrôle ultérieur de l'observation,
de transporter à l'une les connaissances acquises sur
l'autre; de calquer, pour ainsi dire, sur les résultats déjà
obtenus, ceux qui restent à obtenir. D'où la prévision de
rapports et de faits auxquels l'observation, abandonnée à
elle-même, n'eût peut-être de longtemps conduit, mais
auxquels il lui devient facile d'arriver, dès que son rôle se
réduit à une simple constatation, à une réponse par *oui*
ou par *non*, à une question à l'avance posée (1).

En procédant ainsi, que ferons-nous, sinon ce qu'on a

métiques. Qu'est-ce que le logarithme d'un nombre, sinon, en prenant
ce mot dans le sens le plus général, son *correspondant* dans une autre
série ?

(1) Comme on le voit, la *Méthode parallélique* conduit, elle
aussi, où l'on arrive par la méthode si différente, exposée plus
haut sous le nom de *Méthode synthétique par division*. Voyez
p. 401 et suiv.

souvent fait, ce qu'on fait chaque jour en physique et en chimie; sinon suivre, sous la forme et dans la mesure que comporte l'Histoire naturelle, l'exemple donné par les sciences où nous sommes habitués à trouver les guides et les modèles de la nôtre? Sans doute la *Méthode parallélique* n'existe pas en physique comme méthode générale de classification et d'invention; mais dans combien de cas particuliers nous l'y voyons habilement et heureusement pratiquée! N'est-ce pas en vertu d'analogies vraiment paralléliques que de savants et ingénieux physiciens, comparant la chaleur à la lumière, viennent de chercher et de trouver, en thermologie, les *correspondants* des phénomènes et des lois optiques, précédemment constatés ou démontrés par Malus et Fresnel, par MM. Arago, Biot, Faraday et Cauchy (1)? Eût-on pu, en chimie, aussitôt le brome découvert, découvrir et préparer, comme on l'a fait si sûrement et si promptement, une multitude de composés bromés, si leur existence et jusqu'à leurs propriétés principales n'eussent pu être prévues, à l'aide de leurs relations avec les termes *correspondants* parmi les corps chlorés et iodés? Enfin, pour prendre encore un exemple, et le plus remarquable de tous, dans la même science, n'est-ce pas à la *Méthode parallélique*, et ici presque exactement telle que nous la concevons en Histoire naturelle, qu'on recourt chaque jour, et de plus en plus, en chimie organique, lorsqu'un corps ayant fourni un plus ou moins grand nombre

(1) Voyez principalement les mémoires de MM. DE LA PROVOSTAYE, et P. DESAINS, dans les *Annales de chimie et de physique*, t. XXVII à XXX; 1849 à 1850.

de dérivés, on obtient, d'un corps analogue, soumis à de semblables réactions, d'autres suites de dérivés *correspondant* terme à terme aux précédents; en d'autres termes, des *séries chimiques parallèles* (1)?

Puisqu'ici encore, les physiciens et les chimistes nous ont devancés (2), suivons-les, dussions-nous ne le faire que de loin. Ne négligeons rien pour nous approprier complétement une méthode qui, comme classification, tient déjà une si grande place dans les sciences biologiques, qui n'y est encore, comme méthode inventive, qu'à ses

---

(1) Non seulement le mot *série* est, depuis quelques années, aussi usité en chimie qu'en mathématiques ou en Histoire naturelle, mais quelques chimistes ont expressément parlé de *séries parallèles*. Dès 1838, très peu d'années après que ce terme avait été introduit en Histoire naturelle, MM. Dumas et Péligot donnaient l'exemple de son emploi en chimie. Voyez les conclusions placées à la fin de leur beau *Mémoire sur un nouvel alcool*, l'esprit de bois ou alcool méthylique, dont les produits ont offert, disent les auteurs (*Mémoires de l'Académie des sciences*, t. XV, p. 621) « une *série* de composés, *parallèle* » à celle de l'alcool commun. »

(2) Mais seulement au point de vue de l'application de la *Méthode parallélique*, considérée comme inventive. C'est tout le contraire au point de vue de l'application de cette méthode à l'expression des rapports naturels, à la classification et à la coordination. La classification par séries parallèles, telle que je l'emploie en zoologie et en tératologie depuis 1832, a bientôt passé de ces deux sciences dans les autres sciences biologiques. Au contraire, aujourd'hui même, je la cherche en vain en physique; et c'est tout récemment qu'on a pu émettre en chimie, d'une manière générale, les idées que résume cette phrase remarquable de deux chimistes aussi ingénieux que hardis : « Pour déterminer la constitution » d'un corps, il faut préciser la place qu'il occupe à la fois dans les » deux espèces de séries. » Voyez Gerhardt et Chancel, *Sur la constitution des corps organisés*, dans les *Comptes rendus des travaux de chimie*, par MM. Laurent et Gerhardt, 7ᵉ année (1851), p. 73.

débuts. Jusqu'où pourra-t-elle nous conduire un jour ? Il serait téméraire de prétendre le dire aujourd'hui ; mais aussi téméraire de lui dénier que de lui promettre un grand avenir. Qui pouvait prévoir, au commencement de notre siècle, et plus près de nous encore, cet immense mouvement des études chimiques, dont nous avons été, dont nous sommes les témoins, et dans lequel une si grande part revient à d'admirables travaux, manifestement conçus et exécutés dans l'esprit de la *Méthode parallélique ?* Et comment nous serait-il interdit, en voyant dans ces travaux nos modèles, d'y chercher aussi une espérance ?

Au surplus, si nouvelle que soit, dans notre science, la *Méthode parallélique* considérée comme méthode inventive, elle a déjà heureusement commencé à y faire ses preuves. Il a presque suffi de concevoir nettement le parti qu'on peut tirer, en Histoire naturelle aussi, des *correspondances paralléliques,* pour que des rapports ou même des faits nouveaux fussent aussitôt obtenus ; c'est-à-dire *prévus* analogiquement, *cherchés* comme à coup sûr, et bientôt *trouvés* par l'observation ; ou, mieux vérifiés par elle, après avoir été théoriquement découverts (1).

Entre ces faits, il en est un dont j'ai cru devoir, il y a un an environ, entretenir l'Académie des sciences, c'est le défaut

(1) Après avoir été *prophétisés*, dirait Schelling. Voyez p. 308.

Il n'est pas inutile de remarquer à cette occasion que, même ici, la voie qu'a prétendu ouvrir l'illustre philosophe allemand, n'est pas celle où s'avance la science. S'il y a ici, selon les expressions de Schelling, *prophétie vérifiée expérimentalement,* du moins est-il à remarquer que la *prophétie* se fonde, non sur des vues admises *à priori,* mais sur des notions obtenues *à posteriori* ; non sur des *idées préconçues,* mais sur dès *faits pré-observés.*

de circonvolutions cérébrales chez un primate , le microcèbe. Il m'a paru que cette petite découverte anatomique méritait de fixer l'attention, sinon pour son intérêt propre,
du moins en raison de son origine théorique, et comme
application de la Méthode parallélique. Tous les lémuridés
connus ont des circonvolutions : ne semblait-il pas qu'il dût
en être de même du microcèbe, genre appartenant, sans
nul doute, à cette famille éminemment naturelle? Il n'en
est rien pourtant : le microcèbe a le cerveau lisse (1).

Où trouver une exception plus tranchée? Pourtant il
avait été possible de la prévoir (2). Elle avait été annoncée
à l'avance en vertu des *correspondances paralléliques*,
et lorsqu'il est devenu possible d'observer après avoir
raisonné, le scalpel a exactement tenu les promesses de la
théorie.

Une *exception* découverte *analogiquement :* ces deux
mots semblent impliquer contradiction ; et cependant, c'est
bien ce qui a été réalisé dans ce cas et dans quelques autres moins remarquables ; et il en sera de même dans une
foule d'autres, dès que la Méthode parallélique sera géné-

(1) Voyez *Note sur l'encéphale du microcèbe, et sur une application
nouvelle de la Classification par séries parallèles*, dans les *Comptes
rendus de l'Académie des sciences*, t. XXXIV, p. 77 ; janvier 1852.

(2) Il suffisait en effet de *savoir* que les circonvolutions cérébrales
font défaut chez les ouistitis, dernier terme ou échelon de la série des
singes, pour *prévoir* qu'elles manqueraient aussi chez les microcèbes ,
terme *correspondant* de la série parallèle des lémuridés.

On voit que la *Méthode parallélique* s'est appuyée ici précisément sur
ces mêmes caractères du cerveau des ouistitis, qu'on avait un instant
révoqués en doute, au nom de la *Méthode sériale* mal comprise.
Voyez p. 413, note.

ralement comprise et pratiquée. Ce qui est ou semble *exception*, au point de vue des analogies directes ou de famille, est souvent la *règle* au point de vue de ces analogies indirectes ou collatérales que j'appelle *correspondances parralléliques*, et que j'ai essayé de restituer à la science, en dehors de laquelle elles restaient depuis si longtemps méconnues ou négligées.

Et maintenant, comment nier que la *Méthode parallélique*, à part même son importance pour le perfectionnement de la classification, puisse nous conduire à des résultats nouveaux, parfois même à des faits, à des rapports, à des lois, auxquels nous n'eussions pu parvenir par aucune autre méthode, ou même dont les méthodes ordinaires tendaient à nous détourner? Depuis que la science existe, les inductions auxquelles on recourt chaque jour, ont toutes pour objet d'étendre analogiquement à un genre, à un ordre, à une classe, des conditions déjà connues chez d'autres êtres du *même* genre, du *même* ordre, de la *même* classe. Si paradoxal que puisse sembler ce résultat, on est bien obligé de reconnaître que la considération des séries parallèles peut conduire, en outre, à des inductions d'un ordre précisément inverse; c'est-à-dire, faire prévoir dans un genre, une famille, une classe, des conditions qui ne sont encore connues que dans d'*autres* genres, d'*autres* familles, d'*autres* classes.

CHAPITRE VII.

DES HYPOTHÈSES ET DE LEUR RÔLE UTILE EN HISTOIRE NATURELLE.

SOMMAIRE. — I. Rôle utile des hypothèses dans les sciences. Point de vue auquel elles doivent être considérées en Histoire naturelle. — II. Méthodes de vérification.— III. Vérification directe ou positive. — IV. Simplification possible de la vérification directe. Élimination des hypothèses non scientifiques ; essai préalable des hypothèses vraisemblables. Vérification par les conséquences nécessaires ; vérification par les faits d'exception. — V. Vérification indirecte ou négative.

I.

Dans une grande entreprise, la vraie sagesse ne consiste pas à s'en tenir aux moyens les plus sûrs et les plus faciles, mais à faire converger vers le but où l'on tend tous ceux qui peuvent y conduire. Les premiers d'abord, et seuls, s'ils suffisent ; mais, après eux, au besoin, tous les autres, dût leur emploi être difficile, dût-il même nous faire courir quelques hasards.

Cette marche est celle qu'on suit dans les sciences, lorsqu'après la *déduction,* on recourt à l'*induction,* moins sûre déjà, puis, où elle cesse à son tour d'être possible, à l'*hypothèse.* Où l'on ne sait pas, on conjecture, on essaie de deviner. Et ce que la science fait ici, avec les ressources de la méthode, n'est au fond que ce que nous faisons tous, mais sans elles et parfois si témérairement, dans les circonstances les plus ordinaires de la vie; tant notre esprit se résigne difficilement à ignorer, même dans les plus petites choses.

Il suffit d'un coup d'œil jeté sur l'histoire des sciences physiques, pour prévoir le rôle de l'hypothèse dans les sciences biologiques. Ne doit-elle pas être ici ce qu'elle est ailleurs? Où les théories manquent encore, ne viendra-t-elle pas parfois grouper, coordonner utilement les faits déjà obtenus? Ne nous conduira-t-elle pas à en prévoir de nouveaux, par là même, à faire de nouvelles observations, à instituer de nouvelles expériences? En un mot, ne nous portera-t-elle pas en avant des connaissances acquises? Ne nous fera-t-elle pas entrevoir, dans des régions inconnues, de lointains horizons, vers lesquels désormais nous saurons nous diriger, semblables au voyageur qui, d'un point culminant, a aperçu longtemps à l'avance le terme de sa route?

Plus d'un naturaliste n'hésitera pas, je le sais, à répondre : Non. Les arguments de Cuvier contre l'intervention du raisonnement en Histoire naturelle (1), les innombrables amplifications dont ils ont été, dont ils sont, chaque jour encore, le thème devenu banal, ont fini par donner, à quelques zoologistes surtout, des convictions tellement arrêtées, qu'ils ne tolèrent ici ni la contradiction ni même l'examen. Pour eux, il y a chose jugée : en fait d'hypothèses, l'usage et l'abus, c'est tout un. Un peu plus, et ils diraient que devancer de quelques pas les faits, c'est presque inévitablement marcher contre eux.

(1) Voyez Chap. II, sect. III et VIII.

Nous ne saurions souscrire à cette condamnation absolue des hypothèses, pas plus qu'à la doctrine au nom de laquelle on la prononce. C'est toujours au fond la même thèse : le danger de l'erreur (1). Et à la même thèse nous ferons encore une fois la même réponse : soyons prudents, mais gardons-nous de cette circonspection extrême qui n'est plus de la prudence, et n'allons pas imiter celui qui craindrait de s'avancer sur le milieu d'une route, parce qu'un fossé la borde.

Qu'est-ce que former une hypothèse? Supposer qu'une chose est possible; tout au plus, prévoir sa réalisation dans un temps plus ou moins éloigné.

Où donc est l'erreur? et où la vérité? Où est l'abus? et où l'usage?

Prendre la *possibilité* qu'une chose soit, pour la *réalité* de cette chose, voilà l'erreur, et assurément l'une des plus graves que l'on puisse commettre. Considérer l'hypothèse comme un doute émis, une question posée (2), tout au plus comme un problème mis en équation, et qu'il s'agit maintenant de résoudre; voilà la vérité.

Raisonner à partir d'une simple supposition de notre esprit, si ingénieuse qu'elle soit, comme à partir d'une vérité démontrée, voilà l'abus, et je me hâte de reconnaître qu'il n'en est ni de plus réprouvé par la logique, ni de plus préjudiciable à la science. Raisonner à partir d'une hypothèse, *donnée seulement pour ce qu'elle*

---

(1) Même chapitre, sect. VIII, p. 326.

(2) Un *soupçon*, comme le dit CONDILLAC, *Traité des systèmes*, chap. XII; voyez les *Œuvres*, t. II, p. 328; 1798.

est (1); en dérouler les conséquences, *données de même pour ce qu'elles sont,* c'est-à-dire encore pour de simples *possibilités;* chercher à vérifier ces conséquences, et, avec et par elles, l'hypothèse dont elles dérivent : en un mot, prendre celle-ci, non comme un *résultat,* mais comme un *but,* comme une direction donnée à de nouvelles recherches ; voilà l'usage. Rien de plus, mais rien de moins.

Et ici l'usage a pour lui, avec l'assentiment de la logique, la sanction de l'histoire. Qu'étaient, il y a deux siècles, les plus hautes vérités de l'astronomie? Qu'étaient hier encore celles de la physique? De hardies hypothèses. Vérifiées par l'observation, elles se sont trouvées d'*accord avec l'œuvre de Dieu* (2), et elles sont aujourd'hui le sublime couronnement de la science.

Pourquoi ce qui est permis en astronomie, en physique, serait-il interdit en Histoire naturelle? Comment ce qui là est utile, ne serait-il ici que funeste? L'Histoire naturelle est-elle une de ces sciences où une hypothèse ne saurait être soumise à une vérification *positive?* N'en est-il pas ici, en réalité, du naturaliste comme du physicien? N'a-t-il pas toujours devant lui, pour reprendre pied, le terrain solide de l'observation et des faits? Que risque-t-il donc? Ce que risque le physicien : d'avoir à revenir sur ses pas pour choisir, en connaissance de

_____

(1) Voyez Henri MARTIN (de Rennes), *Philosophie spiritualiste de la nature,* 1849, t. II, p. 105, dans un très remarquable chapitre qui a pour titre : *Sur les lois physiques générales et sur la manière de les découvrir.*

(2) H. MARTIN, *loc. cit.,* p. 108.

cause, une autre route. Longs détours, il est vrai, et plus
longs pour lui, je le reconnais, que pour le physicien;
mais, pour tous deux, exempts de périls sérieux. Prudents, ils pourront s'égarer un instant, mais non se perdre. Et qu'importe si, de détour en détour, l'hypothèse
parvient où n'eussent pu atteindre les méthodes directes?

Ne craignons donc pas, quand celles-ci nous font défaut, de recourir parfois aux hypothèses, comme au chemin
de traverse après la grande route. Ne craignons pas d'en
imaginer, d'en proposer au besoin de nouvelles, à la
condition de ne *les donner que pour ce qu'elles sont*,
pour de simples vues de notre esprit, pour des conjectures plus ou moins probables, rien de plus, tant que la
démonstration n'a pas été faite. Vérité peut-être, erreur
peut-être aussi. En un mot, accordons à l'hypothèse sa
place légitime dans la science, ne fût-ce que pour ne pas
lui en laisser prendre une autre.

II.

« L'œuvre du génie dans les sciences, a dit un auteur
déjà cité (1), c'est la création des *bonnes* hypothèses. »
Celles-ci ne sont, en effet, que des conséquences pré-
maturément obtenues, formulées avant le temps où elles
se manifestent aux esprits ordinaires. N'essayons ni d'inspirer ni d'expliquer ces prophéties du génie; mais, lors-

____

(1) H. MARTIN, *loc. cit.*, p. 108.
On avait dit déjà : « Les bonnes hypothèses seront toujours les ou-
« vrages des plus grands hommes. » Article *Hypothèse* de l'*Encyclo-
*dcedie, t. VIII 1765, p. 418.

qu'il a créé, il reste à tous une tâche qui, pour avoir moins d'éclat, n'a guère moins d'importance : distinguer nettement les *bonnes hypothèses* des mauvaises, la vérité déjà aperçue de l'erreur spécieuse, l'or pur du métal qui, brillant comme lui, n'est pourtant qu'un vil alliage. Après la création, la *vérification*.

Chaque science y procède par les moyens qui lui sont propres. Dans chacune aussi, ils varient selon la nature des questions à résoudre; ici plus rapides, là plus lents; mais, au fond, tous se ramènent à deux moyens généraux, tantôt complémentaires, tantôt confirmatifs l'un de l'autre.

Quand deux ou plusieurs hypothèses sont en présence (1), qu'est-ce que le jugement à porter sur elles? Une option motivée entre le pour et le contre : d'une part, la sanction de l'hypothèse vraie; de l'autre, la condamnation de toutes les hypothèses rivales. Double jugement dont les deux parties, comme les deux faces d'une même médaille, sont manifestement et mutuellement dépendantes, si bien que l'une étant obtenue, l'autre l'est par là même aussi. Ou mieux, il n'y a là qu'un seul et même jugement, exprimé de deux manières différentes.

D'où l'on est fondé à dire :

Une hypothèse est vraie, si nous pouvons en prouver la parfaite concordance avec tous les faits déjà connus, avec tous ceux qu'elle-même nous fait prévoir et découvrir.

(1) Nous n'avons pas à considérer ici le cas d'*une seule* hypothèse. Il est évident que si l'on ne pouvait former sur un sujet qu'une supposition, attribuer un effet qu'à une cause, donner d'un effet qu'une explication, cette supposition serait par là même vérifiée, cette cause démontrée, cette explication mise hors de doute.

Elle est vraie encore, si l'on peut prouver que *toute autre* supposition est en désaccord avec les faits.

Démonstration *directe* ou *positive* dans le premier cas; *indirecte* seulement et *négative* dans le second, c'est-à-dire, par *voie d'exclusion*, ou, selon l'expression technique, par *syllogisme disjonctif* : démonstration dont la méthode par *réduction à l'absurde*, si usitée en géométrie, n'est qu'une forme particulière.

Voilà donc deux modes de vérification également autorisés par la logique. Et si maintenant on demande de quel avantage ils peuvent être un jour pour l'Histoire naturelle, je répondrai en rappelant ce qu'ils sont dès à présent dans les sciences où nous cherchons toujours, où nous trouvons si souvent les modèles de la nôtre. Comment le grand Keppler, concevant, après deux suppositions erronées (1), l'hypothèse de l'ellipticité des orbites planétaires, l'a-t-il presque aussitôt vérifiée, mise hors de doute, et érigée en une loi générale, la seconde de celles qui portent son glorieux nom? Par la concordance, géométriquement démontrée, des faits avec cette loi; par le *mode direct* de démonstration. N'est-ce pas, au contraire, au *mode indirect* que recourait, en 1838, M. Arago (2), pour *trancher* (3), après deux siècles de débats, la question fondamentale de l'optique, pour prononcer entre

---

(1) Mais dont chacune l'avait rapproché de la vérité. Admirable exemple de persévérance qu'on ne saurait trop rappeler et trop honorer.

(2) *Sur un système d'expériences à l'aide duquel la théorie de l'émission et celle des ondes seront soumises à des épreuves décisives*, dans les *Comptes rendus de l'Académie des sciences*, t. VII. p. 954.

(3) C'est l'expression même dont se sert M. Arago.

l'hypothèse de Descartes et celle de Newton, soumises ensemble à une épreuve décisive, où, par l'erreur reconnue de l'une, l'autre devait être démontrée, et l'a été (1)? Travaux justement admirés, après lesquels toute autre citation serait superflue. Où trouver enseigné par de plus éclatants exemples ce qu'on peut appeler l'art d'interroger la nature par l'hypothèse?

III.

Il est deux excès dont nous devons également nous garder : méconnaître les analogies ; les exagérer. Comment la *vérification directe* serait-elle exactement, en Histoire naturelle, et plus généralement dans les sciences du troisième embranchement, ce qu'elle est dans les sciences du second? Sans doute, la *certitude physique* étant de même, dans les unes et dans les autres, le seul terme de nos efforts (2), les preuves y seront de même nature, en tant que toujours réductibles, en dernière analyse, à la simple constatation d'une concordance entre les conceptions de notre esprit et les résultats de l'observation.

Mais, au grand désavantage de notre science, les différences l'emportent bientôt sur les analogies. A moins qu'il ne se renferme dans le cercle des faits ou des no-

(1) Voyez les beaux Mémoires de M. FOUCAULT et de MM. FIZEAU et L. BREGUET, dans les *Comptes rendus de l'Acad. des sciences*, t. XXX, 1850, p. 551 et p. 562 et 771.

(2) Voyez le Chap. V.

tions les plus simples, il est rare que le naturaliste puisse appeler à son aide, comme le chimiste, une expérience sûrement et promptement décisive (1); plus rare encore, qu'il lui soit donné, comme à l'astronome, de recourir à la géométrie, ou, comme au physicien, de faire intervenir tout à la fois l'expérience et le calcul. L'Histoire naturelle, science principalement d'observation, se retrouve ici ce que nous l'avons vue presque partout (2), condamnée à lutter, avec de moindres ressources, contre des difficultés plus grandes. Il est clair que, pour toute hypothèse sur laquelle l'observation ordinaire, et non expérimentale, est seule ou presque seule appelée à prononcer, la vérification se résout en une suite plus ou moins longue de *vérifications partielles;* chacune de celles-ci pouvant n'être que peu significative, mais toutes ensemble étant d'une grande valeur, et telles que nul esprit droit ne saurait à la fin refuser son adhésion. C'est encore le faisceau qui, solidement lié, résiste; brin à brin, le moindre effort l'eût ployé ou brisé.

En réalité, on ne vérifie pas autrement une hypothèse qu'on ne démontre une induction; et comment n'en serait-

(1) Davy, par exemple, après son expérience fondamentale de 1807, est à peine conduit à supposer analogiquement, dans tous les alcalis et dans les terres, des métaux inconnus, qu'il en obtient plusieurs à l'aide de la pile. Les découvertes du calcium, du baryum et du strontium sont presque de même date que celle du potassium.

Le naturaliste se ferait illusion, s'il prétendait jamais obtenir aussi rapidement d'aussi grands résultats. Mais assurément la plus funeste des illusions serait celle qui lui ferait croire à l'impossibilité d'imiter, même de loin, de tels exemples.

(2) Voyez les Chap. IV et V.

il pas ainsi? N'avons-nous pas vu que les *bonnes* hypothèses ne sont que des inductions devançant les faits dont
elles eussent dû logiquement dériver? Et réciproquement, les inductions ne sont-elles pas de simples hypothèses, très vraisemblables dès l'origine, en raison du
grand nombre ou de l'importance des faits, à partir desquels on a induit? Une hypothèse, c'est donc une *induction téméraire;* l'induction, une *hypothèse prudente.*
On devra se défier de l'une, on pourra se confier à l'autre;
mais, au fond, les démonstrations seront nécessairement
de même ordre, seulement plus faciles ici, entourées là
de difficultés plus graves.

IV.

On se résignerait bien difficilement à s'engager dans une
suite presque infinie de vérifications de détail; à en entreprendre, pour chaque hypothèse, autant qu'elle doit
comprendre de résultats partiels. Marche lente, pénible,
incertaine, au terme de laquelle on apprendrait enfin si
l'on vient de conquérir une vérité, ou si l'on n'a fait que
poursuivre une chimère.

La science bien comprise a heureusement de moins
sombres perspectives. S'il est vrai que toute supposition
soit une porte ouverte à l'erreur aussi bien qu'à la vérité,
du moins pouvons-nous le plus souvent, le seuil à peine
franchi, nous détourner de l'une, nous orienter vers
l'autre, choisir notre route, et écarter, sinon toutes les
chances défavorables, du moins, et c'est l'essentiel,

le danger des longues erreurs. Ici même, sur le terrain mouvant des hypothèses, la méthode vient à notre aide, et les moyens qu'elle nous indique, sont, avant la *vérification* proprement dite, l'*élimination* et l'*essai ;* l'élimination préalable des hypothèses *non scientifiques ;* l'essai de celles qu'il y a lieu de prendre en considération.

Dans la recherche de la vérité à l'aide des hypothèses, quelles sont celles dont nous devons faire abstraction comme non scientifiques? Les hypothèses dont l'invraisemblance, la singularité, la bizarrerie même nous frappent tout d'abord? Non. Du bizarre à l'absurde il peut y avoir loin, et, tout autant du moins qu'il s'agit de jugements portés *à priori*, le mot *impossible* doit être banni de la langue de la vraie science. *Nil incredibile existimari de rerum naturâ,* dit Pline (1), et d'innombrables exemples nous enseignent combien il a ici raison.

Ne condamnons donc pas une idée, par cela seul qu'elle répugne à notre esprit : l'erreur est peut-être dans celle où il se complaît. Les seules hypothèses que nous ayons le droit et le devoir d'éliminer immédiatement, sont celles qui ne donnent prise qu'à la simple conjecture, et non à l'examen ; à l'imagination, et non à l'observation ; sur lesquelles, par conséquent, on peut disserter à l'infini, mais non discuter. Conceptions souvent ingénieuses, dont parfois même nous admirons la grandeur ; peut-être même vraies en partie ; mais comment le savoir, si elles ne sont pas discutables? Sachons donc

_____

(1) *Historiarum mundi lib.* II, II.

passer outre, en réservant les droits de l'avenir ; et contentons-nous de chercher la vérité, plus humble peut-être et moins séduisante, où elle nous est accessible.

Après l'*élimination* des unes, vient la *prise en considération*, l'*essai* des autres, et d'abord, des plus simples comme étant les plus vraisemblables (1). Les essayer, c'est substituer à ce qu'on peut appeler le mode normal de vérification, un mode abrégé et aussi prompt que possible ; sorte de *jugement sommaire* après lequel viendra, s'il y a lieu, le jugement définitif.

Les *épreuves*, les moyens d'essai varieront nécessairement, plus ou moins nombreux, plus ou moins sûrs, selon la nature des hypothèses : mais le premier, le plus décisif, sera presque toujours la vérification de l'hypothèse par ses *conséquences nécessaires*.

Déroulons, sans nous arrêter à les vérifier par l'observation à mesure qu'elles se produisent, les conséquences successives et nécessaires de l'hypothèse que nous voulons juger. Il arrivera souvent, trop souvent, qu'une ou plusieurs d'entre elles viendront rencontrer et *contredire* des faits déjà *constatés*, des propositions déjà *démontrées* ; d'où, les *contradictoires* ne pouvant subsister en même temps, la fausseté de ces conséquences ; par suite, celle de l'hypothèse elle-même.

On voit qu'ici le jugement sommaire est définitif.

Si, au contraire, les conséquences, si loin qu'on les

(1) Sur les plus mémorables exemples que l'on puisse citer à cet égard, ceux qu'ont donnés les immortels réformateurs de l'astronomie, Copernic et Keppler, voyez COURNOT, *Essai sur les fondements de nos connaissances*, 1851, t. I, p. 6 et 81.

ait suivies, concordent avec ce qu'on savait d'ailleurs, il y aura lieu de continuer la vérification sommaire, c'est-à-dire de procéder à une seconde épreuve, à peu près comme on fait passer par un second crible le grain qu'on veut épurer.

On pourra ; le plus souvent, faire sortir cette seconde épreuve de l'examen, fait au point de vue de l'hypothèse, de ce qu'on peut appeler en général les *faits d'exception ;* faits *contre la coutume,* dirons-nous avec Montaigne (1), mais *selon la nature,* et par conséquent, pour qui les comprend bien, réductibles aux lois communes. Mais la réduction est ici difficile, et par là même, s'il est une hypothèse qui nous y fasse parvenir, le succès devient très significatif en sa faveur. En science aussi, les preuves ne se comptent pas, elles se pèsent ; et un fait tératologique ramené à sa loi, un groupe *anomal* ou *aberrant,* un être *monadique,* comme disait Bacon (2), rapporté à ses analogues, mis à sa vrai place ; une exception dans la distribution géographique d'une famille heureusement rattachée à sa cause ; peut valoir une longue suite de résultats obtenus sur un terrain plus facile. Il y a des faits si simples qu'ils se prêtent pour ainsi dire à toutes les hypothèses : il en est de si difficiles à pénétrer, que la vérité semble en avoir seule le pouvoir (3).

(1) *Essais,* liv. II, chap. XXX.
(2) *Novum organum,* lib. II, § XXVIII.
(3) Après les travaux tératologiques de mon père, de Meckel, de M. Serres, de leurs disciples, est-il besoin d'ajouter que les *faits d'exception* ne fournissent pas seulement à la méthode un moyen précieux de *vérification ?* ils sont souvent aussi, et non moins utilement, le point de départ de nouvelles inductions. C'est pourquoi, comme je

Pourtant ne nous y trompons pas. Même après ces épreuves, et après celles qu'on pourra encore instituer dans chaque ordre de questions, la vérité ne nous est pas encore complétement acquise. Le *jugement sommaire* n'est jamais *définitif* que lorsqu'il condamne. S'il est favorable, il reste à le confirmer par tous les moyens qui sont en notre pouvoir, les mêmes maintenant qu'à l'égard de l'induction proprement dite (1); car, devenue aussi probable qu'elle, l'hypothèse ne s'en distinguera plus que par son origine. Ce sera, pour ainsi dire, une autre forme de l'induction ; l'induction légitimée, au lieu de l'induction primitivement légitime.

V.

Pour parvenir, par le mode *direct,* à la démonstration de l'hypothèse *vraie*, il n'est pas nécessaire de savoir

me suis cru fondé à le dire dès 1832 : « la tératologie, dans les mille » et mille faits qui lui appartiennent, embrassant toutes les condi- » tions de l'organisation chez tous les êtres, il n'est aucun fait gé- » néral, aucune loi anatomique ou physiologique qu'elle ne puisse » éclairer d'une vive lumière, et à laquelle elle ne donne ou une infir- » mation ou une confirmation positive. » (*Préface de l'Histoire naturelle générale des anomalies*, p. xij.) Proposition à plus forte raison vraie, si on l'applique, non plus seulement aux *faits tératologiques*, mais à tous les *faits d'exception*, dans le sens le plus étendu de ce mot.

Je ne vois d'ailleurs pas que l'étude des faits d'exception, considérée comme moyen de découverte, puisse être élevée au rang d'une méthode distincte, ayant ses procédés et ses règles propres. De là le silence que j'ai gardé dans le chapitre précédent, sur ce qu'on a nommé en général la *Méthode des résidus*. Voyez WHEWELL, *The philosophy of the inductive sciences*, 1847, t. II, p. 499, et H. MARTIN, *loc. cit*, t. I, p. 67.

(1) Voyez le Chap. V.

combien d'hypothèses fausses se trouvent par elle éliminées. La solution obtenue, il ne reste plus qu'à rejeter en bloc tout ce qui lui est contradictoire. Tout au plus, d ans quelques cas particuliers, pourrait-on juger utile de fortifier la preuve, déjà acquise, par des contre-épreuves négatives.

Il en est tout autrement de la démonstration *indirecte*. Le dénombrement des hypothèses que l'on peut former sur une question, est ici la condition première et essentielle de sa solution : une option *négative* ou par exclusion ne saurait être valable, si toutes, *moins une seule*, n'ont été successivement examinées, jugées et condamnées. D'où, pour une multitude de questions, l'impossibilité de recourir au mode indirect. Il n'est, comparé au mode direct, qu'une méthode particulière à côté de la méthode générale, à laquelle, dans certains cas, elle vient en aide, et dans d'autres se substitue.

En outre, la méthode la moins généralement applicable est aussi la moins rationnelle. Par la démonstration directe, nous savons comme nous aimons à savoir, comme nous avons besoin de savoir; par les rapports, par les causes (**1**). Comment leur connaissance serait-elle accessible à la méthode par vérification indirecte? Procédant par l'exclusion successive de toutes les hypothèses erronées, celle-ci ne peut que dégager à la fin les résultats cherchés, sans les rattacher à leur principe, sans les expliquer. Ils sont vrais, car ils ne peuvent pas être faux; c'est là son der-

----

(**1**) « *Verè scire esse per causas scire.* » BACON, *Nov. organ.*, lib. II, aphor. 2.

nier mot, son unique argument ; et s'il suffit à la logique, s'il entraîne notre raison, il est loin de la satisfaire.

Mais ces graves inconvénients ne restent pas pour elle sans compensation. Elle fait vite ce que font lentement et péniblement des méthodes plus régulières. Celles-ci, dans chaque question, abordent, examinent, résolvent les difficultés une à une : la méthode par vérification indirecte, les laissant irrésolues, résout pourtant, par les voies détournées qui lui sont propres, la question elle-même.

Il est presque toujours plus facile de déceler, de prouver l'erreur, que de dévoiler, de démontrer la vérité. Quand deux ou plusieurs hypothèses sont en présence, que faut-il pour condamner et éliminer celles qui sont fausses ? Contre chacune d'elles il suffit d'une preuve négative. Pour mettre hors de doute l'hypothèse vraie, il est besoin d'une infinité de preuves positives. Donc, où les hypothèses rivales sont en nombre *déterminé* et *très restreint,* la vérification indirecte est nécessairement la plus courte.

Par là même, il peut arriver qu'elle reste la seule praticable. La vérification directe suppose malheureusement, dans beaucoup de cas, une si longue suite de preuves, et des preuves si difficiles à obtenir, qu'elle cesse d'être possible ; méthode satisfaisante encore en théorie, mais, en réalité, inapplicable ; dédale sans fin, détours sans nombre, où s'égarerait le plus sagace, où succomberait le plus persévérant.

C'est ici qu'interviendra, avec ses avantages propres, la méthode par vérification indirecte. Nous allions nous arrêter, elle nous fera faire encore quelques pas. Partout où les conceptions entre lesquelles il s'agit d'opter sont en petit nombre et toutes en présence, elle ne s'effrayera ni de leur étendue ni de leur complexité, fût-elle extrême. Parfois même elle saura les mettre à profit, pour multiplier, pour varier ses épreuves, pour les rendre plus sûrement décisives; car autant de notions diverses seront impliquées dans une hypothèse, autant il y aura de voies pour la prendre, si elle est fausse, en flagrant délit d'erreur. En sorte que, dans ce même ordre de questions où les difficultés d'une démonstration directe sont portées le plus loin, si loin qu'elles restent hors d'atteinte, l'élimination des fausses hypothèses et le dégagement final de l'hypothèse vraie seront peut-être plus rapidement obtenus que dans des cas plus simples et en apparence plus faciles. Exemple peut-être unique d'un problème dont la complexité même tend à favoriser la solution.

Qu'est-ce, au fond, que la méthode par vérification indirecte? Simplement l'art de tourner les obstacles. C'est par là qu'elle pèche; mais par là aussi qu'elle vaut. Où les difficultés peuvent être autrement surmontées, abordons-les de front, afin de nous en rendre complètement maîtres. Où elles sont insurmontables, voici du moins un moyen de passer outre, et nous ne devons pas hésiter à y recourir. Tous les moyens sont bons, hors ceux qui ne réussissent pas : maxime ailleurs fausse et dangereuse, ici légitime et salutaire.

On s'étonnera un jour qu'une méthode aussi heureusement applicable aux questions les plus difficiles ait si peu fait encore pour leur solution. Par la nature même des arguments qu'elle emploie, elle pouvait être l'une des premières mise en usage ; elle sera, en fait, venue la dernière.

Encore ici les sciences physiques avaient donné l'exemple à l'Histoire naturelle, et s'offraient à nous pour guide ; encore ici l'exemple n'avait pas été imité, le guide n'avait pas été suivi.

Essayons du moins de réparer le temps perdu ; sachons enfin nous mettre en possession de cette méthode, tantôt si utile pour abréger la route, tantôt indispensable pour l'ouvrir ; dans le premier cas, instrument secondaire de la science, mais dans le second, l'une de ses ressources principales ; celle qui subsiste par delà toutes les autres ; dernière réserve en face des derniers obstacles, et par là même, couronnement nécessaire de cette *Méthode générale des sciences naturelles* que j'achève ici d'exposer, et qu'il s'agira maintenant d'appliquer.

FIN DES PROLÉGOMÈNES ET DU PREMIER VOLUME.

TABLE DES MATIÈRES

CONTENUES DANS CE VOLUME.

———

PRÉFACE   III
Division de l'ouvrage et distribution des matières   XIX

INTRODUCTION HISTORIQUE.

SECTION I. — ORIGINES, PROGRÈS ET DÉCADENCE DE L'HISTOIRE NATURELLE
DANS L'ANTIQUITÉ   3
    I. Notions contenues dans le Pentateuque   3
    II. Origines de l'Histoire naturelle   6
    III. Notions chez les Chinois   8
    IV. Notions chez les Indiens et les Perses   10
    V. Notions chez les Égyptiens   12
    VI. Premiers progrès chez les Grecs   16
    VII. Aristote   19
    VIII. L'école d'Aristote. Théophraste   22
    IX. Auteurs romains et grecs. Pline   24
    X. Dioscoride. Galien   26

SECTION II. — RENAISSANCE ET PROGRÈS DE L'HISTOIRE NATURELLE DANS
LES TEMPS MODERNES   29
    I. Réveil de l'esprit humain   29
    II. Renaissance des lettres et des sciences. Renaissance de l'His-
       toire naturelle   31

(XVIe siècle.)

    III. Naturalistes compilateurs. Premiers observateurs   35
    IV. Clusius. Rondelet. Belon   39
    V. Gesner   40
    VI. Césalpin   43

(Fin du XVIe siècle et première partie du XVIIe.)

    VII. Physiologistes. Fabrice d'Aquapendente. Harvey   46
    VIII. Zoologistes et botanistes. Colonna. Les Bauhin   50

(Seconde partie du xviie siècle et commencement du xviiie.)

IX. Micrographes 53

X. Anatomistes. Zoologistes. Classificateurs 56

XI. Résumé. Esprit nouveau de la science. Division du travail. 61

SECTION III.—Progrès de l'histoire naturelle dans le xviiie siècle. 67

I. Les deux grands naturalistes du xviiie siècle. Linné. Buffon. 69

II. Progrès dus à Linné 72

III. Progrès dus à Buffon 81

IV. Les Jussieu 87

V. Les autres naturalistes illustres du xviiie siècle. Adauson. Charles Bonnet. Haller. Pallas 92

SECTION IV. — Progrès récents de l'histoire naturelle 99

I. Mouvement rapide de la science durant la révolution française et au xixe siècle 99

II. Botanistes. De Candolle 103

III. Zoologistes. Lamarck. Cuvier 106

IV. Geoffroy Saint-Hilaire 110

V. Direction nouvelle de la science 114

Résumé de l'introduction historique 119

Table alphabétique des auteurs cités dans l'introduction historique. 125

I. Antiquité 125

II. Moyen âge et renaissance 132

III. Temps modernes 135

PREMIÈRE PARTIE. — PROLÉGOMÈNES.

Introduction 167

LIVRE PREMIER. — Des sciences en général, et particulièrement des rapports des sciences naturelles avec les autres branches des connaissances humaines.

CHAPITRE I. — De l'unité des connaissances humaines et de leur diversité 171

I. Considérations générales sur les connaissances humaines..... 171

II. Leur vérité fondamentale; leur diversité secondaire......... 176

CHAPITRE II. — Des vues diverses émises sur les rapports et la classification des connaissances humaines 181

I. Résumé historique 181

II. Arbres encyclopédiques, et autres images ou représentations graphiques 184

III. Considérations diverses sur lesquelles peut être fondée la classification des connaissances humaines. Diversité de source. Diversité de but. Diversité d'objet 190

CHAPITRE III. — DE LA CLASSIFICATION DES CONNAISSANCES HUMAINES D'APRÈS LA DIVERSITÉ DES BUTS OU ELLES TENDENT 195

   I. Double but des connaissances humaines. Sciences théoriques ou spéculatives. Sciences appliquées ou pratiques. 195

   II. La classification ne peut être fondée sur la diversité des buts où tendent nos connaissances. Classifications de MM. d'Omalius d'Halloy et Gerdy. 199

CHAPITRE IV. — DE LA CLASSIFICATION DES CONNAISSANCES HUMAINES D'APRÈS LA DIVERSITÉ DES SOURCES ET DES MÉTHODES DONT ELLES DÉRIVENT. 203

   I. Diversité des sources d'où émanent nos connaissances. Observation, expérience et témoignage ; raisonnement et calcul. Faits et théories. 203

   II. Sciences rationnelles. Sciences dites d'observation et d'expérience. 205

   III. Classification de Bacon. Classification de D'Alembert et de Diderot. 211

   IV. Classification de De Candolle. 217

CHAPITRE V. — DE LA CLASSIFICATION DES CONNAISSANCES HUMAINES D'APRÈS LA DIVERSITÉ DES OBJETS QU'ELLES CONSIDÈRENT. 221

   I. Conception encyclopédique de Descartes : sa détermination de l'ordre hiérarchique ou de la série des connaissances humaines. 221

   II. Classifications mathésiologiques plus ou moins conformes à la série de Descartes. Classifications de M. Auguste Comte et d'Ampère 226

   III. Concordance de ces diverses conceptions, et particulièrement de celle de Descartes, avec l'ordre logique et avec l'ordre historique de l'évolution des diverses branches des connaissances humaines. 230

CHAPITRE VI. — DE LA CLASSIFICATION OBJECTIVE ET PARALLÉLIQUE DES SCIENCES, ET DU RANG DE L'HISTOIRE NATURELLE DANS LA SÉRIE DES CONNAISSANCES HUMAINES. 235

   I. État de la question après Descartes. 235

   II. Division objective des sciences. Sciences mathématiques. Sciences physiques. Sciences biologiques. Sciences humanitaires ou sociales. Philosophie ou sciences philosophiques. . 238

   III. Concordances diverses. 243

   IV. Vérification par l'étude comparative des travaux modernes. . . 247

   V. Subdivision de chacun des groupes primaires. Sciences théoriques. Sciences appliquées ou pratiques. Expression de leurs doubles rapports à l'aide de la classification paralléque. 255

   VI. Résumé. Rang des sciences naturelles dans la série générale des connaissances humaines. 263

LIVRE II. — De la méthode dans son application aux sciences naturelles.

Introduction... 267

CHAPITRE I. — De la méthode, dans son application aux sciences
naturelles... 269

  I. Considérations préliminaires............................ 269

  II. Rapports nécessaires entre l'évolution des sciences naturelles
     et celle des sciences physiques....................... 271

  III. Conséquences relatives au perfectionnement de la méthode èn
     Histoire naturelle.................................. 273

  IV. État présent de la question........................... 277

CHAPITRE II. — Des trois écoles principales en histoire naturelle,
et de leurs vues sur la méthode.............................. 281

  I. Parallèle des trois méthodes et des trois écoles........... 281

  II. Vues de Cuvier dans sa jeunesse...................... 283

  III. Exposé des vues définitives de Cuvier et de son école sur
     l'ensemble de la science et sur la méthode........... 287

  IV. Caractère et influence de la *Philosophie* allemande *de la na-
     ture*. Accueil fait en France aux travaux des Philosophes
     de la nature....................................... 293

  V. Exposé des vues de Schelling et de son école............ 302

  VI. Sources de l'esprit nouveau de la science. École philosophi-
     que française..................................... 310

  VII. Exposé des vues de Geoffroy Saint-Hilaire et de son école.. 316

  VIII. Réfutation des objections de Cuvier................... 325

  IX. Résumé... 332

CHAPITRE III. — Du perfectionnement de la méthode, et des progrès que doit faire l'histoire naturelle, a l'exemple et avec le
secours des sciences antérieures............................. 337

  I. Direction que doivent suivre les sciences naturelles. Rapports
     entre leur méthode et celle des sciences antérieures...... 337

  II. Progrès qu'elles doivent accomplir, caractères qu'elles doivent
     revêtir, à l'exemple et avec le secours de celles-ci....... 340

  III. Simplification possible du problème.................... 348

CHAPITRE IV. — Des difficultés, du caractère et de la valeur
de l'observation dans les sciences naturelles................. 351

  I. Immensité et difficultés de la science................... 351

  II. Causes d'erreur dans l'observation.................... 355

  III. Valeur différente de l'observation dans les sciences physiques
     et dans les sciences naturelles. Observation *typique*. Obser-
     vation seulement *individuelle*. Nécessité de l'intervention du
     raisonnement, non seulement pour saisir les lois des faits
     biologiques, mais même pour obtenir et établir ces faits.. 359

CHAPITRE V. — Des difficultés, du caractère et de la valeur
du raisonnement dans les sciences naturelles................. 367

I. Caractère et valeur de l'induction. Induction démonstrative. Induction inventive............................. 367

II. Caractère et difficultés du raisonnement dans les sciences naturelles. Première source de difficultés : nécessité d'aller du particulier au général......................... 371

III. Seconde source de difficultés : nécessité de procéder, dans un très grand nombre de cas, du composé au simple....... 374

IV. Vérification, par l'observation, des résultats induits....... 378

V. La certitude peut être obtenue par l'emploi combiné de l'observation et du raisonnement, et par la considération des rapports nécessaires................................ 382

VI. Elle peut l'être même, dans certains cas, par voie analogique. 386

VII. Le critérium de la certitude est dans la concordance des résultats obtenus par des voies diverses, et surtout dans la vérification expérimentale des conséquences déduites..... 392

CHAPITRE VI. — DES PRINCIPALES MÉTHODES DE DÉCOUVERTE ET DE DÉMONSTRATION EN HISTOIRE NATURELLE....................... 397

I. Décomposition de la méthode générale des sciences biologiques en méthodes partielles............................. 397

II. Méthode synthétique par division..................... 401

III. Méthode par ordination sériale, ou, par abréviation, *Méthode sériale*...................................... 406

IV. Méthode par coordination paralléique, ou, par abréviation, *Méthode paralléique*.............................. 416

V. Emploi de la Méthode paralléique pour l'expression des rapports naturels des êtres. Classification par séries parallèles ou *classification paralléique*......................... 422

VI. Emploi de la Méthode paralléique considérée comme méthode inventive.. 429

CHAPITRE VII. — DES HYPOTHÈSES ET DE LEUR RÔLE UTILE EN HISTOIRE NATURELLE.. 433

I. Rôle utile des hypothèses dans les sciences. Point de vue auquel elles doivent être considérées en Histoire naturelle... 433

II. Méthodes de vérification.......................... 437

III. Vérification directe ou positive..................... 440

IV. Simplification possible de la vérification directe. Élimination des hypothèses non scientifiques; essai préalable des hypothèses vraisemblables. Vérification par les conséquences nécessaires; vérification par les faits d'exception........ 442

V. Vérification indirecte ou négative.................... 446

TABLE DES MATIÈRES............................... 451

ERRATA.

PAGES.	LIGNES.	MOTS A EFFACER.	MOTS A SUBSTITUER.
105	27	Quarante.	Vingt.
110	25	L'a de beaucoup devancé dans la science.	L'y a de beaucoup devancé.
114	21	Importants.	Imposants.
152	28	Babenhausen.	Bebenhausen.
152	29	Dans la première partie du XIXᵉ siècle. .	A Stuttgart, en 1844.
186	36	Plus généralement.	»
249	5	Avait	A.
347	17	Sérail.	Sérial.

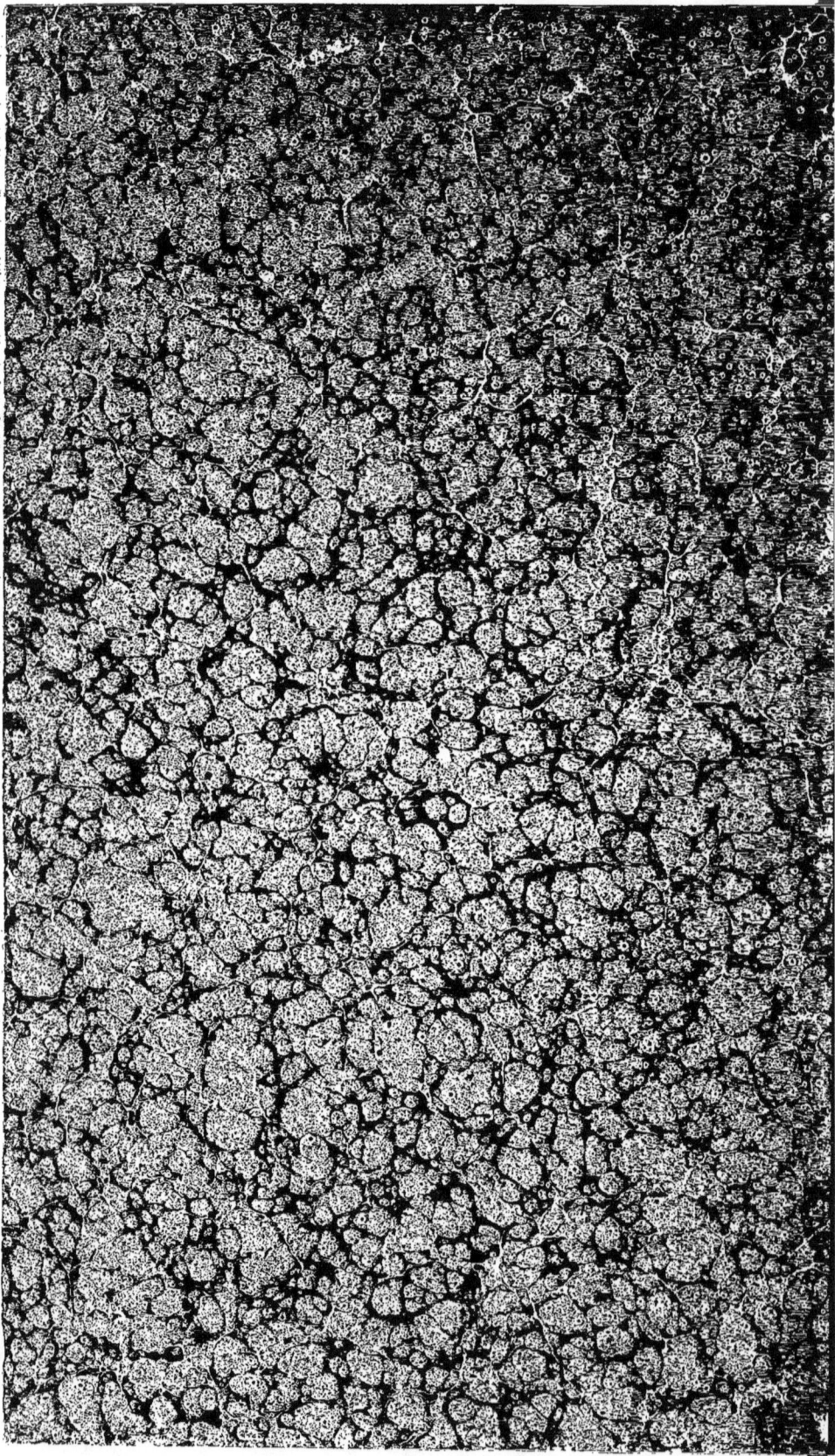

www.ingramcontent.com/pod-product-compliance
Lightning Source LLC
Chambersburg PA
CBHW031613210326
41599CB00021B/3163